高等院校材料类创新型应用人才培养规划教材

原子物理与量子力学

主　编　唐敬友
副主编　任学藻　代　波

北京大学出版社
PEKING UNIVERSITY PRESS

内容简介

为了适应高等院校工科相关专业对原子物理与量子力学知识的需求，并考虑到工科专业学时数的限制，在认真探索了原子物理与量子力学知识和内容上的密切关系后，编者在多年工科教学实践的基础上组织编写了本书。本书共分11章，描述了近代物理中的主要实验事实，从经典物理理论中的矛盾分析入手，逐步引入量子力学的概念并阐述量子力学理论，注重哲学思想、逻辑方法和应用能力的培养。编写时，充分考虑了工科教学的特点和要求，力求结构层次分明，内容讲解清晰，知识体系完整，并在各章节中安排了一些典型的例题和习题。

本书可作为材料科学与工程专业、核工程与核技术专业、应用物理专业等各相关工科专业的本科生教材，也可作为物理专业或其他相关专业的教学参考用书。

图书在版编目(CIP)数据

原子物理与量子力学/唐敬友主编. —北京：北京大学出版社，2011.1

(高等院校材料类创新型应用人才培养规划教材)

ISBN 978-7-301-18498-1

Ⅰ.①原… Ⅱ.①唐… Ⅲ.①原子物理学—高等学校—教材 ②量子力学—高等学校—教材 Ⅳ.①O562 ②O413.1

中国版本图书馆CIP数据核字(2011)第011801号

书　　名：原子物理与量子力学
著作责任者：唐敬友　主编
策划编辑：童君鑫
责任编辑：宋亚玲
标准书号：ISBN 978-7-301-18498-1/TG·0016
出 版 者：北京大学出版社
地　　址：北京市海淀区成府路205号　100871
网　　址：http://www.pup.cn　http://www.pup6.com
电　　话：邮购部010-62752015　发行部010-62750672　编辑部010-62750667
电子邮箱：pup_6@163.com
印 刷 者：北京虎彩文化传播有限公司
发 行 者：北京大学出版社
经 销 者：新华书店
787毫米×1092毫米　16开本　15.5印张　491千字
2011年1月第1版　2023年1月第5次印刷
定　　价：49.00元

高等院校材料类创新型应用人才培养规划教材

编审指导与建设委员会

成员名单 （按拼音排序）

白培康 （中北大学）
崔占全 （燕山大学）
杜振民 （北京科技大学）
关绍康 （郑州大学）
李　楠 （武汉科技大学）
林志东 （武汉工程大学）
刘开平 （长安大学）
裴　坚 （北京大学）
孙凤莲 （哈尔滨理工大学）
万发荣 （北京科技大学）
王　峰 （北京化工大学）
王昆林 （清华大学）
伍玉娇 （贵州大学）
徐　鸿 （华北电力大学）
张朝晖 （北京理工大学）
张敏刚 （太原科技大学）
张晓燕 （贵州大学）
赵莉萍 （内蒙古科技大学）
陈华辉 （中国矿业大学）
杜彦良 （石家庄铁道大学）
耿桂宏 （北方民族大学）
胡志强 （大连工业大学）
梁金生 （河北工业大学）
刘爱民 （大连理工大学）
芦　笙 （江苏科技大学）
时海芳 （辽宁工程技术大学）
孙玉福 （郑州大学）
王春青 （哈尔滨工业大学）
王金淑 （北京工业大学）
卫英慧 （太原理工大学）
夏　华 （重庆理工大学）
余心宏 （西北工业大学）
张海涛 （安徽工程大学）
张　锐 （郑州航空工业管理学院）
赵惠忠 （武汉科技大学）
赵玉涛 （江苏大学）

前　言

原子物理学和量子力学都是大学物理专业必修的专业基础课程，国内外已经出版了许多优秀的教材和参考书籍。改革开放以来，随着我国高等教育事业的迅速发展，各高等院校的专业设置逐渐增多，专业分工更加细化，从而使许多理工科专业对原子物理学和量子力学知识的需求非常迫切。

编者在多年的大学工科专业(如无机非金属材料、核工程与核技术、辐射防护与环境安全、应用物理等)教学中发现，由于大学生的数理基础不够，特别是近代物理基础知识薄弱，严重制约了工科学生创新意识和创造能力的培养。

在工科学生培养方案制订或修订过程中，存在两个突出的矛盾：(1)各专业课程设置与学时数受限之间的矛盾；(2)专业基础课程与专业课程的教学内容之间衔接的矛盾。以材料科学与工程学科中材料物理、无机非金属材料专业的本科教学为例，材料科学本身是一门交叉学科，涉及的知识面广，其专业基础离不开数理化的基础知识。在大学高年级的材料类专业课程中，应用量子力学知识的地方随处可见。若开设量子力学课程又需要先修原子物理学和数学物理方法课程，但因学时数的限制而使课程设置难以面面俱到。目前，编者在教学实践中，曾尝试把原子物理学和量子力学两门课程内容合并在一起作为一门课程开设，但在教材选择和内容安排上遇到不少麻烦，教学效果欠佳。

近年来，编者针对高等院校相关工科专业对原子物理学和量子力学知识的需要，进行了大量的教学研讨和大胆的课程改革尝试。首先，分析了原子物理学和量子力学知识在某些工科专业中的地位和作用，认识到这两门课程的重要性；其次，探索了把这两门课程融合成一门课程的必要性和可能性；再次，充分考虑了编写《原子物理与量子力学》教材的困难，特别是全书章节的编排顺序、内容的逻辑关系与衔接问题等；最后，根据工科学生的认知能力和学习特点，注重教材特色，在编写过程中力求概念清楚、逻辑性强、讲解详尽，力争做到教师易教、学生易学。

在本书的编写过程中，始终以近代物理的实验事实为依据提出问题、分析问题，最终通过量子力学理论解决问题，这种教学思维模式能不断升华学生的认识能力。教学过程的实施充分体现了矛盾论、实践论的辩证唯物主义思想，同时使学生学习科学家们追求真理的崇高理想和奋斗精神，培养学生的创造能力，达到既教书又育人的目的。

本书共分为 11 章，第 1 章～第 4 章由唐敬友编写，第 5、6 章和第 8 章由任学藻编写，第 7 章和第 10 章由代波编写，第 9 章由吴栋编写，第 11 章由郝高宇编写。吴志华绘制了书中的部分插图。本书由唐敬友负责统稿。讲授全部内容需要约 80 学时，若不讲授带“*”的章节(内容稍难，可供有余力的学生选修)，可以安排 64 学时，教师在教学时可以根据实际情况处理。

考虑到材料类、核工程类等工科专业的培养方案和知识体系的实际需求，本书中并未囊括原子物理学和量子力学的全部内容，而是做了适当的取舍，如 X 射线、散射理论、原子核物理概论等没有讲述的内容，留在相关专业(基础)课程中学习，以免内容重复。

本书被列为21世纪全国高等院校材料类创新型应用人才培养规划教材，希望本书的出版能为相关工科本科专业的建设和发展尽一份绵薄之力。编者感谢北京大学出版社资助出版。

由于编者经验不足，书中不妥和疏漏之处在所难免，恳请广大读者提出宝贵意见，以便今后再版时修订。

编 者

2010年10月

目　录

第1章
绪　　论

本章教学要点

知识要点	掌握程度	相关知识
19 世纪末经典物理的回顾	了解 19 世纪末经典物理学体系的构成，熟悉相关的主要定律及其应用	物理学发展史； 大学物理
经典物理面临的主要困难	了解经典物理面临的主要困难； 掌握光电效应及其光量子假设； 知道氢原子线状光谱的实验规律； 熟悉卢瑟福核式结构模型及 α 粒子散射实验的主要结果，知道行星模型的主要困难	黑体辐射与普朗克公式； 康普顿效应； 固体热容量

导读材料

19 世纪末，经典物理形成了完善的理论体系，大多数物理学家沉浸在物理学成功的喜悦中。然而，随着实验技术的进步，一些新的物理现象被发现，但经典物理理论却无能为力。20 世纪伊始，一些敏锐的物理学家已经开始认识到经典物理潜伏着的危机。1900 年 4 月 27 日，W. Thomson(Kelvin 勋爵)在英国皇家学会发表了题为《19 世纪热和光的动力理论上空的乌云》的长篇讲话，他指出：晴朗的经典物理学上空悬浮着两朵小小的、令人不安的“乌云”。

第一朵“乌云”出现在光的波动理论上。光波为什么能在真空中传播？它的传播介质是什么？物理学家给光找了个绝对静止的传播介质“以太”，从而产生了“以太”学说。1887 年，迈克耳逊与莫雷合作，在克利夫兰进行了一个著名的迈克耳逊-莫雷实验，但是实验结果未能测量出地球相对于绝对静止介质“以太”的运动。1905 年，爱因斯坦在迈克耳逊-莫雷实验的实验事实基础上毅然抛弃了绝对时空观，提出了相对性原理和光速不变原理，建立了狭义相对论，为高能物理与粒子物理的发展奠定了理论基础。

第二朵“乌云”出现在关于能量均分的麦克斯韦-玻耳兹曼理论上。19 世纪末，卢梅尔等的著名实验——黑体辐射实验，发现黑体辐射的能量不是连续的，它按波长的分布仅与黑体的温度有关。为了解释黑体辐射实验的结果，物理学家瑞利和金斯认为能量是一种连续变化的物理量，建立起在波长比较长、温度比较高的时候和实验事实比较符合的黑体辐射公式。但是，这个公式推出，在短波区(紫外光区)随着波长的变短，辐射强度可以无止境增加，这和实验事实完全相悖。所以这一失败被埃伦菲斯特称为“紫外灾难”。1900 年，普朗克分析了维恩、瑞利和金斯的理论公式及黑体辐射实验结果，提出了电磁辐射的“量子”概念，并通过内插法，得到了著名的黑体辐射公式，与黑体辐射的能谱曲线完全相符。能量量子化的假设，突破了经典物理的传统观念，为量子力学的建立和发展起到了决定性的作用。

人类对大自然奥秘的探索和对科学真理的追求，正如屈原所说的“路漫漫其修远兮，吾将上下而求索”。人们采用各种科学手段和现代仪器探索宇宙，却只能看到茫茫宇宙的 4%，而 96%都是看不见的暗物质、暗能量。至今，还有无数的不解之谜。李政道在评价 20 世纪物理学的发展和展望 21 世纪科学发展前景时指出：在世纪交替时又有两个科学疑难，就是对称性破缺和夸克禁闭，而且这两个疑难可能都来自真空。国内外许多学者认为，迈克耳逊-莫雷实验并非否定了“以太”的存在，只是否定了经典“以太漂移说”中的绝对时空观。科学家们对真空的研究，也许又要把“以太”呼唤出来。不过，这不是经典物理中的“以太”，而是与量子论密切相关的“新以太”。物理学天空中总会有“乌云”出现，但人类终会逐渐驱散它们，揭开大自然的一个又一个奥秘！

通过大学物理基础课程的学习，大家已经了解到经典物理理论体系及其相关的基础知识。19 世纪末，经典物理学理论已经十分完善，正如麦克斯韦(J. C. Maxwell, 1831—1879)于 1871 年在剑桥大学就职演说中所说“在几年中，所有重要的物理常数将被估计出来……给科学界人士留下来的只是提高这些常数的观测精度。”绝大多数物理学家认为物理学高楼大厦已经建成，未来物理学理论只需要做些修修补补的工作，主要的任务是如何应用这些业已完善的理论。作为本门课程的开篇，本章首先简单回顾一下19世纪末经典物理的理论，然后指出一些用经典物理理论难以解释的实验现象。经典物理理论面临的困难，将通过本书后面的量子力学理论或后续课程中更为深入的理论逐一解决。

1.1 19世纪末经典物理的回顾

1.1.1 经典力学理论

1. 牛顿定律

伟大的英国科学家牛顿(I. Newton，1642—1727)站在巨人(先辈们)的肩膀上，实现了物理学史上的第一次大综合，总结出了机械运动的三大基本定律。

定律1：每个物体继续保持其静止或沿一直线作等速运动状态，除非有力加于其上迫使它改变这种状态。

定律2：运动状态的改变和所加的动力成正比，并且发生在所加的力的那个直线方向上。

定律3：每一个作用总是有一个大小相等、方向相反的反作用与之对抗；或者说，两物体彼此之间的相互作用永远相等，并且各自指向对方。

牛顿三大定律完全可以解决质点力学(包括运动学和动力学)问题，用定律2和3可以实现质点力学体系的定量描述。牛顿定律原则上可以解决一切机械运动的力学问题，但是对于多质点体系和约束较多的复杂体系，直接应用牛顿定律则十分繁难。

2. 分析力学

18世纪中叶以来，力学家和数学家们致力于寻找一种比牛顿定律更广泛、更简便的普遍原理和方法，从虚功原理、最小作用原理发展为数学上的变分方法，并引入广义坐标和代数分析方法，形成了一套独特而完整的分析方法，即分析力学，其理论体系形式有微分形式和积分形式两种。

1788年，法国数学家和物理学家拉格朗日(J. Lagrange，1736—1813)引进了广义坐标q_i、广义速度$\dot{q}_i$和广义力Q_i，对于有N个自由度的质点体系，有以下动力学方程：

$$\frac{\mathrm{d}}{\mathrm{d}t}\left[\frac{\partial L}{\partial \dot{q}_i}\right]-\frac{\partial L}{\partial q_i}=Q_i,\quad i=1,\ 2,\ 3,\ \cdots,\ N \tag{1-1}$$

式中，$L=T-V$，为体系的动能与势能之差，称为拉格朗日函数。式(1-1)称为拉格朗日方程。在解决多质点、多约束体系问题时，式(1-1)比牛顿三大定律更简单而有效。

1834—1835年，英国的哈密顿(W. R. Hamilton，1905—1865)提出的哈密顿原理，真正完成了由莫泊丢开始的尝试，成为继牛顿力学理论之后力学理论发展的一次最大飞跃。他利用广义坐标q_i和它“共轭”的广义动量p_i定义了哈密顿函数，即

$$H=\sum_{i=1}^{n}p_i\dot{q}_i-L(\boldsymbol{q},\ \dot{\boldsymbol{q}}) \tag{1-2}$$

式中，$H=T+V$，等于系统的总能量。

从而把力学原理归结为更为一般的形式，即保守体系哈密顿正则方程(canonical equations)

$$\left.\begin{aligned}\frac{\partial H}{\partial q_i}&=-\dot{p}_i\\ \frac{\partial H}{\partial p_i}&=\dot{q}_i\end{aligned}\right\},\quad i=1,2,3,\cdots,N \tag{1-3}$$

式(1-3)中用到的广义动量定义为

$$p_i=\frac{\partial T}{\partial \dot{q}_i}=\frac{\partial L}{\partial \dot{q}_i} \tag{1-4}$$

及

$$\frac{\partial L}{\partial q_i}=\frac{\mathrm{d}}{\mathrm{d}t}\frac{\partial L}{\partial \dot{q}_i}=\frac{\mathrm{d}}{\mathrm{d}t}p_i=\dot{p}_i \tag{1-5}$$

式(1-4)中，第二个等式成立，是因为保守体系的势能V不是广义速度$\dot{q}_i$的函数。

如果体系中同时含有保守力$-\partial V/\partial q_i$和非保守力Q_i时，正则方程可以推广到更一般的形式，即

$$\left.\begin{aligned}\frac{\partial H}{\partial q_i}&=-\dot{p}_i+Q_i\\ \frac{\partial H}{\partial p_i}&=\dot{q}_i\end{aligned}\right\},\quad i=1,2,3,\cdots,N \tag{1-6}$$

由于广义坐标和广义动量的引入，在实际应用中会涉及动量、角动量在不同坐标系(如笛卡儿坐标、极坐标、球坐标等)下的具体形式，因此分析力学理论的研究对象包括质点力学和刚体力学，除了能解决质点体系和刚体运动外，还可以应用到诸如导弹的弹道、人造卫星的运行、天体运动等问题的研究中。但是，当其应用涉及材料结构、材料应力状态或介质的状态时，上述分析力学方法还不够，需要进一步扩充到流体力学和固体力学，从而发展为连续介质力学。由于连续介质力学属于力学类专业的内容，在此不予以阐述，感兴趣的同学可以阅读相关的书籍。声学属于弹性连续介质力学的范畴，其理论可以归并在力学范围之内，只是由于实用的原因而发展成为相对独立的科学。

需要指出，大家熟知的三大守恒定律，即质量守恒定律、动量守恒定律和能量守恒定律，是物质系统普遍遵守的规律，它们在热力学、电磁学等其他体系中也成立，这里不作深入讨论。在机械运动中，动量守恒定律和能量守恒定律在分析力学中可以用循环积分导出。

1.1.2 热力学与统计物理理论

1. 热力学定律

17世纪末，法国人巴本(D. Papin，1647—1714)开创了人类制造蒸汽机的先河。随后，英国皇家工程队的军事工程师塞维利(T. Savery，1950—1715)成功地研制出蒸汽泵，并获得了发明专利，这是人类历史上可以实际应用的第一部蒸汽机。从此，西方国家有不少学者和工程师不断从技术和原理上对蒸汽机进行改进，并寻求更多更宽的应用。特别值得一提的是，英国格拉斯哥大学的仪器修理工瓦特(J. Watt，1736—1819)对纽可门机(由英国铁匠纽可门发明的一种空气蒸汽机)进行了根本性的变革，使蒸汽机的热机效率大大

提高，通过各种技术改进后的蒸汽机能适应很多生产部门的需要。18世纪中期后以蒸汽机的使用为主要标志的技术革命，使西欧资本主义生产关系的发展到了一个新的转折点，第一次工业革命已经到来。这一技术革命直接推动了自然科学特别是热力学的发展，其中能量守恒与转化定律、热力学第二定律的发现就是蒸汽机技术革命推动科学发展的产物。

在热力学理论研究的历史长河中，计温学、量热学等实验科学的建立和发展，为热力学理论的发展创造了条件。热传递的三种方式：传导、辐射和对流的规律被逐渐揭示出来。牛顿最早确立了传热现象的第一个定量规律——冷却定律，其公式为

$$-\frac{\mathrm{d}Q}{\mathrm{d}t}=K(T-T_0) \tag{1-7}$$

式中，$\mathrm{d}Q$为物体单位表面上在单位时间$\mathrm{d}t$内所损失的热量；T为物体在t时刻的温度；T_0为周围介质的温度；K为某一常数，称为散热系数。但这个定律仅适用于温差较小的情况。

热传导的数学理论是在温度概念和热量不灭的概念基础上于1804年由毕奥(J. B. Biot，1774—1862)建立的，并在1807年由傅里叶(J. Fourier，1768—1830)最终完成。傅里叶导出了三维空间的热传导方程，即

$$\nabla^2 T=\kappa^2\frac{\partial T}{\partial t} \tag{1-8}$$

式中，$\nabla^2=\frac{\partial^2}{\partial x^2}+\frac{\partial^2}{\partial y^2}+\frac{\partial^2}{\partial z^2}$为拉普拉斯算符(后面还会经常用到)；$\kappa$为一个常数，其值与材料有关。式(1-8)是二阶偏微分方程，还需要适当的边界条件和初始条件，才能构成定解问题。

人们在生活与生产实践中，对各种热现象有很多感性的认识，而对热本质问题的认识长期悬而未决，争论不休。13世纪，英国科学家培根(R. Becon，1214—1294)从摩擦生热现象中得出，热是一种膨胀的、被约束的而在其斗争中作用于物体的较小粒子之上的运动，从而形成唯动说的基础。这种唯动说的观点认为热的充分根源在于某种物质的运动，并在科学界产生了深远的影响。到了18世纪热质说占了上风，热质说认为热是某种特殊的物质，即热是没有重量，可以在物体中自由流动的物质。虽然这两种观点在热力学理论建立发展的过程中起到过一定的促进作用，但它们最终被许多实验事实所否定。

很久以前，不少有杰出创造才能的人，付出了大量的劳动和智慧，试图制造出这样的一种理想机械，即它在不消耗任何燃料和动力的情况下，可以不断地进行有效工作，但形形色色的永动机方案无一成功。直到1775年，法国科学院发表声明，不再审查有关永动机的任何设计。永动机的不可能实现，从反面启示人们思考，自然界是否存在着某些普遍的规律，制约着人们无论用什么方法，都不能不付出代价地创造出可供利用的有效动力。

18世纪末到19世纪前半叶，经过许多科学家的共同努力，自然科学上的一系列重大发现，广泛地揭示出各种自然现象之间的普遍联系和转化规律。通过对摩擦生热、摩擦起电、温差电效应、动物电、化学反应生热等众多现象进行细致的分析，热的本质之谜终于被揭开，热和其他形式的能量之间的转化被联系起来。1843年8月21日英国曼彻斯特的业余科学家焦耳(J. P. Joule，1818—1889)宣读了《论磁电的热效应和热的机械值》论文，他实现了热功当量的实验测量，为能量守恒及能量转化原理的确立奠定了坚实的实验基础。1850年，德国物理学家克劳修斯(R. E. Clausuis，1822—1888)在迈尔、焦耳关于热功

当量的结论和卡诺关于热机效率的结论基础上，提出了热力学第一定律，即

$$dQ = dU + dW \tag{1-9}$$

式中，dQ 为热力学系统热量的增加；dU 为该系统内能的增加；dW 为系统对外界做的功。

19 世纪以来，蒸汽机得到了广泛使用，如何提高热机效率成为人们关注的问题。法国年轻的工程师卡诺(S. Carnot，1796—1832)专心研究了热机理论，总结出著名的有关理想热机循环的卡诺定理。可惜当时他本人和很多科学家继续信奉热质说，他已经包含的热力学第二定律的思想没有被人们理解，反而很快被人们遗忘了。1843 年法国工程师克拉伯龙(B. P. E. Clapeyron，1799—1864)又重新注意到卡诺的研究，并再次证明了卡诺定理的正确性，热力学第二定律最终得到确认。克劳修斯还引进了系统“熵”，它是对热的转化程度的量度，并提出熵的增加原理，即热力学第二定律。

有了热力学第一定律和第二定律就完全否定了第一类和第二类永动机的存在，结束了人们追求永动机的幻想。

基于热力学温标的建立和量温技术的发展，摄氏温标、华氏温标被广泛使用。1852 年，英国著名物理学家汤姆孙(W. Thomson，1824—1907，即 Kilvin 勋爵)提出了热力学温标的概念。1906 年，德国物理化学家能斯特(W. Nernst，1864—1941)发现“当热力学温度趋于零时，凝聚系的熵在等温过程中的改变趋于零。”最后于 1912 年建立了热力学第三定律，即不可能使一个物体冷却到热力学温度的零度。

至此，热力学三大定律已经建立起来，这些基本的热力学定律原则上可以用于任何物质形态的热力学系统。

2. 热力学基本关系与物态方程

一个确定的物质系统的热力学性质一般可以用热力学状态变量(如压强 p、体积 V、温度 T、熵 S 和内能 U 等)描述，但可以证明其中只有两个是独立的。这两个独立变量原则上可以任意选择，其他变量应当是它们的函数。对于气体，通常把这个函数关系称为状态方程(Equation of State，EOS)，对于凝聚物质来说则称为物态方程。由于状态变量之间可以有不同的搭配，就构成两类物态方程：一类是不完全的物态方程，人们不能仅根据热力学基本关系求出其他的全部状态变量，往往需要补充其他的热力学数据(如比热、热膨胀系数等)；另一类是完全的物态方程，从中只需通过相应的热力学基本关系即可求出其余的各状态变量。平衡态热力学中，有四个可以作为热力学函数的状态函数，它们在各自的特定自变量之下形成四个特性函数，即

$$\left.\begin{aligned} U&=U(V,\ S)=H-pV \\ G&=G(p,\ T)=F+pV \\ H&=H(p,\ S)=G+TS \\ F&=F(V,\ T)=U-TS \end{aligned}\right\} \tag{1-10}$$

式中，U、G、H、F 分别为体系的内能、吉布斯势、焓和自由能。由热力学第一定律和第二定律，还可以写出它们的全微分关系(这就是热力学特性函数的特点)为

$$\left.\begin{aligned} dU&=TdS-pdV \\ dG&=-SdT+Vdp \\ dH&=TdS+Vdp \\ dF&=-SdT-pdV \end{aligned}\right\} \tag{1-11}$$

从式(1-11)中很容易看出，以上每一个特性函数就是一个完全的物态方程。例如，从内能的表达式(S、V 取为独立变量)和相应的全微分式立即可以得到温度 T 和压力 p(在工程力学中常把压强称为压力)为

$$T=\left(\frac{\partial U}{\partial S}\right)_V,\quad p=-\left(\frac{\partial U}{\partial V}\right)_S \tag{1-12}$$

对于其他特性函数，也可以得到相应的其他状态变量的表达式，类似的表达式还有

$$S=-\left(\frac{\partial G}{\partial T}\right)_p,\quad V=\left(\frac{\partial G}{\partial p}\right)_T,\quad T=\left(\frac{\partial H}{\partial S}\right)_p,\quad V=\left(\frac{\partial H}{\partial p}\right)_S,\quad p=-\left(\frac{\partial F}{\partial V}\right)_T,\quad S=-\left(\frac{\partial F}{\partial T}\right)_V \tag{1-13}$$

但值得注意的是，这四个特性函数又无法用实验方法直接测量，目前只能应用于理论物态方程的推导中。

利用式(1-12)和式(1-13)可以得到如下的麦克斯韦关系(简称麦氏关系)：

$$\begin{aligned}&\left(\frac{\partial p}{\partial S}\right)_V=-\left(\frac{\partial T}{\partial V}\right)_S,\quad \left(\frac{\partial V}{\partial S}\right)_p=\left(\frac{\partial T}{\partial p}\right)_S\\&\left(\frac{\partial S}{\partial V}\right)_T=\left(\frac{\partial p}{\partial T}\right)_V,\quad \left(\frac{\partial S}{\partial p}\right)_T=-\left(\frac{\partial V}{\partial T}\right)_p\end{aligned} \tag{1-14}$$

上述理论还可以推广到存在应力的各向异性的晶体材料的热力学体系中，可以研究材料的压电、热释电性质，只是应力应变、压电系数、热释电系数需要用张量来表示，因此超出本书的讨论范围，有兴趣的读者可以阅读有关压电物理学的教材。

3. 统计物理

19 世纪中叶后，英国物理学家麦克斯韦、奥地利物理学家玻耳兹曼(L. Boltzmann, 1844—1906)、美国理论物理学家吉布斯(J. W. Gibbs, 1839—1903)等从分子动理学(kinetics)出发研究物质的热运动规律，最终通过统计方法建立了经典热力学统计理论。最著名、最常用的是 Boltzmann 统计分布律。

然而，对于光子、电子、质子、中子等微观全同粒子的统计并非完全按 Boltzmann 统计分布，这是 20 世纪量子力学建立后才能解决的问题。

1.1.3 光学与电磁学理论

光学的研究历史十分悠久，从 17 世纪开始，近代光学的发展经历了几何光学时期和波动光学时期。19 世纪下半叶，随着麦克斯韦电磁场理论的建立，最终实现了光、电、磁的统一。麦克斯韦在总结奥斯特、安培、法拉第、亨利等人的研究成果基础上，提出了“位移电流”假设和“场”的观点。1873 年，麦克斯韦出版了《电磁通论》，完美地建立了电磁场理论，即麦克斯韦方程组，其微分形式为

$$\left.\begin{aligned}&\nabla\times\boldsymbol{H}=\frac{\partial\boldsymbol{D}}{\partial t}+\boldsymbol{J}_0\\&\nabla\times\boldsymbol{E}=-\frac{\partial\boldsymbol{B}}{\partial t}\\&\nabla\cdot\boldsymbol{D}=\rho_0\\&\nabla\cdot\boldsymbol{B}=0\end{aligned}\right\} \tag{1-15}$$

式中，H、E、D、B 分别为磁场强度、电场强度、电感强度(或电位移矢量)和磁感应强

度；$\boldsymbol{J}_0$、ρ_0 分别为自由电流密度和自由电荷密度；$\nabla=\frac{\partial}{\partial x}\boldsymbol{i}+\frac{\partial}{\partial y}\boldsymbol{j}+\frac{\partial}{\partial z}\boldsymbol{k}$ 是梯度算符。对于实际问题，偏微分方程组(1－15)并不完备，需要加上合适的初始条件和边界条件才能构成完备的定解问题。当电磁场中有不同介质分界面时，在两种介质的分界面处满足以下边界条件：

$$\left.\begin{aligned}\boldsymbol{n}\times(\boldsymbol{H}_2-\boldsymbol{H}_1)&=\boldsymbol{i}_0\\ \boldsymbol{n}\times(\boldsymbol{E}_2-\boldsymbol{E}_1)&=0\\ \boldsymbol{n}\cdot(\boldsymbol{D}_2-\boldsymbol{D}_1)&=\sigma_0\\ \boldsymbol{n}\cdot(\boldsymbol{B}_2-\boldsymbol{B}_1)&=0\end{aligned}\right\} \tag{1-16}$$

式中，$\boldsymbol{n}$ 为垂直于两介质界并由介质 1 指向介质 2 的法向矢量；$\boldsymbol{i}_0$ 为界面上的自由电流面密度；$\boldsymbol{\sigma}_0$ 为界面上的自由电荷面密度；其他物理量的下标 1 为在介质 1 侧的量值，下标 2 为在介质 2 侧的量值。

除了微分形式的麦克斯韦方程组(1－15)外，利用数学中的高斯公式和斯托克斯公式可以写出相应的积分形式，因为实际应用很广，希望读者能自行写出，并能熟练应用。

麦克斯韦电磁理论建立后，德国的赫兹(H. Hertz，1857—1894)通过电磁振荡在实验上证实了麦克斯韦电磁理论的正确性，为无线电通信的发展奠定了坚实的基础。麦克斯韦方程组不但能解决静电场和电磁场的问题，而且完全包括了光的电磁本质，把光的波动与传播规律统一在其中，是物理光学的重要理论基础。当然光学的研究内容很丰富，包括几何光学、光度学、色度学、光谱学和物理光学等，而涉及光的本性问题存在长期的争论，主要是波动说与微粒说之间的抗争。关于这个问题，将在本书的后续章节中揭开谜底。

1.2　经典物理面临的主要困难

1.2.1　黑体辐射

1. 黑体与黑体辐射

1800 年，天文学家赫歇尔(F. W. Herschel，1738—1822)观察到了红外辐射的热效应；次年，利特(J. W. Ritter，1776—1810)发现了紫外辐射。以后，许多物理学家对热辐射的性质、辐射能量与辐射源的关系、辐射能谱等进行了大量的研究，使人们认识到光谱、热辐射和光辐射是统一的。大约从 1849 年起，许多物理学家开始注意对物体发射光与这个物体对光吸收之间的关系进行研究。

1859 年年底，德国物理学家基尔霍夫(G. R. Kirchoff，1824—1887)对光的吸收和发射之间的关系进行了定量研究，发现所有物体在一定温度下对同一波长的光，其发射本领 $e(\lambda, T)$ 与吸收本领 $a(\lambda, T)$ 之比是一常数，与物体的材料性质和结构无关，这就是著名的基尔霍夫定律，用公式表示为

$$\frac{e(\lambda, T)}{a(\lambda, T)}=E(\lambda, T) \tag{1-17}$$

式中，$E(\lambda, T)$ 称为表面亮度。

1860 年，基尔霍夫引入了绝对黑体(简称黑体)的概念，即在任何温度下都能全部吸

收落在它上面的一切辐射的理想吸收体。显然，当黑体的吸收本领 $a=1$ 时，物体的发射本领就是辐射的普适函数。在平衡辐射中，黑体的表面亮度 $E(\lambda, T)$ 又可以用平衡辐射时的能量密度 $\rho(\lambda, T)$ 来表示。$\rho(\lambda, T)$ 是波长 $\lambda \rightarrow \lambda+\mathrm{d}\lambda$ 之间的单位体积内的辐射能量，于是

$$E(\lambda, T)=\frac{c}{8\pi}\rho(\lambda, T) \tag{1-18}$$

式中，c 为光速。

因此，在实验和理论上探求普适函数 $E(\lambda, T)$ 或 $\rho(\lambda, T)$ 的具体形式就成为物理学家们解决辐射问题的关键了。

2. 黑体辐射规律的经验规律

1879 年，德国物理学家斯特藩（J. Stefan，1835—1893）根据丁铎尔（J. Tyndall，1820—1893）等人的实验结果，总结出一条经验规律：黑体表面单位面积上在单位时间内发射出的总能量［即总辐射本领 $R_0(T)$］与它的热力学温度的四次方成正比，即斯特藩-玻耳兹曼公式

$$R_0(T)=\sigma T^4 \tag{1-19}$$

式中，$\sigma=5.67051(19)\times10^{-8}\,\mathrm{W/(m^2\cdot K^4)}$，称为斯特藩-玻耳兹曼常数，由实验测定。

1893 年，德国物理学家维恩（W. Wien，1864—1893）根据电磁学理论和热力学理论，并考虑了多普勒效应和斯特藩-玻耳兹曼定律，推导出维恩位移定律，即黑体辐射能谱峰位的波长与温度成反比，公式表示为

$$\lambda_m T=b=0.2897756(24)\,\mathrm{cm\cdot K} \tag{1-20}$$

从维恩位移定律可以计算出，温度在 5000～6000K 范围内的黑体发射谱，其峰位处于可见光范围的中部，这样的辐射会引起“白光”感觉，照明技术上把具有这种光谱的光称为“白光”。

1895 年，维恩首先指出，可以用一个带有小孔的辐射腔来实现黑体辐射研究。随后，黑体辐射的实验研究在不断进行。次年，维恩用半理论半经验的方法，得到了一个辐射能量分布公式，这就是著名的维恩分布定律，即

$$\rho(\nu, T)=B\nu^3 e^{-a\gamma/T} \tag{1-21}$$

但在 1899 年 11 月，卢默尔和普林斯海姆对比了他们的实验结果，指出该公式只在波长较短（即高频）、温度较低情况下，理论值才与实验结果相符，而在长波（即低频）区域则理论值低于实验值。

1900 年 6 月，瑞利（L. Rayleigh，1842—1919）采用驻波形式的电磁理论和能量均分定理，得到一个辐射定律。但公式中错了一个因子 8，后被金斯（J. H. Jeans，1877—1946）于 1905 年纠正，这就是著名的瑞利-金斯公式，即

$$\rho(\nu, T)=\frac{8\pi\nu^2}{c^3}kT \tag{1-22}$$

其实该公式爱因斯坦（A. Einstein，1879—1955）在金斯之前就已导出，所以这个式子又称瑞利-金斯-爱因斯坦定律。式(1-22)与式(1-21)的情况相反，当频率较低时，理论值与实验值符合较好，但在高频时，理论值与实验值相差甚远。由于辐射能量密度与频率的平方成正比，所以当频率极高时，必趋于无穷大，即紫外端发散，这完全不符合黑体辐射的真实情况。这一经典结果，后来被埃伦菲斯特（P. Ehrenfest，1880—1933）称为“紫外灾难”。

瑞利-金斯的推导是以经典物理学的基本理论为依据的，而且在推导过程中思路明晰，方法正确，但无法得到与实验相符的结果，紫外发散的结果完全背离实验事实。这一定律的失败预示着什么？也许是因为经典物理理论存在缺陷，根本无法解决这一"灾难性"的科学问题。

思考题：根据斯特藩-玻耳兹曼公式和维恩位移定律，你能描绘出某一黑体在特定温度(如 5000K)时的能谱密度分布的大致图像吗？

1.2.2 固体比热

由于实验测量方式的不同，物体的比热需要分为定压热容与定容热容，分别用 C_p 和 C_V 表示。利用热力学函数定义的热容为

$$C_p=\left(\frac{\partial H}{\partial T}\right)_p,\quad C_V=\left(\frac{\partial U}{\partial T}\right)_V \tag{1-23}$$

对于理想气体，容易证明：

$$C_p-C_V=nR \tag{1-24}$$

式中，n 为气体摩尔数；$R=8.314\mathrm{J\cdot mol^{-1}\cdot K^{-1}}$ 为普适气体常数。按照能量均分定理，对于处在温度 T 的热平衡状态的经典系统，粒子能量中每一个平方项的平均值等于 $kT/2$。对于 1mol 的单原子组成的理想气体，总内能为 $3N_0kT/2$，于是可以算出定容摩尔热容为 $3R/2$(其中，$R=N_0k$；k 为玻耳兹曼常数；N_0 为阿伏伽德罗常数)。

在一定温度下的固体物质，晶格格点上的原子在平衡位置附近作热振动，原子的能量表达式中有六个平方项(动能和势能项分别三项)，因此，按照能量均分定理算出的定容摩尔热容等于 $3R$，是一个常数。实验中测量固体热容是定压热容，需要通过以下公式换算成定容热容：

$$C_p-C_V=\frac{TV\alpha^2}{\kappa} \tag{1-25}$$

式中，α、κ 分别为固体材料的热膨胀系数和压缩系数，定义为

$$\alpha=\frac{1}{V}\left(\frac{\partial V}{\partial T}\right)_p,\quad \kappa=-\frac{1}{V}\left(\frac{\partial V}{\partial p}\right)_T \tag{1-26}$$

在室温或更高温度下，理论结果与实验结果符合较好。但在低温下，实验发现固体的定容热容随温度降低而快速减小，且当温度趋于零时，热容也趋于零。这一事实是经典物理理论无法解释的，也说明经典物理可能存在难以克服的困难。

1.2.3 氢原子的线状光谱

氢原子是最简单的原子，从氢气放电管中可以获得氢原子光谱的信息。人们在 19 世纪末已经通过实验观察获得了氢原子的光谱的数据，逐渐发现了有规律的氢原子光谱。现将归纳后的氢原子光谱线系列入表 1-1 中。

表 1-1 氢原子光谱线系

线系名称	经验公式	n 的取值	发现者	发现时间
莱曼系	$\tilde{\nu}=R_H\left[\frac{1}{1^2}-\frac{1}{n^2}\right]$	2，3，4，…	T. Lyman	1914 年

（续）

线系名称	经验公式	n 的取值	发现者	发现时间
巴耳末系	$\tilde{\nu}=R_H\left[\frac{1}{2^2}-\frac{1}{n^2}\right]$	3，4，5，…	J. J. Balmer	1885 年
帕邢系	$\tilde{\nu}=R_H\left[\frac{1}{3^2}-\frac{1}{n^2}\right]$	4，5，6，…	F. Paschen	1908 年
布拉开系	$\tilde{\nu}=R_H\left[\frac{1}{4^2}-\frac{1}{n^2}\right]$	5，6，7，…	F. Brackett	1922 年
普丰德系	$\tilde{\nu}=R_H\left[\frac{1}{5^2}-\frac{1}{n^2}\right]$	6，7，8，…	H. A. Pfund	1924 年

对于表 1－1，需要做如下说明：

(1) 经验公式中：$\tilde{\nu}$ 为波数；R_H为氢原子的里德伯常数，其实验值为 $R_H=1.0967758\times 10^7\,m^{-1}$。

(2) 在巴耳末发现并总结出巴耳末系的经验规律后，于 1889 年，里德伯(J. R. Rydberg，1854—1919)提出了一个普遍的方程，即里德伯方程，为

$$\tilde{\nu}\equiv\frac{1}{\lambda}=R_H\left[\frac{1}{n^2}-\frac{1}{m^2}\right]=T(n)-T(m) \tag{1-27}$$

式中，λ 为光波波长；$T(n)$称为光谱项，公式表示为

$$T(n)=\frac{R_H}{n^2} \tag{1-28}$$

(3) 式(1－27)中，对于每一个 n（正整数），有 $m\geqslant n+1$(m 为正整数)。表 1－1 中已经发现的各线系均可用这个方程表示。其实，氢原子光谱由许多线状光谱构成，任意一条谱线的波数均可以表示成式(1－27)的形式，即写成两个光谱项之差，每一光谱项仅是某一自然数的函数。为什么具有这样简单的规律呢？也许还蕴藏着深刻的物理本质。

以上经验公式完全是凭经验凑出来的，但为何与实验结果符合得如此之好，在公式问世长达 30 年的时间内一直是个谜。这个谜，由玻尔把量子学说引入到卢瑟福的原子核式结构模型后，才得以揭晓。但玻尔的思想远远超越了经典物理框架。

1.2.4 原子的核式结构模型

1. 电子的发现

1833 年，法拉第(M. Faraday，1791—1867)提出了电解定律，测量出法拉第常量，建立了电量的概念。1874 年，通斯尼(G. J. Stoney，1826—1911)根据法拉第电解定律，主张把电解中的一个氢离子所带的电荷作为一个“基本电荷”，并认为任何电荷都由一些基本电荷组成，他于 1890 年正式提出“电子”的概念。1897 年，汤姆孙(J. J. Thomson，1856—1940)通过阴极射线管放电才真正观察到电子的存在，并测出了电子的荷质比(e/m)。对电子电量的测定，最具说服力的是密立根(R. Millikan，1868～1953)在 1912～1917 年间利用油滴实验做出的结果，即 $e=(4.770\pm 0.009)\times 10^{-10}$ 静电单位(约 1.59×10^{-19}C)。1929 年后，发现它约有 1%的误差，来自空气黏性对测量引起的偏差。电子电量的现代值为

$$e=1.602176487(40)\times 10^{-19}\,C \tag{1-29}$$

其精度达到千万分之一；括号中的 40 表示最后两位有效数字的误差(即 87±40)。有了电子电量的数值，通过实验就能方便而准确地测量出荷质比，可以定出电子质量的数值为

$$m_e = 9.10938215(45)\times10^{-31}\,\text{kg} \tag{1-30}$$

至于所有的电子电量和电子质量为什么是这样的数值，至今还无法回答。

2. 原子的核式结构模型

我们知道，原子一般是电中性的，那么原子中的正、负电荷是如何分布的呢？在汤姆孙发现电子之后，他又于 1898 年提出了一个“西瓜”模型，如图 1.1 所示。

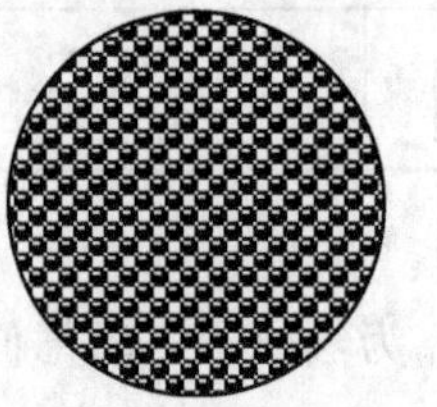

图 1.1 汤姆孙的原子模型：正电荷均匀分布在整个原子球内，而电子均匀地嵌入其中

但勒纳德(P. Lenard，1862—1947)从 1903 年起进行了电子在金属膜上的散射实验，结果显示汤姆孙模型的困难，他发现较高速度的电子很容易穿透原子，原子并不像是具有半径为 10^{-10} m 的实心球。[①] 但真正否定汤姆孙模型的是 α 粒子散射实验。

3. α 粒子散射实验

α 粒子即是 He^{2+} 离子，它通常由放射性物质(称为放射源)的 α 衰变产生。卢瑟福(E. L. Rutherford，1871—1937)的助手盖革(H. Geiger)和学生马斯顿(E. Marsden)继续进行 α 粒子散射实验。他们用的实验装置大致如图 1.2 所示。R 是用铅块防护的 α 粒子放射源，α 粒子束通过一个狭长的准直通道打在铂箔 F 上。经铂箔散射后的 α 粒子通过显微镜 M 观察涂有硫化锌的荧光屏 S 上的闪烁计数。由于荧光屏的接收面积较小，不能一次观察到各个方向上的散射粒子，因此显微镜和荧光闪烁器是相连的，并可以绕轴转动，以观察不同方向的散射粒子。又因为 α 粒子能量很高，会在空气中引起电离辐射而危及实验人员的安全，所以从 α 粒子到荧光屏这段路径是在真空中的。

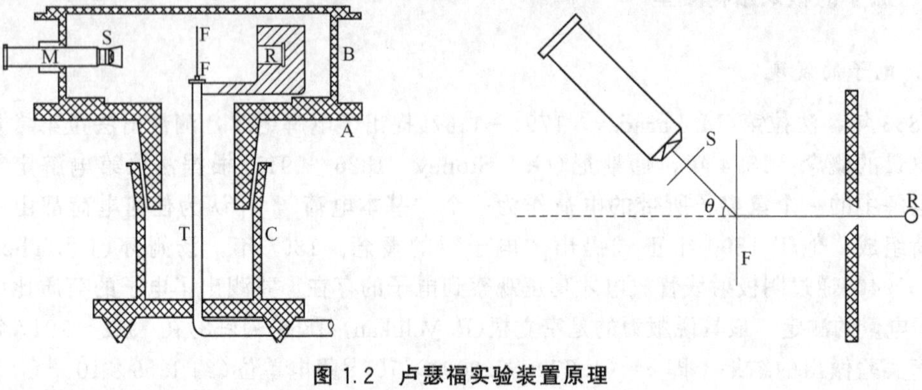

图 1.2 卢瑟福实验装置原理

① 当时人们利用实心球模型估算出来的原子半径，见习题。

在1909年他们观察到一个重要的现象，就是α粒子受铂箔散射时，绝大多数α粒子发生2°～3°的偏转，但有1/8000的α粒子偏转角大于90°，其中甚至有的接近180°。若按汤姆孙模型，原子实体内有均匀分布的正、负电荷，当α粒子接近原子时，它和正负电荷之间应该分别发生库仑相互作用，作用力为电荷之间的库仑力。首先证明电子(负电荷)不会引起α粒子的**大角度散射**。

以 m_α、m_e 分别表示α粒子和电子的质量；α粒子的入射速度(即初速度)大小为 v_α，散射后的速度大小为 v'_α；电子的初速度为0，散射后的速度大小为 v'_e，设α粒子与电子发生弹性对心正碰，满足能量与动量守恒，于是得

$$\frac{1}{2}m_\alpha v_\alpha^2=\frac{1}{2}m_\alpha v'^2_\alpha+\frac{1}{2}m_e v'^2_e \tag{1-31}$$

$$m_\alpha v_\alpha=m_\alpha v'_\alpha+m_e v'_e \tag{1-32}$$

联立式(1-31)和式(1-32)，可以解出

$$2v_\alpha=\left(1+\frac{m_e}{m_\alpha}\right)v'_e\approx v'_e \tag{1-33}$$

式(1-33)中的一近似结果是因为α粒子的质量为电子质量的7300倍。由此可以估算出α粒子的动量大小的相对变化为

$$\frac{\Delta p_\alpha}{p_\alpha}\approx\frac{2m_e v_\alpha}{m_\alpha v_\alpha}\approx\frac{1}{3650}\approx 10^{-4}\,\text{rad} \tag{1-34}$$

事实上，电子与α粒子发生对心正碰的概率极低，一般应当发生斜碰，α粒子的相对动量变化的大小不会大于上述的估计值，这时动量的方向变化为

$$\Delta\theta\approx\left|\frac{\Delta \boldsymbol{v}_\alpha}{\boldsymbol{v}_\alpha}\right|=\frac{\Delta p_\alpha}{p_\alpha}\approx 10^{-4}\,\text{rad} \tag{1-35}$$

由此可见，电子的散射不可能引起α粒子的大角度散射。注意，以上估计值可能远远超过实际值。

下面来讨论正电荷对α粒子的散射。设原子的半径为 R，正电荷 Ze 均匀地分布在原子球中，α粒子带 $2e$ 的正电荷。α粒子的受到的库仑力 f 随距离 r 变化，表示如下：

$$f=\begin{cases}2Ze^2/(4\pi\varepsilon_0 r^2), & r>R\\ 2Ze^2/(4\pi\varepsilon_0 R^2), & r=R\\ 2Ze^2 r/(4\pi\varepsilon_0 R^3), & r<R\end{cases} \tag{1-36}$$

式中，ε_0 为真空介电常数。从式(1-36)可以看出，α粒子在原子表面上受力最大，该力引起α粒子动量方向的变化(或偏转角)可以由下式估算：

$$\begin{aligned}\frac{\Delta p}{p}&=\frac{f/\Delta t}{m_\alpha v}=\frac{2Ze^2/[(4\pi\varepsilon_0 R^2)\cdot(2R/v)]}{m_\alpha v}=\frac{2Ze^2/(4\pi\varepsilon_0 R)}{m_\alpha v^2/2}\\ &\approx\frac{2Z\times 1.44\text{fm}\cdot\text{MeV}/0.1\text{nm}}{E_\alpha\text{MeV}}\\ &\approx 3\times 10^{-5}\frac{Z}{E_\alpha}\text{rad}\end{aligned} \tag{1-37}$$

式中，$\Delta t=2R/v$ 为α粒子在原子附近度过的时间，并用到一个电磁学中常用的量 $e^2/(4\pi\varepsilon_0)=1.44\text{fm}\cdot\text{MeV}$，fm是长度单位飞米(在原子核物理中很常用)，$1\text{fm}=10^{-15}\text{m}$；eV为能量单位，即电子伏特，表示一个带单位电荷的粒子在电位差为1V的电场中加速所获得的能量，$1\text{eV}=1.602176487(40)\times 10^{-19}\text{J}$，$1\text{MeV}=10^6\text{eV}$；作为估算，原子半径取

$R=0.1\text{nm}$；E_α为α粒子的动能，单位MeV。这些单位在原子物理与原子核物理中是很常用的，读者应当熟记。

为了进一步估算，假设一个α粒子的动能为5MeV，它被铂箔所散射，$Z=79$，代入式(1-37)可以算出每次碰撞的最大偏转角不超过10^{-3}rad。因此，不会发生大角度散射。

综上所述，汤姆孙模型无法解释α粒子的大角度散射现象，所以必须抛弃。

4. 卢瑟福的核式结构模型

1) 卢瑟福模型及库仑散射公式

卢瑟福仔细分析了汤姆孙模型和α粒子散射实验的结果，提出了原子核式结构模型。该模型认为，原子中的正电荷集中在原子的“中心”，称为原子核，而带负电的电子在库仑力的作用下绕原子核运动。这个模型与天体中行星绕恒星运动相似，因此，有人也称其为“行星模型”。

当一个质量为m、电量为Z_1的α粒子以速度v射到一个电荷电量为Z_2的原子核(称为靶粒子)附近时，二者之间有库仑排斥力。当原子核的质量比α粒子的质量大得多的情况下，可以近似地认为原子核不动，而原子中电子对α粒子的散射可以忽略不计。设靶粒子与α粒子入射方向的距离为b，即原子核到入射粒子运动方向的延长线之间的距离，称为瞄准距离。而入射粒子被靶粒子散射后发生了偏转，其偏转角为θ，称为散射角。散射过程的示意如图1.3所示。

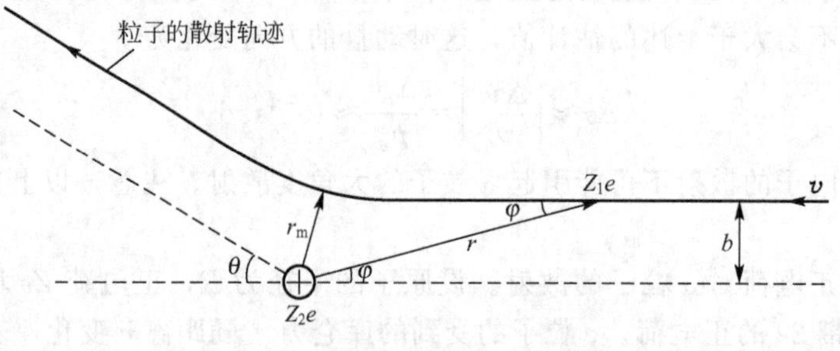

图1.3 带电粒子的库仑散射示意

由牛顿第二定律，可写出

$$\frac{Z_1Z_2e^2}{4\pi\varepsilon_0 r^2}\boldsymbol{e}_r=m\frac{\mathrm{d}\boldsymbol{v}}{\mathrm{d}t} \tag{1-38}$$

又因为α粒子在中心力场中运动，则角动量守恒，即

$$mr^2\frac{\mathrm{d}\varphi}{\mathrm{d}t}=L\quad(\text{常数}) \tag{1-39}$$

利用式(1-39)改写式(1-38)，得

$$\frac{Z_1Z_2e^2}{4\pi\varepsilon_0 r^2}\boldsymbol{e}_r=m\frac{\mathrm{d}\boldsymbol{v}}{\mathrm{d}\varphi}\frac{\mathrm{d}\varphi}{\mathrm{d}t}$$

或者

$$\mathrm{d}\boldsymbol{v}=\frac{1}{4\pi\varepsilon_0}\frac{Z_1Z_2e^2}{mr^2\dot{\varphi}}\mathrm{d}\varphi\boldsymbol{e}_r=\frac{Z_1Z_2e^2}{4\pi\varepsilon_0 L}\mathrm{d}\varphi\boldsymbol{e}_r$$

这是一个矢量常微分方程。先积分左边，有

$$e_u = \int_{v_1}^{v_2} \mathrm{d}\boldsymbol{v} = \boldsymbol{v}_2 - \boldsymbol{v}_1$$

但由于是弹性散射，α粒子的初速度与末速度大小不变，但方向改变了 $\pi-\theta$，两速度矢量之差可以用矢量合成法则计算，大小为 $2v\sin(\theta/2)$，其方向矢量在直角坐标系中应为 $\boldsymbol{e}_u=\boldsymbol{i}\sin(\theta/2)+\boldsymbol{j}\cos(\theta/2)$，如图 1.4 和 1.5 所示。

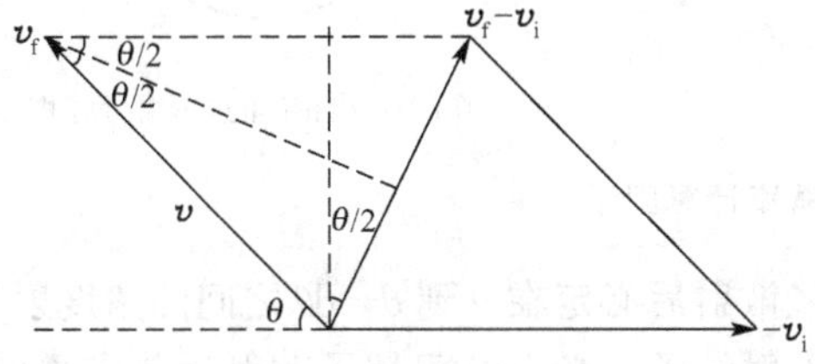

图 1.4　按矢量合成法则求末速度与初速度之差

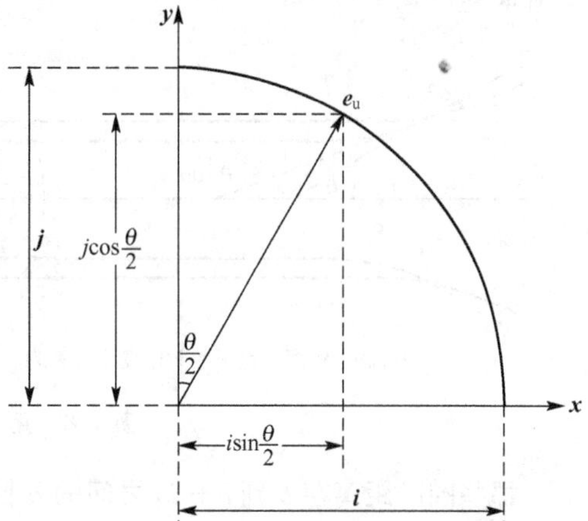

图 1.5　矢量差 e_u 在直角坐标系中的分解

再计算右边的积分，得

$$\int_0^{\pi-\theta} e_u \mathrm{d}\varphi = \int_0^{\pi-\theta} (\boldsymbol{i}\cos\varphi + \boldsymbol{j}\sin\varphi)\mathrm{d}\varphi = 2\cos(\theta/2)[\boldsymbol{i}\sin(\theta/2) + \boldsymbol{j}\cos(\theta/2)]$$

由左右两边的积分结果，得

$$v\sin\frac{\theta}{2} = \frac{1}{4\pi\varepsilon_0}\frac{Z_1 Z_2 e^2}{mvb}\cos\frac{\theta}{2} \tag{1-40}$$

式中，$mvb=L$ 为角动量。再考虑 $mv^2=2E$(E 为α粒子的动能)，得**库仑散射公式**，即

$$b = \frac{1}{4\pi\varepsilon_0}\frac{Z_1 Z_2 e^2}{2E}\cot\frac{\theta}{2} \tag{1-41}$$

式(1-41)表示对于给定入射α粒子(入射速度或动能已知)和靶核(电量已知)的情况，被散射粒子的散射角和瞄准距离之间满足的关系。

若考虑靶粒子的运动，式(1-41)中的能量需要作修正。这涉及实验室坐标系和质心坐标系之间的关系，此问题在后面的章节中有详细的讨论。

必须指出，因为实验中虽然可以测量出散射角，但无法测量瞄准距离，所以库仑散射公式无法用实验来检验，也就是说，至此还没有证明卢瑟福核式结构模型的正确性。

2) 卢瑟福公式

为了论证卢瑟福模型的正确性，需要改造库仑散射公式，把其中的未知变量变成可以用实验方法测量的量①，于是可以直接通过实验进行验证。

① 请读者注意物理公式与数学公式之间的区别：物理公式中的物理量经常与测量关联，因此在实际应用（或检验公式的正确性）时一方面要分析量纲，另一方面要考虑未知量中哪些是可以测量的物理量，用什么方法测量；而数学公式仅需要作严密的演算，并化为最简单的形式就可以了。

首先，从理论上分析式(1-41)。散射角与瞄准距离之间有对应关系：b 越大，θ 越小；b 越小，θ 越大；二者存在一一对应的关系。前面已经提到，实验观测散射粒子的荧光屏接收面积很小，也就是说，能接收到散射粒子的散射角范围较小。另外，实际进行 α 粒子散射实验时，不是用单个 α 粒子来做的，因为放射源中发射出许多 α 粒子，瞄准距离各不相同，当然散射粒子在各个方向都有，因此在观测位置只能看到局部的散射粒子，其示意图如图 1.6 所示。

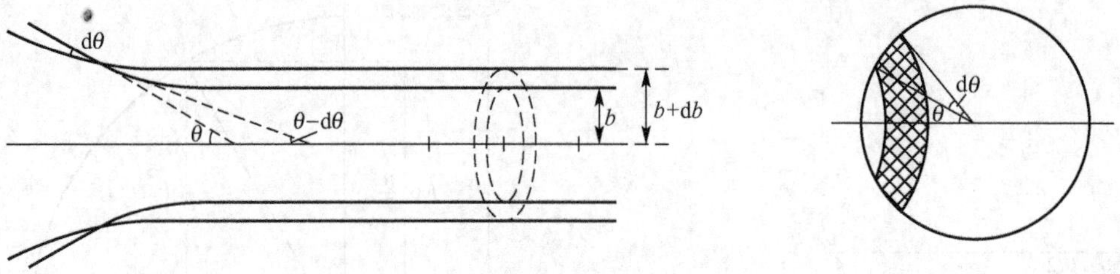

(a) 瞄准距离与粒子散射角变化关系的示意图　　(b) 空心圆锥体的立体角示意图

图 1.6　用于散射概率计算图示

那些瞄准距离在 b 到 $b+db$ 之间的 α 粒子，经散射后必定在 θ 到 $\theta-d\theta$ 之间的角度射出。凡是在内半径为 b、外半径为 $b+db$ 的圆环内的入射粒子，必定经靶粒子散射后落在角度在 $\theta-d\theta$ 到 θ 的圆锥内。设一铂箔的面积为 A，厚度为 t(应当很小，以至于铂箔中的靶粒子对入射来的 α 粒子前后互不遮蔽)。考虑瞄准环的面积为 $2\pi b\cdot db$，则利用式(1-41)，可以确定 α 粒子打在这个环上的概率为

$$\frac{2\pi b\cdot db}{A}=\frac{2\pi}{A}\left(\frac{a}{2}\cot\frac{\theta}{2}\right)\cdot\left|-\frac{a}{2}\csc^2\frac{\theta}{2}\cdot\frac{1}{2}d\theta\right|=\frac{a^2 2\pi\sin\theta d\theta}{16A\sin^4(\theta/2)} \tag{1-42}$$

由立体角的定义

$$d\Omega=\frac{dS}{r^2}=\frac{2\pi r\sin\theta\cdot rd\theta}{r^2}=2\pi\sin\theta d\theta$$

可改写式(1-42)为

$$\frac{2\pi b\cdot db}{A}=\frac{a^2 d\Omega}{16A\sin^4(\theta/2)} \tag{1-43}$$

式中，$a\equiv\frac{1}{4\pi\varepsilon_0}\frac{Z_1Z_2e^2}{E}$。以上仅考虑了一个靶核粒子的散射情况，若铂箔的原子密度为 n，则在体积 At 内共有 nAt 个原子核，它们都会使入射的 α 粒子产生散射，因此这些靶核共同作用，散射后进入立体角 $d\Omega$ 内的 α 粒子的概率为

$$dp(\theta)=\frac{a^2 d\Omega}{16A\sin^4(\theta/2)}nAt$$

若放射源中有 N 个 α 粒子打在铂箔上，则在 $d\Omega$ 内测量到的 α 粒子数为

$$dN'=N\frac{a^2 d\Omega}{16A\sin^4(\theta/2)}nAt=nNt\left(\frac{1}{4\pi\varepsilon_0}\frac{Z_1Z_2e^2}{4E}\right)^2\frac{d\Omega}{\sin^4(\theta/2)} \tag{1-44}$$

定义**微分截面**为

$$\sigma_C(\theta) \equiv \frac{d\sigma(\theta)}{d\Omega} \equiv \frac{dN'}{Nnt d\Omega} \tag{1-45}$$

它表示对于单位面积内的每个靶核，单位入射粒子、单位立体角内的散射粒子数。由式(1-44)微分截面可以表示为

$$\sigma_C(\theta) = \left(\frac{1}{4\pi\varepsilon_0}\frac{Z_1 Z_2 e^2}{4E}\right)^2 \frac{1}{\sin^4(\theta/2)} \tag{1-46}$$

式(1-46)就是著名的卢瑟福公式。微分截面 $\sigma_C(\theta)$ 具有面积的量纲，单位是 m^2/sr（米^2/球面度），它的物理意义是：**α粒子散射到 θ 方向单位立体角内每个靶原子的有效散射截面**。

如果考虑靶粒子的运动，则需要根据两体问题进行修正。实际使用时，采用实验室坐标系，微分截面公式变为

$$\sigma_L(\theta_L) = \left(\frac{1}{4\pi\varepsilon_0}\frac{Z_1 Z_2 e^2}{4E_L \sin^2\theta_L}\right)^2 \frac{\left[\cos\theta_L + \sqrt{1-\left(\frac{m_1}{m_2}\sin\theta_L\right)^2}\right]^2}{\sqrt{1-\left(\frac{m_1}{m_2}\sin\theta_L\right)^2}} \tag{1-47}$$

式中，下标带“L”的量为在实验室坐标系中测量的物理量；m_1、m_2 分别为α粒子和靶粒子的质量。而在质心坐标系中，式(1-46)仍然成立。当 $m_1/m_2 \to 0$ 时，即α粒子的质量远小于靶粒子质量时，靶粒子就可以视为不动，实验室坐标系与质心坐标系的结果一致，且 $\theta_L = \theta_C$，也就是说，这时式(1-47)可化为式(1-46)。

在实验上验证卢瑟福公式，可以考虑以下四种情况：

(1) 对同一α粒子源和同一散射体，$dN'\sin^4(\theta/2) =$ 常数。

(2) 对同一α粒子源和同一散射体材料，在同一散射角，$dN' \propto t$。

(3) 对同一散射体和同一散射角，$dN'E^2 =$ 常数。

(4) 对同一α粒子源、同一散射角和同一 nt 值，$dN' \propto Z^2$。

盖革-马斯顿于1913年通过α粒子散射实验完全证实了上述四种情况的定量关系，从而验证了卢瑟福公式的正确性。

3) 行星模型的困难

虽然卢瑟福的原子核式结构模型得到了实验证实，然而，核外电子绕核运动即所谓“行星模型”也存在以下难以克服的困难：

(1) **原子的稳定性**。根据“行星模型”，电子在原子核电场中绕核作加速运动，而按照经典电动力学的知识，带电粒子在电场中作加速运动，会不断产生电磁辐射。因此，核外电子的能量会不断损失，动能减小，在很短的时间内(10^{-9} s)会掉到原子核上，引起整个原子坍塌。如果真是这样的话，我们难以想象会是什么样的物质世界。但事实上，原子是十分稳定的。

(2) **原子的同一性**。无论哪种原子，无论它来自哪里，不管来自地球各地，还是来自外星，金原子是相同的金原子，铜原子是相同的铜原子。同一种原子不管历史和来源，其完全相同。而天体中的行星与恒星，千差万别，至今还没有发现两颗完全相同的星体。

(3) **原子的再生性**。在各种星系中，一旦星体之间发生撞击，那将是一场灾难，无法再生和修复。而原子就不同，它可以和外来粒子发生相互作用，但外界的相互作用一旦去

掉或离去，原子依旧是那个原子，好像一切从没有发生过似的。当然，在原子核反应中的情况则另当别论。

诚然，原子核式结构模型并不能与简单意义上的“行星模型”等同，也不能把“行星模型”和天体中的行星运动作简单的类比。但模型只是把复杂的问题简化，抽象成一种直观的图像，是一种科学研究方法，因此它还不能完全抓住问题的本质，必然有其局限性。但又必须看到，卢瑟福模型有其成功的地方，那就是它很好地解释了 α 粒子散射实验中的大角度散射现象。对原子的本质认识，仍然有许多不解之谜，至少从经典物理理论出发，已经无能为力了。

小　结

19 世纪末，经典物理学理论凝聚了无数科学家和劳动人民的智慧，已经形成了非常完善的理论体系。但近代物理实验发现了许多新的实验现象，对此经典物理理论却无能为力，这预示着有许多物理规律还未被人们所认识。

氢原子光谱之谜给人类认识原子留下了悬念，而卢瑟福的 α 粒子散射实验敲开了人类认识原子和微观世界的大门。原子核式结构模型回答了原子的基本结构，并为研究原子结构提供了一种有效的实验方法，但也存在难以克服的困难。这种类似于行星运动的模型并未摆脱经典电磁理论的框架，因此，无法对原子的稳定性、同一性和再生性做出正确的解释。

习　题

1. 若把原子看成一个实心球，设原子的相对原子质量为 A，这种原子的密度为 ρ(g/cm^3)，试证明该原子的原子半径为

$$r=\left(\frac{3A}{4\pi\rho N_A}\right)^{1/3}$$

式中，N_A为阿伏加德罗常数。又已知 Fe 的相对原子质量为 56，密度为 7.86g/cm^3，请计算它的原子半径。

2. 请由本章式(1－31)、(1－32)导出式(1－33)。

3. 卢瑟福散射实验还探测到原子核的大小为 fm 量级，如果地球上的原子的核外电子被完全剥离而成为裸核，并能紧密排列，估计地球将变成多大？(已知地球的半径大约为 6400km)。

4. 试证明在 α 粒子散射实验中，α 粒子受原子核的库仑力相互作用后，其径迹是一支双曲线。

5. 1909 年的某一天，卢瑟福要他的学生盖革观察是否存在大角度散射的 α 粒子。三天后，盖革果然观察到有 1/8000 的 α 粒子发生了大角度(即 $\theta\geqslant 90°$)散射。当时卢瑟福还认为是他一生中从未有过的、难以置信的事件，但在之后不久，他就提出了著名的原子核式结构模型。假设当时盖革所用的 α 粒子能量为 7.68MeV，已知散射体是铂箔，其原子

序数为79，相对原子质量为197，密度为19.3g/cm^3，试估算铂箔的厚度。

*6. 有一质量较小的正电粒子束，具有初始动能E，射向有效核半径为R的靶核上。若入射粒子与靶粒子的最近距离$r_m \leqslant R$，便认为入射粒子碰到了原子核。忽略相对论效应，碰撞截面定义为$\sigma = \pi b^2$，这里b为入射粒子碰到靶核的瞄准距离，且假设入射粒子与靶核的库仑相互作用势为U。请求出其碰撞截面的表达式。

注：带“*”号的题目稍难，读者可以选做。

第2章

玻尔的旧量子论

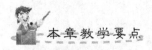

本章教学要点

知识要点	掌握程度	相关知识
玻尔的氢原子理论	熟悉玻尔氢原子理论的三个假设和对应原理； 掌握氢原子光谱项公式和能级公式，知道量子化的概念	核外电子绕核的圆周轨道运动、经典半径和频率； 玻尔理论建立的三个物理基础
玻尔理论的光谱实验验证	掌握玻尔理论的两类实验验证； 光谱实验与夫兰克-赫兹实验	类氢离子的光谱
玻尔模型的推广	了解核外电子运动的椭圆轨道运动、量子化通则，知道主量子数、径量子数和角量子数的概念及它们之间的关系； 了解碱金属原子的光谱特点，掌握原子实极化和轨道贯穿的概念； 知道玻尔理论的局限性	相对论能量

导读材料

N·玻尔是量子力学中著名的哥本哈根学派的领袖，他以自己的崇高威望吸引了国内外一大批杰出的物理学家，创建了哥本哈根学派。由于在量子物理领域取得的辉煌成就，他于1922年获得诺贝尔物理学奖。他和他的同事不仅创建了量子力学的基础理论，而且给予合理的解释，使量子力学得到许多新应用，如原子辐射、化学键、晶体结构、金属态等。更难能可贵的是，他们在创建与发展科学的同时，还创造了“哥本哈根精神”——一种独特的、浓厚的、平等自由地讨论和相互紧密地合作的学术气氛。直到今天，很多人还说“哥本哈根精神”在国际物理学界是独一无二的。曾经有人问玻尔：“你是怎么把那么多有才华的青年人团结在身边的?”他回答说：“因为我不怕在年青人面前承认自己知识的不足，不怕承认自己是傻瓜。”实际上，人们对原子物理的理解，即对所谓原子系统量子理论的理解，始于20世纪初，完成于20世纪20年代，然而“从开始到结束，玻尔那种充满着高度创造性，锐敏和带有批判性的精神，始终指引着他事业的方向，使之深入，直到最后完成。”

N·玻尔

爱因斯坦与玻尔围绕关于量子力学理论基础的解释问题，开展了长期而激烈的争论，但他们始终是一对相互尊敬的好朋友。玻尔认为这种争论是自己“许多新思想产生的源泉”，而爱因斯坦则高度称赞玻尔：“作为一位科学思想家，玻尔之所以有这么惊人的吸引力，在于他具有大胆和谨慎这两种品质的难得融合；很少有谁对隐秘的事物具有这一种直觉的理解力，同时又兼有这样强有力的批判能力。他不但具有关于细节的全部知识，而且还始终坚定地注视着基本原理。他无疑是我们时代科学领域中最伟大的发现者之一。”

普朗克在研究黑体辐射规律时，于1900年首先提出了“量子”假设，但并没有引起物理学家们的注意，甚至他本人也认为这是个牵强附会的概念，并把其说成是可恶的“量子”。普朗克和很多人一样，试图把量子学说纳入经典轨道中去，而爱因斯坦却认真对待了量子学说，1905年他明确提出了光量子的概念，圆满解释了光电效应。然而，貌似完善的经典理论却束缚着物理学家们的思想，爱因斯坦的光量子假设受到美国物理学家密立根的强烈反对，而最早提出量子概念的普朗克也说爱因斯坦的量子学说“太过分了”。当时很多著名的物理学家认为爱因斯坦的光量子概念“迷失了方向”。1913年，年仅28岁的丹麦物理学家尼尔斯·玻尔(N·Bohr，1885—1962)，却创造性地把量子概念用到卢瑟福原子结构模型中，成功地解开了困惑人们长达30年的氢光谱之谜，并建立了旧量子理论。

2.1 玻尔的氢原子理论

2.1.1 氢原子中的电子运动

氢原子中原子核带有一个单位的正电(质子)，外边有一个电子带有一个单位的负电，它们之间有相互作用的库仑吸引力，其大小为

$$F=\frac{1}{4\pi\varepsilon_0}\frac{Ze^2}{r^2} \tag{2-1}$$

式中，r为两点电荷之间的距离；e为电子的电荷；Ze为原子核的电荷(对于氢原子，$Z=1$)；ε_0为真空中的介电常数。由于原子核的质量比电子的质量大约1836倍，它们之间的相互运动可以近似地视为电子绕核的运动。考虑最简单的电子运动为圆周运动，电子受到的向心力等于库仑引力，即

$$\frac{mv^2}{r}=\frac{1}{4\pi\varepsilon_0}\frac{Ze^2}{r^2} \tag{2-2}$$

式中，m、v分别为电子的质量和速度的大小。若选择无穷远处的势能为零，则系统的势能为

$$U=-\int_r^{\infty}\frac{1}{4\pi\varepsilon_0}\frac{Ze^2}{r^2}\mathrm{d}r=-\frac{1}{4\pi\varepsilon_0}\frac{Ze^2}{r} \tag{2-3}$$

原子的总能量为

$$E=\frac{1}{2}mv^2-\frac{1}{4\pi\varepsilon_0}\frac{Ze^2}{r} \tag{2-4}$$

把式(2-2)中解出的速度结果代入式(2-4)，得到总能量的表达式为

$$E=-\frac{1}{4\pi\varepsilon_0}\frac{Ze^2}{2r} \tag{2-5}$$

这样，电子动能的大小等于势能大小的一半，数值上等于总能量的大小(请思考：为什么?)。

从式(2-2)中得到的速度表达式，还可以求出电子轨道运动的频率为

$$f=\frac{v}{2\pi r}=\frac{e}{2\pi}\sqrt{\frac{Z}{4\pi\varepsilon_0 mr^3}} \tag{2-6}$$

式(2-5)与式(2-6)是根据经典力学与电学理论推导出来的，它们是否能够解释氢原子的光谱呢？答案是否定的。

2.1.2 经典理论的困难

从上述经典理论的结果试图说明和解释氢光谱的实验现象和规律是不可能的。按照经典电动力学理论，当带电粒子(这里就是电子)有加速度时，就会发生电磁辐射，而发射的电磁波频率就等于电子的运动频率。原子核外电子作圆周轨道运动，具有向心加速度，它将发生连续的电磁辐射。这样，电子的经典轨道运动(即圆周运动)因连续的电磁辐射会导致以下两点与事实不符的结果：

(1) 当电子连续辐射时，原子系统的能量会逐渐减小，按照式(2-5)可知，轨道半径相应逐渐减小，最终电子会掉到原子核上去，这便出现原子的“坍缩”，直到原子半径等于核半径(10^{-15}m)时原子才到达稳定不变，这与实验观察到的原子半径约为10^{-10}m的结果完全不符。

(2) 电子因电磁辐射而发射的光的频率等于原子中电子的运动频率，应当是连续的光谱，这与氢光谱的实验事实——线状光谱(见第1章中1.2.3节的描述)也不相符。

用经典理论试图解释氢原子光谱遇到了难以克服的困难，因此需要另寻出路。玻尔

针对上述经典物理的困难，提出了量子化的概念，成功地解释了氢光谱的实验现象和规律。

2.1.3 玻尔的氢原子理论概述

为了解释氢原子光谱的实验规律，玻尔的氢原子理论基于三个假设来完成的，下面分别予以阐述。

1. 定态假设

玻尔认为，氢原子的核外电子绕核作圆周运动(经典轨道)，但电子的运动轨道只能处于一些分立的轨道上，它只能在这些轨道上绕核转动，而不发生电磁辐射。这就是玻尔的**定态假设**，又称**定态条件**。

原子只能长时间地处于一些稳定的状态(即定态)，各个定态有相对应的能量，它们之间的数值是分立的(即不连续)，称为量子化能级或能量的量子化。原子能量的改变，只能通过这些量子化的能级之间的跃迁来实现。

值得注意的是，玻尔的定态假设其实是个硬性的规定，它限制了核外电子的轨道运动。这一假设完全区别于氢原子中电子经典轨道概念，当然也迎合了氢原子在正常状态下的轨道状况(即稳定的轨道状态)。

2. 能级跃迁假设

正常状态下，原子处于稳定的定态轨道上，不会发生辐射。但是，当原子受到外界因素(各种能量物质的作用)的激发时，可以吸收或发射某些确定的能量，从一个定态能级跃迁到另一个定态能级。当然，原子发生吸收或发射时，其辐射的频率是确定的，完全由相关两个定态能级的能量所决定。设两个定态能级的能量分别是 E_1、E_2，它们之间发生跃迁时，辐射的频率 ν 满足以下关系：

$$h\nu = E_2 - E_1 \tag{2-7}$$

式中，h 为普朗克常数，单位是 $J \cdot s^{-1}$。式(2-7)即是玻尔的**能级跃迁假设**，又称**频率条件**。

3. 角动量量子化假设

有了以上两个假设，还不能定量地确定氢原子能级和光谱频率。玻尔提出了更为具体和量化的**角动量量子化假设**，他假设电子绕核运动的角动量是量子化的，即

$$L = m_e v r_n = n\hbar, \quad n = 1, 2, 3, \cdots \tag{2-8}$$

式中，$\hbar \equiv \dfrac{h}{2\pi}$；$n$ 为量子数；r_n 为量子化的轨道半径。

由式(2-2)解出的速度与半径的关系，把式(2-8)代入，便可得到电子量子化的轨道半径为

$$r_n = \frac{4\pi\varepsilon_0 \hbar^2}{m_e Z e^2} \cdot n^2 \tag{2-9}$$

把式(2-9)代入电子的经典能量式(2-5)中，得到相应的轨道能量表达式为

$$E_n = -\frac{Z^2 m_e e^4}{(4\pi\varepsilon_0)^2 \cdot 2\hbar^2 n^2} = -Z^2 \frac{Rhc}{n^2} \tag{2-10}$$

式(2-10)中，取 $Z=1$，得到第1章给出的氢原子光谱能级公式。其中

$$R=\frac{2\pi^2 e^4 m_e}{(4\pi\varepsilon_0)^2 ch^3} \tag{2-11}$$

为氢原子里德伯常数的表达式，它由已知的物理常数和数学常量构成，不再是经验参数了。

2.1.4 对应原理

根深蒂固的经典理论与量子假设似乎格格不入，预示着经典理论和量子理论之间深刻的矛盾。19 世纪末，宏观世界无数多的实验事实都证明了经典理论的正确性，而到微观世界却遇到了如此巨大的困难，不同尺度之间的物理理论就真的水火不容吗？玻尔提出的**对应原理**就揭示了宏观范围与微观范围内不同理论之间的过渡关系，实质上是矛盾双方的转化关系。

对应原理表述为：在微观范围内的现象与宏观范围的现象可以各自遵从本范围的规律，但当把微观范围内的规律拓展到宏观范围内的经典规律时，则它们得到的数值结果应当一致。

读者可能会对玻尔提出的氢原子角动量量子化假设感到困惑不解。下面我们将看到，它可以通过对应原理由氢原子光谱的经验规律导出。

实验得到的氢原子光谱的能级公式为 $E_n=-\frac{Rhc}{n^2}$，两个不同能级之间的跃迁产生的光谱频率可以写成

$$\nu=\tilde{\nu}c=Rc\left(\frac{1}{n^2}-\frac{1}{n'^2}\right)=Rc\frac{(n'+n)(n'-n)}{n'^2 n^2} \tag{2-12}$$

式中，$\tilde{\nu}=1/\lambda$ 为波长的倒数，定义为波数。当 n 很大时，两个相邻能级($n'-n=1$)之间的跃迁频率为 $\nu\approx 2Rc/n^3$。按照对应原理，它应当等于经典频率式(2-6)，由此得

$$r=\sqrt[3]{\frac{1}{4\pi\varepsilon_0}\frac{e^2}{16\pi^2 R^2 c^2 m_e}}\cdot n^2 \tag{2-13}$$

把式(2-13)的轨道半径代入经典能量式(2-5)中，便可得到里德伯常数的表达式为

$$R=\frac{2\pi^2 e^4 m_e}{(4\pi\varepsilon_0)^2 ch^3}$$

此即式(2-11)。把 R 的表达式代入式(2-13)，得到量子化的氢原子轨道半径为

$$r_n=\frac{4\pi\varepsilon_0\hbar^2}{m_e e^2}\cdot n^2 \tag{2-14}$$

从式(2-2)中解出 v 和 r 的关系式，代入经典电子运动的轨道角动量定义式，得

$$L\equiv m_e vr=m_e\sqrt{\frac{e^2}{4\pi\varepsilon_0 m_e r}}\cdot r=\sqrt{\frac{m_e e^2 r}{4\pi\varepsilon_0}}$$

将量子化的轨道半径式(2-14)代入上式，得

$$L=n\hbar$$

此式即轨道角动量量子化条件。

最后指出，玻尔解决宏观经典理论和微观量子理论的态度和思维方式是值得我们学习

的，他没有把矛盾双方割裂开，而是充分应用了矛盾双方的互相依存并在一定的条件下互相转化的辩证唯物主义思想，这种辩证思维方法对于理解量子力学理论的建立是十分重要的，希望读者借鉴。

2.2 玻尔理论的光谱实验验证

2.2.1 氢原子光谱

玻尔从对应原理出发提出的轨道角动量量子化假设，得到的氢原子能级公式与实验得出的经验公式形式上完全一致，但公式中还有一个重要的常数，即里德伯常数 R。按照理论式(2－11)计算出的数值为

$$R=109737.315\text{cm}^{-1} \tag{2-15}$$

它的实验值为

$$R_H=109677.58\text{cm}^{-1} \tag{2-16}$$

这两个值应当说符合得较好，氢原子的里德伯常数得到了较好的解释。然而，当时的光谱仪已能达到万分之一的测量精度，里德伯常数的理论值与实验值之间仍有万分之五的差别。问题出在哪里呢？玻尔在1914年对此做了回答。由于原来的理论中认为原子核固定不动，但考虑到原子核和核外电子组成的两体运动，就需把公式中的电子质量换成折合质量。设原子核的质量为 m_A，电子质量为 m_e，它们组成两体运动体系的折合质量为

$$\mu=\frac{m_A m_e}{m_A+m_e} \tag{2-17}$$

相应的里德伯常数为

$$R_A=\frac{2\pi^2 e^4\mu}{(4\pi\varepsilon_0)^2ch^3}=\frac{2\pi^2 e^4}{(4\pi\varepsilon_0)^2ch^3}\cdot m_e\frac{1}{1+m_e/m_A}=R\,\frac{1}{1+m_e/m_A} \tag{2-18}$$

当原子核质量取无穷大时，式(12－18)可变为

$$R_\infty=R$$

因此，原来公式中的 R 值实际上取的是 R_∞ 的值。最新的值 $R=R_\infty=109737.31568527(73)\text{cm}^{-1}$。实验发现，把各原子的里德伯常数精确地测量出来，与式(2－18)计算的理论值符合得非常好。

通常把氢原子的能级作成图解，即能级图，如图2.1所示。

玻尔的氢原子理论成功地解释了氢光谱，从而揭开了困惑人们长达30年之久的“巴耳末公式”之谜。

思考题：请计算氢的三种同位素氕(^{1}H)、氘(^{2}D)、氚(^{3}T)的里德伯常数，并把氕的理论值与式(2－16)给出的实验值进行对比。

2.2.2 类氢离子光谱

核外只有一个电子的离子称为**类氢离子**。但类氢离子的原子核带有 $Z>1$ 的正电荷，Z 就代表了不同类型的类氢离子体系，氢及几种类氢离子见表2－1。

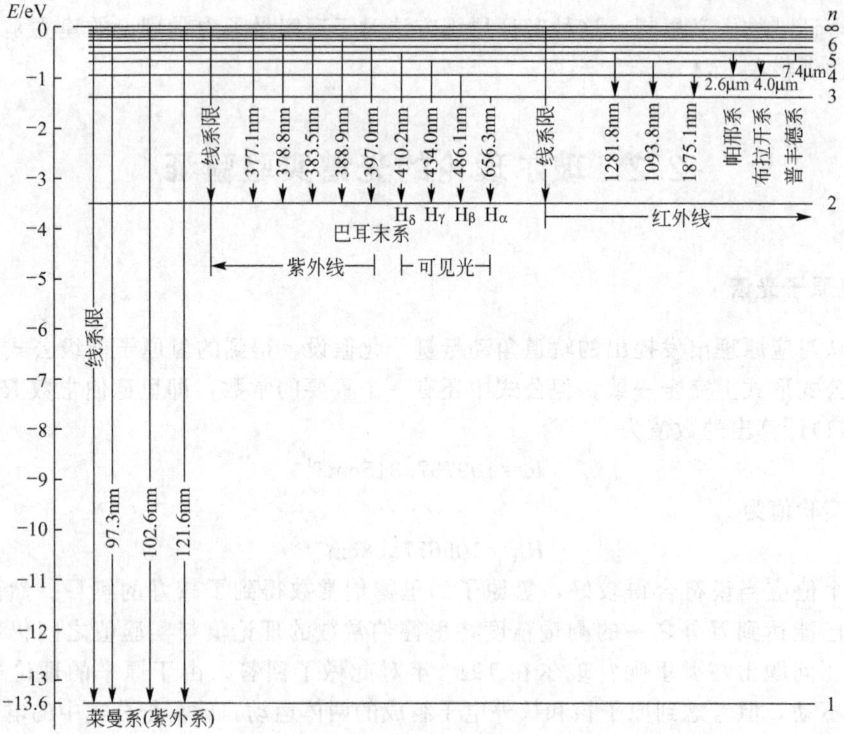

图 2.1　氢原子能级与发射光谱

表 2-1　氢及几种类氢离子

Z	原子或离子	电荷性质	记号
1	H	电中性	HⅠ
2	He^{+}	一价阳离子	HeⅡ
3	Li^{2+}	二价阳离子	LiⅢ
4	Be^{3+}	三价阳离子	BeⅣ
5	B^{4+}	四价阳离子	BⅤ

类氢离子是通过外界能量使原子核外电子发生电离，最终剩下一个核外电子来获得的。目前利用加速器技术能产生如 O^{7+}，甚至 U^{91+} 那样的高 Z 类氢离子。由于类氢离子只有一个核外电子，其经典运动规律与氢原子相似，因此，按照玻尔的氢原子理论，只需稍加推广，就可得到类氢离子的能级公式，即

$$E_n=-Z^2R_Ahc/n^2 \tag{2-19}$$

相应的光谱公式为

$$\tilde{\nu}=\frac{1}{\lambda}=Z^2R_A\left(\frac{1}{n^2}-\frac{1}{n'^2}\right) \tag{2-20}$$

式中，$n=1，2，3，\cdots$；$n'=n+1，n+2，n+3，\cdots$。对于氦的类氢离子($Z=2$)，光谱公式为

$$\tilde{\nu}=\frac{1}{\lambda}=2^2R_{He}\left(\frac{1}{n^2}-\frac{1}{n'^2}\right)=R_{He}\left(\frac{1}{(n/2)^2}-\frac{1}{(n'/2)^2}\right) \tag{2-21}$$

当 $n=4$ 时，可改写成

$$\tilde{\nu}=\frac{1}{\lambda}=R_{\mathrm{He}}\left(\frac{1}{2^2}-\frac{1}{(n_1/2)^2}\right),\quad n_1/2=2.5,3,3.5,4,4.5\cdots \tag{2-22}$$

式(2-22)和氢原子的巴耳末公式 $\tilde{\nu}=\frac{1}{\lambda}=R_{\mathrm{H}}\left(\frac{1}{2^2}-\frac{1}{n^2}\right)(n=3,4,\cdots)$ 比较，它们之间的差别仅在于 n_1 与 n 的取值不同，n_1 取大于 2 的半整数，而 n 取大于 2 的整数。因此，它们的光谱线系很相似，但又有两点不同：①He^+ 的谱线比氢要多，氢没有半整数的光谱线；②由于里德伯常数不同，即使对于相同的整数值，谱线的位置也不相同。为便于比较，把氢的巴耳末光谱线系和氦离子($n=4$)的光谱线系作在同一图中，如图 2.2 所示，较高的一组表示氢原子的谱线，较矮的代表氦离子的谱线。氦离子($n=4$)光谱线系是天文学家毕克林(E. C. Pichering)在 1897 年观察船舻座 ζ 星的光谱发现的，由此命名为**毕克林系**。但当时有人认为毕克林系是氢的光谱线，并以为地球上的氢不同于其他星体上的氢。而玻尔却十分肯定它是 He^+ 的谱线，后被英国物理学家埃万斯(E. J. Evans)在实验室中观察到 He^+ 的光谱所证实。

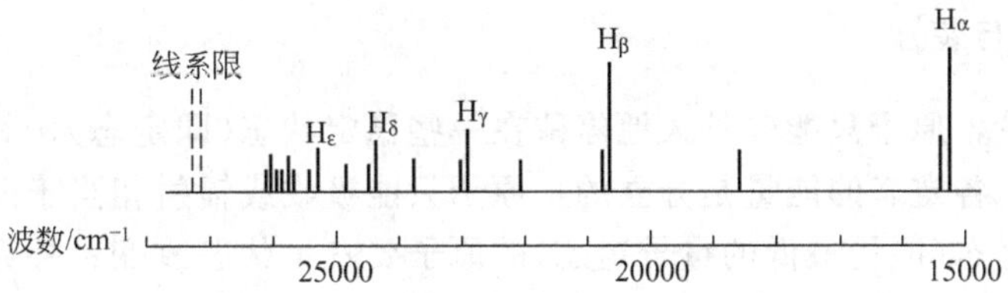

图 2.2 氢原子与 He^+ 毕克林谱线系的比较

2.2.3 肯定氘的存在

1932 年，尤雷(H. C. Urey)在实验室中发现，在氢的 H_α 线(波长为 656.279nm)的旁边还有另一条谱线(波长为 656.100nm)，他认为是氢的同位素原子氘(^2H)的谱线，而且氘与氢原子的相对原子质量比为 2∶1。根据里德伯常数和氢原子光谱公式的计算，可以发现计算结果与实验结果相符，从而可以肯定氘的存在。现在已经清楚地知道，氢有三种同位素，它们在自然界中的丰度见表 2-2。其中，氘可以从丰富的海水资源中提取重水来加工获得，而氚要通过人工核反应来制取，它们都是重要的核聚变材料，除了作为氢弹原料外，更有价值的是它将作为未来可控热核聚变反应堆的核燃料。

表 2-2 氢同位素的相对原子质量与丰度

氢同位素	相对原子质量	同位素丰度(%)
^1H(氕，普通氢)	1.008142±0.000003	99.9852
^2H(D，氘，重氢)	2.014735±0.000006	0.0148
^3H(T，氚，超重氢)	3.016997±0.000011	$10^{-14}\sim10^{-15}$

玻尔理论是建立在近代物理学三方面的成就和进展基础上的，即：①原子光谱的实验资料和经验规律；②以实验为基础的原子核式结构模型；③从黑体辐射的实验事实发展起来的量子概念。玻尔在这个基础上推究原子内部电子的运动规律，对原子物理的认识实现

了新的跨越和发展。由于玻尔研究原子结构及原子辐射的杰出成就，他当之无愧地获得了1922年度的诺贝尔物理学奖。

2.3 夫兰克-赫兹实验与原子能级量子化的进一步证明

前面介绍了氢原子及同位素D和类氢离子的光谱实验证实了玻尔理论的正确性，但这些原子或离子的核外电子结构都很简单，那么原子能级的量子化规律是否在微观范围内具有普适性呢？这需要用独立于光谱实验的其他方法来检验，这就是本节介绍的夫兰克-赫兹实验，它将从另一个角度来证实原子能级的量子化。

1914年，即玻尔理论发表的第二年，夫兰克（J. Franck，1882—1964）和赫兹(G. L. Hertz，1887—1975)合作进行了加速电子轰击原子的实验，证明了原子内部能级的量子化。因他们发现了电子和原子碰撞规律，并肯定原子能级的存在，从而分享了1925年度的诺贝尔物理学奖。

2.3.1 实验原理与装置

根据玻尔理论，原子只能较长久地停留在一些稳定状态(即定态)，其中每一状态对应于一定的能量值，各定态的能量是分立的，原子只能吸收或辐射相当于两定态间能量差的能量。如果处于基态(能量最低的量子定态)的原子要发生状态改变，外界提供的能量不能少于原子从基态跃迁到第一激发态时所需要的能量。夫兰克-赫兹实验通过具有一定能量的电子与原子碰撞，进行能量交换而实现原子从基态到高能态的跃迁。

夫兰克-赫兹实验装置的原理图如图2.3所示。在玻璃真空容器中充入待测量的汞蒸气。电子通过热阴极K发出，栅极G与K之间加上偏置电压，形成加速电场，使热电子加速。栅极G和接收极A之间有0.5V的反向电压。当加速电子与管内KG之间的汞蒸气原子发生碰撞时，电子损失能量。若电子碰撞后的能量大于0.5eV，它们将克服反向电场做功而到达接收极A，检流计中就能测量出电流。反之，若电子碰撞后的能量低于0.5eV，它们就不能到达接收极A，没有电流产生。

实验时，KG间的加速电压可以通过可变电阻(如滑线变阻器)调节，以改变热电子的能量，从检流计中可以检测出电流随加速电压的变化曲线，实验结果如图2.4所示。当

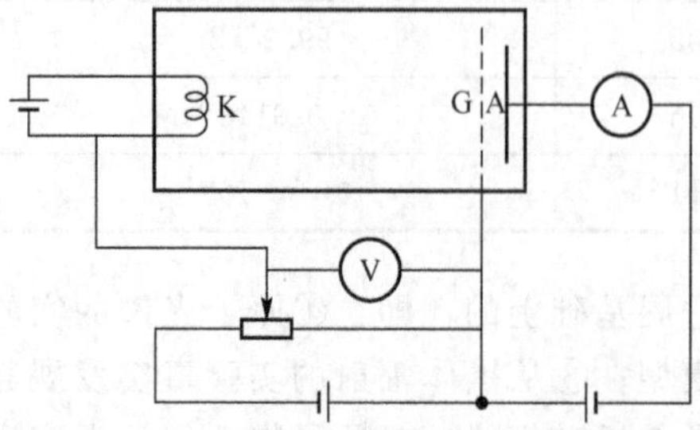

图2.3 夫兰克-赫兹实验装置原理图

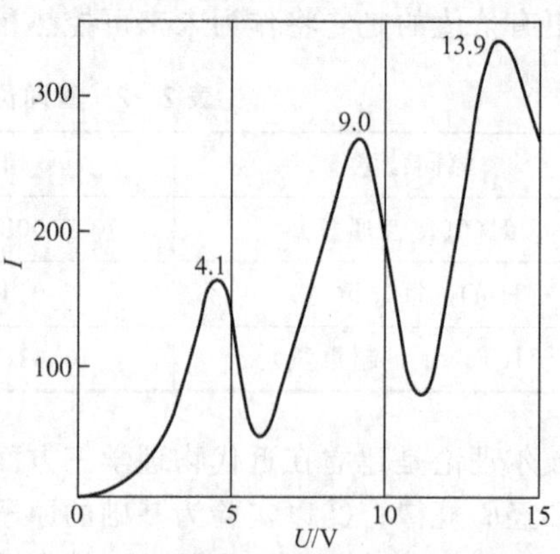

图2.4 接收极电流随GK间的电压变化曲线

KG间的电压从零增大时，接收极电流逐渐增大。当电压增至4.1V时，电流突然减小。继续增加电压，电流到一个最低值后又逐渐增加，下一个峰值电流对应的KG间电压值为9.0V，再下一个峰值电流对应的KG间电压值为13.9V。

2.3.2 实验结果的解释

如何解释以上结果呢？首先，热阴极K发射的电子具有一定的初速度分布，在KG间电场加速后不同的电子获得不同的速度，然后在KG间的碰撞区与汞原子发生碰撞。电子与汞原子之间的碰撞有两种形式：一种是弹性碰撞，另一种是非弹性碰撞。前者不改变电子的能量，只改变电子的运动方向；后者使电子损失部分能量，并转移给汞原子使其能量增加。按照玻尔的量子化能级的概念，只有当汞原子吸收到某一能量值时，它将从基态跃迁到上一个激发态，两个态的能量具有确定的值，二者之差恰好等于4.9eV。从实验结果中可以看出，相邻两个峰值电流对应的KG间电压之差就是4.9V，电子失去的能量就是4.9eV。因此，加速电子每次失去4.9eV的能量，是因为它们与汞原子发生了非弹性碰撞，转移给汞原子使之从基态跃迁到第一激发态。这种能量吸收具有选择性，否则只能发生弹性碰撞。电子因非弹性碰撞损失能量后剩余的动能可以克服接收极A的反向电场，从而形成电流。需要指出，实验中并非能量值超过4.9eV的电子都会与汞原子发生非弹性碰撞，这与电子和汞原子的碰撞概率有关，决定于它们的有效碰撞截面(可以参考第1章的散射截面的概念)。

夫兰克-赫兹实验进一步证明了原子内部能级的存在，为玻尔的量子论提供了直接而可靠的实验证据。当然，上述装置仅是对实验原理的说明，实际上可以作许多改进，可以把电子加速到更高的能量，并改变电子的碰撞区，从而更有效地增加电子和原子的碰撞概率，能实现原子向更高激发态跃迁。现代的夫兰克-赫兹实验仪，在控制系统、数据采集和图像处理等方面向着智能化方向发展了，研究的原子也不限于汞原子，读者可以参考有关的书籍或者通过互联网了解相关的知识和信息。

2.4 玻尔模型的推广

虽然玻尔的量子论得到氢光谱实验和夫兰克-赫兹实验的有力支持，但是我们知道氢元素是元素周期表中电子结构最简单(只有一个电子)的元素，玻尔的量子模型建立在三个假设基础上，同时还有一些简化：①核外电子轨道为圆轨道；②没有考虑电子运动的相对论效应。因此，对于更复杂的原子，玻尔的量子论还需要推广。

2.4.1 电子椭圆轨道的量子化

在玻尔提出氢原子的轨道角动量量子化条件不久，威尔逊(W. Wilson)(1913)、石原(1915)和索莫菲(A. Sommerfeld)(1916)分别独立提出了普适的量子化条件，即

$$\oint p\mathrm{d}q = nh \tag{2-23}$$

式中，p、q分别为广义动量和广义坐标。此式称为**量子化通则**。若p为动量，则q为位移；若p为角动量，则q为角位移。如果描述电子的圆周运动，那么其轨道角动量(改用

J 表示)是常数，则有

$$\oint J\mathrm{d}\phi = 2\pi J = nh$$

即 $J=n\hbar$，这就是玻尔的轨道量子化条件。因此，量子化通则包含了圆周运动的量子化条件，即为玻尔量子化条件的推广。

电子绕原子核运动的轨道不只是圆形轨道。因为按照行星运动模型，电子运动一般应是椭圆轨道。1916 年，索莫菲提出了椭圆轨道理论。采用极角坐标系描述电子的椭圆运动，r、ϕ 分别表示极坐标和极角坐标，与这两个坐标对应的动量分别是线动量和角动量，即

$$p_r = m\dot{r},\quad p_\phi = mr^2\dot{\phi} \tag{2-24}$$

式中，$\dot{\phi}$ 为电子的角速度；$r\dot{\phi}$ 为垂直于 r 矢径的速度分量；$\dot{r}$ 为 r 径向方向的速度分量。原子核和核外电子组成的体系总能量由动能和势能构成，表示如下：

$$E=\frac{1}{2}mv^2-\frac{Ze^2}{4\pi\varepsilon_0 r}=\frac{1}{2}m(\dot{r}^2+r^2\dot{\phi}^2)-\frac{Ze^2}{4\pi\varepsilon_0 r} \tag{2-25}$$

式中，$(1/2)mr^2\dot{\phi}^2=(1/2)mr\omega^2$ 为电子的转动动能。对每一个广义坐标应用量子化通则，即

$$\oint p_\phi \mathrm{d}\phi = n_\phi h \tag{2-26}$$

$$\oint p_r \mathrm{d}r = n_r h \tag{2-27}$$

式中，n_ϕ、n_r 均为正整数，分别称为角量子数和径量子数。由于中心力场中角动量是一个守恒量(即常数)，则式(2-26)中的 p_ϕ 可以提出积分号外，于是有

$$p_\phi = mr^2\dot{\phi} = n_\phi h/(2\pi) = n_\phi\hbar \tag{2-28}$$

我们把坐标原点选在原子核上，它作为电子椭圆轨道的一个焦点，如图 2.5 所示。

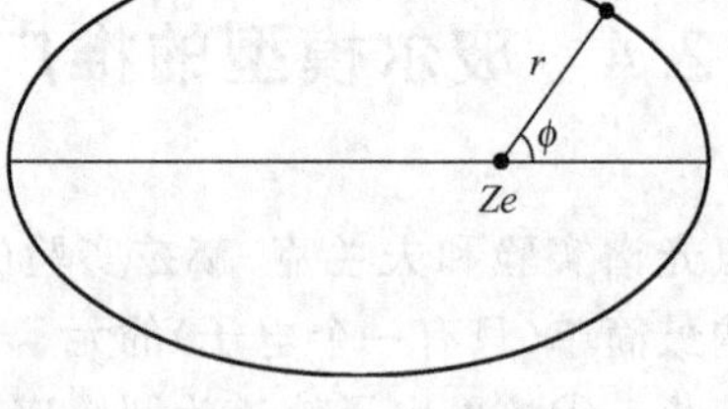

图 2.5 电子绕原子核的椭圆轨道运动

因此，椭圆的极坐标方程为

$$r=\frac{a(1-\kappa^2)}{1+\kappa\cos\phi} \tag{2-29}$$

式中，$\kappa=\sqrt{1-\left(\frac{b}{a}\right)^2}$，为椭圆的离心率，$a$、$b$ 分别为椭圆的半长轴与半短轴。由式(2-27)与式(2-28)可以导出，电子作椭圆运动的半短轴与半长轴之比(其推导参见附录 A1)为

$$\frac{b}{a}=\frac{n_\phi}{n_\phi+n_r}=\frac{n_\phi}{n} \tag{2-30}$$

分别考虑当 $\phi=0$ 及 $\phi=\pi$(即长轴与椭圆的两个交点，这两个交点处平动动能均等于零)处的体系能量为

$$E_{\phi=0}=\frac{1}{2}mr^2\dot{\phi}^2-\frac{Ze^2}{4\pi\varepsilon_0 r}=\frac{p_\phi^2}{2mr^2}-\frac{Ze^2}{4\pi\varepsilon_0 r}$$

$$=\frac{1}{2ma^2}\frac{1}{(1-\kappa)^2}(n_\phi\hbar)^2-\frac{Ze^2}{4\pi\varepsilon_0 a}\frac{1}{1-\kappa}$$

$$=\frac{1}{2ma^2}\left[\frac{1+\kappa}{(1-\kappa^2)}\right]^2(n_\phi\hbar)^2-\frac{Ze^2}{4\pi\varepsilon_0 a}\frac{1+\kappa}{1-\kappa^2} \tag{2-31}$$

$$E_{\phi=\pi}=\frac{1}{2}mr^2\dot{\phi}^2-\frac{Ze^2}{4\pi\varepsilon_0 r}=\frac{p_\phi^2}{2mr^2}-\frac{Ze^2}{4\pi\varepsilon_0 r}$$

$$=\frac{1}{2ma^2}\frac{1}{(1+\kappa)^2}(n_\phi\hbar)^2-\frac{Ze^2}{4\pi\varepsilon_0 a}\frac{1}{1+\kappa}$$

$$=\frac{1}{2ma^2}\left[\frac{1-\kappa}{(1-\kappa^2)}\right]^2(n_\phi\hbar)^2-\frac{Ze^2}{4\pi\varepsilon_0 a}\frac{1-\kappa}{1-\kappa^2} \tag{2-32}$$

以上两式对一切 $\kappa(0\leqslant\kappa<1)$ 均成立。若体系的总能量守恒，则上面两式相等，并利用式(2-30)解出

$$a=n^2\frac{4\pi\varepsilon_0\hbar^2}{Zme^2}=n^2\frac{a_1}{Z} \tag{2-33}$$

由式(2-30)和式(2-33)容易得到

$$b=nn_\phi\frac{a_1}{Z} \tag{2-34}$$

式中，a_1 为第一氢原子的玻尔半径，即

$$a_1=\frac{4\pi\varepsilon_0\hbar^2}{me^2}=0.529166\times10^{-10}(\mathrm{m}) \tag{2-35}$$

这是原子最小轨道半径的数值，读者应当熟知其数量级。

上面还引进了一个新的量子数 n，它也取正整数，称为**主量子数**。从式(2-33)中可以看出，椭圆轨道的半长轴决定于 n，而与 n_ϕ 无关，所以 n 相同的轨道，其半长轴相等。但半短轴与 n 与 n_ϕ 都有关。对于同一个 n 值，可以取不同的 n_ϕ 和 n_r。由于角量子数不能等于零(否则就不是曲线运动了)，而径量子数可以等于零(如电子作圆形轨道运动，其径向速度恒等于零)，因此有

$$n_\phi=1,\ 2,\ 3,\ \cdots,\ n \tag{2-36a}$$

$$n_r=n-1,\ n-2,\ \cdots,\ 2,\ 1,\ 0 \tag{2-36b}$$

当 $n_r=0$ 时，则 $n_\phi=n$，$b=a$，这时的轨道是圆形轨道。

在式(2-31)或式(2-32)中，利用半长轴 a 的表达式(2-33)和半短轴的表达式(2-34)，以及椭圆离心率的以下关系式，即

$$n_\phi^2=\left(\frac{b}{a}\right)^2n^2=(1-\kappa^2)n^2$$

便可以进一步计算出体系的能量(请读者自己演算)为

$$E_n=-\frac{Z^2m_e e^4}{(4\pi\varepsilon_0)^2\cdot2\hbar^2n^2}=-Z^2\frac{Rhc}{n^2}$$

与玻尔理论的结果式(2-10)完全相同。当 $\kappa=0$ 时，自然就是圆轨道的结果。

2.4.2 相对论效应修正

按照狭义相对论原理，物体的质量随它的运动速度而改变，质量与速度之间的关系满足下式：

$$m=\frac{m_0}{\sqrt{1-\beta^2}} \tag{2-37}$$

式中，m_0 为物体运动速度等于零时的质量(又称静止质量)；$\beta=v/c$，c 为光速；m 为物体运动速度为 v 时的质量。因此，相对论情况下，物体的动能为

$$E_{\mathrm{k}}=m_0c^2\left[\frac{1}{\sqrt{1-\beta^2}}-1\right] \tag{2-38}$$

只有当 $v\ll c$ 时，式(2-38)才简化为经典动能的公式。

下面按照相对论力学改写类氢离子的能量公式，即

$$E=E_{\mathrm{k}}-\frac{Ze^2}{4\pi\varepsilon_0 r} \tag{2-39}$$

先注意圆形轨道的量子化半径［式(2-14)］为

$$r_n=\frac{4\pi\varepsilon_0\hbar^2}{me^2}\frac{n^2}{Z}$$

则势能项可以改写为

$$\frac{Ze^2}{4\pi\varepsilon_0 r_n}=\frac{Z^2e^2me^2}{(4\pi\varepsilon_0)^2\hbar^2n^2}=\frac{Z^2}{n^2}\cdot\left(\frac{e}{4\pi\varepsilon_0\hbar c}\right)^2\cdot mc^2=\frac{Z^2}{n^2}\cdot\alpha^2\cdot mc^2 \tag{2-40}$$

而类氢离子的非相对论能量公式［式(2-10)］可改写为

$$E_n=-\frac{me^4}{(4\pi\varepsilon_0)^2\cdot 2\hbar^2n^2}=-\frac{mc^2}{2}\cdot\left(\frac{e^2}{4\pi\varepsilon_0\hbar c}\right)^2\cdot\frac{1}{n^2}=-\frac{1}{2}m\left(\alpha c\frac{Z}{n}\right)^2 \tag{2-41}$$

式(2-40)、式(2-41)两式中引入了一个新的无量纲常数，即

$$\frac{e^2}{4\pi\varepsilon_0\hbar c}\equiv\alpha\approx\frac{1}{137} \tag{2-42}$$

称为**精细结构常数**。这个特别的常数把电动力学量 e、量子力学量 $\hbar$ 及相对论量 c 有机联系在一起了，它将体现原子光谱的精细结构(后续章节有详细的描述)的定量数值。但对于该常数的物理本质至今还没有弄清楚。而从式(2-41)中可知，非相对情况下体系总能量的数值与电子动能的数值相等，因此量子化的电子速率为 $v_n=\alpha cZ/n$，即 $\beta\equiv v_n/c=\alpha Z/n$。

下面按照相对论改写能量公式为

$$\begin{aligned}E_n&=(m-m_0)c^2-mc^2\left(\frac{Z\alpha}{n}\right)^2=-m_0c^2+mc^2\left[1-\left(\frac{Z\alpha}{n}\right)^2\right]\\&=-m_0c^2+\frac{m_0c^2}{\sqrt{1-\beta^2}}\left[\sqrt{1-\beta^2}-1\right]\end{aligned}$$

由于 $0<\beta\ll1$，对上式作级数展开，忽略 β^4 以上的高次项，可得

$$E_n\approx m_0c^2\left[1-\frac{1}{2}\beta^2+\frac{1}{2!}\cdot\frac{1}{2}\left(\frac{1}{2}-1\right)\beta^4-1\right]=-m_0c^2\left[\frac{1}{2}\beta^2+\frac{1}{8}\beta^4\right] \tag{2-43}$$

把 $\beta=\alpha Z/n$ 代入式(2-43)，得到相对论修正的能量公式为

$$E_n=-\frac{m_0c^2}{2}\left(\frac{Z\alpha}{n}\right)^2\left[1+\frac{1}{4}\left(\frac{Z\alpha}{n}\right)^2\right] \tag{2-44}$$

式(2-44)中的 $-\dfrac{m_0c^2}{2}\left(\dfrac{Z\alpha}{n}\right)^2$ 是非相对论情况下的能量，即由玻尔理论给出的结果

[式(2-41)]。而因子$\frac{1}{4}\left(\frac{Z\alpha}{n}\right)^2$便是考虑相对论效应后的修正结果。最后需要指出，这仅对圆轨道进行了修正，但已经包含了相对论引起能量修正的主要效果。

索莫菲考虑了电子的轨道运动(即考虑了不同形状的轨道)，求得相对论修正情况下氢原子的能量为

$$E=-\mu c^2+\mu c^2\left[1+\frac{\alpha^2 Z^2}{[n_r+(n_\phi^2-\alpha^2 Z^2)^{1/2}]^2}\right]^{-\frac{1}{2}} \tag{2-45}$$

式中，μ为原子核和电子的约化质量。把式(2-44)作级数展开，保留到α^4项，可得相对论修正的光谱项公式，即

$$T(n,\ n_\phi)=-\frac{E}{hc}\approx\frac{RZ^2}{n^2}+\frac{RZ^4\alpha^2}{n^4}\left(\frac{n}{n_\phi}-\frac{3}{4}\right) \tag{2-46}$$

显然，光谱项决定于电子的轨道形状，即与主量子数和角量子数都有关。

2.4.3 碱金属原子的光谱

虽然玻尔的量子理论非常成功地解释了氢原子和类氢离子的光谱结构，但大多数原子或离子的核外电子往往不止一个。在氢原子基础上了解碱金属原子是自然的事情，因为它们都只有一个最外层电子。

我们已经知道氢原子或类氢离子的光谱线系可以用里德伯公式[式(1-27)]表示，即

$$\tilde{\nu}=\frac{1}{\lambda}=R\left[\frac{1}{n^2}-\frac{1}{m^2}\right]$$

该公式的特点是每一条谱线都是两个光谱项之差，每一光谱项中对应一个量子数，实际上分别代表了两个量子化能级之间的跃迁。类似地，碱金属原子的谱线系也有相似的规律。对于锂原子，可以总结成以下四组谱线系：

主线系

$${}_{\mathrm{p}}\tilde{\nu}_n=\frac{R}{(2-\Delta_{\mathrm{s}})^2}-\frac{R}{(n-\Delta_{\mathrm{p}})^2},\quad n=2,\ 3,\ 4,\ \cdots$$

第二辅线系

$${}_{\mathrm{s}}\tilde{\nu}_n=\frac{R}{(2-\Delta_{\mathrm{p}})^2}-\frac{R}{(n-\Delta_{\mathrm{s}})^2},\quad n=3,\ 4,\ 5,\ \cdots$$

第一辅线系

$${}_{\mathrm{d}}\tilde{\nu}_n=\frac{R}{(2-\Delta_{\mathrm{p}})^2}-\frac{R}{(n-\Delta_{\mathrm{d}})^2},\quad n=3,\ 4,\ 5,\ \cdots$$

柏格曼系

$${}_{\mathrm{f}}\tilde{\nu}_n=\frac{R}{(3-\Delta_{\mathrm{d}})^2}-\frac{R}{(n-\Delta_{\mathrm{f}})^2},\quad n=4,\ 5,\ 6,\ \cdots \tag{2-47}$$

对于钠原子有相似的公式，只是前三式右边第一项分母中的主量子数n应改为3，第一式后边的n取值应为3，4，…；第二式后边的n取值为4，5，…。比较碱金属原子与类氢离子(或氢原子)光谱线系的公式发现，碱金属原子光谱项中的主量子数都有一个修正值Δ，并且对于每一光谱项其值得大小各不相同，把$n^*=n-\Delta$称为**有效量子数**。各式中有s，p，d，f，…符号予以标记和区分，分别对应于轨道量子数$l=0$，$l=1$，$l=2$，$l=3$，…的电

子态(在后续章节中会详细阐述)，这样的电子态分别称为 s 态，p 态，d 态，f 态，…各态对应的能级分别称为 s 能级，p 能级，d 能级，f 能级，…。请读者按照上述原则写出钠原子的光谱线系公式。

锂的光谱项值和有效量子数见表 2-3，钠原子的光谱项值和有效量子数见表 2-4。

表 2-3　锂的光谱项值 T(单位：cm^{-1})和有效量子数 n^*

线系名称	电子态		n						Δ
			2	3	4	5	6	7	
第二辅线系	s：$l=0$	T	43484.4	16280.5	8471.1	5186.9	2535.3	2481.9	0.400
		n^*	1.589	2.596	3.598	4.599	5.599	6.579	
主线系	p：$l=1$	T	28581.4	12559.9	7017.0	4472.8	3094.4	2268.9	0.050
		n^*	1.960	2.956	3.954	4.954	5.955	6.954	
第一辅线系	d：$l=2$	T	—	12202.5	6862.5	4389.2	3046.9	2239.4	0.001
		n^*	—	2.999	3.999	5.000	6.001	7.000	
柏格曼系	f：$l=3$	T	—	—	6855.5	4381.2	3031.0	—	0.000
		n^*	—	—	4.000	5.004	—	—	
氢		T	27419.4	12186.4	6854.8	4387.1	3046.6	2238.3	—

表 2-4　钠的光谱项值 T(单位：cm^{-1})和有效量子数 n^*

线系名称	电子态		n						Δ
			3	4	5	6	7	8	
第二辅线系	s：$l=0$	T	41444.9	15706.5	8245.8	5073.7	3434.9	2481.9	1.35
		n^*	1.627	2.643	3.648	4.651	5.652	6.649	
主线系	p：$l=1$	T	24492.7	11181.9	6408.9	4152.9	2908.9	2150.7	0.86
		n^*	2.117	3.133	4.138	5.141	6.142	7.143	
第一辅线系	d：$l=2$	T	12274.4	2897.5	4411.6	3059.8	2245.9	1720.1	0.01
		n^*	2.990	3.989	4.987	5.989	6.991	7.987	
柏格曼系	f：$l=3$	T	—	6858.6	4388.6	3039.7	2231.0	1708.2	0.00
		n^*	—	4.000	5.001	6.008	7.012	8.015	
氢		T	12186.4	6854.8	4387.1	3046.6	2238.3	1713.7	—

从上面两个表中可以看出，主量子数的修正值 Δ 在各线系中很大，与电子态密切相关，即随轨道量子数 l 的增加而减小，这是碱金属原子光谱项的普遍规律。为什么会这样？下面予以讨论。

2.4.4　原子实极化和轨道贯穿

我们知道，碱金属原子属于元素周期表的第一主族元素，包括锂、钠、钾、铷、铯和钫，它们的原子序数(或核外电子数)分别等于 3、11、19、37、55、87，它们的电子排布式分别如下。

3Li：$1s^2 2s^1$

11Na：$1s^2 2s^2 2p^6 3s^1$

19K：$1s^2 2s^2 2p^6 3s^2 3p^6 4s^1$

37Rb：$1s^2 2s^2 2p^6 3s^2 3p^6 3d^{10} 4s^2 4p^6 5s^1$

55Cs：$1s^2 2s^2 2p^6 3s^2 3p^6 3d^{10} 4s^2 4p^6 4d^{10} 5s^2 5p^6 6s^1$

87Fr：$1s^2 2s^2 2p^6 3s^2 3p^6 3d^{10} 4s^2 4p^6 4d^{10} 4f^{14} 5s^2 5p^6 5d^{10} 6s^2 6p^6 7s^1$

从中可以看出，它们的最外壳层只有一个电子，内壳层为满电子。最外层的未满壳层的电子称为**价电子**；原子核和核外满壳层的电子组成一个稳固的结构，称为**原子实**。碱金属元素 Li、Na、K、Rb、Cs、Fr 都是多电子原子，多电子的原子比氢原子要复杂得多。原子的激发态，可能包括其中任意一个电子或两个电子，甚至更多电子状态的改变。幸运的是，对于碱金属原子，可以把原子当作是一个电子和一个稳定的原子实所组成，其他的影响可以忽略。这是因为碱金属易失去最外层电子而成为正离子，而要使之再次电离却很困难。例如，Na 的一次电离电势约 5eV，而要使原子实最外面电子(2p 电子)电离所需要的能量为 31eV，而 1s 电子的电离能约为 1041eV。

碱金属原子由原子实和价电子构成，与氢原子类似，但有两种情况是氢原子所没有的。这就是原子实的极化和轨道贯穿，如图 2.6 所示。原子实的极化和轨道贯穿理论能很好地解释碱金属原子能级同氢原子能级的差别。

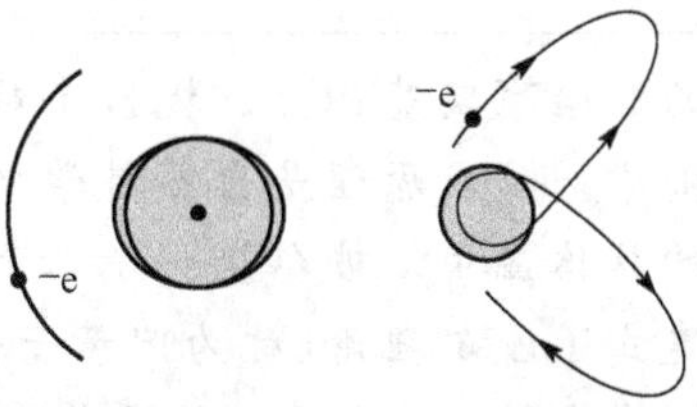

(a) 原子实的极化　　(b) 轨道贯穿

图 2.6　原子实的极化和轨道贯穿

1. 原子实的极化

原子实的结构是球形对称的，价电子接近原子实时，原子实的正电荷吸引负电荷，致使原子实的正负电荷中心发生微小的相对位移而不再重合，形成一个电偶极子，这就是**原子实的极化**。偶极矩 $\boldsymbol{p}$ 总指向价电子，所以偶极矩的电场总是吸引价电子，因此，价电子受原子实电场和原子实极化产生的偶极矩的共同作用，价电子的能量降低了。我们知道在同一 n 值中，l 值较小的轨道是偏心率大的椭圆轨道，在轨道的某部分上离原子实很近，引起较强的极化，因而对能量影响大。相反，那些 l 值大的轨道更趋近圆形轨道，因而电子离原子实较远，引起的极化弱，对能量影响小。

2. 轨道贯穿

偏心率较大的轨道上运动的价电子，其部分轨道可能穿入原子实称为**轨道贯穿**。未发生轨道贯穿时，原子实的有效电荷数是 1，原子的能级与氢原子能级很接近；价电子处在轨道贯穿时，原子实的有效电荷数大于 1，导致其能量较氢原子小，即相应的能级低。轨道贯穿只能发生在偏心率大的轨道，所以它的 l 值一定是较小的。例如，锂的原子核的电荷数是 3，原子实有 2 个电子对外起作用时，原子实的有效电荷数是 $Z^*=3-2=1$。当价电子进入原子实时，如果在一部分轨道上离原子核比原子实中的两个电子还要近，那么对它的有效电荷数 Z^* 就可能是原子核的电荷数 3。在贯穿轨道上运动的电子，有一部分时间处在 $Z^*=1$ 的电场中，另一部分时间处在 $Z^*>1$ 的电场中，所以平均的有效电荷数$Z^*>1$。从表 2-3 的实验数据可看出，碱金属的有些能级离相应的氢原子能级较远，这些能级的轨道必定是贯穿的，l 一定较小。另一些比较接近氢原子能级的，那些轨道可能没有贯穿，l 一定较大，比较同氢能级的差别的大小，可以按次序定出 l 值。

若借用玻尔理论中的光谱项公式，即

$$T=\frac{Z^{*2}R}{n^2}=\frac{R}{\left(\frac{n}{Z^*}\right)^2}=\frac{R}{n^{*2}}=\frac{R}{(n-\Delta)^2}$$

因为 $Z^*>1$，主量子数的修正值 Δ 应当是个正数。至此，已经定性地说明了碱金属原子的光谱线系的公式，但仍然无法进行定量的计算。

小　结

玻尔在分析氢原子光谱的实验事实基础上，提出了对应原理，该原理在经典理论和量子理论之间架起了一座桥梁。对应原理是自然科学史上哲学思想的充分体现，是矛盾论和实践论在物理学上的具体应用。玻尔提出了三个假设：定态假设、能级跃迁假设和角动量量子化假设，建立了玻尔理论(称为旧量子论)，从而成功地解释了氢光谱。此外，玻尔理论还成功地推广到类氢离子，并肯定了氢同位素氘的存在。夫兰克-赫兹实验利用加速的热电子撞击原子，使原子激发，从而进一步证明了原子内部能级的量子化。

索莫菲等在玻尔理论的基础上，引入了量子化通则，并把氢原子的电子轨道推广到更普遍的椭圆轨道，电子轨道的量子化用主量子数、径量子数和角量子数等描述。由于核外电子的运动速度约为光速的 α(精细结构常数，数值约为 1/137)倍，因此有时需要考虑相对论效应修正。

碱金属原子最外层只有一个电子，与氢原子相似，它们的谱线系和氢原子光谱线系有相似性。但多电子原子更为复杂，分为原子实和价电子。价电子和原子实之间发生相互作用，引起原子实的极化和电子轨道的贯穿，从而改变了体系的能量，因此，碱金属原子光谱项中的主量子数有一个修正量。

习　题

1. 电子偶素(positronium)，即正负电子对 e^+-e^- 组成的体系。

求：(1) 试由类氢离子的能级公式讨论电子偶素的能级；

(2) 若要使电子偶素分离开而成为自由电子，至少需要多大的能量？

*2. 1914 年，夫兰克和赫兹用电子碰撞原子的方法使原子能级被激发到高能级，从而证明了原子能级的存在。设 ΔE_{12} 是某原子基态到第一激发态的能量差，试问：

(1) 加速电子的动能至少为多大时才能使该原子从基态激发到第一激发态？

(2) 若改用质子碰撞该原子，则需要多大的动能？加速质子的电压至少是多大？

3. 试计算氦离子(He^{+})的毕克林系光谱线的波长范围。

4. 氢原子可吸收 12.09eV 的光子而被激发到较高的能级。试问：

(1) 氢原子被激发到了哪个能级？

(2) 受激发后的氢原子向低能级跃迁可能发射哪些波长的谱线？

5. 请估算 Be^{3+} 的第一激发态之间跃迁到基态发射的光子能量。该光子能量是否使 Li^{2+} 再次发生电离而成为裸核(忽略里德伯常数的差异)？

6. 试计算氢与氘的巴耳末系的第一条光谱线之间的波长差(精确到 0.01nm)。

7. 假设电子是均匀带电的、半径为 r_0 的球体，其全部能量来源于静电能，试估算电子的大小。

8. 根据玻尔-索莫菲理论，氢原子的主量子数等于 4，电子的轨道可能有哪几种？相应的轨道角动量分别是多少？电子离原子核的最近距离是多少？

*9. 请根据式(2-45)，推导出式(2-46)。

注：带“*”号的题目稍难，读者可以选做。

第3章

薛定谔方程的建立

本章教学要点

知识要点	掌握程度	相关知识
波粒二象性	正确理解波粒二象性的物理内涵和哲学思想； 掌握爱因斯坦关系与德布罗意关系的物理本质； 熟悉支持微观粒子波动学说和粒子学说的实验例证； 了解德布罗意的物质波假设的重要意义	光的波粒二象性； 晶体衍射
波函数与态的叠加原理	掌握波函数的概念； 掌握态的叠加原理	概率
薛定谔方程的建立	了解薛定谔方程的建立过程； 知道薛定谔方程的不同形式，掌握定态薛定谔方程的特点； 正确理解定域的概率守恒律	平面电磁波的数学描述； 梯度算符与拉普拉斯算符的运算方法
一维定态薛定谔方程	掌握一维无限深势阱的建模、求解方法，能正确理解其结果和意义； 了解一维有限高势垒的建模和求解方法，熟悉量子隧道效应和应用； 了解一维谐振子的薛定谔方程特点，知道其求解思路，掌握其能量和波函数的结果	二阶常微分方程的解法； 二阶偏微分方程的一般解法； 厄米方程与厄米函数

导读材料

伟大的物理学家牛顿创立了宏观经典力学的三大定律，特别是描述物体运动动力学规律的牛顿第二定律，被实践证实至今仍然是自然界物质运动的普遍规律。1921 年奥地利的薛定谔受聘到瑞士的苏黎世大学任数学物理教授，在那里工作了六年，薛定谔提出的一个描述微观粒子运动的动力学方程，即薛定谔方程，该方程与牛顿第二定律方程有相同的地位。当时出现了多个微观物理理论，科学家们为此争论不休。稚嫩的量子力学理论危机四伏，受到来自物理学家们的种种非难，特别是量子理论的完备性问题成为论战的焦点。

1935 年，薛定谔提出了一个颇具困惑性的假想实验，他通过这个实验对量子力学概念(波函数)的解释提出质疑。实验设想：将一只猫关在一个盒子里，盒子里还置有一个放射源，一个毒气瓶以及一套受检测器控制的、由锤子构成的传动装置。放射源每秒 1/2 的概率放射出一个粒子，这个粒子触发检测器，驱动锤子击碎毒气瓶将猫毒死。若没有粒子放出，则猫安然无恙。放射源何时放出粒子是无法确定的，按照玻恩提出的统计解释，猫在这 1s 内处于死和活的叠加态，概率各为 1/2。然而，现实世界的猫非死即活，既死又活的猫是不存在的。

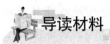

这个假想实验的巧妙之处在于，“检测器—锤子—毒气瓶—猫的死活”这条因果链，似乎和放射源衰变状态的叠加态(即衰变与未衰变两种可能状态)联系在一起，使量子力学的微观不确定性变为了宏观不确定性，微观世界中的混沌变成宏观世界里的荒谬，因此，后来又称之为“薛定谔猫佯谬”。“薛定谔猫佯谬”的提出，引起了无数物理学家与哲学家的争论和反思。

量子力学理论接受了实践的检验，人们利用量子力学理论为人类做出了惊人的贡献，取得了累累的硕果，但以玻尔为代表的哥本哈根学派与爱因斯坦的争论仍然在延续。1996 年科学家成功地实现了一个单原子级的“薛定谔猫”。随后在实验上如何制备出薛定谔猫态，以及如何利用薛定谔猫态成为量子力学中的研究热点。后来，证实了薛定谔猫态实际上是量子纠缠态(或相干态)。通常的宏观系统会与环境耦合从而导致量子相干态迅速退相干，使得宏观经典态变为一种常态。2000 年，纽约州立大学石溪分校的一个实验小组成功地实现了两个的宏观不同磁通量态的量子叠加态实验，从而打破了微观量子和宏观经典的分水岭，表明量子力学的普适性。2007 年，中国科技大学微尺度物质科学国家实验室的潘建伟等，通过对多光子操纵技术的进一步发展，实现了六个光子的极化状态相干叠加形成的薛定谔猫态，并在同一装置上实现了可直接用于量子计算机的六光子簇态。由此看来，“薛定谔猫”正在成长，让我们拭目以待。

对薛定谔猫态的不断研究和技术上的突破，大大促进了量子信息科学与技术的发展，从而有望产生新的科学与技术革命。

玻尔理论成功地解释了氢原子光谱，而且通过其理论推广，还可以定性地解释碱金属原子的光谱。但是玻尔理论还有很多不足之处：①原子只能处在定态上，而加速运动的电子在这些定态上失去了电磁辐射能力；②定态之间电子跃迁过程中发射和吸收的原因并不清楚，其过程描述也含糊不清；③描述原子中电子运动仍旧使用了轨道的概念，使得人们不得不按照常规的思维方式去追寻电子的运动轨迹或路径，当然就难以理解电子定态能级之间的跃迁；④对于简单程度仅次于氢原子的氦原子光谱的解释，玻尔理论也无能为力。

随着新的实验现象的发现，玻尔理论的局限性不断呈现出来。但是，越来越多的实验事实却支持量子假设，因此量子理论需要从新的思维角度去思考。本章中，先从物质的波粒二象性出发，分析物质波动和粒子的矛盾二重性，并阐述描述微观粒子运动规律的薛定谔方程的建立过程，然后讨论在一维情况下薛定谔方程的一些简单应用。

3.1 波粒二象性

3.1.1 光的波粒二象性

我们已经知道光的电磁波本质，光的干涉、衍射、偏振等现象无可争辩地证明了光具有波动性，而光电效应、康普顿效应和黑体辐射却充分说明了光具有粒子性。描述光的波动性以波动光学理论为基础，最终统一到电磁理论中。描述光的粒子性时，爱因斯坦用了一个简单的公式来描述光子：

$$E=h\nu=\hbar\omega \tag{3-1}$$

式中，E 为光子的能量；ν 为光子的频率；ω 为圆频率；h 为普朗克常数，$\hbar=\dfrac{h}{2\pi}$。此式称为**爱因斯坦关系**。光子的频率和波长之间的关系为

$$\nu=c/\lambda \tag{3-2}$$

式中，c 为光速。而圆频率与频率之间的关系为

$$\omega=2\pi\nu \tag{3-3}$$

按照经典粒子的概念，它还可以用动量来描述，动量和描述波的物理量(如波长)之间的关系是什么？因为光子没有静止质量，所以 $E=mc^2=pc$，把式(3-1)、式(3-2)代入后，得

$$p=\frac{h}{\lambda}=\hbar k$$

式中，$k=\dfrac{2\pi}{\lambda}$为光的波矢量大小，前两章给出的波数为 $\tilde{\nu}=\dfrac{1}{\lambda}$，它们之间相差一个 2π 的常数因子。因为动量是矢量，所以常把上面的动量式改写为如下的矢量形式：

$$\boldsymbol{p}=\frac{h}{\lambda}\boldsymbol{n}=\hbar\boldsymbol{k} \tag{3-4}$$

式中，$\boldsymbol{n}$ 为光子传播方向的单位矢量；$\boldsymbol{k}$ 为波矢量。

爱因斯坦关系把描述光的二重性质的粒子性与波动性的两个特征量——能量和频率联系起来了。同样地，式(3-4)把光的动量和波长联系在一起。光究竟是粒子还是波呢？事实上，光既不是经典粒子也不是经典波，而是粒子和波动矛盾二重性的统一，即**波粒二象**

性。在实验研究中，光有时表现出波动性，有时却表现出粒子性，这实际上就是矛盾双方在一定条件下可能成为矛盾的主要方面，但归根结底波动是粒子的波动，粒子也是波动的粒子，二者互相依存，不可割裂。式(3-1)和(3-4)就是光的波粒二象性最为准确的定量描述，读者应当深刻理解和熟记。公式中有一个量即普朗克常量 h(这是一个很小的量)，它把描述光的粒子性和波动性的物理量定量地联系起来了，将来我们会看到，这个常量在连接宏观物理规律与微观物理规律之间的关系中起着至关重要的作用，希望读者进一步关注。

3.1.2 物质的波粒二象性

1. 德布罗意的物质波假设

从光的波粒二象性能得到什么启示呢？任何微观粒子，如电子、质子、中子或 α 粒子等是否也像光子那样具有波动性呢？一个从事历史研究的法国青年人路易斯·维克多·德布罗意(L. V. de Broglie，1892—1987)，在他从事X射线研究的哥哥的影响下，把研究的兴趣转到量子理论上，并将它作为博士论文的研究方向，师从当时法国著名物理学家郎之万(P. Langevin，1872—1946)。经过长时间的思索，德布罗意在1923年接连发表了数篇论文，阐述了他关于波动和粒子统一的观点。在这些论文中，他把量子理论和爱因斯坦的相对论进行了奇特的结合，并导出了著名的德布罗意关系式：

$$\lambda=\frac{h}{m_0 v}\sqrt{1-\left(\frac{v}{c}\right)^2} \qquad (3-5)$$

并且指出，物质粒子具有质量就必有能量，有能量就必有频率，有频率就有波动。所有物质的波动都是一种缔合波。① 1924年11月24日，德布罗意把他以前发表的论文要点汇集成一篇题为《量子理论的研究》的论文提交到巴黎大学理工学院，申请博士学位。他的新见解立即引起轩然大波，许多物理学家对此嗤之以鼻。他的导师也不知如何评价这篇论文的分量，于是把论文分别交给爱因斯坦、薛定谔、德拜等人，这才发生了戏剧性的变化。德布罗意的观点得到了爱因斯坦的支持，并得到高度的评价。他在论文答辩时，考试委员会主任佩兰提出了这样的问题：是否可以用实验方法来验证物质波的存在？德布罗意回答说“对于宏观物体来说，它的波长太短了，目前根本无法观测到。而电子束可以穿过很小的孔而呈现出电子的衍射现象。”这个设想性的实验在1927年被戴维孙和革末的电子衍射实验所证实，因此，德布罗意因提出物质波假设而获得1929年度的诺贝尔物理学奖。

德布罗意假设的核心思想是一切实物粒子都具有波动性，与粒子相联系的物质波的波长表示为

$$\lambda=\frac{h}{p} \qquad (3-6)$$

此式称为**德布罗意关系**。该式就是式(3-5)在非相对论情况下($v\ll c$)的结果，而且与表示光子波粒二象性的式(3-4)完全一致。

德布罗意的工作经历和思维方式是耐人寻味的，请读者思考从中可以得到什么启发。

① 这里所谓的“缔合波”可以理解为伴随或相随的波。

2. 德布罗意波的实验验证

在 1921 年到 1923 年间，戴维孙(C. J. Davisson，1881—1958)和孔斯曼(Kunsman)就观察到电子被多晶的金属表面散射时，在某几个角度上散射较强，但当时无法得到合理的解释。其实他们的实验已经显示了电子的波动性。

1924 年 4 月，美国物理学家戴维孙和革末(L. S. Germer)在实验室从事镍片表面的研究。镍和许多其他金属一样是一种多晶材料，这种材料是由大量无规则排列的微小晶体组合而成的。他们用电子束打在样品表面上，从各个角度观测和记录散射电子的数目。在一般情况下，测得散射电子束的强度分布随角度 θ 呈现平滑的变化。但是，在某一次实验中，由于镍靶的高温引起了盛装液态空气容器的爆炸事故而导致了真空室漏气，从而使样品表面氧化。为清除氧化膜，他们对镍片高温加热，结果使原来的多晶镍中的微小晶体排列整齐，从而出现面积较大的单晶区域。实验继续进行，但是结果与先前预期的大不一样，随着散射角的不同而出现了极大值和极小值，并且显示极大值的角度与电子束的加速电压 V 有关。例如，在加速电压 $V=54\text{V}$ 时，$\theta=50°$，探测到散射电子束强度极大。实验结果出乎意料，于是戴维孙和革末制备了单晶镍靶继续深入研究，认为这是电子衍射所造成的实验结果。

设电子束垂直入射晶体表面，晶体中的原子间距为 a，对某一晶面的散射角为 θ，如图 3.1 所示。晶体点阵犹如反射式衍射光栅，散射角 θ 是对于某晶面的反射角和入射角之间的夹角，则入射角和反射角均为 $\alpha=\theta/2$，相邻两个晶面的间距 $d=a\sin\alpha$，而散射电子与入射电子之间的程差为 $2d\cos\alpha$，则满足散射波加强的条件为

$$n\lambda=2d\cos\alpha=2a\sin\alpha\cos\alpha=a\sin2\alpha=a\sin\theta$$

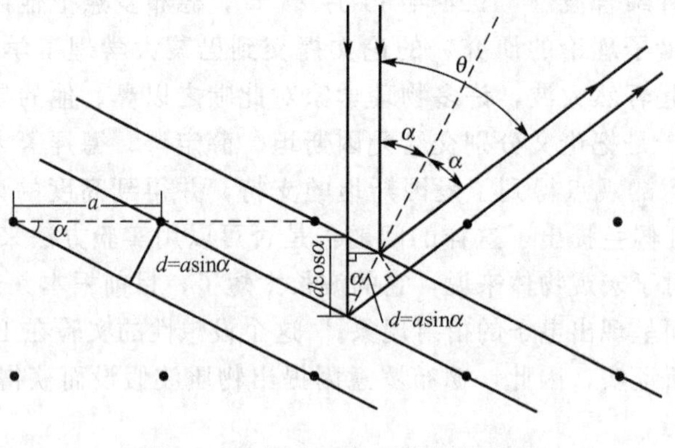

图 3.1　电子在晶体上的衍射示意

即

$$n\lambda=a\sin\theta \tag{3-7}$$

镍单晶结构属于立方晶系，设晶格常数 $a=0.215\text{nm}$，取 $n=1$(实验仅观察到第一个衍射强峰)，$\theta=50°$代入式(3-7)，可以算得电子波长的数值为 $\lambda=0.165\text{nm}$。

另外，由德布罗意关系式(3-6)及加速电子的动能 $E_k=\frac{1}{2}mv^2\text{eV}$，可得到电子的波长为

$$\lambda=\frac{h}{p}=\frac{h}{\sqrt{2mE_k}}=\frac{hc}{\sqrt{2mc^2E_k}}=\frac{1240\text{eV}\cdot\text{nm}}{\sqrt{2\times0.511\times10^6\text{eV}\cdot E_k(\text{eV})}}\approx\frac{1.255}{\sqrt{E_k(\text{eV})}}(\text{nm}) \tag{3-8}$$

式中，电子动能的单位用电子伏特。把 $E_k=54\text{eV}$ 代入式(3-8)，算得的电子波长为 $\lambda=0.167\text{nm}$。可以看出，通过电子在镍晶体上的衍射实验测量的波长结果和用德布罗意关系计算的波长数值符合得非常好。1927 年，戴维孙和革末发表了较为精确的实验结果，这为实物粒子波动性提供了最直接的实验证据。

1928 年，菊池正士把电子束射到云母薄片上，也获得了云母单晶的电子衍射图。同年，汤姆孙(G. P. Thomson，1892—1975)和塔尔塔科夫斯基(П. С. Тартаковский)也分别把电子射到金箔或其他金属箔上，获得了同心圆环衍射图样，这是多晶体衍射。这些不同的实验充分证实了德布罗意假设的正确性。戴维孙和汤姆孙因在实验上发现晶体对电子的衍射而分享了 1937 年度的诺贝尔物理学奖。至此，物质的波粒二象性的观点得到了确立，这为量子力学的建立奠定了重要的基础。

3.2 波函数与态的叠加原理

3.2.1 波函数及其统计解释

1. 从光的干涉现象到实物粒子的干涉现象

实物粒子同时具有波动性，这是 20 世纪物理学的一大发现。在以前的经典物理学中，粒子和波是两个完全不同的概念。粒子存在于空间的某一个区域，与不连续性相联系，通常用体积、长度、能量和动量等物理量来描述它的状态或状态的变化。而波弥散于空间，与连续性相联系，通常用波长、频率、位相和强度等物理量来描述。在解释物理现象时，粒子的观点总与波的观点相对立和排斥，是一种“非此即彼”的关系。

18 世纪中叶以前，牛顿关于光的粒子说还占据上风。但 18 世纪以后，光的波动说却占了主导地位。麦克斯韦的电磁场理论把光的波动理论统一起来，进一步巩固了波动说的地位。然而，到了 20 世纪初，涉及光与物质相互作用的问题时，波动说的观点受到了冲击。要正确解释黑体辐射、光电效应、康普顿效应等实验现象，光的粒子性又变得更具生命力。爱因斯坦提出的光的粒子性和德布罗意提出的物质粒子的波动性都得到了实验证据的有力支持，从而物质的波粒二象性得到了认可。

过去无论是粒子还是波，都有各自的物理量来加以描述，而物质的波粒二象性用什么物理量来描述呢？先考察一下光的干涉现象。在杨氏双缝干涉实验中，假设两束光满足光的干涉条件，即频率相同，位相差的空间分布恒定，强度差别不太大，则很容易在相遇的空间区域内观察到干涉现象。这两束光用如下两个波来描述：

$$\psi_1=A_1\cos(\omega t+\varphi_1),\quad \psi_2=A_2\cos(\omega t+\varphi_2) \tag{3-9}$$

式中，A_1、A_2 为它们的波振幅，ω 为圆频率；φ_1、φ_2 为它们的相位(与光的波长和空间位置有关)。按照光的叠加原理，它们在相干区域内叠加后的波为 $\psi=A\cos(\omega t+\varphi)$。其合振幅和初位相分别由下式决定：

$$A^2=A_1^2+A_2^2+2A_1A_2\cos(\varphi_2-\varphi_1)$$

$$\tan\varphi=\frac{A_1\sin\varphi_1+A_2\sin\varphi_2}{A_1\cos\varphi_1+A_2\cos\varphi_2}$$

在某一时间间隔 τ 内，观察到两光束叠加后的平均强度为①

$$\begin{aligned}\overline{I} = \overline{A^2} &= \frac{1}{\tau}\int_0^{\tau} A^2 \mathrm{d}t \\ &= \frac{1}{\tau}\int_0^{\tau}[A_1^2 + A_2^2 + 2A_1A_2\cos(\varphi_2 - \varphi_1)]\mathrm{d}t \\ &= A_1^2 + A_2^2 + 2A_1A_2\cos(\varphi_2 - \varphi_1) \end{aligned} \tag{3-10}$$

式中，$2A_1A_2\cos(\varphi_2-\varphi_1)$称为**干涉项**。为简单起见，设 $A_1=A_2=A$，当位相差为 $\varphi_2-\varphi_1=J\cdot 2\pi$ 时，干涉条纹出现极强值，即 $I^2\propto 4A^2$；而当位相差为 $\varphi_2-\varphi_1=(2J+1)\cdot\pi/2$ 时，干涉条纹出现极小值，即 $I=0$。式中，J 为整数。于是在屏幕或者记录底片上可以观察到黑白相间的干涉条纹。

实验观察中看到的光强度实际上体现了接收到的光子数目的多少，也就是说光强越强的地方，光子数目就越多，反之，光强越弱的地方，光子数目就越少，而完全暗的地方根本就没有光子出现。若采用照相底片记录(光子和感光材料作用)时，就可以清楚地理解这个概念的本质。

过去的实验用的是两束光，有无数的光子参与干涉。若用相同频率的光子进行实验，但不是两束光，而是让光子一个一个地发射，最终用同样多的光子，那么这样能否得到同样的干涉条纹呢？实验结果给出了肯定的答案。

若在类似的双缝干涉实验中，把光子换成电子、质子或中子等实物粒子，结果又如何呢？实验结果表明，它们和光子一样，同样会产生干涉效应。

这些实验中，粒子的干涉行为实际上是自身的干涉，与别的粒子存在与否并没有直接的关系。这些现象只能说明粒子具有波动性。这样的波是什么波呢？又怎样描述它呢？英籍德国物理学家玻恩提出了用**波函数**来描述微观粒子的状态的方法，指出它是一种概率波，还给出了它的统计解释。

2. 波函数及其统计解释

奥地利物理学家欧文·薛定谔(E. Schrödinger，1887—1961)于 1926 年的 1 月、2 月、5 月和 6 月相继发表了四篇论文，完成了波动力学的创立工作，提出了在微观世界中地位相当于宏观世界牛顿第二定律的薛定谔方程。他和德布罗意一样，认为粒子是一个波包，引入波函数 $\psi(\boldsymbol{r}, t)$来描写波包的运动状态，并认为$|\psi(\boldsymbol{r}, t)|^2$代表微观粒子在空间的密度，而 $\psi(\boldsymbol{r}, t)$描写的是实在的波。

把粒子性与波动性统一起来，更准确地说，把微观粒子的原子性与波的相干叠加性统一起来的是英籍德国物理学家马克斯·玻恩(M. Born，1882—1970)。1926 年薛定谔关于波动力学的论文发表之后，物理学界曾一度认为：粒子和量子跃迁等概念应当完全取消，因为按照量子力学的观点，具有波动性的微观客体，由于动量与位置无法同时确定(即以后要学习的不确定度关系)，轨道的概念失去了意义。同年，玻恩在用薛定谔方程来处理散射问题时为解释散射粒子的角分布而提出了概率波的概念。他认为量子力学中的波函数所描述的波，并不像经典波那样代表什么实在的物理量的波动，只不过是刻画粒子在空间的概率分布的概率波而已。他的概率波的观点说明了微观粒子的运动状态不再受经典规律

① 注意两束光的相干并能观察到干涉现象的条件：(1)频率相同；(2)位相差恒定；(3)振幅相差不大。此时，下面的计算式才成立。

的支配，而是服从一种统计性的规律。因此，前面讲述的粒子干涉实验现象可以得到很好的解释。

按照玻恩的统计解释，微观粒子的运动状态用一个波函数 $\psi(\boldsymbol{r},\ t)$来描述，它表示在 t 时刻出现在 $\boldsymbol{r}$ 处粒子的**概率波幅**，而 $|\psi(\boldsymbol{r},\ t)|^2$ 表示在 t 时刻、位置 $\boldsymbol{r}$ 处粒子出现的**概率密度**。下面我们将看到，代表自由粒子的平面波用复指数函数表示更方便，而任意粒子的波函数可以通过傅里叶变换(或级数)展开成平面波的叠加形式，因此波函数一般采用复数形式。因此，$|\psi(\boldsymbol{r},\ t)|^2=\psi^*(\boldsymbol{r},\ t)\cdot\psi(\boldsymbol{r},\ t)$表示波函数的模方，不要误以为是函数的绝对值。当然，玻恩的统计解释的适用范围还局限于非相对论情况(不考虑粒子的产生和湮灭)。在全空间中，粒子出现的总概率应当满足

$$\int_{全}|\psi(\boldsymbol{r},t)|^2\mathrm{d}\tau=1 \tag{3-11}$$

此式称为波函数的**归一化条件**。注意：式中的积分体积微元 $\mathrm{d}\tau$ 与采用坐标空间和具体坐标系(如平面空间中的直角坐标系、极坐标系；三维空间中的直角坐标系、柱坐标系或球坐标系等)有关，要根据实际应用时写出相应的表达式。对于概率密度来说，更为重要的是相对概率的分布。考虑两个仅差一个常数因子的波函数：$\psi(\boldsymbol{r},\ t)$与 $C\psi(\boldsymbol{r},\ t)$($C$ 为常数)，它们在同一时刻 t、空间中任意两个位置 $\boldsymbol{r}_1$、$\boldsymbol{r}_2$ 处的相对概率为

$$\left|\frac{C\psi(\boldsymbol{r}_1,\ t)}{C\psi(\boldsymbol{r}_2,\ t)}\right|^2\equiv\left|\frac{\psi(\boldsymbol{r}_1,\ t)}{\psi(\boldsymbol{r}_2,\ t)}\right|^2 \tag{3-12}$$

由此可见，它们描述的相对概率完全相同，也就是说，这两个波函数描述的是粒子的同一个状态。因此，波函数允许相差一个常数因子。因为经典波不存在归一化的问题，它的波幅代表了能量的大小，若增大一倍，则相应的能量会增大到原来的 4 倍，所以量子力学中的概率波完全不同于经典波。

根据归一化条件式(3-11)的要求，波函数必须是平方可积的函数，但一般来说，任意波函数的模方在全空间的积分并不等于总概率 1，而等于一个实常数，这时需要对波函数进行归一化。假设

$$\int_{全}|\psi(\boldsymbol{r})|^2\mathrm{d}\tau=A>0 \tag{3-13}$$

显然

$$\int_{全}\left|\frac{1}{\sqrt{A}}\psi(\boldsymbol{r})\right|^2\mathrm{d}\tau=1 \tag{3-14}$$

$\psi(\boldsymbol{r})$与 $\psi(\boldsymbol{r})/\sqrt{A}$之间只差一个常数因子，它们代表同一个概率波，只是前者没有归一化，而后者已经归一化了。上述过程实际上说明了没有归一化的波函数的归一化方法，即把未归一化的波函数 $\psi(\boldsymbol{r})$的模方在全空间积分，必然得到一个实常数(如 A)，只需要把未归一化的波函数 $\psi(\boldsymbol{r})$改写成 $\psi(\boldsymbol{r})/\sqrt{A}$，就可得到归一化的波函数了。

按照波函数的统计解释，波函数还有两个重要的性质，即连续性和单值性，也就是说，波函数在空间的分布必须是连续函数，也必须是单值函数。因为波函数表示在空间中某一位置找到粒子的概率幅，粒子在运动过程中的空间概率分布应当是连续的(否则，粒子的运动会出现超光速现象)，而在同一个位置出现的概率是确定的(不然，在同一位置会出现两个或多个概率)，因此是单值的。所以波函数满足**三个标准条件**：有界性、连续性和单值性。这里说的有界性是指波函数平方可积，其积分值表示粒子的概率，又因为粒子

定域在有限的空间范围内，所以$\lim\limits_{r\to\infty}\psi(\boldsymbol{r})\to 0$。

3.2.2 态的叠加原理

在双缝干涉实验中，两束光波在相干区域进行叠加，很好地解释了双缝干涉现象。量子力学中的波与经典波完全不同，那么描述微观粒子状态的波函数叠加表示什么含义呢？它与经典波的叠加有何本质的区别？我们还记得当用电子或其他粒子代替光子进行双缝干涉实验时，虽然得到的干涉图样相似，但电子有类似于光子的经典波吗？下面继续讨论。若用一个个的电子进行双缝干涉实验却仍然不影响干涉图样的分布，这说明电子的干涉是自身的干涉，绝不是两个电子的干涉。量子力学中的波(函数)是粒子出现的概率幅，这种形式的波函数叠加就是概率幅的叠加。假设，ψ_1、ψ_2为描述粒子的两个不同状态的波函数，则它们的线性叠加为

$$\psi=C_1\psi_1+C_2\psi_2 \tag{3-15}$$

这个叠加的波函数代表什么呢？态的叠加原理对此进行了回答，它表述为：**若ψ_1、ψ_2为描述粒子的两个不同状态的波函数，则它们的线性叠加态$\psi=C_1\psi_1+C_2\psi_2$表示粒子既可能处于ψ_1态又可能处于ψ_2态，处于这两个态的概率分别为等于$|C_1|^2$、$|C_2|^2$**。当然，态的叠加原理可以推广到多个态的情况。

必须指出，描述粒子状态的波函数和态的叠加原理是量子力学的一个基本假设，它的正确性还依赖实验的检验。

3.3 薛定谔方程的建立及其性质

3.3.1 自由粒子薛定谔方程的建立

对于单色平面电磁波，我们已经熟知如下的表达式：

$$\psi(\boldsymbol{r},\ t)=A\cos(\boldsymbol{k}\cdot\boldsymbol{r}-\omega t) \tag{3-16}$$

式中，A为波幅，$\boldsymbol{k}$、$\boldsymbol{r}$、ω分别为平面波的波矢量、位置矢量、圆频率；t为传播时间。余弦函数内的各种物理量决定了任意时刻和位置的位相，除了描述波的时空位置外，还描述经典电磁波的函数中波的特征量频率、波矢量(或波长)。在实际应用中，把式(3-16)改写成复指数形式更方便计算，即

$$\psi(\boldsymbol{r},\ t)=A\mathrm{e}^{\mathrm{i}(\boldsymbol{k}\cdot\boldsymbol{r}-\omega t)} \tag{3-17}$$

此式的实部便是式(3-16)。在电磁波或波动光学理论计算中，因为微分形式的麦克斯韦方程组中要涉及偏微分运算，因此常常先用复指数函数运算，最后取其实部便可以得到正确的结果。

下面讨论自由粒子波函数。它的能量和动量之间满足以下关系：

$$E=p^2/2m \tag{3-18}$$

式中，m为粒子的质量。由于微观粒子具有波粒二象性，其波函数表示粒子出现的概率幅，它完全不同于经典波，因此描述自由粒子的波函数中不应当包含经典波的特征量(频率和波矢量)。若采用爱因斯坦关系和德布罗意关系：

$$\omega=E/\hbar,\quad \boldsymbol{k}=\boldsymbol{p}/\hbar \tag{3-19}$$

把式(3 - 19)代入式(3 - 18)即可得到与一定能量 E 和动量 $\boldsymbol{p}$ 的粒子相联系的平面单色波表达式，即

$$\psi(\boldsymbol{r},t)=A\mathrm{e}^{\mathrm{i}(\boldsymbol{p}\cdot\boldsymbol{r}-Et)/\hbar} \tag{3-20}$$

式(3 - 20)就是自由粒子的波函数表达式。对式(3 - 20)只需做一些简单的偏微分计算，便可以得到

$$\mathrm{i}\hbar\frac{\partial}{\partial t}\psi=E\psi$$

$$-\mathrm{i}\hbar\nabla\psi=\boldsymbol{p}\psi,\quad -\hbar^2\nabla^2\psi=p^2\psi$$

利用式(3 - 18)，容易得到

$$\left(\mathrm{i}\hbar\frac{\partial}{\partial t}+\frac{\hbar^2}{2m}\nabla^2\right)\psi=\left(E-\frac{p^2}{2m}\right)\psi=0$$

即

$$\mathrm{i}\hbar\frac{\partial}{\partial t}\psi(\boldsymbol{r},t)=-\frac{\hbar^2}{2m}\nabla^2\psi(\boldsymbol{r},t) \tag{3-21}$$

这个方程表示自由粒子的波函数随时间演化的规律，称为**自由粒子的薛定谔方程**。注意方程两边波函数前面的符号，若进行以下替换，即

$$E\to\mathrm{i}\hbar\frac{\partial}{\partial t},\quad \boldsymbol{p}\to\hat{\boldsymbol{p}}=-\mathrm{i}\hbar\nabla \tag{3-22}$$

然后用替换后的运算符号代替式(3 - 18)中的能量和动量，则能立即得到式(3 - 21)。替代后的运算符号称为**算符**，替代能量的算符称为**能量算符**，替代动量的算符称为**动量算符**。因为自由粒子的能量只和动量有关，因此按照动量算符的定义，还可以写出自由粒子的能量算符的另一个表达式，即

$$\frac{p^2}{2m}=\frac{\boldsymbol{p}\cdot\boldsymbol{p}}{2m}\to\frac{1}{2m}(-\mathrm{i}\hbar\nabla)\cdot(-\mathrm{i}\hbar\nabla)=-\frac{\hbar^2}{2m}\nabla^2 \tag{3-23}$$

式(3 - 23)中有两个高等数学中熟悉的运算符：∇ 和 ∇^2，前者称为梯度算符，后者称为拉普拉斯算符。在直角坐标系中，它们分别表示为

$$\nabla=\boldsymbol{i}\frac{\partial}{\partial x}+\boldsymbol{j}\frac{\partial}{\partial y}+\boldsymbol{k}\frac{\partial}{\partial z}$$

$$\nabla^2=\frac{\partial^2}{\partial x^2}+\frac{\partial^2}{\partial y^2}+\frac{\partial^2}{\partial z^2}$$

当然，这两个算符在不同的坐标系(如柱坐标和球坐标系)有不同的形式，以后我们将要讨论和用到。

可以验算知具有式(3 - 20)形式的波函数满足式(3 - 21)，因此，它是薛定谔方程式(3 - 21)的一个解，但不是唯一的解。若粒子运动代表一个波包(这是一个非单色波)，则可以根据态的叠加原理并用傅里叶变换把波包展开成平面波的叠加(见第 4 章 4.4 节)，即

$$\psi(\boldsymbol{r},t)=\frac{1}{(2\pi\hbar)^{3/2}}\int_{\text{波包}}\varphi(\boldsymbol{p})\mathrm{e}^{\mathrm{i}(\boldsymbol{p}\cdot\boldsymbol{r}-Et)/\hbar}\mathrm{d}^3p \tag{3-24}$$

式中，$E=p^2/2m$。波包和前面的自由粒子的唯一区别是波包的动量可以变化，因而能量也随之变化，但能量和动量之间的关系式始终成立。因此，对时间和空间坐标的进行偏微分运算时积分函数中的因子 $\varphi(\boldsymbol{p})$ 可以视为常量，于是不难证明式(3 - 24)表示的波函数也满足自由粒子的薛定谔方程(3 - 21)。

3.3.2 推广的薛定谔方程及其性质

1. 一般形式的薛定谔方程

3.3.1节引进了自由粒子的薛定谔方程，但自由粒子只是粒子运动的一种特殊的运动状态，实际上粒子不可能在无限空间中自由运动，而是往往要与各种粒子或物质发生相互作用，这些相互作用通常用一个势场(即势函数)来描述。因此，按照一般经典粒子的能量公式，除了粒子的动能外，还应当有势能，即

$$E=\frac{p^2}{2m}+V(\boldsymbol{r},\ t) \tag{3-25}$$

薛定谔在处理有势场作用下的粒子运动时，大胆地把描述自由粒子的方程加以推广，即把上述经典表达式中的能量与动量换成相应的算符，就得到如下一般形式的薛定谔方程：

$$\mathrm{i}\hbar\frac{\partial}{\partial t}\psi(\boldsymbol{r},\ t)=\left[-\frac{\hbar^2}{2m}\nabla^2+V(\boldsymbol{r},\ t)\right]\psi(\boldsymbol{r},\ t) \tag{3-26}$$

该方程揭示了微观世界中物质运动的基本规律，它在非相对论情况下是普遍适用的。

式(3-26)只是单粒子的情况，但微观体系往往由多粒子组成，因此需要把式(3-26)进一步推广到多粒子体系的情况。设体系由 N 个粒子组成，各粒子的质量为 $m_i(i=1,2,\cdots,N)$，各个粒子受到的外势场为 $U_i(\boldsymbol{r}_i)$，粒子之间的相互作用势为 $V(\boldsymbol{r}_1,\boldsymbol{r}_2,\cdots,\boldsymbol{r}_N)$，则多粒子体系的薛定谔方程为

$$\begin{aligned}\mathrm{i}\hbar\frac{\partial}{\partial t}\psi(\boldsymbol{r}_1,\boldsymbol{r}_2,\cdots,\boldsymbol{r}_N,t)=&\left[\sum_{i=1}^{N}\left(-\frac{\hbar^2}{2m_i}\nabla_i^2+U_i(\boldsymbol{r}_i)\right)\right.\\&\left.+V(\boldsymbol{r}_1,\boldsymbol{r}_2,\cdots,\boldsymbol{r}_N)\right]\psi(\boldsymbol{r}_1,\boldsymbol{r}_2,\cdots,\boldsymbol{r}_N,t)\end{aligned} \tag{3-27}$$

这个方程称为**多粒子体系的薛定谔方程**，其中拉普拉斯算符在直角坐标系中的表示式为

$$\nabla_i^2=\frac{\partial^2}{\partial x_i^2}+\frac{\partial^2}{\partial y_i^2}+\frac{\partial^2}{\partial z_i^2}$$

若体系中有 Z 个电子组成，如核电荷数为 Z 的中性原子中的核外电子，它们之间有库仑相互作用，它们的相互作用势可以进一步写成

$$V(\boldsymbol{r}_1,\boldsymbol{r}_2,\cdots,\boldsymbol{r}_N)=\sum_{i<j}^{Z}\frac{e^2}{4\pi\varepsilon_0}\frac{1}{|\boldsymbol{r}_i-\boldsymbol{r}_j|} \tag{3-28}$$

有了多粒子体系的薛定谔方程式(3-27)，原则上所有的微观体系问题都可以通过求解该偏微分方程而得到解决。但由于势函数的复杂性，所以实际上方程的求解是困难的。我们将来会看到，能够精确求解并得到解析解的体系较少，大多数体系需要借助计算机进行数值计算。对于很多结构复杂的分子或晶体材料的计算，甚至需要计算集群进行并行计算。因此，读者们应当具备良好的数理基础。

2. 定域的概率守恒

在非相对论情况下，不涉及实物粒子的产生和湮灭现象，所以在随时间演化的过程中粒子数保持不变。这就是下面所述从薛定谔方程式(3-26)导出的概率守恒定律。

对式(3-26)取复共轭(注意 $V^*=V$)，得

$$-\mathrm{i}\hbar\frac{\partial}{\partial t}\psi^{*}=\left(-\frac{\hbar^{2}}{2m}\nabla^{2}+V\right)\psi^{*} \tag{3-29}$$

由 $\psi^{*}\times$式(3-26)$-\psi\times$式(3-29)，得

$$\mathrm{i}\hbar\frac{\partial}{\partial t}(\psi^{*}\psi)=-\frac{\hbar^{2}}{2m}(\psi^{*}\nabla^{2}\psi-\psi\nabla^{2}\psi^{*})=-\frac{\hbar^{2}}{2m}\nabla\cdot(\psi^{*}\nabla\psi-\psi\nabla\psi^{*}) \tag{3-30}$$

在封闭的空间区域 τ 内积分，根据 Gauss 定理，把式(3-30)右边的积分化成面积分，得

$$\mathrm{i}\hbar\frac{\partial}{\partial t}\int_{\tau}\psi^{*}\psi\mathrm{d}\tau=-\frac{\hbar^{2}}{2m}\oint_{S}(\psi^{*}\nabla\psi-\psi\nabla\psi^{*})\cdot\mathrm{d}\boldsymbol{S} \tag{3-31}$$

式中，$\boldsymbol{S}$ 为空间体积 τ 围成的表面。

引入两个量：**概率密度和概率流密度矢量，即**

$$\rho(\boldsymbol{r},t)=\psi^{*}(\boldsymbol{r},t)\psi(\boldsymbol{r},t) \tag{3-32}$$

$$\boldsymbol{j}(\boldsymbol{r},t)=-\frac{\mathrm{i}\hbar}{2m}(\psi^{*}\nabla\psi-\psi\nabla\psi^{*})=\frac{\hbar}{m}\mathrm{Im}(\psi^{*}\nabla\psi) \tag{3-33}$$

式(3-33)中，Im 表示取复数的虚部，注意不包含虚单位 i。于是式(3-31)式可化成

$$\frac{\mathrm{d}}{\mathrm{d}t}\int_{\tau}\rho\mathrm{d}\tau=-\oint_{S}\boldsymbol{j}\cdot\mathrm{d}\boldsymbol{S} \tag{3-34}$$

式(3-34)即为定域粒子的概率守恒的积分形式，又称**粒子数守恒定律**。其物理意义是：在一个定域的闭区域中找到粒子的总概率在单位时间内的增量等于从该封闭表面流入该区域内的粒子概率。式(3-34)的右边再次使用 Gauss 定理把面积分化成体积分，则可以写成如下的微分形式：

$$\frac{\partial}{\partial t}\rho+\nabla\cdot\boldsymbol{j}=0 \tag{3-35}$$

其形式与流体力学中的连续性方程相同，因此，又称粒子数守恒的连续性方程。其物理意义是：在空间中任意一点处及其附近的粒子概率随时间变化，则必然有一定概率的粒子从该点流出或从其他地方流入。定量地讲，空间某点及其附近的粒子概率随时间的增加(或者减少)等于外界流入到该点(或由该点流出)的粒子概率。

在式(3-34)中，若考虑粒子的边界在无限远处，那么对空间的积分就拓展到全空间。这时，按照波函数有界性的要求，波函数在边界上的数值等于零，即在边界 S 处，粒子流密度 $\boldsymbol{j}=0$，于是有

$$\frac{\mathrm{d}}{\mathrm{d}t}\int_{全}|\psi(\boldsymbol{r},t)|^{2}\mathrm{d}\tau=0 \tag{3-36}$$

也就是说，全空间中的粒子总概率不随时间变化，实际上就是全空间找到粒子的总概率等于1(归一化条件)，在物理上表示粒子既不会产生，也不会湮灭。

3.3.3 能量本征方程和本征态

再讨论一般形式的薛定谔方程式(3-26)。如果其中的势函数 $V(\boldsymbol{r},t)$ 不是时间的显函数(或者说与时间无关)，则式(3-26)变为

$$\mathrm{i}\hbar\frac{\partial}{\partial t}\psi(\boldsymbol{r},t)=\left[-\frac{\hbar^{2}}{2m}\nabla^{2}+V(\boldsymbol{r})\right]\psi(\boldsymbol{r},t) \tag{3-37}$$

这是一个可以分离变量的方程。把波函数中的空间和时间变量分离成两个单独参变量的函数乘积：

$$\psi(\boldsymbol{r},\ t)=\phi(\boldsymbol{r})\cdot f(t) \tag{3-38}$$

将式(3-38)代入式(3-37)中，并把 $f(t)$ 和 $\varphi(\boldsymbol{r})$ 分别移到等式的左右两边，得

$$\frac{\mathrm{i}\hbar}{f(t)}\frac{\mathrm{d}f}{\mathrm{d}t}=\frac{1}{\phi(\boldsymbol{r})}\left[-\frac{\hbar^2}{2m}\nabla^2+V(\boldsymbol{r})\right]\phi(\boldsymbol{r})$$

上式已经成为分离变量的方程，等式左边是关于时间的函数，而右边是关于空间的函数，它们恒等的条件是等于同一个常数。波函数代表概率幅，它没有量纲。通过量纲分析，显然这个常数应当具有能量的量纲，不妨设为 E，因此，上式就分离成下面的两个方程：

$$\frac{\mathrm{i}\hbar}{f(t)}\frac{\mathrm{d}f}{\mathrm{d}t}=E \tag{3-39}$$

$$\left[-\frac{\hbar^2}{2m}\nabla^2+V(\boldsymbol{r})\right]\phi(\boldsymbol{r})=E\phi(\boldsymbol{r}) \tag{3-40}$$

式(3-39)是一阶常微分方程，它的解为 $f(t)\sim\mathrm{e}^{-\mathrm{i}Et/\hbar}$。因此，把积分常数归并到空间波函数中，则式(3-38)写成

$$\psi(\boldsymbol{r},\ t)=\phi_E(\boldsymbol{r})\mathrm{e}^{-\mathrm{i}Et/\hbar} \tag{3-41}$$

式中，$\phi_E(\boldsymbol{r})$ 满足式(3-40)。式(3-40)是一个二阶偏微分方程，仅从数学上考虑，对于任意一个能量值 E，似乎可以解出波函数。然而，量子力学的波函数表示粒子出现的概率幅，它必须满足三个标准条件，因此，考虑到实际的量子问题(特别是束缚态问题)时，能够满足波函数要求的解就限制了 E 不会取连续变化的数值，而是一些离散的值。这些离散的能量值称为体系的**本征能量值，又称能量的量子化**。相应的波函数解 $\phi_E(\boldsymbol{r})$ 称为体系的**能量本征函数(或能量本征态)**。式(3-40)称为势场 $V(\boldsymbol{r})$ 中粒子运动的**能量本征方程**，又称不含时薛定谔方程或定态薛定谔方程。

根据经典力学中的哈密顿能量表达式 $H=T+V=\dfrac{p^2}{2m}+V$，只需通过算符替换，即可得到量子力学中的哈密顿算符为

$$\hat{H}=-\frac{\hbar^2}{2m}\nabla^2+V(\boldsymbol{r}) \tag{3-42}$$

把哈密顿算符代入能量本征方程式(3-40)中，得到如下形式的能量本征方程：

$$\hat{H}\psi=E\psi \tag{3-43}$$

在量子力学的矩阵力学形式中会知道，力学算符可以表示成方阵，而波函数可以表示为列矩阵，根据线性代数的知识就知道上述方程等价于一个矩阵本征方程。这正是式(3-40)取名为本征方程的原因。

用哈密顿算符表示的含时薛定谔方程为

$$\mathrm{i}\hbar\frac{\partial}{\partial t}\psi(\boldsymbol{r},\ t)=\hat{H}\psi(\boldsymbol{r},\ t) \tag{3-44}$$

因此，对于不显含时间的势函数情况下，只需求解能量的本征方程，解出本征波函数后代入式(3-41)就可得到体系的波函数 $\psi(\boldsymbol{r},\ t)=\phi_E(\boldsymbol{r})\mathrm{e}^{-\mathrm{i}Et/\hbar}$，这样的波函数所描述的状态称为**定态**。定态具有以下特征：①粒子的概率密度和粒子的概率流密度不随时间变化；②任何不显含时间的力学量的平均值不随时间变化；③任何不显含时间的力学量的测量值的概率分布也不随时间变化。第一个特征是容易证明的。后面两个特征将来会得到证明。以后还会证明，属于不同能量本征值的两个本征函数彼此是正交归一化的。

3.4 一维定态薛定谔方程

粒子在一维势场$V(x)$中的运动涉及薛定谔方程的一些简单应用。一维情况下，粒子运动满足的定态薛定谔方程为

$$\left[-\frac{\hbar^2}{2m}\frac{\mathrm{d}^2}{\mathrm{d}x^2}+V(x)\right]\psi(x)=E\psi(x) \tag{3-45}$$

这是一个二阶常微分方程，只要给出势函数$V(x)$的具体表达式，解这个常微分方程就可以得到能量本征值和本征函数。本节介绍几种简单实用的一维问题。

3.4.1 一维无限深势阱

1. 物理模型

质量为m的粒子处在一维无限深势阱中运动，势函数用下式表示：

$$V(x)=\begin{cases}0, & 0\leqslant x\leqslant a\\ \infty, & x<0,\ x>a\end{cases} \tag{3-46}$$

式中，a为势阱的宽度；$V(x)$为势阱的深度，在阱内势能等于零，在阱外势能为无穷大。用图形表示如图3.2所示。

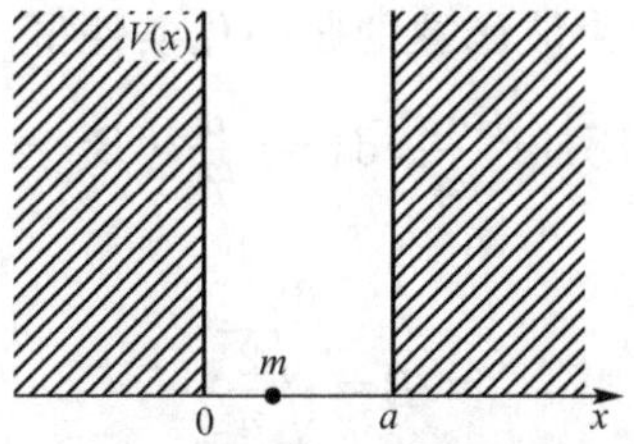

图3.2 一维无限深势阱示意图

2. 薛定谔方程

根据一维情况下的薛定谔方程式(3-45)，可以分别写出一维无限深势阱中阱内外的薛定谔方程。

(1) 在阱内的薛定谔方程为

$$-\frac{\hbar^2}{2m}\frac{\mathrm{d}^2\psi_1}{\mathrm{d}x^2}=E\psi_1,\quad 0\leqslant x\leqslant a \tag{3-47}$$

(2) 在阱外的薛定谔方程为

$$-\frac{\hbar^2}{2m}\frac{\mathrm{d}^2\psi_2}{\mathrm{d}x^2}+\infty\cdot\psi_2=E\psi_2,\quad x<0,\ x>a \tag{3-48}$$

波函数的连续性决定的边界条件为

$$\psi_1(0)=\psi_2(0),\quad \psi_1(a)=\psi_2(a) \tag{3-49}$$

3. 方程的解

先解阱外的薛定谔方程式(3-48)。由于波函数的有界性要求，粒子无法穿过无限深

的势阱，则阱外的解为

$$\psi_2(x)=0$$

再求解阱内的薛定谔方程式(3-47)。作如下的替换：

$$k^2=\frac{2mE}{\hbar^2} \tag{3-50}$$

式(3-47)可化为

$$\psi_1''+k^2\psi_1=0$$

这是一个二阶的常系数微分方程，有两个特征根：$\pm ik$，相应的两个特解为：$\cos kx$ 与 $\sin kx$，方程的通解为

$$\psi_1(x)=A\cos kx+B\sin kx$$

式中，A、B 分别为待定的积分常数。利用式(3-49)中第一个边界条件，得 $A=0$，则 $\psi_1(x)=B\sin kx$。再利用第二个边界条件，得 $B\sin ka=0$。因此 $ka=n\pi$，$n=1，2，3，\cdots$。注意：$n=0$，则 $k=0$，即 $E=0$ 不代表运动的粒子，而 n 取负整数，不能得到新的能量结果(只是速度的方向不同而已)。把 $k=n\pi/a$ 代入式(3-50)得能量的表达式为

$$E=\frac{n^2\hbar^2\pi^2}{2ma^2},\quad n=1,2,3,\cdots \tag{3-51}$$

式中，n 为正整数。可以看出能量是量子化的，而相应的波函数为

$$\psi_1(x)=B\sin\frac{n\pi}{a}x\quad(0\leqslant x\leqslant a)$$

因阱外的波函数等于零，则由波函数的归一化条件得

$$\int_0^a B^2\sin^2\frac{n\pi}{a}x\,\mathrm{d}x=\frac{a}{2}\cdot B^2=1$$

因此，归一化常数为

$$B=\sqrt{\frac{2}{a}}$$

最后，得到归一化的波函数为

$$\psi(x)=\begin{cases}\sqrt{\dfrac{2}{a}}\sin\dfrac{n\pi}{a}x, & 0\leqslant x\leqslant a \text{ 及 } n \text{ 取正整数}\\ 0, & x<0,\ x>a\end{cases} \tag{3-52}$$

至此，已经解出一维无限深势阱中运动粒子的能量和波函数。

4. 讨论

(1) 粒子的最低能量为 $E_1=\hbar^2\pi^2/(2ma^2)\neq0$，这与经典粒子不同。这是微观粒子波粒二象性的表现，微观世界中，静止的波是没有意义的。把体系中能量最低的状态($n=1$)称为**基态**，而 $n=2，3，4，\cdots$，相应的状态分别叫第一激发态、第二激发态、第三激发态……。

(2) 势阱内粒子的波函数是正弦形式，概率密度为

$$|\psi_1(x)|^2=\frac{2}{a}\sin^2\left(\frac{n\pi}{a}x\right)$$

显然，粒子在阱内的概率分布与量子数 n 有关，不同的 n 对应不同数量的零概率数目和位置。人们把概率密度等于零(除边界点外)的位置称为节点。对于一个特定的 n，节点

数等于 $n-1$。因为满足节点的条件为

$$\sin\left(\frac{n\pi}{a}x\right)=0,\quad 0<x<a$$

即要求

$$\frac{n\pi}{a}x=j\pi,\quad j\text{ 为整数}$$

x 的所有可能位置分别为$\frac{a}{n}$，$\frac{2a}{n}$，$\frac{3a}{n}$，…，$\frac{(n-1)a}{n}$，共有 $n-1$ 个取值。

3.4.2 势垒的贯穿——量子隧道效应

1956 年日本物理学家江崎玲於奈(L. Esaki，1925—)发现了隧道二极管；1960 年美籍物理学家加埃沃(I. Giaever，1929—)发现了超导体中的隧道贯穿；随后，英国物理学家约瑟夫森(B. D. Josephson，1940—)从理论上预言了约瑟夫森隧道效应现象。1983 年德国科学家宾尼(G. Binning，1947—)和瑞士科学家罗雷尔(H. Roher，1933—)研制出了第一代扫描隧道电镜，后来几经改进，从而制造出商业扫描隧道电镜。现在人们可以通过扫描隧道电镜与原子力显微镜观察到物体表面的原子结构，还可以控制和操纵原子。下面仅从一维势垒贯穿的量子力学理论来阐述量子隧道效应。

1. 物理模型

一维势垒把一维空间分成三个区域：Ⅰ区、Ⅱ区和Ⅲ区，各个区域的势场为

$$V(x)=\begin{cases}0, & x<0\\ U_0, & 0\leqslant x\leqslant a)\\ 0, & x>a\end{cases}\tag{3-53}$$

用图形表示如图 3.3 所示。这里仅讨论在Ⅰ区中粒子能量 $E<U_0$时的势垒贯穿情况。

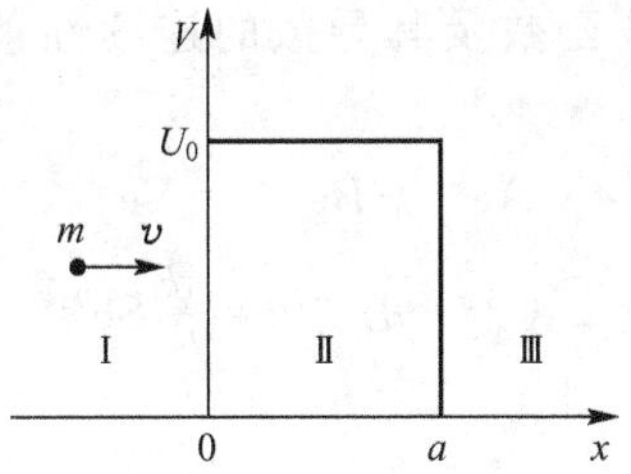

图 3.3 粒子的一维势垒散射示意图

2. 薛定谔方程及其求解

在势垒外($x<0$，$x>a$)，薛定谔方程为

$$\frac{\mathrm{d}^2}{\mathrm{d}x^2}\psi+\frac{2mE}{\hbar^2}\psi=0\tag{3-54}$$

这是一个二阶常系数微分方程，令 $k=\sqrt{2mE}/\hbar$，式(3-54)可化为

$$\frac{\mathrm{d}^2}{\mathrm{d}x^2}\psi+k^2\psi=0$$

它有两个线性无关的特解取为 $e^{\pm ikx}$。假设粒子从左入射，那么在Ⅰ区内 e^{ikx} 代表入射波，

而 e^{-ikx} 代表反射波。在Ⅲ区内，只有透射波 e^{ikx}。因此，式(3-54)的解可以采用下述形式：

$$\psi(x)=\begin{cases} e^{ikx}+Re^{-ikx}, & x<0 \\ Se^{ikx}, & x>a \end{cases} \tag{3-55}$$

式中，入射波的波幅取为1，只是为了方便；R、S 分别为反射波和透射波的波幅。把概率流密度的公式分别用于此处的入射波、反射波和透射波，容易算出入射粒子流密度为 $j_i=\hbar k/m=v$①（v 为入射粒子的速率），反射粒子的概率流密度为 $j_r=|R|^2 v$，以及透射粒子的概率流密度 $j_t=|S|^2 v$，则反射系数和透射系数分别是 $j_r/j_i=|R|^2$、$j_t/j_i=|S|^2$。

在势垒内部($0\leqslant x\leqslant a$)，薛定谔方程为

$$\frac{d^2}{dx^2}\psi-\frac{2m}{\hbar^2}(U_0-E)\psi=0 \tag{3-56}$$

令 $k'=\sqrt{2m(U_0-E)}/\hbar$，则式(3-56)可化为

$$\frac{d^2}{dx^2}\psi-k'^2\psi=0$$

这也是一个二阶常系数微分方程，其通解为

$$\psi(x)=Ae^{k'x}+Be^{-k'x} \tag{3-57}$$

利用在边界 $x=0$ 处，波函数及其导数的连续性条件②，由式(3-55)和式(3-57)可得

$$1+R=A+B$$

$$\frac{ik}{k'}(1-R)=A-B$$

联立以上两个方程，解得

$$A=\frac{1}{2}\left[\left(1+\frac{ik}{k'}\right)+R\left(1-\frac{ik}{k'}\right)\right] \tag{3-58a}$$

$$B=\frac{1}{2}\left[\left(1-\frac{ik}{k'}\right)+R\left(1+\frac{ik}{k'}\right)\right] \tag{3-58b}$$

再利用在边界 $x=a$ 处，波函数及其导数的连续性条件，由式(3-55)和式(3-57)可得

$$Ae^{k'a}+Be^{-k'a}=Se^{ika}$$

$$Ae^{k'a}-Be^{-k'a}=\frac{ik}{k'}Se^{ika}$$

联立并解得

$$A=\frac{S}{2}\left(1+\frac{ik}{k'}\right)e^{ika-k'a} \tag{3-59a}$$

$$B=\frac{S}{2}\left(1-\frac{ik}{k'}\right)e^{ika+k'a} \tag{3-59b}$$

由式(3-58a)、(3-58b)、(3-59a)、(3-59b)四个式子中消去 A、B，得关于 R、S 的方程组为

---

① 由式(3-23)，得 $j_i=\frac{\hbar}{m}\cdot \mathrm{Im}\left(e^{-ikx}\frac{d}{dx}e^{ikx}\right)=\frac{\hbar k}{m}=v$。类似地可以计算反射波和透射波的概率流密度。

② 可以证明对于有限跃变的势函数，薛定谔方程中的分段波函数及其导数处处连续，但对于势函数为无限跃变的位置波函数连续而其导数不连续。如无限深势阱、δ 势阱的波函数在跃变边界处导数不连续。其证明可参考文献：孙存兰，沈廷根．关于波函数的一阶导数的连续性［J］．广西物理，2001，22(3)：22-24.

$$\begin{cases}\left(1+\dfrac{\mathrm{i}k}{k'}\right)+R\left(1-\dfrac{\mathrm{i}k}{k'}\right)=S\left(1+\dfrac{\mathrm{i}k}{k'}\right)\mathrm{e}^{\mathrm{i}ka-k'a} \\ \left(1-\dfrac{\mathrm{i}k}{k'}\right)+R\left(1+\dfrac{\mathrm{i}k}{k'}\right)=S\left(1-\dfrac{\mathrm{i}k}{k'}\right)\mathrm{e}^{\mathrm{i}ka+k'a}\end{cases} \tag{3-60}$$

消去 R，得

$$\frac{S\mathrm{e}^{\mathrm{i}ka-k'a}-1}{S\mathrm{e}^{\mathrm{i}ka+k'a}-1}=\left(\frac{1-\mathrm{i}k/k'}{1+\mathrm{i}k/k'}\right)^2$$

把 $S\mathrm{e}^{\mathrm{i}ka}$ 作为未知数，容易解得

$$S\mathrm{e}^{\mathrm{i}ka}=\frac{-2\mathrm{i}k/k'}{[1-(k/k')^2]\mathrm{sh}(k'a)-2\mathrm{i}(k/k')\mathrm{ch}(k'a)}$$ ①

因此，得透射系数为

$$T=|S|^2=\frac{4k^2k'^2}{(k^2-k'^2)^2\mathrm{sh}^2(k'a)+4k^2k'^2\mathrm{ch}^2(k'a)}$$

$$=\frac{4k^2k'^2}{(k^2+k'^2)^2\mathrm{sh}^2(k'a)+4k^2k'^2} \tag{3-61}$$

类似地，消去式(3-60)中的 S，可以得到 R，从而计算出反射系数为

$$|R|^2=\frac{(k^2+k'^2)\mathrm{sh}^2(k'a)}{(k^2+k'^2)^2\mathrm{sh}^2(k'a)+4k^2k'^2} \tag{3-62}$$

显然

$$|R|^2+|S|^2=1 \tag{3-63}$$

即反射系数与透射系数之和等于1，说明从Ⅰ区入射的粒子，部分被反射回去，其余的贯穿势垒区(Ⅱ区)而透射到Ⅲ区。通常，透射系数 T 不为零。粒子能穿透比它动能更高的势垒的现象称为**隧道效应**。隧道效应是量子力学中特有的物理现象，它正是微观粒子波动性的表现，这在经典物理中是不可能发生的。

通常 $k'a\gg1$，由双曲函数的定义可得：$\mathrm{sh}k'a\approx\mathrm{ch}k'a\approx\mathrm{e}^{k'a}/2$，由此得到式(3-61)的近似表达式为

$$T\approx\frac{16k^2k'^2}{(k^2+k'^2)^2}\mathrm{e}^{-2k'a}$$

把 k 与 k' 的定义式代入上式得

$$T\approx\frac{16E(U_0-E)}{U_0^2}\exp\left[-\frac{2a}{\hbar}\sqrt{2m(U_0-E)}\right] \tag{3-64}$$

分析上述指数函数可知，T 随粒子质量 m、势垒宽度 a 及能量差 (U_0-E) 灵敏地变化。在宏观尺度内，T 值非常小，不容易观察到势垒贯穿现象。

思考题： 若势垒高度不是一个常数，而是一个函数 $U(x)$ $(0<x<a)$，你能否参照式(3-64)写出透射系数的表达式？

3.4.3 一维谐振子

1. 经典弹簧振子

我们在普通物理中学过弹簧振子，设弹簧的劲度系数为 K，振子质量为 m。弹簧振子

---

① 式中用了双曲正弦和双曲余弦函数表示：$\mathrm{sh}(k'a)=(\mathrm{e}^{k'a}-\mathrm{e}^{-k'a})/2$，$\mathrm{ch}(k'a)=(\mathrm{e}^{k'a}+\mathrm{e}^{-k'a})/2$。在下面两个公式推导中，还用到公式：$\mathrm{ch}^2(k'a)-\mathrm{sh}^2(k'a)=1$。

运动方程满足下式：

$$m\frac{\mathrm{d}^2x}{\mathrm{d}t^2}=-Kx$$

令 $\omega=\sqrt{K/m}$，上述方程即化为

$$\frac{\mathrm{d}^2x}{\mathrm{d}t^2}+\omega^2x=0$$

这个二阶常系数微分方程的通解为

$$x=A\cos(\omega t+\varphi)$$

式中，A 称为弹簧振子的振幅；φ 称为初位相，它们由弹簧振动的初始条件决定；ω 为弹簧振子振动的圆频率。弹簧振子的势能为

$$V(x)=\frac{1}{2}Kx^2=\frac{1}{2}m\omega^2x^2$$

体系总能量为

$$\begin{aligned}E=T+V&=\frac{1}{2}m\dot{x}^2+\frac{1}{2}m\omega^2x^2\\&=\frac{1}{2}m[-A\omega\sin(\omega t+\varphi)]^2+\frac{1}{2}m\omega^2\ [A\cos(\omega t+\varphi)]^2\\&=\frac{1}{2}m\omega^2A^2\end{aligned}\qquad(3-65)$$

2. 量子力学中谐振子

微观谐振子很常见，其量子力学结果也非常有用。一维谐振子模型的求解相对比较简单，其结果通常可以推广到高维的情况。分子的振动能和振动光谱的计算与分析，晶体中晶格热振动及比热容的计算，黑体辐射现象的解释，荷电粒子在电磁场中的运动(塞曼效应)等问题都要用到谐振子理论和结果。

按照一维谐振子的经典能量表达式(3－65)，改写成哈密顿算符为

$$\hat{H}=-\frac{\hbar^2}{2m}\frac{\mathrm{d}^2}{\mathrm{d}x^2}+\frac{1}{2}m\omega^2x^2$$

势函数不显含时间，相应的定态薛定谔方程为

$$\left[-\frac{\hbar^2}{2m}\frac{\mathrm{d}^2}{\mathrm{d}x^2}+\frac{1}{2}m\omega x^2\right]\psi(x)=E\psi(x)\qquad(3-66)$$

这是一个变系数的二阶常微分方程。

理想的谐振子，它的势是一个无限深势阱，只存在束缚态，满足自然边界条件，即

$$\text{在}\,|x|\to\pm\infty\text{处},\quad \psi(x)\to 0\qquad(3-67)$$

现在引进了两个无量纲参量，即

$$\xi=\alpha x\quad(\alpha=\sqrt{m\omega/\hbar}\text{，其量纲为 L}^{-1})\qquad(3-68)$$

$$\lambda=E/(\hbar\omega/2)\qquad(3-69)$$

对式(3－66)进行无量纲化①后成为

① 通过引进无量纲参量对微分方程进行无量纲化是一种常用的方法，使得原来的方程不涉及具体的物理量，当然就不考虑单位了，方程变成一个纯粹的数学方程，使计算更加方便。这在流体力学、空气动力学等微分方程求解(特别是数值解法)中经常被采用。

$$\frac{d^2}{d\xi^2}\psi+(\lambda-\xi^2)\psi=0 \tag{3-70}$$

这个二阶变系数微分方程中，$\xi=\pm\infty$是它的非正则奇点。下面讨论该方程的在$\xi\to\pm\infty$的渐进解。

当$\xi\to\pm\infty$时，式(3-70)近似为

$$\frac{d^2}{d\xi^2}\psi-\xi^2\psi=0$$

可以验证，该近似方程的近似解为

$$\psi(\xi)\xrightarrow{\xi\to\pm\infty}e^{\pm\xi^2/2}$$

由于函数的有界性要求，故只有负指数的那个解满足$\psi(\pm\infty)\to 0$的条件，于是，可以把式(3-70)的解表示为

$$\psi(\xi)=e^{-\xi^2/2}H(\xi) \tag{3-71}$$

把它代入式(3-70)后，得到如下方程：

$$\frac{d^2}{d\xi^2}H-2\xi\frac{d}{d\xi}H+(\lambda-1)H=0 \tag{3-72}$$

式(3-72)是我们在数学物理方程中熟悉的**厄米方程**。它仍然是变系数的二阶常微分方程，一般解法是在常点$\xi=0$的邻域($|\xi|<\infty$)展开成幂级数，然后代入方程中比较等式两边同次幂的系数，进而得到系数的递推关系(详细步骤见附录A2)。通过幂级数形式解的进一步分析，发现其解的渐进行为是

$$H(\xi)\xrightarrow{|\xi|\to\infty}e^{\xi^2}$$

因此，在$\xi\to\pm\infty$时，体系的波函数$\psi(\xi)\to e^{\xi^2}e^{-\xi^2/2}=e^{\xi^2/2}\to\infty$，不满足波函数有界性的要求。为了保证波函数的有界性条件，于是要求$H(\xi)$不能是无穷级数，而当满足特定的条件时中断成一个多项式。该条件是

$$\lambda-1=2n,\quad n=0,1,2,\cdots \tag{3-73}$$

这样就得到一个多项式的解，记为$H_n(\xi)$，称为**厄米多项式**。

把式(3-73)代入式(3-69)中，得到谐振子的能量公式为

$$E=E_n=\left(n+\frac{1}{2}\right)\hbar\omega,\quad n=0,1,2,\cdots \tag{3-74}$$

即是谐振子的本征能量，也是量子化的。它由一系列均匀分布的能级组成，相邻两个能级的间隔等于$\hbar\omega$。

厄米多项式的表达式为

$$H_n(\xi)=(-1)^n e^{\xi^2}\frac{d^n}{d\xi^n}e^{-\xi^2} \tag{3-75}$$

它的正交性公式为

$$\int_{-\infty}^{\infty}H_m(\xi)H_n(\xi)e^{-\xi^2}d\xi=\sqrt{\pi}2^n\cdot n!\delta_{mn}$$

最后可以得到正交归一的波函数为

$$\psi_n(\alpha x)=\left[\frac{\alpha}{\pi^{1/2}2^n\cdot n!}\right]^{1/2}e^{-\alpha^2x^2/2}H_n(\alpha x) \tag{3-76}$$

其正交归一关系为

$$\int_{-\infty}^{\infty}\psi_m(x)\psi_n(x)dx=\delta_{mn} \tag{3-77}$$

上面用到了克罗内克(Kronecker)符号 δ_{mn}，它定义为

$$\delta_{mn}=\begin{cases}1, & m=n\\ 0, & m\neq n\end{cases}$$

厄米多项式有以下两个重要的递推关系(请读者自己证明)：

$$\mathrm{H}_{n+1}(\xi)-2\xi\mathrm{H}(\xi)+2n\mathrm{H}_{n-1}(\xi)=0 \tag{3-78}$$

$$\frac{\mathrm{dH}_n(\xi)}{\mathrm{d}\xi}=2n\mathrm{H}_{n-1}(\xi) \tag{3-79}$$

由此可以得到波函数的递推关系为

$$x\psi_n=\frac{1}{\alpha}\left[\sqrt{\frac{n+1}{2}}\psi_{n+1}+\sqrt{\frac{n}{2}}\psi_{n-1}\right] \tag{3-80}$$

$$x^2\psi_n=\frac{1}{\alpha^2}\left\{\sqrt{\frac{n+1}{2}}\left[\sqrt{\frac{n+2}{2}}\psi_{n+2}+\sqrt{\frac{n+1}{2}}\psi_n\right]+\sqrt{\frac{n}{2}}\left[\sqrt{\frac{n}{2}}\psi_n+\sqrt{\frac{n-1}{2}}\psi_{n-2}\right]\right\} \tag{3-81}$$

$$\frac{\mathrm{d}}{\mathrm{d}x}\psi_n=\alpha\left[\sqrt{\frac{n}{2}}\psi_{n-1}-\sqrt{\frac{n+1}{2}}\psi_{n+1}\right] \tag{3-82}$$

$$\frac{\mathrm{d}^2}{\mathrm{d}x^2}\psi_n=\frac{\alpha^2}{2}\left[\sqrt{n(n+1)}\,\psi_{n-2}-(2n+1)\psi_n+\sqrt{(n+1)(n+2)}\,\psi_{n+2}\right] \tag{3-83}$$

它们非常有用，读者应当记住它们并能熟练地应用。

最后讨论有关的结果。

(1) 基态能量：$E_0=\hbar\omega/2$ 不等于零，称为零点能。这也是微观粒子波粒二象性的表现。

(2) 波函数具有以下性质：$\psi_n(-x)=(-1)^n\psi_n(x)$，即当 n 是奇数时，波函数是奇函数；反之，当 n 是偶函数时，波函数是偶函数。我们把波函数具有确定的奇、偶性称为体系具有确定的**宇称**，奇函数对应的是**奇宇称**，偶函数对应的是**偶宇称**。体系具有确定的宇称是由体系中的势函数具有空间反演对称性决定的。因为谐振子的势函数是偶函数，因此它必有确定的宇称。

(3) 当体系处于基态时，能量值为 $E_0=\hbar\omega/2$。基态谐振子在空间的概率分布为

$$|\psi_0(x)|^2=\frac{\alpha}{\sqrt{\pi}}\mathrm{e}^{-\alpha^2x^2}$$

按照经典谐振子模型，当 $x=\alpha^{-1}=\sqrt{\hbar/m\omega}$ 时，势能为 $V(\alpha^{-1})=m\omega^2\alpha^{-2}/2=\hbar\omega/2=E_0$，因此 $x=\alpha^{-1}$ 代表了经典粒子的振幅，经典谐振子不可能到达 $|x|>\alpha^{-1}$ 的区域(称为经典禁区)。而量子力学给出的结果是粒子处于经典禁区的概率为①

$$\int_{\alpha^{-1}}^{\infty}\mathrm{e}^{-\alpha^2x^2}\,\mathrm{d}x\Big/\int_0^{\infty}\mathrm{e}^{-\alpha^2x^2}\,\mathrm{d}x=\int_1^{\infty}\mathrm{e}^{-\xi^2}\,\mathrm{d}\xi\Big/\int_0^{\infty}\mathrm{e}^{-\xi^2}\,\mathrm{d}\xi=1-\int_0^1\mathrm{e}^{-\xi^2}\,\mathrm{d}\xi\Big/\int_0^{\infty}\mathrm{e}^{-\xi^2}\,\mathrm{d}\xi\approx 15.7\%$$

说明了量子结果与经典结果有很大的不同，这完全是一种量子效应。

(4) 线性谐振子的量子力学结果非常有用，解释黑体辐射(见附录 A3)、分子振动能、晶体晶格振动能和固体比热容等问题均很成功。

---

① 下式中分母积分值等于 $\frac{1}{2}\Gamma(1/2)=\sqrt{\pi}/2\approx 0.8862$。在 $\xi=0$ 的邻域内对指数函数进行麦克劳林级数展开：$e^{-\xi^2}=1+(-\xi^2)+\frac{1}{2}(-\xi^2)+\frac{1}{3!}(-\xi^2)^3+\frac{1}{4!}(-\xi^2)^4+\cdots$，在 [0, 1] 区间内计算定积分，取近似值后得 $\int_0^1\mathrm{e}^{-\xi^2}\,\mathrm{d}\xi\approx 0.7475$。

【例 3-1】 设粒子在下列势阱中运动，求粒子的波函数和能级。

$$V(x)=\begin{cases}\infty, & x<0\\ \dfrac{1}{2}m\omega^2x^2, & x>0\end{cases}$$

解：在 $x<0$ 的区域是无限深势阱，粒子不可能进入该区域，或者说粒子在该区域出现的概率等于零，则 $\psi_-(x)=0$。

在 $x>0$ 的区域，粒子的势函数是谐振子势，它满足谐振子的本征方程，即

$$\left[-\frac{\hbar^2}{2m}\frac{\mathrm{d}^2}{\mathrm{d}x^2}+\frac{1}{2}m\omega x^2\right]\psi(x)=E\psi(x)$$

它的本征波函数已经解出，即

$$\psi_+(x)=\psi_n(\alpha x)=\left[\frac{\alpha}{\pi^{1/2}2^n\cdot n!}\right]^{1/2}\mathrm{e}^{-\alpha^2x^2/2}\mathrm{H}_n(\alpha x)$$

式中，n 为量子数，可以取一切自然数。

但以上波函数只满足 $x\to+\infty$ 的自然边界条件，现在必须考虑在原点 $x=0$ 处的连续性

$$\psi_+(0)=\psi_-(0)$$

即

$$\psi_+(x)=\psi_n(\alpha x)=\left[\frac{\alpha}{\pi^{1/2}2^n\cdot n!}\right]^{1/2}\mathrm{e}^{-\alpha^2x^2/2}\mathrm{H}_n(\alpha x)=0$$

由于以上波函数具有以下性质：

$$\psi_n(-x)=(-1)^n\psi_n(x)$$

因此，只有当 $n=2k+1(k\in N)$，即为奇数时，波函数才是奇函数，并能满足在 $x=0$ 处等于零的条件。于是，该粒子的波函数为

$$\psi_{2k+1}(\alpha x)=\left[\frac{\alpha}{\pi^{1/2}2^{2k+1}\cdot(2k+1)!}\right]^{1/2}\mathrm{e}^{-\alpha^2x^2/2}\mathrm{H}_{2k+1}(\alpha x)=0$$

相应的能级为

$$E=E_k=\left(2k+\frac{3}{2}\right)\hbar\omega,\quad k=0,1,2,\cdots$$

显然，体系的基态能量为 $E_0=\frac{3}{2}\hbar\omega$，比理想谐振子的基态能量值大。

小　结

1. 微观粒子具有波粒二象性，波动性和粒子性是物质矛盾二重性的表现。波粒二象性统一在爱因斯坦关系和德布罗意关系式中，即

$$E=h\nu=\hbar\omega,\quad \boldsymbol{p}=\frac{h}{\lambda}\boldsymbol{n}=\hbar\boldsymbol{k}$$

2. 微观粒子的状态用波函数 $\psi(\boldsymbol{r},t)$ 来表述。$|\psi(\boldsymbol{r},t)|^2$ 表示在 t 时刻、位置 $\boldsymbol{r}$ 处找到粒子的概率密度。按照波函数的统计解释，应当满足：有界性、连续性和单值性。波函数又称态函数，满足叠加原理。

3. 单粒子的运动规律满足薛定谔方程：

$$\mathrm{i}\hbar\frac{\partial}{\partial t}\psi(\boldsymbol{r},\ t)=\left[-\frac{\hbar^2}{2m}\nabla^2+V(\boldsymbol{r},\ t)\right]\psi(\boldsymbol{r},\ t)$$

若势函数与时间无关，则通过分离变量法，分离成时间和空间坐标的常微分方程。与时间有关的方程的解都是 $f(t)\sim \mathrm{e}^{-\mathrm{i}Et/\hbar}$。因此，与空间坐标有关的方程是以下二阶常微分方程：

$$\hat{H}\psi=E\psi$$

称为能量本征方程。只要给定势函数的具体形式，原则上可以求出本征能量和本征函数。对于束缚态，能量一般是量子化的。

对于多粒子体系，薛定谔方程为

$$\mathrm{i}\hbar\frac{\partial}{\partial t}\psi(\boldsymbol{r}_1,\boldsymbol{r}_2,\cdots,\boldsymbol{r}_N,t)=\left[\sum_{i=1}^{N}\left(-\frac{\hbar^2}{2m_i}\nabla_i^2+U_i(\boldsymbol{r}_i)\right)+V(\boldsymbol{r}_1,\boldsymbol{r}_2,\cdots,\boldsymbol{r}_N)\right]\psi(\boldsymbol{r}_1,\boldsymbol{r}_2,\cdots,\boldsymbol{r}_N,t)$$

4. 宽度为 a 的无限深势阱的能量为

$$E=\frac{n^2\hbar^2\pi^2}{2ma^2},\quad n=1,\ 2,\ 3,\ \cdots$$

归一化波函数为

$$\begin{cases}\psi_1(x)=\sqrt{\dfrac{2}{a}}\sin\dfrac{n\pi}{a}x, & 0\leqslant x\leqslant a,\ n\text{ 取正整数}\\ \psi_2(x)=0, & x<0,\ x>a\end{cases}$$

5. 粒子在宽度为 a、高度为 U_0 的势垒中反射系数和透射系数分别为

$$|R|^2=\frac{(k^2+k'^2)\mathrm{sh}^2(k'a)}{(k^2+k'^2)^2\mathrm{sh}^2(k'a)+4k^2k'^2}$$

$$|S|^2=\frac{4k^2k'^2}{(k^2+k'^2)^2\mathrm{sh}^2(k'a)+4k^2k'^2}$$

其中，

$$|R|^2+|S|^2=1$$

能量低于势垒高度的微观粒子能穿透势垒的现象称为量子隧道效应。量子隧道效应是扫描隧道显微分析的基础。

6. 一维谐振子的本征能量为

$$E=E_n=\left(n+\frac{1}{2}\right)\hbar\omega,\quad n=0,\ 1,\ 2,\ \cdots$$

相应的归一化本征波函数为

$$\psi_n(\alpha x)=\left[\frac{\alpha}{\pi^{1/2}2^n\cdot n!}\right]^{1/2}\mathrm{e}^{-\alpha^2x^2/2}\mathrm{H}_n(\alpha x)$$

一维谐振子存在零点能 $E_0=\dfrac{1}{2}\hbar\omega$，且在经典禁区外也有15.7%的概率，这是经典物理无法解释的。

习题

1. 试对下列波函数进行归一化：

(1) $\psi(x)=\sin^2 nx$，$0\leqslant x\leqslant \pi$；

(2) $\psi(r)=\exp(-\alpha^2 r^2/a^2)$，$0\leqslant r\leqslant \infty$；

(3) $\psi(x)=(1+\mathrm{i}2x)^{-1}$，$0\leqslant x\leqslant \infty$；

(4) $\psi(x)=\dfrac{1+\mathrm{i}x}{1+\mathrm{i}x^2}$，$0\leqslant x\leqslant \infty$。

2. 1988年，中国首台正负电子对撞机在北京建成并首次对撞成功。若电子束流的能量为2GeV，两正负电子对撞后发生湮灭而产生两个光子，试问光子的波长等于多少？

3. 经典力学中的角动量定义为$\boldsymbol{L}=\boldsymbol{r}\times\boldsymbol{p}$，试根据量子力学的算符替代规则：$\hat{\boldsymbol{r}}\to\boldsymbol{r}$及$\hat{\boldsymbol{p}}=-\mathrm{i}\hbar\nabla\to\boldsymbol{p}$，写出在直角坐标系中角动量算符$\hat{\boldsymbol{L}}$及其三个分量算符(即$\hat{l}_x$、$\hat{l}_y$、$\hat{l}_z$)的表达式。

4. 若一质量为m的粒子被禁闭在长、高、宽分别是a、b、c的长方体中。

(1) 求其本征值和本征波函数；

(2) 当长方体变为棱长均为a的立方体时，求粒子的第一激发态的能量及其可能波函数。

5. 荷电为q的谐振子在均匀电场E中的势函数为

$$V(x)=\frac{1}{2}m\omega^2x^2-qEx$$

求该体系的本征能量和本征值。

*6. 二维耦合谐振子的势能为

$$V(x)=\frac{1}{2}m\omega^2(x_1^2+x_2^2)+\lambda x_1x_2$$

求其能量本征值。

注：带“*”的题目稍难，读者可以选做。

第4章

力学量用厄米算符表达

本章教学要点

知识要点	掌握程度	相关知识
算符及其运算规则	掌握算符之和、算符之积和对易式的运算； 掌握厄米算符的定义和性质； 掌握波函数标积的运算	线性算符和非线性算符； 数学算符与量子力学算符的异同
量子力学中的力学量用厄米算符表达	掌握厄米算符平均值的计算； 掌握量子力学中力学量用厄米算符表达这一基本假定的内涵； 掌握厄米算符的本征值与本征函数的性质	测量的涨落与不确定度； 简并态的概念
不确定度关系	掌握量子力学的基本对易式和角动量的对易关系； 掌握不确定度关系的物理本质和量子力学算符具有共同本征态的条件； 熟悉$(\hat{l}^2, \hat{l}_z)$的共同本征态	克罗内克函数与列维-席维塔函数的定义； 球坐标系与直角坐标系的关系，复合函数求导规则； 分离变量法与(连带)勒让德方程的求解方法； 球谐函数的性质
连续谱本征函数的归一化问题	知道连续谱的归一化	傅里叶变换； δ函数的定义和性质

导读材料

《礼记·经解》:“《易》曰:‘君子慎始,差若毫厘,谬以千里。’”及《魏书·乐志》:“但气有盈虚,黍有巨细,差之毫厘,失之千里。”中国古代人总结出为人处世需谨慎行事、精益求精,不然开始时虽然相差很微小,结果会造成很大的错误。随着科学技术的发展和人类文明的进步,严谨求实的科学态度显得更重要了。

人们在追求真理的历史长河中,因缺乏经验或者严谨的态度,酿成惨祸的例子屡见不鲜。1986年1月28日,价值12亿美元的“挑战者号”航天飞机,顷刻化为乌有,七名机组人员全部遇难。“挑战者号”起飞后72s时突然闪出一团亮光,外挂燃料箱凌空爆炸,航天飞机被炸得粉碎,与地面的通信猝然中断,监控中心屏幕上的数据陡然全部消失。“挑战者号”变成了一团大火,两枚失去控制的固体助推火箭脱离火球,成V字形喷着火焰向前飞去,眼看要掉入人口稠密的陆地,航天中心负责安全的军官比林格手疾眼快,在第100s时,通过遥控装置将它们引爆了。事故原因最终查明:起因是助推器两个部件之间的接头因为低温变脆而破损,喷出的燃气烧穿了助推器的外壳,继而引燃外挂燃料箱。燃料箱裂开后,液氢燃料在空气中剧烈燃烧引起爆炸。

在习以为常的宏观世界里,人们不断吸取经验教训,努力推动科学、文明的进步和发展。但对于微观世界的认识,人类还处于幼稚的阶段。量子力学中的物理量与经典物理量之间有何不同,又如何观测这些物理量,这是微观物理中的一些基本问题,也是十分重要的科学问题。在微观尺度范围内,只有充分认识了微观物理的基本规律,才能深入了解自然规律,才能具备改造自然的能力,以便在更大程度上为人类谋福利。

在薛定谔方程的建立过程中,我们曾引进了动量和能量两个算符,通过经典对应量的替换,从自由粒子的能量和动量关系能方便地得到薛定谔方程。那么,量子力学中的力学量是否都可以用算符来表示呢?如果可以的话,这些算符又有何共同的性质和特点呢?本章将逐一回答以上问题。首先定义量子力学中常用的一些算符及其运算规则,重点介绍厄米算符的性质。其次讨论可观测量与厄米算符表达之间的关系,从测量结果的平均值入手阐述量子力学中力学量平均值的计算方法,并通过测量值的涨落概念,导出厄米算符的性质。再次,讨论量子力学体系中不同力学量之间具有共同本征态的条件,并严格证明不确定度关系。最后,介绍连续谱本征函数的归一化问题。

4.1 算符及其运算规则

数学中的算符指按照特定规则进行运算的符号，即运算符号(operator)。如代数中加、减、乘、除运算，乘方与开方运算，微分积分运算等均引进了相应的运算符号。三角函数中，正弦、余弦、正切、余切、正割、余割及其反三角运算等都是一些大家熟知的运算，也用到相应的运算符号。逻辑运算中，有或、与、非等运算。在矢量分析和场论中，有"点乘"、"叉乘"、梯度、散度和旋度等运算符；而对于张量来说，还有"并积"、"双点积"等运算。这些运算各自遵循特定的运算规则并用规定(或约定)的符号来表示，如群的运算，"直和"用运算符"⊕"表示、"直积"用运算符"⊗"表示。当然，数学上的算符还有很多，往往根据实际需要来定义各种运算符号。在量子力学中，态的叠加原理要求体系的状态具有线性叠加性，因而刻画可观测量的算符都是线性算符。下面定义的算符是与量子力学算符密切相关的算符。为了和普通的物理量或数学变量相区别，以后都在相关的字母上方加符号"ˆ"来表示量子力学中的算符。

定义 1：线性算符。满足下列运算规则的算符 $\hat{A}$

$$\hat{A}(c_1\psi_1+c_2\psi_2)=c_1\hat{A}\psi_1+c_2\hat{A}\psi_2 \tag{4-1}$$

称为线性算符。式中，ψ_1、ψ_2 为任意的两个波函数；c_1、c_2 为两个任意常数(一般为复数)。可以验算，动量算符 $\hat{\boldsymbol{p}}=-i\hbar\nabla$ 就是一个线性算符。

定义 2：单位算符。对波函数运算后保持不变的算符称为单位算符，即

$$\hat{I}\psi=\psi \tag{4-2}$$

式中，ψ 为任一波函数，简记为 I。

定义 3：两个算符相等。若两个算符 $\hat{A}$ 和 $\hat{B}$ 作用于任何一个波函数 ψ 所得的运算结果相同(即同一个函数)，则称两个算符相等。即如果 $\hat{A}\psi=\hat{B}\psi$，则 $\hat{A}=\hat{B}$。

定义 4：算符之和。若两个算符相加后，对任一波函数 ψ，有

$$(\hat{A}+\hat{B})\psi=\hat{A}\psi+\hat{B}\psi \tag{4-3}$$

则称 $\hat{A}+\hat{B}$ 为算符 $\hat{A}$ 与 $\hat{B}$ 之和，简称算符之和。

例如，哈密顿算符 $\hat{H}=\hat{T}+\hat{V}$ 就是动能算符 $\hat{T}$ 与势能算符 $\hat{V}$ 之和。显然，算符求和满足交换律与结合律，即

$$\hat{A}+\hat{B}=\hat{B}+\hat{A}$$

$$\hat{A}+(\hat{B}+\hat{C})=(\hat{A}+\hat{B})+\hat{C}$$

当然，线性算符之和仍是线性算符。

定义 5：算符之积。两个算符的乘积作用于任意波函数 ψ，其运算满足

$$(\hat{A}\hat{B})\psi=\hat{A}(\hat{B}\psi) \tag{4-4}$$

则称 $\hat{A}\hat{B}$ 为算符 $\hat{A}$ 与 $\hat{B}$ 的积，简称算符之积。注意算符之积对波函数运算的先后次序，不能随便交换。因此，一般算符之积不满足交换律，即 $\hat{A}\hat{B}\neq\hat{B}\hat{A}$。只有某些算符之积才可能

满足交换律。但算符之积的结合律成立，即

$$(\hat{A}\hat{B})\hat{C}=\hat{A}(\hat{B}\hat{C})$$

定义 6：对易式。定义任意两个算符 $\hat{A}$、$\hat{B}$ 的对易式为

$$[\hat{A},\ \hat{B}]\equiv\hat{A}\hat{B}-\hat{B}\hat{A} \tag{4-5}$$

若 $[\hat{A},\ \hat{B}]=0$ 或 $\hat{A}\hat{B}=\hat{B}\hat{A}$，则称算符 $\hat{A}$ 与 $\hat{B}$ 对易。例如，$[\hat{p}_x,\ \hat{p}_y]=0$，则 $\hat{p}_x$ 与 $\hat{p}_y$ 对易。

下面是几个常见的对易式满足的恒等式(请读者自己证明)：

(1) $[\hat{A},\ \hat{B}]=-[\hat{B},\ \hat{A}]$； (4-6a)

(2) $[\hat{A},\ \hat{B}+\hat{C}]=[\hat{A},\ \hat{B}]+[\hat{A},\ \hat{C}]$； (4-6b)

(3) $[\hat{A},\ \hat{B}\hat{C}]=[\hat{A},\ \hat{B}]\hat{C}+\hat{B}[\hat{A},\ \hat{C}]$； (4-6c)

(4) $[\hat{A}\hat{B},\ \hat{C}]=\hat{A}[\hat{B},\ \hat{C}]+[\hat{A},\ \hat{C}]\hat{B}$； (4-6d)

(5) $[\hat{A},\ [\hat{B},\ \hat{C}]]+[\hat{B},\ [\hat{C},\ \hat{A}]]+[\hat{C},\ [\hat{A},\ \hat{B}]]=0$(雅可比恒等式)。 (4-6e)

类似地，定义两个算符的 $\hat{A}$、$\hat{B}$ 的反对易式为

$$[\hat{A},\ \hat{B}]_+\equiv\hat{A}\hat{B}+\hat{B}\hat{A} \tag{4-7}$$

定义 7：逆算符。设 $\hat{A}\psi=\varphi$ 能够唯一地解出 ψ，即 $\hat{A}^{-1}\varphi=\psi$，则称 $\hat{A}^{-1}$ 为算符 $\hat{A}$ 的逆算符。并非所有的算符都存在逆算符。若算符 $\hat{A}$ 存在逆算符 $\hat{A}^{-1}$，则

$$\hat{A}\hat{A}^{-1}=\hat{A}^{-1}\hat{A}=I,\quad (\hat{A}^{-1})^{-1}=\hat{A},\quad [\hat{A},\ \hat{A}^{-1}]=0 \tag{4-8}$$

请读者自己证明。

推论 1：若 $\hat{A}\hat{B}=I$(或 $\hat{B}\hat{A}=I$)，则 $\hat{B}=\hat{A}^{-1}$。

在此不证明它，待学习矩阵力学后会知道量子力学中的算符可用矩阵表示，由矩阵知识很容易证明。

推论 2：设算符 $\hat{A}$、$\hat{B}$ 的逆 $\hat{A}^{-1}$、$\hat{B}^{-1}$ 均存在，则 $\hat{A}\hat{B}$ 的逆也存在，且

$$(\hat{A}\hat{B})^{-1}=\hat{B}^{-1}\hat{A}^{-1} \tag{4-9}$$

证明：因为 $\hat{A}$、$\hat{B}$ 的逆 $\hat{A}^{-1}$、$\hat{B}^{-1}$ 均存在，则

$$(\hat{A}\hat{B})(\hat{B}^{-1}\hat{A}^{-1})=\hat{A}(\hat{B}\hat{B}^{-1})\hat{A}^{-1}=\hat{A}I\hat{A}^{-1}=\hat{A}\hat{A}^{-1}=I$$

由推论 1 知，$\hat{A}\hat{B}$ 的逆也存在，且有

$$(\hat{A}\hat{B})^{-1}=\hat{B}^{-1}\hat{A}^{-1}$$

定义 8：波函数的内积(又称**“标积”**)。一个量子体系的任意两个波(态)函数 ψ 与 ϕ 的内积定义为

$$(\psi,\ \phi)=\int \mathrm{d}\tau\psi^*\varphi \tag{4-10}$$

式中，$\int\mathrm{d}\tau$ 是指对全空间的积分(具体形式与描述体系的全部坐标和坐标系的选择有关)，$\mathrm{d}\tau$ 为积分体积微元。例如，在直角坐标系中

一维粒子：$\mathrm{d}\tau=\int_{-\infty}^{+\infty}\mathrm{d}x$；

二维粒子：$\int\mathrm{d}\tau=\iint_{全}\mathrm{d}x\mathrm{d}y$；

三维粒子：$\int\mathrm{d}\tau=\iiint_{全}\mathrm{d}x\mathrm{d}y\mathrm{d}z$；

N 维粒子：$\int\mathrm{d}\tau=\int_{全}\mathrm{d}x_1\mathrm{d}x_2\cdots\mathrm{d}x_N$。

而在球坐标系中，$\int\mathrm{d}\tau=\int_0^{2\pi}\mathrm{d}\phi\int_0^{\pi}\mathrm{d}\theta\int_0^{\infty}r^2\sin\theta\mathrm{d}r$。

由内积的定义式，可以证明(留给读者)下列式子成立：

(1) $(\psi,\ \psi)=\int\mathrm{d}\tau|\psi|^2\geqslant 0$；

(2) $(\psi,\ \varphi)^*=(\varphi,\ \psi)$；

(3) $(\psi,\ c_1\varphi_1+c_2\varphi_2)=c_1(\psi,\ \varphi_1)+c_2(\psi,\ \varphi_2)$；

(4) $(c_1\psi_1+c_2\psi_2,\ \varphi)=c_1{}^*(\psi_1,\ \varphi)+c_2{}^*(\psi_2,\ \varphi)$。

式中，c_1、c_2 为任意常数。

定义 9：转置算符。算符 $\hat{A}$ 的转置算符 $\hat{A}^{\mathrm{T}}$ 定义为

$$\int\mathrm{d}\tau\psi^*\hat{A}^{\mathrm{T}}\varphi=\int\mathrm{d}\tau\varphi\hat{A}\psi^* \tag{4-11a}$$

或者写成

$$(\psi,\ \hat{A}^{\mathrm{T}}\varphi)=(\varphi^*,\ \hat{A}\psi^*) \tag{4-11b}$$

式中，ψ 与 φ 为任意两个波函数(以后不特别说明了)。

【例 4-1】 证明$\left(\frac{\partial}{\partial x}\right)^{\mathrm{T}}=-\frac{\partial}{\partial x}$。

证明：根据转置算符的定义

$$\int_{-\infty}^{+\infty}\mathrm{d}x\psi^*\left(\frac{\partial}{\partial x}\right)^{\mathrm{T}}\varphi=\int_{-\infty}^{+\infty}\mathrm{d}x\varphi\frac{\partial}{\partial x}\psi^*=(\varphi\psi^*)\Big|_{-\infty}^{+\infty}-\int_{-\infty}^{+\infty}\mathrm{d}x\psi^*\frac{\partial}{\partial x}\varphi=-\int_{-\infty}^{+\infty}\mathrm{d}x\psi^*\frac{\partial}{\partial x}\varphi$$

计算中利用了波函数在无穷远处的值为零的自然边界条件，上式即变为

$$\int_{-\infty}^{+\infty}\mathrm{d}x\psi^*\left[\left(\frac{\partial}{\partial x}\right)^{\mathrm{T}}+\frac{\partial}{\partial x}\right]\phi=0$$

由于 ψ^* 与 φ 为任意两个波函数，因此只能$\left(\frac{\partial}{\partial x}\right)^{\mathrm{T}}+\frac{\partial}{\partial x}=0$，即$\left(\frac{\partial}{\partial x}\right)^{\mathrm{T}}=-\frac{\partial}{\partial x}$。

推广这个结果，在直角坐标系下有 $\hat{p}_x^{\mathrm{T}}=-\hat{p}_x$。

推论 3：$(\hat{A}\hat{B})^{\mathrm{T}}=\hat{B}^{\mathrm{T}}\hat{A}^{\mathrm{T}}$。

证明：根据转置算符的定义和算符乘积的运算规则，得

$$\begin{aligned}(\psi,\ (\hat{A}\hat{B})^{\mathrm{T}}\varphi)&=(\varphi^*,\ (\hat{A}\hat{B})\psi^*)=(\varphi^*,\ \hat{A}(\hat{B}\psi^*))=((\hat{B}\psi^*)^*,\ \hat{A}^{\mathrm{T}}\varphi)\\&=((\hat{A}^{\mathrm{T}}\varphi)^*,\ \hat{B}\psi^*)=(\psi,\ \hat{B}^{\mathrm{T}}\hat{A}^{\mathrm{T}}\varphi)\end{aligned}$$

由于 ψ 与 φ 为任意波函数，比较等式得

$$(\hat{A}\hat{B})^{\mathrm{T}}=\hat{B}^{\mathrm{T}}\hat{A}^{\mathrm{T}} \tag{4-12}$$

定义 10：复共轭算符。算符 $\hat{A}$ 的复共轭算符 $\hat{A}^*$ 定义为

$$\hat{A}^* \psi=(\hat{A}\psi^*)^* \tag{4-13}$$

算符的复共轭可以把相应算符中的所有量换成复共轭。如 $\hat{\boldsymbol{p}}^*=(-i\hbar\nabla)^*=i\hbar\nabla=-\hat{\boldsymbol{p}}$，但与表象(后续章节再介绍)有关。

定义 11：厄米共轭算符。算符 $\hat{A}$ 的厄米共轭算符 $\hat{A}^+$ 定义为

$$(\psi,\ \hat{A}^+\varphi)=(\hat{A}\psi,\ \varphi) \tag{4-14}$$

实际上，算符的厄米共轭算符等价于共轭转置算符。因为

$$(\psi,\ \hat{A}^+\varphi)=(\hat{A}\psi,\ \varphi)=(\varphi,\ \hat{A}\psi)^*=(\psi^*,\ \hat{A}^{\mathrm{T}}\varphi^*)^*=(\psi,\ (\hat{A}^{\mathrm{T}})^*\varphi)$$

即

$$\hat{A}^+=(\hat{A}^{\mathrm{T}})^* \tag{4-15}$$

例如，$\hat{p}_x^+=(\hat{p}_x^{\mathrm{T}})^*=-(\hat{p}_x)^*=\hat{p}_x$。

推论 4：$(\hat{A}\hat{B})^+=\hat{B}^+\hat{A}^+$。

证明：由厄米共轭算符的定义得

$$(\psi,\ (\hat{A}\hat{B})^+\varphi)=((\hat{A}\hat{B})\psi,\ \varphi)=(\hat{A}(\hat{B}\psi),\ \varphi)=(\hat{B}\psi,\ \hat{A}^+\varphi)=(\psi,\ \hat{B}^+\hat{A}^+\varphi)$$

由于 ψ 与 φ 为任意波函数，比较等式得

$$(\hat{A}\hat{B})^+=\hat{B}^+\hat{A}^+ \tag{4-16}$$

定义 12：厄米算符。满足以下关系

$$(\psi,\ \hat{A}\varphi)=(\hat{A}\psi,\ \varphi) \quad 或 \quad \hat{A}^+=\hat{A} \tag{4-17}$$

的算符 $\hat{A}$ 称为厄米算符，又称自共轭算符。

推论 5：若 $\hat{A}$、$\hat{B}$ 是厄米算符，则$(\hat{A}\hat{B})^+=\hat{B}\hat{A}$。

推论 6：若两个厄米算符 $\hat{A}$、$\hat{B}$ 对易，则 $\hat{A}\hat{B}$ 也是厄米算符。

以上两个推论的证明很简单，留给读者自己证明。

4.2 量子力学中的力学量用厄米算符表达

4.2.1 量子力学中的力学量与厄米算符的关系

1. 测量的平均值与涨落

由于测量有误差，对某一物理量 A 需要进行多次测量，每次测量的结果不尽相同，当测量次数越多，测量结果的平均值就越接近真值。若测得结果 A_1 的次数为 m_1，测得结果 A_2 的次数为 m_2，…，测得结果 A_n 的次数为 m_n。设总的测量次数为 M，即 $M=m_1+m_2+\cdots+m_n$，则测量该物理量的平均值为

$$\overline{A}=\frac{m_1A_1+m_2A_2+\cdots+m_nA_n}{m_1+m_2+\cdots+m_n}=\frac{m_1A_1+m_2A_2+\cdots+m_nA_n}{M}$$

把测得某一测量值 A_i 的次数 m_i 与总测量次数的 M 之比 m_i/M 称为测得 A_i 的概率，

记为 P_i。因此上式可用测量概率来表示，即

$$\overline{A}=P_1A_1+P_2A_2+\cdots+P_nA_n=\sum_{i=1}^{n}P_iA_i \tag{4-18}$$

在量子力学中，体系的波函数 $\psi(x)$ 的模方 $|\psi(x)|^2$ 表示粒子出现的概率密度。若测量粒子的坐标 x，按照测量结果平均值的定义，有

$$\bar{x}=\frac{\int|\psi(x)|^2x\mathrm{d}x}{\int|\psi(x)|^2\mathrm{d}x}$$

所有力学量的平均值似乎都可以用类似的方法求得。但对于动量的平均值

$$\bar{\boldsymbol{p}}\neq\int|\psi(\boldsymbol{r})|^2\boldsymbol{p}(\boldsymbol{r})\mathrm{d}\tau$$

这里假设波函数 $\psi(\boldsymbol{r})$ 已经归一化。那么，如何根据波函数来计算动量的平均值呢？

对于给定的波函数 $\psi(\boldsymbol{r})$，测量粒子的动量在 $(\boldsymbol{p},\boldsymbol{p}+\mathrm{d}\boldsymbol{p})$ 范围内的概率为 $|\varphi(\boldsymbol{p})|^2\mathrm{d}^3p$，其中

$$\varphi(\boldsymbol{p})=\frac{1}{(2\pi\hbar)^{3/2}}\int_{-\infty}^{+\infty}\psi(\boldsymbol{r})\mathrm{e}^{-\mathrm{i}\boldsymbol{p}\cdot\boldsymbol{r}/\hbar}\mathrm{d}^3r$$

可以通过傅里叶变换得到。因此可以借助于 $\varphi(\boldsymbol{p})$ 来计算动量的平均值

$$\begin{aligned}\bar{\boldsymbol{p}}&=\int_{-\infty}^{+\infty}\mathrm{d}^3p|\varphi(\boldsymbol{p})|^2\boldsymbol{p}=\int_{-\infty}^{+\infty}\mathrm{d}^3p\varphi^*(\boldsymbol{p})\boldsymbol{p}\varphi(\boldsymbol{p})\\&=\iint_{\text{全}}\mathrm{d}^3p\mathrm{d}^3r\psi^*(\boldsymbol{r})\frac{1}{(2\pi\hbar)^{3/2}}\mathrm{e}^{\mathrm{i}\boldsymbol{p}\cdot\boldsymbol{r}/\hbar}\boldsymbol{p}\varphi(\boldsymbol{p})\\&=\iint_{\text{全}}\mathrm{d}^3p\mathrm{d}^3r\psi^*(\boldsymbol{r})\frac{1}{(2\pi\hbar)^{3/2}}(-\mathrm{i}\hbar\nabla)\mathrm{e}^{\mathrm{i}\boldsymbol{p}\cdot\boldsymbol{r}/\hbar}\varphi(\boldsymbol{p})\\&=\int_{-\infty}^{+\infty}\mathrm{d}^3r\psi^*(\boldsymbol{r})\hat{\boldsymbol{p}}\psi(\boldsymbol{r})\end{aligned}$$

式中用到傅里叶逆变换及 $\hat{\boldsymbol{p}}=-\mathrm{i}\hbar\nabla$ 的算符运算规则。这样，就得到在 $\psi(\boldsymbol{r})$ 中计算动量的公式，即

$$\bar{\boldsymbol{p}}=\int_{-\infty}^{+\infty}\mathrm{d}^3r\psi^*(\boldsymbol{r})\hat{\boldsymbol{p}}\psi(\boldsymbol{r}) \tag{4-19}$$

不失一般性，量子力学中计算力学量（相应的算符为 $\hat{A}$）在 $\psi(\boldsymbol{r})$ 态下的平均值公式为

$$\overline{A}=\frac{\int\psi^*(\boldsymbol{r})\hat{A}\psi(\boldsymbol{r})\mathrm{d}\tau}{\int\psi^*(\boldsymbol{r})\psi(\boldsymbol{r})\mathrm{d}\tau} \tag{4-20}$$

某一物理量的测量结果会围绕平均值有一涨落（又称偏差）。涨落的定义为

$$\overline{(\Delta A)^2}=\overline{(\hat{A}-\overline{A})^2}=\frac{\int\psi^*(\hat{A}-\overline{A})^2\psi\mathrm{d}\tau}{\int|\psi|^2\mathrm{d}\tau}$$

若波函数 ψ 已归一化（以后不特别说明的情况下，按归一化波函数处理），则涨落表示为

$$\overline{(\Delta A)^2}=\overline{(A-\overline{A})^2}=\int\psi^*(A-\overline{A})^2\psi\mathrm{d}\tau \tag{4-21}$$

记 $\Delta A=\sqrt{\overline{(\Delta A)^2}}$，称为测量结果的不确定度(uncertainty)。

2. 厄米算符的性质

下面根据厄米算符及测量平均值的定义，先证明有关厄米算符的两个重要定理。

定理：体系的任何状态下，其厄米算符的平均值必为实数。

证明：由厄米算符的定义，在任意状态 ψ 下，厄米算符 $\hat{A}$ 的平均值为

$$\overline{A}=(\psi,\ \hat{A}\psi)=(\hat{A}\psi,\ \psi)=(\psi,\ A\psi)^*=\overline{A}^*$$

则平均值必为实数。这个定理实际上就是厄米算符的性质定理。

逆定理：在任何状态下，平均值均为实数的算符必为厄米算符。

证明：依题设，在任意态 ψ 下，算符 $\hat{A}$ 的平均值为实数，即 $\overline{A}=\overline{A}^*$，或表示为

$$(\psi,\ \hat{A}\psi)=(\psi,\ \hat{A}\psi)^*=(\hat{A}\psi,\ \psi)$$

现在考虑 $\psi=\varphi_1+c\varphi_2$，式中，$\varphi_1$ 与 φ_2 为任意的波函数；c 为任意常数。代入上式，得

$$(\varphi_1,\ \hat{A}\varphi_1)+c^*(\varphi_2,\ \hat{A}\varphi_1)+c(\varphi_1,\ \hat{A}\varphi_2)+|c|^2(\varphi_2,\ \hat{A}\varphi_2)$$
$$=(\hat{A}\varphi_1,\ \varphi_1)+c^*(\hat{A}\varphi_2,\ \varphi_1)+c(\hat{A}\varphi_1,\ \varphi_2)+|c|^2(\hat{A}\varphi_2,\ \varphi_2)$$

又按题设，在任意态下 $\overline{A}$ 都是实数，则$(\varphi_1,\ \hat{A}\varphi_1)=(\hat{A}\varphi_1,\ \varphi_1)$，$(\varphi_2,\ \hat{A}\varphi_2)=(\hat{A}\varphi_2,\ \varphi_2)$。于是，上式简化为

$$c^*[(\varphi_2,\ \hat{A}\varphi_1)-(\hat{A}\varphi_2,\ \varphi_1)]=c[(\hat{A}\varphi_1,\ \varphi_2)-(\varphi_1,\ \hat{A}\varphi_2)]$$

分别令 $c=1$ 和 $c^*=i$，得

$$(\varphi_1,\ \hat{A}\varphi_2)-(\hat{A}\varphi_1,\ \varphi_2)=(\hat{A}\varphi_2,\ \varphi_1)-(\varphi_2,\ \hat{A}\varphi_1)$$
$$(\varphi_1,\ \hat{A}\varphi_2)-(\hat{A}\varphi_1,\ \varphi_2)=-(\hat{A}\varphi_2,\ \varphi_1)+(\varphi_2,\ \hat{A}\varphi_1)$$

以上两式分别相加、减，得

$$(\varphi_1,\ \hat{A}\varphi_2)=(\hat{A}\varphi_1,\ \varphi_2),\quad (\varphi_2,\ \hat{A}\varphi_1)=(\hat{A}\varphi_2,\ \varphi_1)$$

式中，算符 $\hat{A}$ 都符合厄米算符的定义。定理得证。

推论：设 $\hat{A}$ 为厄米算符，则在任意态 ψ 下，有

$$\overline{A^2}=(\psi,\ \hat{A}^2\psi)=(\hat{A}\psi,\ \hat{A}\psi)=|\hat{A}\psi|^2\geqslant 0 \tag{4-22}$$

量子力学中的力学量都用算符来表示，它们的平均值按式(4-20)计算，由其力学算符和相应状态决定。而实验上的可观测量要求在任何状态下平均值都是实数。根据前面证明的厄米算符的性质定理及其逆定理知道，只有厄米算符能满足这个要求。因此，量子力学中力学量用厄米算符表达。

量子力学算符的引进基于两个基本的替换，即

$$\boldsymbol{r}\rightarrow\hat{\boldsymbol{r}}=\boldsymbol{r},\quad \boldsymbol{p}\rightarrow\hat{\boldsymbol{p}}=-\mathrm{i}\hbar\nabla$$

由经典力学量的表达式中相应坐标和动量进行替换后即可得到相应力学量的算符，如哈密顿算符 $\hat{H}=-\frac{\hbar^2}{2m}\nabla^2+V(r)$ 就是从经典哈密顿量 $H=T+V=\frac{p^2}{2m}+V$ 通过以上替换方法得到的。可以证明，坐标算符、动量算符和能量算符都是厄米算符。

4.2.2 厄米算符的本征值与本征函数

在前面定义的涨落式(4-21)中，由于量子力学中的力学量用厄米算符来表达，因此，$\hat{A}$ 和 $(\hat{A}-\overline{A})$ 都是厄米算符，且 $\overline{A}$ 是实数。于是由前面的推论结果式(4-22)，有

$$\overline{(\Delta A)^2}=\overline{(\hat{A}-\overline{A})^2}=\int|(\hat{A}-\overline{A})\psi|^2\mathrm{d}\tau\geqslant 0 \tag{4-23}$$

如果体系处于某些特殊的状态，测量 A 所得的结果是完全确定的值，即涨落 $\overline{(\Delta A)^2}=0$，这种状态称为力学量 A 的本征态。体系处于本征态下，根据式(4-23)有

$$\hat{A}\psi=A\psi$$

式中，把力学量 A 在本征态的平均值 $\overline{A}$ 简记为 A。这个方程是算符 $\hat{A}$ 的本征方程。其本征值一般是分立值，记为 A_n，相应的本征函数为 ψ_n，常把其本征方程写为

$$\hat{A}\psi_n=A_n\psi_n \tag{4-24}$$

处于本征态下，厄米算符与本征函数分别具有以下性质：

定理 1：厄米算符的本征值必为实数。

证明：假定体系处于本征态 ψ_n，则

$$\overline{A}=(\psi_n,\ \hat{A}\psi_n)=A_n(\psi_n,\ \psi_n)=A_n$$

由前面的定理知道，厄米算符在任何状态下的平均值必为实数，所以 A_n 也必为实数。

定理 2：对于一个厄米算符，属于不同本征值的本征函数彼此正交。

证明：设厄米算符 $\hat{A}$ 处于任意两个不同的本征态 ψ_m 和 ψ_n 下，相应的本征值为 A_m 和 A_n，即

$$\hat{A}\psi_m=A_m\psi_m$$

$$\hat{A}\psi_n=A_n\psi_n$$

且 $A_m\neq A_n$。考虑以上假设，作以下内积运算：

$$(\psi_m,\ \hat{A}\psi_n)=A_n(\psi_m,\ \psi_n)$$

$$(\psi_m,\ \hat{A}\psi_n)=(\hat{A}\psi_m,\ \psi_n)=A_m(\psi_m,\ \psi_n),$$

其中第二式用到了厄米算符 $\hat{A}$ 的定义，则

$$(A_m-A_n)(\psi_m,\ \psi_n)=0$$

但按题设 $A_m\neq A_n$，有

$$(\psi_m,\ \psi_n)=0$$

即两个波函数彼此正交。

【例 4-2】 计算一维谐振子处于本征态

$$\psi_n(\alpha x)=\left[\frac{\alpha}{\pi^{1/2}2^n\cdot n!}\right]^{1/2}\mathrm{e}^{-\alpha^2x^2/2}\mathrm{H}_n(\alpha x)$$

下的 $\bar{x}$、$\overline{p_x}$，以及不确定度 Δx、Δp_x。

解：按照平均值的定义得

$$\bar{x}=\int_{-\infty}^{+\infty}x\psi_n^2(x)\mathrm{d}x=0$$

这是因为被积函数是奇函数，而

$$\overline{p_x}=\int_{-\infty}^{+\infty}\psi_n\left(-\mathrm{i}\hbar\frac{\mathrm{d}}{\mathrm{d}x}\psi_n\right)\mathrm{d}x=-\mathrm{i}\hbar\frac{1}{2}\psi_n^2\Big|_{-\infty}^{+\infty}=0$$

以上两个结果是因为谐振子势是对称势，与经典结果完全一致。

按照均方根偏差的定义及以上结果，有

$$\Delta x=\sqrt{\overline{(x-\bar{x})^2}}=\sqrt{\overline{x^2-2x\bar{x}+\bar{x}^2}}=\sqrt{\overline{x^2}-\bar{x}^2}=\sqrt{\overline{x^2}}$$

利用波函数的递推关系

$$x^2\psi_n=\frac{1}{\alpha^2}\left\{\sqrt{\frac{n+1}{2}}\left[\sqrt{\frac{n+2}{2}}\psi_{n+2}+\sqrt{\frac{n+1}{2}}\psi_n\right]+\sqrt{\frac{n}{2}}\left[\sqrt{\frac{n}{2}}\psi_n+\sqrt{\frac{n-1}{2}}\psi_{n-2}\right]\right\}$$

可以算出

$$\overline{x^2}=\int_{-\infty}^{+\infty}\psi_n x^2\psi_n\mathrm{d}x$$

$$=$$

$$\int_{-\infty}^{+\infty}\psi_n\frac{1}{\alpha^2}\left\{\sqrt{\frac{n+1}{2}}\left[\sqrt{\frac{n+2}{2}}\psi_{n+2}+\sqrt{\frac{n+1}{2}}\psi_n\right]+\sqrt{\frac{n}{2}}\left[\sqrt{\frac{n}{2}}\psi_n+\sqrt{\frac{n-1}{2}}\psi_{n-2}\right]\right\}\mathrm{d}x$$

$$=\frac{1}{\alpha^2}\left(\frac{n+1}{2}+\frac{n}{2}\right)\int_{-\infty}^{+\infty}\psi_n^2\mathrm{d}x$$

$$=\frac{1}{2\alpha^2}(2n+1)$$

式中用了波函数的正交归一化条件。

同理，$\Delta p_x=\sqrt{\overline{p_x^2}}$，并用波函数的递推关系得

$$\frac{\mathrm{d}^2}{\mathrm{d}x^2}\psi_n=\frac{\alpha^2}{2}\left[\sqrt{n(n+1)}\psi_{n-2}-(2n+1)\psi_n+\sqrt{(n+1)(n+2)}\psi_{n+2}\right]$$

利用波函数的正交归一化条件，可以算出

$$\overline{p_x^2}=\int_{-\infty}^{+\infty}\psi_n\left(-\hbar^2\frac{\mathrm{d}^2}{\mathrm{d}x^2}\right)\psi_n\mathrm{d}x$$

$$=-\hbar^2\frac{\alpha^2}{2}\int_{-\infty}^{+\infty}\psi_n\left[\sqrt{n(n+1)}\psi_{n+2}-(2n+1)\psi_n+\sqrt{(n+1)(n+2)}\psi_{n-2}\right]\mathrm{d}x$$

$$=\frac{\alpha^2\hbar^2}{2}(2n+1)$$

因此，不确定度为

$$\Delta x=\sqrt{\overline{x^2}}=\frac{1}{\alpha}\sqrt{n+\frac{1}{2}},\quad \Delta p_x=\sqrt{\overline{p_x^2}}=\alpha\hbar\sqrt{n+\frac{1}{2}}$$

【例 4-3】 设 $\hat{A}$ 与 $\hat{B}$ 是厄米算符。证明：

(1) $(\hat{A}\hat{B}+\hat{B}\hat{A})/2$ 及$(AB-BA)/(2\mathrm{i})$也是厄米算符；

(2) 任意一个算符 $\hat{F}$ 均可分解成两个厄米算符的线性组合。

证明：(1) 因为 $\hat{A}$、$\hat{B}$ 分别是厄米算符，则

$$[(\hat{A}\hat{B}+\hat{B}\hat{A})/2]^+=[(\hat{A}\hat{B})^++(\hat{B}\hat{A})^+]/2=(\hat{B}^+\hat{A}^++\hat{A}^+\hat{B}^+)/2=(\hat{A}\hat{B}+\hat{B}\hat{A})/2$$

满足厄米算符的定义，所以是厄米算符。同理可证$(AB-BA)/(2\mathrm{i})$也是厄米算符。

(2) 从上面的证明可以得到启示，虽然 $\hat{A}\hat{B}$、$\hat{B}\hat{A}$ 都不是厄米算符，但 $\hat{A}$、$\hat{B}$ 是厄米算符，则 $(\hat{A}\hat{B})^{+}=\hat{B}^{+}\hat{A}^{+}=\hat{B}\hat{A}$，说明 $\hat{A}\hat{B}$ 与 $\hat{B}\hat{A}$ 互为转置共轭。对于任意算符 $\hat{F}$，把它视为 $\hat{A}\hat{B}$，而它的转置共轭 $\hat{F}^{+}$ 视为 $\hat{A}\hat{B}$ 的转置共轭(即 $\hat{B}\hat{A}$)，因此可以仿照前一问题，构造两个厄米算符，即

$$\hat{F}_{+}=\frac{1}{2}(\hat{F}+\hat{F}^{+}),\quad \hat{F}_{-}=\frac{1}{2\mathrm{i}}(\hat{F}-\hat{F}^{+})$$

联立解出

$$\hat{F}=\hat{F}_{+}+\mathrm{i}\hat{F}_{-}$$

$\hat{F}$ 已分解成两个厄米算符的线性组合。

【例 4-4】 在球坐标系下，角动量 z 分量算符表示为 $\hat{l}_z=-\mathrm{i}\hbar\frac{\mathrm{d}}{\mathrm{d}\varphi}$，试求本征值与本征函数。

解：本征方程为

$$-\mathrm{i}\hbar\frac{\mathrm{d}}{\mathrm{d}\varphi}\Phi(\varphi)=l_z\Phi(\varphi)$$

这一常微分方程可以通过积分得到通解为

$$\Phi(\varphi)=C\mathrm{e}^{\mathrm{i}l_z\varphi/\hbar}$$

式中，C 为积分常数，即归一化常数。但绕着 z 轴转动一周时，体系回到原位，波函数保持不变①。按照波函数单值性的要求，必须有

$$\Phi(\varphi+2\pi)=\Phi(\varphi)$$

于是，得

$$C\mathrm{e}^{\mathrm{i}l_z(\varphi+2\pi)/\hbar}=C\mathrm{e}^{\mathrm{i}l_z\phi/\hbar}$$

上述等式成立的条件是

$$l_z=m\hbar,\quad m=0,\ \pm1,\ \pm2,\ \cdots$$

此即 $\hat{l}_z$ 的本征值，是量子化的。相应的本征函数为

$$\Phi_m(\varphi)=C\mathrm{e}^{\mathrm{i}m\varphi}$$

由归一化条件，得

$$\int_0^{2\pi}|C\Phi_m(\varphi)|^2\mathrm{d}\varphi=2\pi|C|^2=1$$

通常取 $C=1/\sqrt{2\pi}$，于是归一化的波函数为

$$\Phi_m(\varphi)=\frac{1}{\sqrt{2\pi}}\mathrm{e}^{\mathrm{i}m\varphi}$$

容易证明，它们满足正交归一化条件，即

$$(\Phi_m,\ \Phi_n)=\delta_{mn}$$

4.2.3 简并态问题

在求解量子力学体系的本征值问题时，往往会遇到力学量的同一个本征值有多个不同

---

① 此条件又称周期性条件。可参见：曾谨言. 量子力学(卷Ⅰ). 北京：科学出版社，2000.

的本征态(波函数)的情况，我们把同一个本征值有多个不同本征函数的状态称为**简并态**。当体系处于简并态时，不能仅根据本征值把各个本征态确定下来。

设力学量 A 的本征方程为

$$\hat{A}\psi_{mi}=A_m\psi_{mi},\quad i=1,2,3,\cdots,f_m \tag{4-25}$$

即属于本征值 A_m 的本征态有 f_m 个，称本征值 A_m 为 f_m 重简并。当出现简并时，简并态的选择不是唯一的，而且这些简并态也不一定彼此正交。但是，可以通过它们的适当线性组合(又称线性叠加)，使之彼此正交。令

$$\phi_{mj}=\sum_{i=1}^{f_m}\alpha_{ji}\psi_{mi},\quad j=1,2,3,\cdots,f_m \tag{4-26}$$

此即 f_m 个波函数的线性叠加构成的波函数 ϕ_{mi}。容易证明它仍然是 $\hat{A}$ 属于本征值 A_m 的本征态。选择组合系数 α_{ji}，使 ϕ_{mj} 具有正交性，即

$$(\phi_{mj},\ \phi_{mj'})=\delta_{jj'}$$

或

$$\int\phi_{mj}^*\phi_{mj'}\mathrm{d}\tau=\sum_{i=1}^{f_m}\sum_{i'=1}^{f_m}\alpha_{ji}^*\alpha_{j'i'}\int\psi_{mi}^*\psi_{mi'}\mathrm{d}\tau=\delta_{jj'},\quad j,j'=1,2,3,\cdots,f_m \tag{4-27}$$

共有 $f_m(f_m+1)/2$ 个方程［其中 $j'=j$ 的方程有 f_m 个，$j'\neq j$ 的方程有 $f_m(f_m-1)/2$ 个］。而式(4-27)中待定系数有 f_m^2 个，当 $f_m>1$ 时，$f_m^2>f_m(f_m+1)/2$，即待定系数的数目大于 α_{ji} 所应满足的方程数，因此，式(4-27)有无数多的系数解，即有多种方式选择 α_{ji}，使之满足归一化条件。通常采用线性代数中的施密特(Schmidt)正交化方法对简并情况下的波函数进行正交化处理。

4.3 不确定度关系

4.3.1 量子力学的基本对易式与角动量的对易式

1. 量子力学的基本对易式

量子力学的基本对易式为

$$\begin{aligned}&[x,\ p_x]=\mathrm{i}\hbar,\quad [x,\ p_y]=0,\quad [x,\ p_z]=0\\&[y,\ p_x]=0,\quad [y,\ p_y]=\mathrm{i}\hbar,\quad [y,\ p_z]=0\\&[z,\ p_x]=0,\quad [z,\ p_y]=0,\quad [z,\ p_z]=\mathrm{i}\hbar\end{aligned} \tag{4-28}$$

下面以第一个式子为例加以证明。设 ψ 为任意波函数，则

$$[x,\ p_x]\psi=\left[x\left(-\mathrm{i}\hbar\frac{\partial}{\partial x}\right)-\left(-\mathrm{i}\hbar\frac{\partial}{\partial x}\right)x\right]\psi=-\mathrm{i}\hbar x\frac{\partial\psi}{\partial x}+\mathrm{i}\hbar x\frac{\partial\psi}{\partial x}+\mathrm{i}\hbar\psi=\mathrm{i}\hbar\psi$$

由 ψ 的任意性，得 $[x,\ p_x]=\mathrm{i}\hbar$。

以上9个对易式概括为

$$[x_\alpha,\ p_\beta]=\mathrm{i}\hbar\delta_{\alpha\beta} \tag{4-29}$$

式中，$\alpha,\ \beta=x,\ y,\ z$ 为直角坐标分量，而

$$\delta_{\alpha\beta}=\begin{cases}1, & \alpha=\beta \\ 0, & \alpha\neq\beta\end{cases}$$

是克罗内克符号。

利用连续函数偏导数的性质，很容易证明动量算符各分量算符之间彼此对易，即

$$[\hat{p}_\alpha,\ \hat{p}_\beta]=0 \tag{4-30}$$

2. 角动量的对易式

(1) 角动量算符的定义为

$$\hat{\boldsymbol{l}}=\boldsymbol{r}\times\hat{\boldsymbol{p}} \tag{4-31}$$

在直角坐标系下，各分量表达式可以借助矢量乘积的行列式展开方法①求出，即

$$\hat{\boldsymbol{l}}=\begin{vmatrix}\boldsymbol{i} & \boldsymbol{j} & \boldsymbol{k} \\ x & y & z \\ -\mathrm{i}\hbar\frac{\partial}{\partial x} & -\mathrm{i}\hbar\frac{\partial}{\partial y} & -\mathrm{i}\hbar\frac{\partial}{\partial z}\end{vmatrix}$$

注意其中的算符运算，即得

$$\hat{l}_x=yp_z-zp_y=-\mathrm{i}\hbar\left(y\frac{\partial}{\partial z}-z\frac{\partial}{\partial y}\right)$$

$$\hat{l}_y=zp_x-xp_z=-\mathrm{i}\hbar\left(z\frac{\partial}{\partial x}-x\frac{\partial}{\partial z}\right)$$

$$\hat{l}_z=xp_y-yp_x=-\mathrm{i}\hbar\left(x\frac{\partial}{\partial y}-y\frac{\partial}{\partial x}\right)$$

(2) 角动量分量与坐标分量之间的对易关系为

$$[\hat{l}_x,\ x]=0,\quad [\hat{l}_x,\ y]=\mathrm{i}\hbar z,\quad [\hat{l}_x,\ z]=-\mathrm{i}\hbar y$$

$$[\hat{l}_y,\ x]=-\mathrm{i}\hbar z,\quad [\hat{l}_y,\ y]=0,\quad [\hat{l}_y,\ z]=\mathrm{i}\hbar x$$

$$[\hat{l}_z,\ x]=\mathrm{i}\hbar y,\quad [\hat{l}_z,\ y]=-\mathrm{i}\hbar x,\quad [\hat{l}_z,\ z]=0 \tag{4-32}$$

把式(4－32)概括写为

$$[\hat{l}_\alpha,\ x_\beta]=\mathrm{i}\hbar x_\gamma\varepsilon_{\alpha\beta\gamma} \tag{4-33}$$

式中，

$$\varepsilon_{\alpha\beta\gamma}=\begin{cases}1, & \alpha、\beta、\gamma\text{为正循环} \\ 0, & \alpha、\beta、\gamma\text{任意两个相同} \\ -1, & \alpha、\beta、\gamma\text{为逆循环}\end{cases}$$

称为列维-席维塔(Levi－Civita)符号。下面以式(4－32)中第2式为例加以证明：

$$[\hat{l}_x,\ y]=[(y\hat{p}_z-z\hat{p}_y),\ y]=[y\hat{p}_z,\ y]-[z\hat{p}_y,\ y]=z[y,\ \hat{p}_y]=\mathrm{i}\hbar z$$

(3) 角动量分量之间的对易关系为

$$[\hat{l}_x,\ \hat{l}_x]=0,\quad [\hat{l}_x,\ \hat{l}_y]=\mathrm{i}\hbar\hat{l}_z,\quad [\hat{l}_x,\ \hat{l}_z]=-\mathrm{i}\hbar\hat{l}_y$$

$$[\hat{l}_y,\ \hat{l}_x]=-\mathrm{i}\hbar\hat{l}_z,\quad [\hat{l}_y,\ \hat{l}_y]=0,\quad [\hat{l}_y,\ \hat{l}_z]=\mathrm{i}\hbar\hat{l}_x$$

---

① 这里仅是借用行列式的展开方法，与线性代数中的行列式运算有区别，即乘积运算时保持算符乘积的不可任意交换。这里给出这种方法，只是为了记忆方便。

$$[\hat{l}_z, \hat{l}_x]=\mathrm{i}\hbar\hat{l}_y, \quad [\hat{l}_z, \hat{l}_y]=-\mathrm{i}\hbar\hat{l}_x, \quad [\hat{l}_z, \hat{l}_z]=0 \tag{4-34}$$

把式(4-34)概括写为

$$[\hat{l}_\alpha, \hat{l}_\beta]=\mathrm{i}\hbar\varepsilon_{\alpha\beta\gamma}\hat{l}_\gamma \tag{4-35}$$

下面以式(4-34)中的第2式为例加以证明：

$$\begin{aligned}[\hat{l}_x, \hat{l}_y]&=[(y\hat{p}_z-z\hat{p}_y), (z\hat{p}_x-x\hat{p}_z)]=[y\hat{p}_z, z\hat{p}_x]-[y\hat{p}_z, x\hat{p}_z]-[z\hat{p}_y, z\hat{p}_x]+[z\hat{p}_y, x\hat{p}_z]\\&=(y\hat{p}_x[\hat{p}_z, z]-xy[\hat{p}_z, \hat{p}_z]-zz[\hat{p}_y, \hat{p}_x]+x\hat{p}_y[z, \hat{p}_x])\\&=\mathrm{i}\hbar(x\hat{p}_y-y\hat{p}_x)\\&=\mathrm{i}\hbar\hat{l}_z\end{aligned}$$

按照算符的行列式展开规则，即

$$\hat{\boldsymbol{l}}\times\hat{\boldsymbol{l}}=\begin{vmatrix}\boldsymbol{i} & \boldsymbol{j} & \boldsymbol{k}\\ \hat{l}_x & \hat{l}_y & \hat{l}_z\\ \hat{l}_x & \hat{l}_y & \hat{l}_z\end{vmatrix}=[\hat{l}_y, \hat{l}_z]\boldsymbol{i}+[\hat{l}_z, \hat{l}_x]\boldsymbol{j}+[\hat{l}_x, \hat{l}_y]\boldsymbol{k}$$

$$=\mathrm{i}\hbar(\hat{l}_x\boldsymbol{i}+\hat{l}_y\boldsymbol{j}+\hat{l}_z\boldsymbol{k})=\mathrm{i}\hbar\hat{\boldsymbol{l}}$$

于是有

$$\hat{\boldsymbol{l}}\times\hat{\boldsymbol{l}}=\mathrm{i}\hbar\hat{\boldsymbol{l}} \tag{4-36}$$

式(4-36)中实际上包括了式(4-34)中不为零的三个正循环式的结果。

(4) 角动量平方算符与角动量分量算符的对易关系。定义角动量平方算符为

$$\hat{\boldsymbol{l}}^2=\hat{l}_x^2+\hat{l}_y^2+\hat{l}_z^2 \tag{4-37}$$

利用式(4-34)可以证明

$$[\hat{\boldsymbol{l}}^2, \hat{l}_\alpha]=0, \quad \alpha=x, y, z \tag{4-38}$$

例如，

$$\begin{aligned}[\hat{\boldsymbol{l}}^2, \hat{l}_x]&=[\hat{l}_x^2+\hat{l}_y^2+\hat{l}_z^2, \hat{l}_x]=[\hat{l}_x^2, \hat{l}_x]+[\hat{l}_y^2, \hat{l}_x]+[\hat{l}_z^2, \hat{l}_x]\\&=0+\hat{l}_y[\hat{l}_y, \hat{l}_x]+[\hat{l}_y, \hat{l}_x]\hat{l}_y+\hat{l}_z[\hat{l}_z, \hat{l}_x]+[\hat{l}_z, \hat{l}_x]\hat{l}_z\\&=-\mathrm{i}\hbar\hat{l}_y\hat{l}_z-\mathrm{i}\hbar\hat{l}_z\hat{l}_y+\mathrm{i}\hbar\hat{l}_z\hat{l}_y+\mathrm{i}\hbar\hat{l}_y\hat{l}_z\\&=0\end{aligned}$$

4.3.2 不确定度关系概述

当体系处于力学量 A 的本征态 ψ_n 时，测量 A 得到的结果是一个确定的值，即等于其本征值 A_n。但在 ψ_n 态下测量另外的物理量，会不会也得到一个确定的值呢？不一定。例如，在4.2节的例4-1中，计算得到在谐振子的本征态 $\psi_n(x)$ 下，测量动量和坐标的涨落分别为

$$\Delta p_x=\sqrt{\overline{p_x^2}}=\alpha\hbar\sqrt{n+\frac{1}{2}}, \quad \Delta x=\sqrt{\overline{x^2}}=\frac{1}{\alpha}\sqrt{n+\frac{1}{2}}$$

结果均不等于零，因此并不具有确定的值。

1927年3月，海森伯发表了《论量子论的运动学和动力学的直觉内容》的论文，公布了他所建立的不确定度关系。下面将导出在任意态 ψ 下，测量任意两个力学量 A、B，它

们的涨落之间的关系，即不确定度关系。

设在任意态 ψ 下，对于两个力学量 A、B(相应的算符分别是 $\hat{A}$、$\hat{B}$)，考虑以下积分：

$$I(\xi)=\int|\xi\hat{A}\psi+\mathrm{i}\hat{B}\psi|^2\mathrm{d}\tau\geqslant 0$$

式中，ξ 为任意实参数。注意到 $\hat{A}$、$\hat{B}$ 的厄米性，故上式化为

$$\begin{aligned}I(\xi)&=(\xi\hat{A}\psi+\mathrm{i}\hat{B}\psi,\ \xi\hat{A}\psi+\mathrm{i}\hat{B}\psi)\\&=\xi^2(\hat{A}\xi,\ \hat{A}\psi)+\mathrm{i}\xi(\hat{A}\psi,\ \hat{B}\psi)-\mathrm{i}\xi(\hat{B}\psi,\ \hat{A}\psi)+(\hat{B}\psi,\ \hat{B}\psi)\\&=\xi^2(\xi,\ \hat{A}^2\psi)+\mathrm{i}\xi(\psi,\ [\hat{A},\ \hat{B}]\psi)+(\psi,\ \hat{B}^2\psi)\end{aligned}$$

引进新的厄米算符 $\hat{C}=[\hat{A},\ \hat{B}]/\mathrm{i}$ 后，把上式视为关于 ξ 的二次函数，则可化为

$$\begin{aligned}I(\xi)&=\xi^2\,\overline{A^2}-\xi\overline{C}+\overline{B^2}\\&=\overline{A^2}(\xi-\overline{C}/2\,\overline{A^2})^2+(\overline{B^2}-\overline{C}^2/4\,\overline{A^2})\geqslant 0\end{aligned}$$

因为 ξ 为任意实参数，不妨取 $\xi=\overline{C}/2\,\overline{A^2}$，上式依然成立，即

$$\overline{B^2}-\overline{C}^2/4\,\overline{A^2}\geqslant 0$$

由此可改写为

$$\sqrt{\overline{A^2}\cdot\overline{B^2}}\geqslant\frac{1}{2}|\overline{C}|=\frac{1}{2}|\overline{[\hat{A},\ \hat{B}]}|$$

上式对任意两个厄米算符 $\hat{A}$、$\hat{B}$ 都成立。由于 $\Delta A=\hat{A}-\overline{A}$ 与 $\Delta B=\hat{B}-\overline{B}$ 都是厄米算符，则

$$\sqrt{\overline{(\Delta A)^2}\cdot\overline{(\Delta B)^2}}\geqslant\frac{1}{2}|\overline{[\hat{A},\ \hat{B}]}|$$

也成立，简记为

$$\Delta A\cdot\Delta B\geqslant\frac{1}{2}|\overline{[\hat{A},\ \hat{B}]}| \tag{4-39}$$

式(4-39)表示任意两个力学量 A、B 在任意态 ψ 下的涨落必须满足的关系式，称为**不确定度关系**(uncertainty relation)。

下面给出两个重要的不确定度关系：

(1) 由 $[x,\ p_x]=\mathrm{i}\hbar$ 及式(4-39)，有

$$\Delta x\cdot\Delta p_x\geqslant\hbar/2$$

这是坐标与动量的不确定度关系。其物理意义是：在量子力学体系中，同时测量坐标和动量，测得坐标涨落与动量涨落之间满足 $\Delta x\cdot\Delta p_x\geqslant\hbar/2$，即若在某一状态下测得坐标具有准确值，那么在该态下就完全无法确定其动量值；反之亦然。如前面算出的在基态时($n=0$)一维简谐振子的动量与坐标的涨落分别是 $\Delta p_x=\sqrt{\overline{p_x^2}}=\alpha\hbar\sqrt{1/2}$ 与 $\Delta x=\sqrt{\overline{x^2}}=\alpha^{-1}\sqrt{1/2}$，则它们满足的不确定度关系为 $\Delta x\cdot\Delta p_x=\hbar/2$。

(2) 设 ψ 为任意波函数，则 $[\hat{E},\ t]\psi=[\mathrm{i}\hbar\frac{\partial}{\partial t},\ t]\psi=\mathrm{i}\hbar\frac{\partial}{\partial t}(t\psi)-\mathrm{i}\hbar\frac{\partial}{\partial \mathrm{t}}\psi=\mathrm{i}\hbar\psi$，即 $[\hat{E},\ t]=\mathrm{i}\hbar$，由式(4-39)有

$$\Delta E\cdot\Delta t\geqslant\hbar/2$$

这是能量与时间的不确定度关系。其物理意义是：体系的能谱宽度与处在该能谱的粒子寿命之间满足不确定度关系 $\Delta E \cdot \Delta t \geqslant \hbar/2$。若粒子处于一个完全确定的能量($\Delta E=0$)状态上，它在该能级的寿命就无限长($\Delta t \to \infty$)。如前面学过的氢原子处在基态能级时，其基态能量值是完全确定的(约 13.6eV)，它在基态的寿命为无限长，原子是稳定的。若粒子处于一个有限宽的能谱范围内，则粒子的寿命就是有限的。如激光器中利用工作物质的亚稳态(即某些原子的激发态具有一定的能级宽度，因而有较长的寿命)，并通过激励方式使基态原子被激发到这些亚稳态上实现粒子数反转，从而产生受激辐射，形成激光。

两个不对易的算符 $\hat{A}$、$\hat{B}$ 若满足 $[\hat{A},\hat{B}]=\mathrm{i}\hbar$，则称 $\hat{A}$、$\hat{B}$ 为一对**共轭力学量**，不确定度关系为 $\Delta A \cdot \Delta B \geqslant \hbar/2$。式中，$\hbar$是至关重要的一个物理量，在波粒二象性的两个基本关系式中把描述微观粒子的粒子性和波动性有机地联系在一起，而在不确定度关系中把两个共轭力学量的关系联系起来了。这绝非偶然，完全是微观粒子的波粒二象性决定的。

4.3.3 共同本征态

1. 共同本征态的概念

不确定度关系式(4-39)式中，若量子体系中的两个力学量A、B 对应的算符彼此对易，即 $[\hat{A},\hat{B}]=0$，则它们同时具有确定值(或涨落等于零)，且具有共同本征态。

但要注意，若两个算符不对易，它们不一定没有共同本征态，如满足 $[\hat{A},\hat{B}]=0$ 的特殊态可能是例外。反之，两个算符有共同本征态，它们也不一定对易。因此，两个算符对易不是它们具有共同本征态的充分必要条件。

例如，自由粒子的动量和哈密顿算符之间彼此对易，它们具有共同本征态 $\psi(\boldsymbol{r})=C\mathrm{e}^{\mathrm{i}\boldsymbol{p}\cdot\boldsymbol{r}/\hbar}$，本征值分别是 $\boldsymbol{p}$ 与 $p^2/2m$。

因为 $\hat{\boldsymbol{p}}\psi(\boldsymbol{r})=-\mathrm{i}\hbar C\nabla\mathrm{e}^{\mathrm{i}\boldsymbol{p}\cdot\boldsymbol{r}/\hbar}=-\mathrm{i}\hbar\cdot\dfrac{\mathrm{i}}{\hbar}\boldsymbol{p}C\mathrm{e}^{\mathrm{i}\boldsymbol{p}\cdot\boldsymbol{r}/\hbar}=\boldsymbol{p}\psi(\boldsymbol{r})$，$\hat{H}\psi(\boldsymbol{r})=\dfrac{\hat{\boldsymbol{p}}^2}{2m}\psi(\boldsymbol{r})=\dfrac{\boldsymbol{p}^2}{2m}\psi(\boldsymbol{r})$。所以，$\psi(\boldsymbol{r})=C\mathrm{e}^{\mathrm{i}\boldsymbol{p}\cdot\boldsymbol{r}/\hbar}$是自由粒子的动量和哈密顿量的共同本征态。本征值分别是 $\boldsymbol{p}$ 与 $p^2/2m$。

又如，在直角坐标系中，动量的三个分量算符之间彼此对易，它们具有共同本征态 $\psi(\boldsymbol{r})=C\mathrm{e}^{\mathrm{i}\boldsymbol{p}\cdot\boldsymbol{r}/\hbar}$，相应的本征值为 p_x、p_y、p_z。

再如，在直角坐标系中，三个坐标 x、y、z 分量算符之间彼此对易，它们具有共同本征态 $\psi_{x_0y_0z_0}(x,y,z)=\delta(x-x_0)\delta(y-y_0)\delta(z-z_0)$，本征值分别为 x_0、y_0、z_0。

因为 $\int_{-\infty}^{+\infty}(x-x_0)\delta(x-x_0)\delta(y-y_0)\delta(z-z_0)\mathrm{d}x=x_0-x_0=0$，对称积分的被积函数并非奇函数，被积函数为零，即

$$(x-x_0)\delta(x-x_0)\delta(y-y_0)\delta(z-z_0)=0$$

或

$$x\delta(x-x_0)\delta(y-y_0)\delta(z-z_0)=x_0\delta(x-x_0)\delta(y-y_0)\delta(z-z_0)$$

所以，$\psi_{x_0y_0z_0}(x,y,z)=\delta(x-x_0)\delta(y-y_0)\delta(z-z_0)$是坐标分量 x 的本征函数，本征值是 x_0。同理，它也是 y、z 的本征函数，本征值分别是 y_0、z_0。

2. ($\hat{l}^2$，l_z)的共同本征态，球谐函数

(1) 球坐标系下的角动量算符。利用以下直角坐标与球坐标之间的变换关系：

$$\begin{cases} x=r\sin\theta\cos\varphi \\ y=r\sin\theta\sin\varphi \\ z=r\cos\theta \end{cases} \quad \begin{cases} r=\sqrt{x^2+y^2+z^2} \\ \theta=\tan^{-1}(\sqrt{x^2+y^2}/z) \\ \varphi=\tan^{-1}(y/x) \end{cases} \tag{4-40}$$

再根据复合函数的偏导数求导法则，可以把角动量各分量算符表示成

$$\begin{cases} \hat{l}_x=\mathrm{i}\hbar\left(\sin\varphi\dfrac{\partial}{\partial\theta}+\cot\theta\cos\varphi\dfrac{\partial}{\partial\varphi}\right) \\ \hat{l}_y=\mathrm{i}\hbar\left(-\cos\varphi\dfrac{\partial}{\partial\theta}+\cot\theta\sin\varphi\dfrac{\partial}{\partial\varphi}\right) \\ \hat{l}_z=-\mathrm{i}\hbar\dfrac{\partial}{\partial\varphi} \end{cases} \tag{4-41}$$

而角动量平方算符表示成

$$\hat{\boldsymbol{l}}^2=-\hbar^2\left[\frac{1}{\sin\theta}\frac{\partial}{\partial\theta}\left(\sin\theta\frac{\partial}{\partial\theta}\right)+\frac{1}{\sin^2\theta}\frac{\partial^2}{\partial\varphi^2}\right] \tag{4-42}$$

(2) ($\hat{l}^2$，l_z)的共同本征态，球谐函数。由于角动量分量之间互不对易，它们一般不具有共同本征函数。但是若 $[\hat{l}^2, \hat{l}_\alpha]=0(\alpha=x, y, z)$，则可以找出 $\hat{\boldsymbol{l}}^2$ 与任一角动量分量的共同本征函数。角动量与转动(或旋转)问题密切相关，常常采用球坐标来表述。在球坐标系下

$$\begin{aligned}\hat{\boldsymbol{l}}^2&=-\hbar^2\left[\frac{1}{\sin\theta}\frac{\partial}{\partial\theta}\left(\sin\theta\frac{\partial}{\partial\theta}\right)+\frac{1}{\sin^2\theta}\frac{\partial^2}{\partial\varphi^2}\right] \\ &=-\frac{\hbar^2}{\sin\theta}\frac{\partial}{\partial\theta}\left(\sin\theta\frac{\partial}{\partial\theta}\right)+\frac{1}{\sin^2\theta}\hat{l}_z^2\end{aligned}$$

由于 $[\hat{l}^2, \hat{l}_z]=0$，$\hat{\boldsymbol{l}}^2$ 的本征函数可以同时取为 $\hat{l}_z$ 的本征态(4.2 节例 4-4)，即

$$\Phi_m(\varphi)=\frac{1}{\sqrt{2\pi}}\mathrm{e}^{\mathrm{i}m\varphi},\quad m=0,\ \pm1,\ \pm2,\ \cdots \tag{4-43}$$

显然不含极角坐标 θ，此时已经实现了 $\hat{\boldsymbol{l}}^2$ 的本征函数的变量分离，因此，可以令

$$\mathrm{Y}(\theta, \varphi)=\Theta(\theta)\Phi_m(\varphi) \tag{4-44}$$

代入 $\hat{\boldsymbol{l}}^2$ 的本征方程得

$$\hat{\boldsymbol{l}}^2\mathrm{Y}(\theta, \varphi)=\lambda\hbar^2\mathrm{Y}(\theta, \varphi) \tag{4-45}$$

式中，$\lambda\hbar^2$ 为 $\hat{\boldsymbol{l}}^2$ 的本征值(λ 无量纲，待定)。利用式(4-43)，把 $\hat{\boldsymbol{l}}^2$ 的表达式代入式(4-45)，得

$$\frac{1}{\sin\theta}\frac{\partial}{\partial\theta}\left(\sin\theta\frac{\partial}{\partial\theta}\Theta\right)+\left(\lambda-\frac{m^2}{\sin^2\theta}\right)\Theta=0,\quad 0\leqslant\theta\leqslant\pi$$

令 $\xi=\cos\theta(|\xi|\leqslant1)$，则

$$(1-\xi^2)\frac{\mathrm{d}^2}{\mathrm{d}\xi^2}\Theta-2\xi\frac{\mathrm{d}}{\mathrm{d}\xi}\Theta+\left(\lambda-\frac{m^2}{1-\xi^2}\right)\Theta=0 \tag{4-46}$$

这是一个变系数的二阶常微分方程，在$|\xi|\leqslant1$ 内方程有两个正则奇点($\xi=\pm1$)，其余各

点均为常点。此方程可以化为连带勒让德方程，可以证明：只有当

$$\lambda=l(l+1),\quad l=0,1,2,\cdots \tag{4-47}$$

时，式(4-46)有一个多项式解能满足波函数有界性的要求(见附录A4)，该解为连带勒让德多项式，即

$$\mathrm{P}_l^m(\xi)=\frac{1}{2^l\cdot l!}(1-\xi^2)^{m/2}\frac{\mathrm{d}^{l+m}}{\mathrm{d}\xi^{l+m}}(\xi^2-1)^l,\quad |m|\leqslant l \tag{4-48}$$

连带勒让德多项式满足以下正交归一关系：

$$\int_{-1}^{+1}\mathrm{P}_l^m(\xi)\mathrm{P}_{l'}^m(\xi)\mathrm{d}\xi=\frac{2}{2l+1}\cdot\frac{(l+m)!}{(l-m)!}\delta_{ll'} \tag{4-49}$$

因此，可以定义一个归一化的极角波函数

$$\Theta_{lm}(\theta)=(-1)^m\sqrt{\frac{2l+1}{2}\cdot\frac{(l-m)!}{(l+m)!}}\mathrm{P}_l^m(\cos\theta),\quad m=l,l-1,\cdots,-l+1,-l \tag{4-50}$$

满足以下正交归一关系：

$$\int_0^{\pi}\Theta_{lm}(\theta)\Theta_{l'm}(\theta)\sin\theta\mathrm{d}\theta=\delta_{ll'} \tag{4-51}$$

于是$(\hat{l}^2,\ l_z)$的正交归一的共同本征函数用下式表示为

$$\mathrm{Y}_{lm}(\theta,\varphi)=(-1)^m\sqrt{\frac{2l+1}{4\pi}\cdot\frac{(l-m)!}{(l+m)!}}\mathrm{P}_l^m(\cos\theta)\mathrm{e}^{\mathrm{i}m\varphi} \tag{4-52}$$

该函数称为球谐函数，且满足

$$\begin{cases}\hat{l}^2\mathrm{Y}_{lm}(\theta,\varphi)=l(l+1)\hbar^2\mathrm{Y}_{lm}(\theta,\varphi)\\ \hat{l}_z\mathrm{Y}_{lm}(\theta,\varphi)=m\hbar\mathrm{Y}_{lm}(\theta,\varphi)\end{cases} \tag{4-53}$$

以及正交归一关系

$$\int_0^{2\pi}\mathrm{d}\varphi\int_0^{\pi}\sin\theta\mathrm{d}\theta\mathrm{Y}_{lm}^*(\theta,\varphi)\mathrm{Y}_{l'm'}(\theta,\varphi)=\delta_{ll'}\delta_{mm'} \tag{4-54}$$

式中，$l=0,1,2,\cdots$；$m=0,\pm1,\pm2,\cdots,\pm l$。$l$称为轨道角动量量子数，$m$称为磁量子数。[①] 对于一个给定的$l$值，$\hat{l}^2$的本征函数有$2l+1$个可能的本征函数(或本征态)，称为$2l+1$重简并。这些简并态可以用球谐函数$\mathrm{Y}_{lm}(\theta,\varphi)$来表示，并由$\hat{l}_z$的不同本征值来确定这些简并态。

【例4-5】 证明在$\hat{l}_z$的本征态下$\bar{l}_x=\bar{l}_y=0$。

证明： 由对易式$\hat{l}_x=(\hat{l}_y\hat{l}_z-\hat{l}_z\hat{l}_y)/\mathrm{i}\hbar$，在$\hat{l}_z$的本征态$Y_{lm}$下，按照平均值的计算公式有

$$\begin{aligned}\bar{l}_x&=[\overline{(\hat{l}_y\hat{l}_z)}-\overline{(\hat{l}_z\hat{l}_y)}]/\mathrm{i}\hbar=[(\mathrm{Y}_{lm},\hat{l}_y\hat{l}_z\mathrm{Y}_{lm})-(\mathrm{Y}_{lm},\hat{l}_z\hat{l}_y\mathrm{Y}_{lm})]/\mathrm{i}\hbar\\&=[m\hbar(\mathrm{Y}_{lm},\hat{l}_y\mathrm{Y}_{lm})-(\hat{l}_z\mathrm{Y}_{lm},\hat{l}_y\mathrm{Y}_{lm})]/\mathrm{i}\hbar\\&=[m\hbar\bar{l}_y-m\hbar\bar{l}_y]/\mathrm{i}\hbar\end{aligned}$$

---

① 后面将看到，该量子数与轨道角动量在空间的取向(一般沿磁矩方向)量子化有关，因此称为磁量子数。

$$=0$$

类似地，利用对易式 $\hat{l}_y=(\hat{l}_z\hat{l}_x-\hat{l}_x\hat{l}_z)/\mathrm{i}\hbar$，容易证明 $\overline{l}_y=0$。

*4.4 连续谱本征函数的归一化问题

4.4.1 连续谱的波函数与波包

从第 3 章内容可知，自由粒子的运动可以用以下单色平面波描述：

$$\psi(\boldsymbol{r},\ t)=A\mathrm{e}^{\mathrm{i}(\boldsymbol{p}\cdot\boldsymbol{r}-Et)/\hbar} \tag{4-55}$$

而从 4.3.3 节中又知道，自由粒子的动量和哈密顿算符具有共同的本征态，即

$$\psi(\boldsymbol{r})=C\mathrm{e}^{\mathrm{i}\boldsymbol{p}\cdot\boldsymbol{r}/\hbar} \tag{4-56}$$

粒子处于这些状态中，动量 $\boldsymbol{p}$ 和能量 $E=p^2/2m$ 是可以取一切连续的值，称为连续谱。相应的波函数就是连续谱的波函数。

当然，任何真实的波函数不可能是严格的平面波。因为，任何运动粒子都可能在全空间中受到其他物质(粒子)的作用，因此，它只能存在于有限的区域内。我们把粒子空间分布在 $\boldsymbol{r}_0$ 附近的 $\Delta\boldsymbol{r}$ 范围内，动量取值为 $\hbar\boldsymbol{k}_0$ 附近的 $\hbar\Delta\boldsymbol{k}$ 范围内的粒子的运动状态用波包来描述。把波包中心 $\boldsymbol{r}_0$ 称为该粒子的位置，把中心 $\hbar\boldsymbol{k}_0$ 称为该粒子的动量。而粒子的坐标和动量之间满足不确定度关系，即 $\Delta x_\alpha\cdot\Delta p_\alpha\geqslant\hbar/2$($\alpha$ 为 x、y、z 任一坐标)。一般波包(相应的波函数)可以通过傅里叶变换用平面波展开来构成，即把波包视为一系列平面波的叠加(见第 3 章 3.3 节)：

$$\psi(\boldsymbol{r},\ t)=\frac{1}{(2\pi\hbar)^{3/2}}\int_{\text{波包}}\Phi(\boldsymbol{p})\mathrm{e}^{\mathrm{i}(\boldsymbol{p}\cdot\boldsymbol{r}-Et)/\hbar}\mathrm{d}^3p \tag{4-57}$$

在固体物理理论中，可以用布洛赫波组成波包①来描述，于是可以很方便地用准经典近似方法来处理晶体中电子在电场和磁场中的运动。

4.4.2 连续谱的归一化问题

下面来看波函数式(4-55)的归一化：

$$\int_{\text{全空间}}|\psi(\boldsymbol{r},t)|^2\mathrm{d}\tau=A^2\int_{\text{全空间}}|\mathrm{e}^{\mathrm{i}(\boldsymbol{p}\cdot\boldsymbol{r}-Et)/\hbar}|^2\mathrm{d}\tau\rightarrow\infty$$

即连续谱的波函数不能归一化。这是因为自由粒子在空间各点的概率密度处处相等且不等于零。因此，处理连续谱波函数时在数学上就遇到不能归一化的困难。为了解决这一困难，先从狄拉克 δ 函数出发，然后讨论连续谱波函数的归一化问题。

一维 δ 函数定义为

$$\delta(x-x_0)=\begin{cases}0, & x\neq x_0\\ \infty, & x=x_0\end{cases} \tag{4-58a}$$

$$\int_{-\infty}^{+\infty}\delta(x-x_0)\mathrm{d}x=1 \tag{4-58b}$$

或者等价地表示为

---

① 请参考：黄昆，韩汝琦. 固体物理学. 北京：高等教育出版社，1988.

$$\int_{-\infty}^{+\infty} f(x)\delta(x-x_0)\mathrm{d}x = f(x_0) \tag{4-59}$$

式中，$f(x)$是在$x=x_0$领域内的任意连续函数。

对于分段连续函数$f(x)$，按照傅里叶积分公式，有

$$f(x_0) = \frac{1}{2\pi}\int_{-\infty}^{+\infty}\mathrm{d}x\int_{-\infty}^{+\infty}\mathrm{d}k f(x)\mathrm{e}^{\mathrm{i}k(x-x_0)} \tag{4-60}$$

比较式(4-59)与式(4-60)，得

$$\delta(x-x_0) = \frac{1}{2\pi}\int_{-\infty}^{+\infty}\mathrm{d}k\mathrm{e}^{\mathrm{i}k(x-x_0)} \tag{4-61}$$

有了式(4-61)这一结果连续谱波函数的归一化问题就可以解决了。

例如，对于动量本征态$\psi_{p'}(x)=\frac{1}{\sqrt{2\pi\hbar}}\mathrm{e}^{\mathrm{i}p'x/\hbar}$，则该波函数归一化为

$$(\psi_{p'}, \psi_{p''}) = \frac{1}{2\pi\hbar}\int_{-\infty}^{+\infty}\mathrm{d}x\mathrm{e}^{\mathrm{i}(p''-p')x/\hbar} = \delta(p''-p')$$

又如，由δ函数的性质$(x-x_0)\delta(x-x_0)=0$，即$x\delta(x-x_0)=x_0\delta(x-x_0)$，说明$\delta(x-x_0)$正是坐标算符$x$的本征态，其本征值为$x_0$。对于任意坐标算符$x$的本征态$\psi_{x'}(x)=\delta(x-x')$，它归一化为

$$(\psi_{x'}, \psi_{x''}) = \int\delta(x-x')\delta(x-x'')\mathrm{d}x = \delta(x'-x'')$$

上述结果可以推广到三维情况下的结果(请读者自己完成)。因此，一般说来，对于连续谱波函数，可以归一化为δ函数。

小　　结

1. 量子力学中的力学量用厄米算符表达。厄米算符的定义为$\hat{A}^+=\hat{A}$，即$(\psi, \hat{A}\varphi)=(\hat{A}\psi, \varphi)$，分别用坐标算符$x$、动量算符$-\mathrm{i}\hbar\nabla$替代根据经典力学量表达式中的坐标和动量便得到量子力学算符。厄米算符的平均值必是实数，厄米算符的属于不同本征值的本征函数彼此正交。

2. 若两个算符彼此对易，则它们有共同的本征函数。体系处于共同的本征态时，彼此对易的两个力学量具有确定的本征值。角动量平方算符$\hat{\boldsymbol{l}}^2$与z分量算符$\hat{l}_z$彼此对易，它们的共同本征函数是球谐函数：$\mathrm{Y}_{lm}(\theta, \varphi)=(-1)^m\sqrt{\frac{2l+1}{4\pi}\cdot\frac{(l-m)!}{(l+m)!}}\mathrm{P}_l^m(\cos\theta)\mathrm{e}^{\mathrm{i}m\varphi}$。

3. 若两个算符$\hat{A}$、$\hat{B}$彼此不对易，同时测量两个相应的力学量时，满足不确定度关系：$\Delta A\cdot\Delta B\geqslant|\overline{[\hat{A}, \hat{B}]}|/2$。一维坐标和动量之间的不确定度关系为：$\Delta x\cdot\Delta p_x\geqslant\hbar/2$；能谱宽度与粒子寿命之间的不确定度关系为：$\Delta E\cdot\Delta t\geqslant\hbar/2$。不确定度关系是微观粒子波粒二象性的又一表现形式。

4. 描述自由粒子运动的动量本征态、坐标本征态，其波函数归一化为δ函数。

习　题

1．已知粒子的坐标算符 $\boldsymbol{r}$、动量算符 $\hat{\boldsymbol{p}}$ 均为厄米算符，试判断以下算符是否是厄米算符：$\hat{\boldsymbol{l}}=\boldsymbol{r}\times\hat{\boldsymbol{p}}$，$\boldsymbol{r}\cdot\hat{\boldsymbol{p}}$，$\hat{\boldsymbol{l}}\times\hat{\boldsymbol{l}}$，$\boldsymbol{r}\times\hat{\boldsymbol{l}}$。若不是厄米算符，请通过这些算符构造出相应的厄米算符。

2．证明在离散谱的能量本征态下动量平均值等于零。

*3．用数学归纳法证明：

$$[\hat{A},\ \hat{B}^n]=\sum_{s=0}^{n-1}\hat{B}^s[\hat{A},\ \hat{B}]\hat{B}^{n-s-1}$$

并分别讨论 $\hat{A}$ 与 $\hat{B}$ 对易及 $\hat{B}$ 与 $[\hat{A},\ \hat{B}]$ 对易时的结果。

4．定义径向动量算符为

$$\hat{p}_r=\frac{1}{2}\left(\frac{1}{r}\boldsymbol{r}\cdot\boldsymbol{p}+\boldsymbol{p}\cdot\boldsymbol{r}\frac{1}{r}\right)$$

证明：

(1) $\hat{p}_r^+=\hat{p}_r$；

(2) $\hat{p}_r=-\mathrm{i}\hbar\left(\frac{\partial}{\partial r}+\frac{1}{r}\right)$；

(3) $[r,\ \hat{p}_r]=\mathrm{i}\hbar$。

5．利用不确定度关系估算谐振子的基态能量。

6．利用不确定度关系估算氢原子的基态能量。

*7．设 $\hat{U}$ 为幺正算符，即 $\hat{U}\hat{U}^+=\hat{U}^+\hat{U}=I$（$I$ 是单位算符）。若存在厄米算符 $\hat{A}$、$\hat{B}$，使得 $\hat{U}=\hat{A}+\mathrm{i}\hat{B}$，证明：$\hat{A}^2+\hat{B}^2=I$，且 $[\hat{A},\ \hat{B}]=0$，并找出 $\hat{A}$、$\hat{B}$。

8．已知三维自由粒子的动量本征波函数为 $\psi(\boldsymbol{r})=C\mathrm{e}^{\mathrm{i}\boldsymbol{p}\cdot\boldsymbol{r}/\hbar}$，请将其归一化。

注：带“*”的题目稍难，读者可以选做。

第5章

力学量随时间的演化与对称性

本章教学要点

知识要点	掌握程度	相关知识
对易力学量完全集	了解对易力学量完全集的概念和选取方法	态的叠加原理； 算符的对易关系
力学量随时间的演化	知道力学量的平均值随时间变化的关系； 掌握守恒量的概念	含时薛定谔方程； 力学量的平均值
守恒量与对称性的关系	了解无穷小变化和连续变化的概念； 知道守恒量与对称性的关系	变换操作； 无穷级数
全同性原理	掌握全同性原理； 掌握全同粒子、玻色子、费米子的概念； 熟悉交换算符的特点，知道对称波函数与反对称波函数的表示方法及其适用范围	概率统计； 矩阵的性质

导读材料

1924 年印度物理学家玻色提出以不可分辨的 n 个全同粒子的新观念，使得每个光子的能量满足爱因斯坦的光量子假设，也满足玻耳兹曼的最大概率分布统计假设，这个光子理想气体的观点可以说是彻底解决了普朗克黑体辐射的半经验公式的问题。可能是当初玻色的论文因没有新结果，遭到退稿的命运。他随后将论文寄给爱因斯坦，爱因斯坦意识到玻色工作的重要性，立即着手这一问题的研究，并于 1924 年和 1925 年发表两篇文章，将玻色对光子的统计方法推广到原子，预言当这类原子的温度足够低时，会有相变——新的物质状态产生，所有的原子会突然聚集在一种尽可能低的能量状态，这就是我们所说的玻色-爱因斯坦凝聚(BEC)。

1938 年，Landau 提出液氦(^{4}He)超流本质上是量子统计现象，是 BEC 的反映，并计算出临界温度为 3.2K。从此 BEC 开始受到重视。从那时起，物理学家都希望能在实验上观察到这种物理现象，但由于找不到合适的实验体系和实验技术的限制，玻色-爱因斯坦凝聚的早期实验研究进展缓慢。

实现玻色-爱因斯坦凝聚态的条件极为苛刻和矛盾：一方面需要达到极低的温度，另一方面还需要原子体系处于气态。极低温下的物质如何能保持气态呢？这实在令无数科学家头疼不已。

后来物理学家们发现稀薄的金属原子气体有一个很好的特性——不会因制冷出现液态，更不会高度聚集形成常规的固体。实验对象找到了，下一步就是创造出可以冷却到足够低温度的条件。随着激光冷却技术的发展，人们可以制造出与 0K 仅仅相差十亿分之一的低温。并且利用电磁操纵的磁阱技术可以对任意金属物体实行无触移动。这样的实验系统经过不断改进，终于在玻色-爱因斯坦凝聚理论提出 71 年之后的 1995 年 6 月，由两名美国科学家康奈尔、维曼及德国科学家克特勒分别在铷原子蒸气中第一次直接观测到了玻色-爱因斯坦凝聚态。这三位科学家也因此而荣膺 2001 年度诺贝尔物理学奖。此后，这个领域经历着爆发性的发展，目前世界上已有近 30 个研究组在稀薄原子气中实现了玻色-爱因斯坦凝聚态。

玻色-爱因斯坦凝聚态是继物质气态、液态、固态和等离子体态之后的第五种状态，这种物态表现出很多奇特的性质。

这些原子组成的集体步调非常一致，因此内部没有任何阻力。激光就是光子的玻色-爱因斯坦凝聚，在一束细小的激光里拥挤着非常多的颜色和方向一致的光子流。超导和超流也都是玻色-爱因斯坦凝聚的结果。

玻色-爱因斯坦凝聚态的凝聚效应可以形成一束沿一定方向传播的宏观电子对波，这种波带电，传播中形成一束宏观电流而不需要电压。

原子凝聚体中的原子几乎不动，可以用来设计精确度更高的原子钟，以应用于太空航行和精确定位等。

玻色-爱因斯坦凝聚态的原子物质表现出了光子一样的特性正是利用这种特性，哈佛大学的两个研究小组用玻色-爱因斯坦凝聚体使光的速度降为零，将光储存起来。

玻色-爱因斯坦凝聚态的研究也可以延伸到其他领域。例如，利用磁场调控原子之间的相互作用，可以在物质第五态中产生类似于超新星爆发的现象，甚至还可以用玻色-爱因斯坦凝聚体来模拟黑洞。

在经典力学中，体系遵从牛顿运动定律，其力学量(如速度、坐标、动量和能量等)随时间演化。但在某些特殊体系中存在守恒量，如对于受合外力为零的体系，动量保持守恒；对于中心力场(库仑场、万有引力场)中两体运动保持角动量守恒(与坐标选择无关)；对于外力不做功的体系，保持能量守恒。无论经典力学中的力学量是否为守恒量，任何时刻体系中的力学量都有确定的值。然而，量子力学中的力学量随时间演化又遵从哪些规律，是否在某些体系中也可能存在守恒量，又如何来判断哪些力学量是守恒量？这就是本章中要回答的问题。

5.1 对易力学量完全集

量子力学体系可以处于不同的状态，而不同的状态下力学量的测值(平均值)有所不同。当体系处于某一力学量的本征态时，该力学量的平均值等于在该本征态下的本征值。在第4章中讨论不确定度关系时，我们已经知道：两个力学量同时具有确定值的条件是它们对应的算符彼此对易，且有共同的本征函数。

设量子力学体系有一组彼此对易，且函数独立的厄米算符 $\hat{A}(\hat{A}_1, \hat{A}_2, \cdots)$，它们的共同本征函数记为 ψ_k(这里仅考虑本征值 A 为离散的情况)。k 为标记一组量子数的记号，给定 k 后，就给定了体系的一个可能状态，则称 $(\hat{A}_1, \hat{A}_2, \cdots)$ 构成体系的一组对易力学量完全集(Complete Set of Commuting Observables，CSCO)。按照态叠加原理，体系的任何一个状态均可用 ψ_k 展开，即

$$\Psi = \sum_k a_k \psi_k \tag{5-1}$$

若 ψ_k 是归一化的，则 $(\Psi,\Psi) = \sum_k |a_k|^2 = 1$，式中，$|a_k|^2$ 为在 Ψ 态下测量 A 得到 A_k 值的概率密度。

例如，一维谐振子哈密顿量本身就构成体系的一组力学量完全集，其能量本征值为 $E_n=(n+1/2)\hbar\omega$，相应的本征函数为 $\psi_n(n=0, 1, 2, \cdots)$ 构成一组正交归一的完备函数组，一维谐振子的任何一个态 ψ 均可用它们展开，即 $\psi = \sum_n a_n \psi_n$，$|a_n|^2$ 代表在 ψ 态下测得谐振子能量为 $E_n=(n+1/2)\hbar\omega$ 的概率。

又如，角动量平方算符 $\hat{l}^2$ 及 z 分量算符 $\hat{l}_z$ 之间彼此对易，它们的共同本征函数为球谐函数 $Y_{lm}(\theta, \varphi)$，$\hat{l}^2$ 或 $\hat{l}_z$ 的任何一个态都可以按照球谐函数展开，即 $\psi(\theta,\varphi) = \sum_{lm} C_{lm} Y_{lm}(\theta,\varphi)$，测得 $\boldsymbol{l}^2 = l(l+1)\hbar^2$ 和 $l_z = m\hbar$ 值的概率均为 $|C_{lm}|^2$。

对于连续谱的情况，只需把本征态改为 $\psi(\lambda)$，而本征值 λ 取连续值，叠加原理表述为

$$\Psi = \int_\lambda c_\lambda \psi(\lambda)\mathrm{d}\lambda \tag{5-2}$$

相应测得力学量 A 的值是 λ 的概率为 $|c_\lambda|^2$。例如，对于一维动量，它本身构成力学量完全集。$\hat{p}_x$ 的本征态(设本征值为 p_x')在坐标表象中表示为

$$\psi_{p'}(x)=\frac{1}{\sqrt{2\pi\hbar}}\mathrm{e}^{\mathrm{i}p'_x x/\hbar}, \quad -\infty<p_x'<+\infty$$

按照傅里叶展开定理，任何平方可积的函数 $\psi(x)$ 均可展开为

$$\psi(x)=\frac{1}{\sqrt{2\pi\hbar}}\int\varphi(p'_x)\mathrm{e}^{\mathrm{i}p'_x x/\hbar}\mathrm{d}p'_x$$

式中，展开系数的模方 $|\varphi(p'_x)|^2$ 表示在 $\psi(x)$ 态下，测得动量为 p'_x 的概率密度。

对于一维自由粒子，$\hat{H}=\hat{p}_x^2/2m$，能量本征态是二重简并的(两个不同的波函数 $\psi\sim\mathrm{e}^{\pm\mathrm{i}kx}$ 对应相同的能量 $E=\hbar^2k^2/2m$)。因为 $[\hat{H},\ \hat{p}_x]=0$，则可以选 $(H,\ p_x)$ 为体系的力学量完全集，它们的共同本征函数为 $\psi\sim\mathrm{e}^{\pm\mathrm{i}kx}\sim\cos kx\pm\mathrm{i}\sin kx$。这两个简并态均可以看成奇宇称态($\cos kx$)和偶宇称态($\sin kx$)的线性叠加态，而且两个宇称态是等概率的。在这两个不同的本征态下，测得能量值均为 $E=\hbar^2k^2/2m$。

从此例可以看出，一般说来，体系的力学量完全集的力学量个数应该大于或等于体系自由度数目。

5.2 力学量随时间的演化

5.2.1 守恒量

量子力学中力学量的取值问题与经典力学不同。在一个给定的态 $\psi(\boldsymbol{r},\ t)$(一般为力学量的非本征态)中，力学量的取值有一定的概率分布，从而有平均值的概念。由于波函数随时间变化，故力学量的平均值也是随时间变化的。我们下面就研究这个问题。

1. 力学量的平均值随时间变化的关系

力学量 A 在态 $\psi(\boldsymbol{r},\ t)$ 中的平均值可以表示为

$$\overline{A}(t)=\int\psi^*(\boldsymbol{r},\ t)\hat{A}\psi(\boldsymbol{r},\ t)\mathrm{d}\tau=(\psi(\boldsymbol{r},\ t),\ \hat{A}\psi(\boldsymbol{r},\ t))\tag{5-3}$$

当体系的状态随时间变化时，A 将随时间变化，将式(5-3)式对时间求导得

$$\frac{\mathrm{d}}{\mathrm{d}t}\overline{A}(t)=\left(\frac{\partial\psi}{\partial t},\ \hat{A}\psi\right)+\left(\psi,\ \hat{A}\frac{\partial\psi}{\partial t}\right)+\left(\psi,\ \frac{\partial\hat{A}}{\partial t}\psi\right)\tag{5-4}$$

利用含时薛定谔方程 $\mathrm{i}\hbar\frac{\partial\psi}{\partial t}=\hat{H}\psi$，得

$$\frac{\mathrm{d}}{\mathrm{d}t}\overline{A}(t)=\left(\frac{1}{\mathrm{i}\hbar}\hat{H}\psi,\ \hat{A}\psi\right)+\left(\psi,\ \hat{A}\frac{1}{\mathrm{i}\hbar}\hat{H}\psi\right)+\left(\psi,\ \frac{\partial\hat{A}}{\partial t}\psi\right)\tag{5-5}$$

再利用算符的厄米性质，可将式(5-5)化为

$$\begin{aligned}\frac{\mathrm{d}}{\mathrm{d}t}\overline{A}(t)&=-\frac{1}{\mathrm{i}\hbar}(\psi,\ \hat{H}\hat{A}\psi)+\frac{1}{\mathrm{i}\hbar}(\psi,\ \hat{A}\hat{H}\psi)+\left(\psi,\ \frac{\partial\hat{A}}{\partial t}\psi\right)\\&=\frac{1}{\mathrm{i}\hbar}(\psi,\ [\hat{A},\ \hat{H}]\psi)+\overline{\frac{\partial\hat{A}}{\partial t}}=\frac{1}{\mathrm{i}\hbar}\overline{[\hat{A},\ \hat{H}]}+\overline{\frac{\partial\hat{A}}{\partial t}}\end{aligned}\tag{5-6}$$

如果 $\hat{A}$ 不显含时间 t，则有 $\partial\hat{A}/\partial t=0$，从而有 $\frac{\mathrm{d}\overline{A}}{\mathrm{d}t}=\frac{1}{\mathrm{i}\hbar}\overline{[\hat{A},\ \hat{H}]}$。若 $[\hat{A},\ \hat{H}]=0$，

进而得$\frac{d\overline{A}}{dt}=0$，此时力学量在任何态中的平均值均不随时间变化。

2. 力学量取值的概率不随时间变化

若体系中$\hat{A}$不显含时间t，且$[\hat{A},\hat{H}]=0$，则在任意态$\psi(t)$下A的概率分布也不随时间变化。证明如下：

因为$\hat{A}$不显含时间t，且$[\hat{A},\hat{H}]=0$，则可选包含$\hat{A}$和$\hat{H}$在内的一组力学量完全集，其共同的本征函数记为ψ_k(k为一组完备的量子数)。则有

$$\hat{H}\psi_k=E_k\psi_k,\quad \hat{A}\psi_k=A_k\psi_k \tag{5-7}$$

由于任意态均可以用$\{\psi_k\}$来展开，即

$$\psi(t)=\sum_k a_k(t)\psi_k \tag{5-8}$$

式中

$$a_k(t)=(\psi_k,\psi(t)) \tag{5-9}$$

此式表明，在$\psi(t)$态中，处于本征态$\{\psi_m\}$的概率为$|a_m|^2$，测量A的取值为A_m，因此一组$\{a_m\}$给出了A取值的概率分布。

下面看这个概率分布是否随时间变化。

$$\frac{d}{dt}|a_k(t)|^2=\frac{da_k^*(t)}{dt}a_k(t)+a_k^*(t)\frac{da_k(t)}{dt} \tag{5-10}$$

将式(5-9)代入式(5-10)得

$$\frac{d}{dt}|a_k(t)|^2=\left(\frac{\partial\psi(t)}{\partial t},\psi_k\right)(\psi_k,\psi(t))+(\psi(t),\psi_k)\left(\psi_k,\frac{\partial\psi(t)}{\partial t}\right) \tag{5-11}$$

利用含时薛定谔方程$i\hbar\frac{\partial\psi(t)}{\partial t}=\hat{H}\psi(t)$，得 (5-12)

$$\frac{d}{dt}|a_k(t)|^2=\left(\frac{\hat{H}\psi(t)}{i\hbar},\psi_k\right)(\psi_k,\psi(t))+(\psi(t),\psi_k)\left(\psi_k,\frac{\hat{H}\psi(t)}{i\hbar}\right) \tag{5-13}$$

再利用厄米算符性质$(\hat{H}\psi(t),\psi_k)=(\psi(t),\hat{H}\psi_k)$和能量本征方程$\hat{H}\psi_k=E_k\psi_k$，可得

$$\begin{aligned}\frac{d}{dt}|a_k(t)|^2&=-\frac{1}{i\hbar}(\psi(t),\hat{H}\psi_k)(\psi_k,\psi(t))+\frac{1}{i\hbar}(\psi(t),\psi_k)(\hat{H}\psi_k,\psi(t))\\&=-\frac{E_k}{i\hbar}|\psi,\psi_k|^2+\frac{E_k}{i\hbar}|\psi,\psi_k|^2=0\end{aligned} \tag{5-14}$$

可见A取值的概率分布是不随时间变化的，故A称为**守恒量**。

按照上述定义，量子力学中的守恒量A是指$\hat{A}$不显含时间即$\frac{\partial\hat{A}}{\partial t}=0$，而且$[\hat{A},\hat{H}]=0$。归纳起来守恒量有两个重要性质：

(1) 平均值不随时间变化；

(2) 测量值的概率分布不随时间变化。

例如，若$\hat{H}$中不显含时间t，因为$[\hat{H},\hat{H}]=0$，则$\hat{H}$为守恒量，即体系的能量守恒。

又如，对于自由粒子$\hat{H}=\frac{\hat{\boldsymbol{p}}^2}{2m}$，因为$[\hat{\boldsymbol{p}},\hat{H}]=0$，$[\hat{\boldsymbol{l}},\hat{H}]=0$，所以$\hat{\boldsymbol{p}}$、$\hat{\boldsymbol{l}}$均为守恒

量，即动量守恒、角动量也守恒。

再如，中心力场中 $\hat{H}=\frac{\hat{\boldsymbol{p}}^2}{2m}+V(r)$，因为 $\frac{\hat{\boldsymbol{p}}^2}{2m}=\frac{\hat{\boldsymbol{p}}_r^2}{2m}+\frac{\hat{\boldsymbol{l}}^2}{2mr^2}$，所以 $[\hat{\boldsymbol{l}},\hat{\boldsymbol{p}}^2]=0$，$[\hat{\boldsymbol{l}},V(r)]=0$。而 $\hat{H}=\frac{\hat{p}_r{}^2}{2m}+\frac{\hat{\boldsymbol{l}}^2}{2mr^2}+V(r)$，可见 $[\hat{\boldsymbol{l}},\hat{H}]=0$，角动量为守恒量。但是由于 $[\hat{\boldsymbol{p}},V(r)]\neq 0$，因此 $\hat{\boldsymbol{p}}$ 不是守恒量。

5.2.2 量子力学中的守恒量与经典守恒量的区别

1. 守恒量不一定取确定值

量子体系的守恒量不一定取确定值，即体系的状态并不一定就是某个守恒量的本征态。若初始时刻体系处于守恒量 A 的本征态，则体系将保持在这个本征态；若初始时刻体系并不处在守恒量 A 的本征态，以后的状态也不是 A 的本征态。例如，在中心力场中，L 为守恒量，但这里所给出的波函数不一定是 L 的本征态。如 $\mathrm{Y}(\theta,\varphi)=c_1\mathrm{Y}_{11}+c_2\mathrm{Y}_{20}$，就不能写成 $\hat{\boldsymbol{L}}^2\mathrm{Y}=l(l+1)\hbar^2\mathrm{Y}$ 的本征方程形式。

守恒量是否处于某本征态由初始条件确定：

(1) 若初始时刻体系处于守恒量 A 的本征态，则体系将保持在该本征态；本征态对应的量子数称为**好量子数**。

(2) 若初始时刻没有处于守恒量 A 的本征态，则以后任意时刻也不会处于本征态，但是 A 的平均值和测值概率分布不随时间变化。

2. 量子力学各守恒量不一定都可同时取确定值

如中心力场中，L 是守恒量，L_x、L_y、L_z 自然都是守恒量，但这三个分量算符彼此不对易，因此它们一般不能同时有确定值。只有特殊情况 $l=0$ 时，Y_{00} 是它们的共同本征态。因而此时它们才同时有确定值 0。

3. 守恒量与定态的异同

1) 概念不一样

(1) 定态是能量取确定值的状态——能量本征态。

(2) 守恒量是特殊的力学量，要满足一定条件。

在量子力学中研究对象分为力学量和态函数，守恒量是针对力学量而言，而定态是针对态函数而言，是完全不同的两个概念。

2) 性质不一样

(1) 在定态下，一切不含 t 的力学量，不管是否守恒量，其平均值、测值概率分布都不随 t 改变。

(2) 守恒量对一切状态，不管是否定态，其平均值、测值概率分布都不随 t 改变。

可见，不管是定态问题还是力学量问题，都存在力学量的平均值和取值的概率分布不随时间变化问题。所以，只有当体系处于非定态，而所研究的力学量又不是守恒量时，才讨论力学量的平均值和取值概率分布随时间的变化问题。这在后面含时微扰论的辐射跃迁中有重要研究价值。

5.2.3 能级简并与守恒量的关系——守恒量在能量本征值问题中的应用

定理： 如果体系有两个彼此不对易的守恒量 F 和 G，即 $[\hat{F}, \hat{H}]=0$，$[\hat{G}, \hat{H}]=0$，但 $[\hat{F}, \hat{G}]\neq 0$，则体系的能级一般是简并的。

证明： 因为 $[\hat{F}, \hat{H}]=0$，$\hat{F}$ 和 $\hat{H}$ 可有共同的本征态 ψ。这样有

$$\hat{H}\psi=E\psi, \quad \hat{F}\psi=F'\psi \tag{5-15}$$

又因为 $[\hat{G}, \hat{H}]=0$，从而有

$$\hat{H}\hat{G}\psi=\hat{G}\hat{H}\psi=E\hat{G}\psi \tag{5-16}$$

即 $\hat{G}\psi$ 也是 $\hat{H}$ 的属于同一本征值 E 的本征态。但由于 $[\hat{F}, \hat{G}]\neq 0$，ψ 与 $\hat{G}\psi$ 一般不是同一本征态，这是因为，对于 $\hat{F}$ 的本征态 ψ，即

$$\hat{F}\hat{G}\psi\neq\hat{G}\hat{F}\psi=\hat{G}F'\psi=F'\hat{G}\psi \tag{5-17}$$

即 $\hat{G}\psi$ 不是 $\hat{F}$ 的本征态。但 ψ 是 $\hat{F}$ 的本征态，故 ψ 与 $\hat{G}\psi$ 是不同的量子态。但它们是 $\hat{H}$ 的同一能级的态，故能级简并。

下面还可证明，此时至少有些能级是简并的。

证明：(用反证法)设

$$\hat{H}\psi_n=E_n\psi_n \tag{5-18}$$

因为

$$[\hat{F}, \hat{H}]=0 \tag{5-19}$$

可知

$$\hat{H}\hat{F}\psi_n=\hat{F}\hat{H}\psi_n=E_n\hat{F}\psi_n \tag{5-20}$$

即 $\hat{F}\psi_n$ 也是 $\hat{H}$ 的相应于能量为 E_n 的本征态。同理，由于

$$[\hat{G}, \hat{H}]=0 \tag{5-21}$$

故 $\hat{G}\psi_n$ 也是 $\hat{H}$ 的属于能量为 E_n 的本征态，即

$$\hat{H}\hat{G}\psi_n=E_n\hat{G}\psi_n \tag{5-22}$$

设体系的 E_n 能级不简并，则 $\hat{F}\psi_n$、$\hat{G}\psi_n$ 与 ψ_n 为同一量子态（至多相差一常数 c），即

$$\hat{F}\psi_n=F_n\psi_n, \quad \hat{G}\psi_n=G_n\psi_n \tag{5-23}$$

式中，F_n、G_n 为常数。这样有

$$(\hat{F}\hat{G}-\hat{G}\hat{F})\psi_n=(F_nG_n-G_nF_n)\psi_n=0 \tag{5-24}$$

设 ψ 为体系的任一量子态，按态的叠加原理得

$$\psi=\sum_n a_n\psi_n \tag{5-25}$$

又设所有能级都不简并，则

$$(\hat{F}\hat{G}-\hat{G}\hat{F})\psi=\sum_n a_n(\hat{F}\hat{G}-\hat{G}\hat{F})\psi_n=0 \tag{5-26}$$

由于设 ψ 为任意，则 $[\hat{F}, \hat{G}]=0$，即 $\hat{F}$ 和 $\hat{G}$ 对易，与题设矛盾。所以，不可能所有能级

都不简并，即至少有一些能级是简并的。一般来说能级是简并的(不简并的只是个别能级)。

推论：若体系有一守恒量 $\hat{F}$，而体系的某个能级不简并(即相应于能量 E 只有一个本征态 ψ_E)，则 ψ_E必为 $\hat{F}$ 的本征态，即非简并本征态必为某一守恒量的本征态，用公式表示为

$$\hat{F}\psi_E = F'\psi_E \tag{5-27}$$

证明：因为 $\hat{F}$ 为体系的一个守恒量，则

$$\hat{H}\hat{F}\psi_E = \hat{F}\hat{H}\psi_E = E\hat{F}\psi_E \tag{5-28}$$

可见，$\hat{F}\psi_E$与 ψ_E均为 $\hat{H}$ 的属于同一能量的本征态。但能级 E 不简并，所以 $\hat{F}\psi_E = F'\psi_E$，即 ψ_E必为 $\hat{F}$ 的本征态。

例如，一维谐振子势 $V(x)=\frac{1}{2}m\omega^2x^2$ 中的粒子能级是不简并的，而空间反射算符 $\hat{P}$ 为守恒量(因为不含时，且容易证明 $[\hat{P}, \hat{H}]=0$)，所以能量本征态必为 $\hat{P}$ 的本征态，即能量本征态必有确定的宇称，其宇称就是宇称算符$\hat{P}$的本征值，即

$$\hat{P}\psi_n(x) = \psi_n(-x) = (-1)^n\psi_n(x) \tag{5-29}$$

即宇称为$(-1)^n$。n 为偶数时，相应于偶宇称态；n 为奇数时，相应于奇宇称态。

5.3 守恒量与对称性的关系

物理学中存在两类不同性质的对称性，一类是某个系统或某件具体事物的对称性，常见的有转动对称、镜像对称、时间对称、空间对称、点对称、轴对称等；另一类是物理规律的对称性。我们知道，物体运动的基本规律是不因时因地而异的，也就是说，无论我们在什么时间、在哪一个地点进行物理实验，所得的基本物理规律有相同的形式。否则，这些物理规律就是不可重复的，就不是客观的普遍的科学规律了。这说明物体的运动规律对于时间的平移、空间的平移具有不变性。物理学认为，某规律在某种变换之后，若仍能保持不变，就称为具有对称性，而这种变换称为一种**对称变换**。例如，质点的运动方程在经过从一个坐标系平移为一个新坐标系的变换之后，仍保持原来的形式不变，就说质点的运动方程关于坐标系的平移变换具有对称性。

实际上，物理规律若具有空间平移变换对称性，则表明空间没有绝对的原点，可以任意选择空间的一点作为坐标原点。同样，物理规律若具有时间平移变换对称性，则表明时间也不存在绝对的原点。进一步，如果运动定律在某一变换下具有不变性，必相应存在一条守恒定律。也就是说，物理定律的一种对称性，对应地存在一条守恒定律。例如，运动定律的空间平移对称性导致动量守恒定律，时间平移对称性导致能量守恒定律，空间旋转对称性(空间各向同性)导致角动量守恒定律。

在分立变换下，其变换可能是幺正变换和也可能是反幺正变换，空间反演不变性是幺正变换，对应宇称守恒。但对于时间反演变换，由于它的反线性性质，而不存在相应的守恒量。现在讨论连续变换下的不变性，因其有限的变换总可以通过一系列无穷小的连续变换实现，因此只需讨论无穷小的连续变换即可。

5.3.1 对称性与守恒量

设体系的状态用 ψ 描述，则薛定谔方程为

$$i\hbar\frac{\partial}{\partial t}\psi=\hat{H}\psi \tag{5-30}$$

作某种线性变换 $\hat{U}$，其中 $\hat{U}$ 不依赖于时间，存在逆变换 $\hat{U}^{-1}$，$\psi'=\hat{U}\psi$。

如果 $[\hat{U},\hat{H}]=0$，即系统的哈密顿量在变换 $\hat{U}$ 下保持不变，那么有

$$i\hbar\frac{\partial}{\partial t}\psi'=\hat{H}\psi' \tag{5-31}$$

由概率守恒条件，即

$$(\psi',\psi')=(\hat{U}\psi,\hat{U}\psi)=(\psi,\hat{U}^{+}\hat{U}\psi)=(\psi,\psi) \tag{5-32}$$

得 $U^{+}\hat{U}=\hat{U}\hat{U}^{+}=I$ 即 $\hat{U}$ 为幺正算符。

对于连续变换，考虑无穷小变换，令 $\hat{U}=I+i\varepsilon\hat{F}$，$\varepsilon\to0$，则

$$\hat{U}^{+}\hat{U}=(I-i\varepsilon\hat{F}^{+})(I+i\varepsilon\hat{F})=I+i\varepsilon(\hat{F}-\hat{F}^{+})+o(\varepsilon^{2})=I \tag{5-33}$$

即要求 $\hat{F}=\hat{F}^{+}$，则 $\hat{F}$ 为厄米算符，一般称 $\hat{F}$ 为变换 $\hat{U}$ 的无穷小生成元。它可以用来定义一个与变换 $\hat{U}$ 相联系的可观测量。由于 $[\hat{U},\hat{H}]=0$，得 $[I+i\varepsilon\hat{F},\hat{H}]=0$，即 $[\hat{F},\hat{H}]=0$，观测量 $\hat{F}$ 就是体系的一个守恒量。

5.3.2 时空对称性及其应用

1. 时间平移对称和能量守恒定律

当所研究的体系的哈密顿量 $\hat{H}=\hat{H}(x,y,z)$ 与时间无关时，在无穷小时间平移变换 $t'=t+d\tau(d\tau\ll1)$ 下，根据体系的状态波函数 $\psi(r,t)$ 在时间平移变换 $\hat{U}(d\tau)$ 下的变化规律，可以导出时间平移算符 $\hat{U}(d\tau)$。由

$$\psi(r,t')=\hat{U}(d\tau)\psi(r,t) \tag{5-34}$$

式中

$$\psi(r,t')=\psi(r,t+d\tau) \tag{5-35}$$

利用泰勒级数展开，得

$$\begin{aligned}\psi(r,t')&=\psi(r,t+d\tau)\\&=\psi(r,t)+\frac{\partial}{\partial t}\psi(r,t)d\tau+o(d\tau)^{2}\\&=\psi(r,t)-i\hbar\frac{\partial}{\partial t}\psi(r,t)\left(\frac{i}{\hbar}d\tau\right)+o(d\tau)^{2}\\&=\left(I-\frac{i}{\hbar}d\tau\hat{H}\right)\psi(r,t)+o(d\tau)^{2}\end{aligned} \tag{5-36}$$

显然这里的 $\hat{F}=-\frac{1}{\hbar}\hat{H}$，由于 $[\hat{F},\hat{H}]=0$，则 F 是体系的一个守恒量，实际上在时间平移变换下，体系的能量守恒。

上面讨论了体系作无穷小的时间平移变换，对于有限大小的时间平移可通过连续地作无限多次无穷小平移得到，即

$$\begin{aligned}\hat{U}(\tau)\psi(r,\ t)&=\left(1-\frac{\mathrm{i}}{\hbar}\mathrm{d}\tau\hat{H}\right)\left(1-\frac{\mathrm{i}}{\hbar}\mathrm{d}\tau\hat{H}\right)\cdots\left(1-\frac{\mathrm{i}}{\hbar}\mathrm{d}\tau\hat{H}\right)\psi(r,\ t)\\&=\lim_{n\to\infty}\left(1-\frac{\mathrm{i}}{\hbar}\frac{\tau}{n}\hat{H}\right)^n\psi(r,\ t)\\&=\mathrm{e}^{-\frac{\mathrm{i}}{\hbar}\tau\hat{H}}\psi(r,\ t)=\psi(r,\ t+\tau)\end{aligned}\tag{5-37}$$

2. 空间平移对称性和动量守恒定律

自由运动的哈密顿量为

$$\hat{H}=\hat{H}(x,\ y,\ z)=-\frac{\hbar^2}{2m}\left(\frac{\partial^2}{\partial x^2}+\frac{\partial^2}{\partial y^2}+\frac{\partial^2}{\partial z^2}\right)\tag{5-38}$$

显然在作空间平移变换时，哈密顿量不会改变。为简单起见，下面考虑坐标系沿 x 方向作无穷小平移变换，即

$$\boldsymbol{r}'=\boldsymbol{r}-\mathrm{d}\rho\boldsymbol{i}\Rightarrow\begin{cases}x'=x-\mathrm{d}\rho\\y'=y\\z'=z\end{cases}\tag{5-39}$$

与时间平移变换的方法一样，从状态波函数 $\psi(x,\ y,\ z,\ t)$ 在空间平移变换下的变化规律，可导出空间平移算符 $\hat{U}(\mathrm{d}\rho)$。

$$\begin{aligned}\psi(x',\ y',\ z',\ t)&=\psi(x-\mathrm{d}\rho,\ y,\ z,\ t)\\&=\psi(x,\ y,\ z,\ t)-\frac{\partial}{\partial x}\psi(x,\ y,\ z,\ t)\mathrm{d}\rho+o(\mathrm{d}\rho)^2\\&=\psi(x,\ y,\ z,\ t)-\mathrm{i}\hbar\frac{\partial}{\partial x}\psi(x,\ y,\ z,\ t)\frac{-\mathrm{i}}{\hbar}\mathrm{d}\rho+o(\mathrm{d}\rho)^2\\&=\left(I-\frac{\mathrm{i}}{\hbar}\mathrm{d}\rho\hat{p}_x\right)\psi(x,\ y,\ z,\ t)+o(\mathrm{d}\rho)^2\\&=\hat{U}(\mathrm{d}\rho)\psi(x,\ y,\ z,\ t)\end{aligned}\tag{5-40}$$

空间平移算符为

$$\hat{U}(\mathrm{d}\rho)=-\frac{\mathrm{i}}{\hbar}\mathrm{d}\rho\hat{p}_x\tag{5-41}$$

显然这里 $\hat{F}=-\hat{p}_x/\hbar$，由于 $[\hat{F},\ \hat{H}]=[-\hat{p}_x/\hbar,\ \hat{H}]=0$，$\hat{F}$ 是体系的一个守恒量，实际上，在空间平移变换时，体系的动量守恒。

对于有限大小的空间平移可认为通过连续作无限多次无穷小平移而得到，即

$$\hat{U}(\rho)=\mathrm{e}^{-\frac{\mathrm{i}}{\hbar}\rho\hat{p}_x}\tag{5-42}$$

如果体系沿空间任意方向 $\boldsymbol{n}$ 作平移，其空间平移算符为

$$\hat{U}(\rho)=\mathrm{e}^{-\frac{\mathrm{i}}{\hbar}\rho\boldsymbol{n}\cdot\hat{\boldsymbol{p}}}\tag{5-43}$$

对自由粒子而言，其哈密顿沿空间任意方向作平移均保持不变性，所以空间平移不变性导致动量守恒。

3. 空间转动对称性和角动量守恒定律

无论是自由粒子还是在中心力场中的哈密顿在空间旋转变换下都保持不变。为简单起

见，下面考虑绕 z 轴转动 $d\theta$，转动后的坐标为

$$x'=x\cos d\theta+y\sin d\theta$$
$$y'=-x\sin d\theta+y\cos d\theta$$
$$z'=z$$

因为 $d\theta\to 0$，所以

$$x'=x+yd\theta$$
$$y'=-xd\theta+y$$
$$z'=z$$

与空间平移变换的方法一样，从状态波函数 $\psi(x, y, z, t)$ 在空间转动变换下的变化规律，可导出空间转动算符 $\hat{U}_{\vec{e}_z}(d\theta)$，过程如下：

$$\begin{aligned}\psi(x', y', z', t)&=\psi(x+yd\theta, y-xd\theta, z, t)\\&=\psi(x, y, z, t)+yd\theta\frac{\partial}{\partial x}\psi(x, y, z, t)-xd\theta\frac{\partial}{\partial y}\psi(x, y, z, t)+o(d\theta)^2\\&=\left(I+yd\theta\frac{\partial}{\partial x}-xd\theta\frac{\partial}{\partial y}\right)\psi(x, y, z, t)+o(d\theta)^2\\&=\left(I-\frac{id\theta}{\hbar}(-y\hat{p}_x+x\hat{p}_y)\right)\psi(x, y, z, t)+o(d\theta)^2\\&=\left(I-\frac{i}{\hbar}\hat{L}_z d\theta\right)\psi(x, y, z, t)+o(d\theta)^2\\&=\hat{U}_{\vec{e}_z}(d\theta)\psi(x, y, z, t)\end{aligned}\tag{5-44}$$

空间转动算符为

$$\hat{U}_{\vec{e}_z}(d\theta)=e^{-\frac{i}{\hbar}d\theta\hat{L}_z}\tag{5-45}$$

显然这里 $\hat{F}=-\hat{L}_z/\hbar$，由于 $[\hat{F}, \hat{H}]=0$，$\hat{F}$ 是体系的一个守恒量。实际上，在空间转动变换下，体系的角动量守恒。

通过连续作无穷多次无穷小转动可得到有限大小的转动算符为

$$\hat{U}_{\vec{e}_z}(\theta)=e^{-\frac{i}{\hbar}\theta\hat{L}_z}\tag{5-46}$$

绕任意轴 $\boldsymbol{n}$ 转 θ 角的转动算符为

$$\hat{U}_n(\theta)=e^{-\frac{i}{\hbar}\theta\boldsymbol{n}\cdot\hat{\boldsymbol{L}}}\tag{5-47}$$

因此对自由粒子及在中心力场中的哈密顿在空间旋转变换下保持不变，给出角动量守恒。

5.4 全同性原理

5.4.1 全同粒子系统的交换对称性

1. 全同粒子

在量子力学中，人们把固有性质如电荷、质量、磁矩、自旋等内禀属性完全相同的粒子称为**全同粒子**。例如所有的电子是全同粒子，所有的质子是全同粒子，但电子和质子不是全同粒子。全同粒子最重要的特点是：在同样的物理条件下，它们的行为完全相同。因而用一个全同粒子代换另一个粒子，不引起物理状态的变化，故全同粒子在本质上是不可

分辨的。因而不能编号，交换任意两粒子不影响体系的性质。

在经典力学中，用正则坐标和正则动量来描述粒子运动，这对应于粒子轨迹，所以即便考虑的是相同的经典粒子，也可以通过追踪粒子轨迹的方法来区别它们。在量子力学中，粒子的运动状态用波函数表示，根据波函数的统计解释，波函数的模方正比于发现粒子的概率密度。对于全同粒子而言，无法辨别发现的这个粒子到底是哪个粒子。所以如果交换全同粒子体系中任意两个粒子，应当对应相同的物理状态。这就是量子力学中的**全同性原理**。这是量子力学的又一个基本假定。从全同性原理出发，可以推知，由全同粒子组成的体系具有下述性质：

(1) 全同粒子体系的哈密顿算符具有交换对称性。讨论一个由 N 个全同粒子组成的体系，第 i 个粒子的全部变量用 q_i 表示，包括坐标、自旋等，体系的哈密顿算符是 $\hat{H}(q_1, \cdots, q_i, \cdots, q_j, \cdots, q_n, \cdots, t)$，由于全同粒子的不可区分性，将两个粒子 i 和 j 互换，体系的哈密顿算符保持不变，即

$$\hat{H}(q_1, \cdots, q_j, \cdots, q_i, \cdots, q_n, \cdots, t)=\hat{H}(q_1, \cdots, q_i, \cdots, q_j, \cdots, q_n, \cdots, t) \tag{5-48}$$

式(5-48)表示哈密顿算符具有交换不变性。全同粒子体系的薛定谔方程为

$$\begin{aligned} &\mathrm{i}\hbar\frac{\partial\psi(q_1, \cdots, q_i, \cdots, q_j, \cdots, q_n, \cdots, t)}{\partial t} \\ &=\hat{H}(q_1, \cdots, q_i, \cdots, q_j, \cdots, q_n, \cdots, t)\psi(q_1, \cdots, q_i, \cdots, q_j, \cdots, q_n, \cdots, t) \end{aligned} \tag{5-49}$$

(2) 交换算符 $\hat{P}_{ij}$。引入的交换算符 $\hat{P}_{ij}$ 表示将第 i 个粒子和第 j 个粒子相互交换的运算，即

$$\hat{P}_{ij}\psi(q_1, \cdots, q_i, \cdots, q_j, \cdots, q_n, \cdots, t)=\psi(q_1, \cdots, q_j, \cdots, q_i, \cdots, q_n, \cdots, t) \tag{5-50}$$

式中，ψ 为任意波函数。由 $\hat{H}$ 的交换不变性，得

$$\begin{aligned} &\hat{P}_{ij}\hat{H}(q_1, \cdots, q_i, \cdots, q_j, \cdots, q_n, \cdots, t)\psi(q_1, \cdots, q_i, \cdots, q_j, \cdots, q_n, \cdots, t) \\ &=\hat{H}(q_1, \cdots, q_i, \cdots, q_j, \cdots, q_n, \cdots, t)\hat{P}_{ij}\psi(q_1, \cdots, q_i, \cdots, q_j, \cdots, q_n, \cdots, t) \end{aligned} \tag{5-51}$$

$$[\hat{P}_{ij}, \hat{H}]=0$$

交换算符 $\hat{P}_{ij}$ 与 $\hat{H}$ 对易，而 $\hat{P}_{ij}$ 是不显含时间的，故所有的 $\hat{P}_{ij}$ 都是守恒量，并且与 $\hat{H}$ 有共同的本征态。根据全同性原理，交换后的波函数与交换前的波函数，只能相差常数倍。因此有

$$\psi(q_1, \cdots, q_i, \cdots, q_j, \cdots, q_n, \cdots, t)=c\psi(q_1, \cdots, q_i, \cdots, q_j, \cdots, q_n, \cdots, t) \tag{5-52}$$

利用式 (5-50) 和式 (5-20)，有

$$\begin{aligned} \hat{P}_{ij}^2\psi(q_1, \cdots, q_i, \cdots, q_j, \cdots, q_n, \cdots, t) &=\hat{P}_{ij}[\hat{P}_{ij}\psi(q_1, \cdots, q_i, \cdots, q_j, \cdots, q_n, \cdots, t)] \\ &=\hat{P}_{ij}\psi(q_1, \cdots, q_i, \cdots, q_j, \cdots, q_n, \cdots, t) \\ &=\psi(q_1, \cdots, q_i, \cdots, q_j, \cdots, q_n, \cdots, t) \end{aligned}$$

$$=c^2\psi(q_1, \cdots, q_i, \cdots, q_j, \cdots, q_n, \cdots, t) \tag{5-53}$$

所以 $\hat{P}_{ij}^2=1$，$c^2=1$，由此得 $c=\pm1$。

可见，全同粒子波函数满足下列关系之一：

① $\hat{P}_{ij}\psi=+\psi$(交换对称)；

② $\hat{P}_{ij}\psi=-\psi$(交换反对称)。

这是对全同粒子波函数的一个很强的限制，即全同粒子的波函数对两个粒子的交换要么是对称的，要么是反对称的。

(3) 全同粒子体系波函数的对称性不随时间变化而变化。若 $t=0$ 时波函数 $\psi(t=0)$ 是对称波函数 $\psi_s(0)$，则由于 $\hat{H}$ 交换对称，因此 $\hat{H}\psi_s(0)$ 对称，由薛定谔方程可知，$\frac{\partial\psi}{\partial t}$ 也对称。将 $\psi(t)$ 按 t 展开到一级近似为

$$\psi(t)=\psi(0)+\frac{\partial\psi}{\partial t}\Big|_{t=0}\mathrm{d}t \tag{5-54}$$

由式(5-54)得 $\psi(t)$ 交换对称，因为右端两项都是对称波函数。按这样的办法重复论证，可以证明以后任何时刻的波函数都是对称波函数。同理，如果 $\psi(t=0)$ 是反对称波函数 $\psi_A(0)$，则 $\hat{H}\psi_A(0)$ 也是反对称波函数，$\frac{\partial\psi}{\partial t}$ 反对称，$\psi(t)$ 反对称。这就证明了描述全同粒子体系波函数的对称性不随时间的改变而改变。

2. 全同粒子的分类

所有的基本粒子可分为两类：玻色子和费米子。

实验证明，由电子、质子、中子这些自旋为 $\hbar/2$ 的粒子及其他自旋为 $\hbar/2$ 的奇数倍的粒子组成的全同粒子体系，其波函数是反对称的。这些自旋为 $\hbar/2$ 奇数倍的粒子称为费米子。在量子统计中，由费米子组成的体系服从**费米-狄拉克统计**。由光子($s=1$)，π 介子($s=0$)等自旋为 $\hbar$ 的整数倍的粒子组成的全同粒子体系，其波函数是对称的。这些自旋为 $\hbar$ 整数倍的粒子称为玻色子。在量子统计中，由玻色子组成的体系服从**玻色-爱因斯坦统计**。对于由基本粒子组成复合粒子，视其总自旋而定，奇数个费米子组成的粒子仍为费米子，由偶数个费米子或玻色子组成的粒子均为玻色子。

5.4.2 全同粒子系统的波函数构造

在忽略粒子间相互作用的情况下，完全对称和反对称波函数可通过单粒子态基矢乘积形式构造出来；若有相互作用，则可按无相互作用基矢进行展开。

下面分别以两全同粒子体系和 N 全同粒子体系为例来进行说明。

1. 两个全同粒子组成的体系

先讨论由两个全同粒子组成的体系。在不考虑粒子间相互作用的条件下，两粒子体系的哈密顿算符可表示为

$$\hat{H}=\hat{h}(q_1)+\hat{h}(q_2) \tag{5-55}$$

因 q_1 和 q_2 交换时 $\hat{H}$ 不变，故 $[P_{12}, \hat{H}]=0$。

设 $\hat{h}(q)$的单粒子本征态为 $\varphi_k(q)$，本征能量为 ε_k，则有

$$\hat{h}(q)\varphi_k(q)=\varepsilon_k\varphi_k(q) \tag{5-56}$$

式中，k 为力学量(包含 $\hat{H}$)的一组完备量子数。

设一个粒子处在 φ_{k_1} 态，另一个粒子处在 φ_{k_2} 态，则它们组成的双粒子态 $\varphi_{k_1}(q_1)\varphi_{k_2}(q_2)$、$\varphi_{k_1}(q_2)\varphi_{k_2}(q_1)$对应的能量都是 $\varepsilon_{k_1}+\varepsilon_{k_2}$，这说明如果将第一个粒子和第二个粒子互换，体系的能量对应同一个能量本征值 E，体系存在交换简并。按照全同粒子波函数的特点，必须满足交换对称，但任意两粒子态的乘积不一定满足这种交换对称，如若 $k_1\neq k_2$，则 $\varphi_{k_1}(q_1)\varphi_{k_2}(q_2)$与 $\varphi_{k_1}(q_2)\varphi_{k_2}(q_1)$不满足交换对称。

下面根据不同体系来构造满足交换对称的波函数。

(1) 对玻色子，波函数满足交换对称，分如下两种情况：

① $k_1\neq k_2$(量子态不同)。此时归一化波函数可表示为

$$\begin{aligned}\psi^{S}_{k_1k_2}(q_1,q_2)&=\frac{1}{\sqrt{2}}[\varphi_{k_1}(q_1)\varphi_{k_2}(q_2)+\varphi_{k_1}(q_2)\varphi_{k_2}(q_1)]\\&=\frac{1}{\sqrt{2}}(1+\hat{P}_{12})\varphi_{k_1}(q_1)\varphi_{k_2}(q_2)\end{aligned} \tag{5-57}$$

式中：$\frac{1}{\sqrt{2}}$为归一化因子；$\hat{P}_{12}$为交换算符。

② $k_1=k_2$(量子态相同)。此时归一化波函数可表示为

$$\psi^{S}_{kk}(q_1,q_2)=\varphi_k(q_1)\varphi_k(q_2) \tag{5-58}$$

这是自然的结果。以上两种情况所构造的波函数都是交换对称的。

(2) 对费米子，交换满足反对称，归一化波函数可表示为

$$\begin{aligned}\psi^{A}_{k_1k_2}(q_1,q_2)&=\frac{1}{\sqrt{2}}[\varphi_{k_1}(q_1)\varphi_{k_2}(q_2)-\varphi_{k_1}(q_2)\varphi_{k_2}(q_1)]\\&=\frac{1}{\sqrt{2}}\begin{vmatrix}\varphi_{k_1}(q_1) & \varphi_{k_1}(q_2)\\ \varphi_{k_2}(q_1) & \varphi_{k_2}(q_2)\end{vmatrix}\\&=\frac{1}{\sqrt{2}}(1-\hat{P}_{12})\varphi_{k_1}(q_1)\varphi_{k_2}(q_2)\end{aligned} \tag{5-59}$$

由式(5-59)可知，若 $k_1=k_2$，则 $\psi^{A}_{kk}=0$(即这样的态不存在)，这可导出泡利不相容原理：在全同费米子体系中，不可能有两个或两个以上的粒子处于同一个单粒子态中(包括坐标、自旋量子数完全相同)。

2. N 个全同粒子组成的体系

上述结果可以推广到由 N 个全同粒子组成的体系。若粒子间的相互作用可以忽略，则体系的哈密顿算符为

$$\hat{H}=\hat{h}(q_1)+\cdots+\hat{h}(q_N)=\sum_{i=1}^{N}\hat{h}(q_i) \tag{5-60}$$

各个单粒子的薛定谔方程为

$$\hat{h}(q_1)\varphi_{k_1}(q_1)=\varepsilon_{k_1}\varphi_{k_1}(q_1)$$

$$\hat{h}(q_2)\varphi_{k_2}(q_2)=\varepsilon_{k_2}\varphi_{k_2}(q_2)$$

$$\vdots$$

$$\hat{h}(q_N)\varphi_{k_N}(q_N)=\varepsilon_{k_N}\varphi_{k_N}(q_N) \tag{5-61}$$

体系的薛定谔方程为

$$\hat{H}\varphi(q_1, \cdots, q_N)=E\varphi(q_1, \cdots, q_N) \tag{5-62}$$

体系的能级和波函数为

$$E=\sum_{i=1}^{N}\varepsilon_{k_i} \tag{5-63}$$

$$\psi(q_1, \cdots, q_N)=\varphi_{k_1}(q_1)\varphi_{k_2}(q_2)\cdots\varphi_{k_N}(q_N) \tag{5-64}$$

1) N个全同玻色子体系

对于由N个全同玻色子组成的体系，波函数是对称的，需将式(5-64)作对称化。对称化后的波函数为

$$\psi^{S}_{k_1,k_2,\cdots,k_N}=C\sum\hat{P}\varphi_{k_1}(q_1)\varphi_{k_2}(q_2)\cdots\varphi_{k_N}(q_N) \tag{5-65}$$

上式表示N个粒子在波函数中的某一种排列，C为归一常数。由于不受泡利原理的限制，可以有任意数目的粒子处于同一状态。设有n_i个玻色子处在k_i态上($i=1, 2, \cdots, N$)，$\sum_i n_i=N$。这些n_i中有的为0，有的大于1，$\hat{P}$是指那些只对处于不同单粒子态上的粒子进行对换而构成的置换，如可以有n_1个粒子处于k_1态，n_2个粒子处于k_2态，…，这种置换共有$N!/\prod_i n_i$，因此，归一常数$C=\sqrt{\prod_i n_i!/N!}$，所以N个粒子波函数可写成

$$\psi^{S}_{k_1,k_2,\cdots,k_N}=\sqrt{\prod_i n_i!/N!}\sum_P\hat{P}\varphi_{k_1}(q_1)\varphi_{k_2}(q_2)\cdots\varphi_{k_N}(q_N) \tag{5-66}$$

对于玻色子而言，可以有多个玻色子占据相同的量子态。如果在绝对零度，所有的玻色子都将占据最低能态，这种现象被称为玻色-爱因斯坦凝聚(Bose-Einstein Condensate)。1995年，美国科罗拉多大学的Wieman小组使用激光冷却技术在热力学温度为2×10^{-8}K下观察到了^{87}Rb原子的玻色-爱因斯坦凝聚，该研究成果获得了2001年的诺贝尔物理奖。玻色-爱因斯坦凝聚即可发生在动量空间、也可发生在实空间。如发生在实空间，大量玻色子(实验中是碱金属原子)将占据空间相同位置，这在经典物理学中是不可思议的。

2) N个全同费米子体系

对于由N个全同费米子组成的体系，波函数是反对称的，设N个全同费米子体系处于不同的单粒子态φ_{k_1}，φ_{k_2}，…，φ_{k_N}，其中，k_1，k_2，…，k_N表示量子数集，即不仅能表示动量，还可能同时表示其他量子数，如自旋量子数等。则

$$\psi^{A}_{k_1,k_2,\cdots,k_N}(q_1, q_2, \cdots, q_N)=\frac{1}{\sqrt{N!}}\begin{vmatrix}\varphi_{k_1}(q_1) & \varphi_{k_1}(q_2) & \cdots & \varphi_{k_1}(q_N)\\ \varphi_{k_2}(q_1) & \varphi_{k_2}(q_2) & \cdots & \varphi_{k_2}(q_N)\\ \vdots & \vdots & \vdots & \vdots\\ \varphi_{k_N}(q_1) & \varphi_{k_N}(q_2) & \cdots & \varphi_{k_N}(q_N)\end{vmatrix} \tag{5-67}$$

式(5-67)称为斯莱特(Slater)行列式。容易看出，斯莱特行列式是反对称的，因为任何两个粒子的交换相当于行列式中两列之间的交换，行列式必然反号。

特别重要的是，如果有两个或两个以上的粒子的状态相同，则由于行列式中有两行或两行以上相同，这个行列式必为零。这表示不能有两个或两个以上的全同费米子处在同一

个状态，这个结果称为泡利不相容原理。

严格来说，泡利不相容原理不是什么新的原理，它只不过是粒子全同性原理，即全同费米子体系具有交换反对称性的必然推论。全同性原理的含义比泡利原理广泛得多，因为它不仅适用于费米子，而且适用于玻色子。另外，还应该补充说明的是，如果粒子之间存在相互作用，我们虽然不能把体系波函数写成单粒子波函数的形式进行对称化或反对称化，但不等于不可以对称化或反对称化。事实上，总可以先找出 $\psi(q_1, \cdots, q_N)$，然后互换波函数 ψ 中的粒子坐标，来进行对称化或反对称化。例如，对二粒子体系，总可将波函数分别写成对称或反对称的波函数，即

$$\psi_S=\frac{1}{\sqrt{2}}[\psi(q_1, q_2)+\psi(q_2, q_1)] \tag{5-68}$$

和

$$\psi_A=\frac{1}{\sqrt{2}}[\psi(q_1, q_2)-\psi(q_2, q_1)] \tag{5-69}$$

当然，如果粒子只定域在空间的某一区域，描述粒子的波函数在空间上是分开的，不重叠，那么全同粒子的不可区分性就不重要了。因为可以通过在空间中分别在不同区域的波函数来区分粒子。这时，不必对波函数进行对称化或反对称化。

小　结

1. 守恒量是指力学量 A 不显含时间 t，并且与哈密顿算符对易 $[\hat{A}, \hat{H}]=0$，则力学量 A 是守恒量。守恒量有两个重要性质：①平均值不随时间变化；②测量值的概率分布不随时间变化。

2. 能级简并与守恒量的关系：如果体系有两个彼此不对易的守恒量 F 和 G，即 $[\hat{F}, \hat{H}]=0$，$[\hat{G}, \hat{H}]=0$，但 $[\hat{F}, \hat{H}]\neq 0$，则体系的能级一般是简并的。

3. 守恒量与对称性的关系。所谓对称性，是指体系的哈密顿量在某种变换下保持不变。这些变换，一般可分为连续变换、分立变换和对于内禀参量的变换。在连续变换下，每一种变换不变性，都对应一种守恒律，这意味着存在某种不可观察量。例如，时间平移不变性，对应于能量守恒，意味着时间原点不可观测；空间平移不变性，对应动量守恒，意味着空间的绝对位置不可观测；空间旋转不变性，对应角动量守恒，意味着空间的绝对方向不可观测。

4. 全同性原理。把内禀属性(如质量、电荷、磁矩、自旋等)完全相同的粒子称为全同粒子。凡自旋为$\hbar$整数倍的粒子，在统计方法上遵守玻色-爱因斯坦统计，称为玻色子。凡自旋为$\hbar/2$ 的半奇数倍的粒子，遵从费米-狄拉克统计，称为费米子。

全同粒子体系的状态不因粒子的交换而改变，在量子力学中称为全同性原理。全同粒子的波函数对两个粒子的交换要么是对称的(玻色子)，要么是反对称的(费米子)。根据全同性原理对费米子体系波函数的反对称性要求就得到**泡利不相容原理**，即全同费米子体系中，不可能有两个粒子占据完全相同的量子态。

习题

1. 证明力学量 $\hat{A}$(不显含 t)的平均值对时间的二次微商为

$$\hbar^2 \frac{d^2}{dt^2}\overline{A} = -\overline{[[\hat{A}, \hat{H}], \hat{H}]}$$

式中，$\hat{H}$ 为哈密顿量。

2. 证明，对于一维波包有下式成立：

$$\frac{d}{dt}\overline{x^2} = \frac{1}{\mu}(\overline{xp_x} + \overline{p_x x})$$

3. 写出三个分别处于不同单粒子态的 ψ_{p1}、ψ_{p2}、ψ_{p3} 的全同玻色子构成的体系的归一化波函数。

4. 写出三个分别处于不同单粒子态 ψ_{p1}、ψ_{p2}、ψ_{p3} 的全同费米子构成的体系的归一化波函数。

5. 考虑由两个全同粒子构成的体系，设可能的单粒子态为 ϕ_1，ϕ_2，ϕ_3。分别求在下列三种情况下体系的可能态的数目。

(1) 粒子为玻色子；

(2) 粒子为费米子；

(3) 粒子为经典粒子。

第6章

中心力场

本章教学要点

知识要点	掌握程度	相关知识
中心力场中的两体问题	熟悉两体问题化为单体问题的方法； 了解中心力场中薛定谔方程的形式，熟悉球坐标系下的哈密顿量的表示	质心坐标与相对坐标； 分离变量法
氢原子与类氢离子的量子力学理论	知道氢原子和类氢离子的径向方程，了解其求解方法； 掌握氢原子和类氢离子的能级公式和特点； 掌握氢原子波函数中的几个量子数和能级简并度	级数及其收敛性； 特殊函数

导读材料

在当今世界开发新能源迫在眉睫，原因是目前所用的能源如石油、天然气、煤，均属不可再生资源，地球上存量有限，而人类生存又时刻离不开能源，所以必须寻找新的能源。随着石化燃料耗量的日益增加，其储量日益减少，终有一天这些资源会枯竭，这就迫切需要寻找一种不依赖石化燃料的、储量丰富的、新的含能体能源。氢正是在常规能源危机的出现和开发新的二次能源的同时，人们期待的新的二次能源。氢位于元素周期表之首，氢原子是最简单的原子。常温常压下氢为气态，超低温高压下为液态，在低温超高压(数百万吉帕)下可能形成金属氢。

时至今日，氢能的利用已有长足进步。自从1965年美国开始研制液氢发动机以来，又相继研制成功了各种类型的喷气式和火箭式发动机。美国的航天飞机已成功使用液氢作为燃料。我国长征2号、3号也使用液氢作为燃料。利用液氢代替柴油，用于铁路机车或一般汽车的研制也十分活跃。氢汽车靠氢燃料、氢燃料电池运行也是沟通电力系统和氢能体系的重要手段。

氢燃料电池汽车

氢燃料电池技术，一直被认为是利用氢能，解决未来人类能源危机的终极方案。上海一直是中国氢燃料电池研发和应用的重要基地，包括上海汽车工业(集团)总公司、上海神力科技有限公司、同济大学等企业和高校，也一直在从事研发氢燃料电池和氢能车辆。随着中国经济的快速发展，汽车工业已经成为中国的支柱产业之一。2007年中国已成为世界第三大汽车生产国和第二大汽车市场。与此同时，汽车燃油消耗也达到8000万吨，约占中国石油总需求量的1/4。在能源供应日益紧张的今天，发展新能源汽车已迫在眉睫。用氢能作为汽车的燃料无疑是最佳选择。

尽管氢燃料及其应用技术研究取得了丰硕的成果，但是，仍然还有很多实用的技术有待开发，如低成本的制氢技术、安全的储氢技术、可靠耐用的固体燃料电池制造技术等。

自然界中氢以氕(^{1}H)、氘(^{2}H或D)和氚(^{3}H或T)三种同位素的形式存在，相对丰度分别为99.985%，0.015%，10^{-15}%，其中氚具放射性，半衰期为12.323年。此外，还有氢同位素^{4}H、^{5}H、^{6}H和^{7}H，但都是不稳定的人工核素。D和T是聚变核反应的主要燃料，科学家们长期以来一直在努力探索和研究可控热核聚变技术，为人类寻求新的清洁能源——聚变能。

氢原子是由一个质子和一个电子组成的两体体系，它们之间依靠库仑力结合在一起。量子力学能否成功地解决这一最简单的实际原子问题，是检验其理论是否正确的关键，也是量子力学发展的基础，物理理论的突破更是一场深刻的科学与技术革命。虽然氢原子是最简单的，但从应用的角度来看，氢能源是一种绿色能源，符合低碳经济的发展要求，有待于人们去开发和利用，因此深入研究氢也是极其重要的。

6.1 中心力场中的两体问题

中心力场是指其势能函数只与r有关，而与θ、φ无关，这样的场具有中心对称性。从第5章中我们知道，如果体系具有某种对称性，必然有若干力学量是守恒量，体系的定态解由这些守恒量的共同本征函数系组成。在中心力场中，$\hat{H}$，$\hat{\boldsymbol{l}}^2$，$\hat{l}_z$是一组相互对易的力学量完全集(这里不考虑粒子的自旋)，在前面已经证明过$\hat{\boldsymbol{l}}^2$和$\hat{l}_z$有共同的本征函数$Y_{lm}(\theta, \varphi)$，在中心力场中的本征函数必然除包含$Y_{lm}(\theta, \varphi)$外，还有与r有关的本征函数$\phi(r)$。

6.1.1 两体问题

到目前为止，我们处理的都是一个质点的运动，但元素周期表中，最简单的氢原子也包含原子核(一个质子)及一个核外电子，是个两体问题。它们的运动可以看作由两种运动所组成，一是氢原子整体即氢原子质心的平动，二是核外电子的相对于原子核的运动。它的定态薛定谔方程为

$$\left[-\frac{\hbar^2}{2m_1}\nabla_1^2-\frac{\hbar^2}{2m_2}\nabla_2^2+U(|\boldsymbol{r}_1-\boldsymbol{r}_2|)\right]\psi(r_1, r_2)=E_t\psi(r_1, r_2) \tag{6-1}$$

式中，$U(|\boldsymbol{r}_1-\boldsymbol{r}_2|)$为库仑势；$E_t$为氢原子体系的总能量。与普通物理中处理两体碰撞问题类似，引入相对坐标$\boldsymbol{r}$和质心坐标$\boldsymbol{R}$，令

$$\begin{aligned}\boldsymbol{r}&=\boldsymbol{r}_1-\boldsymbol{r}_2\\ \boldsymbol{R}&=\frac{m_1\boldsymbol{r}_1+m_2\boldsymbol{r}_2}{m_1+m_2}\end{aligned} \tag{6-2}$$

及$M=m_1+m_2$表示氢原子的总质量，$m=\dfrac{m_1m_2}{m_1+m_2}$表示折合质量，其中$\boldsymbol{r}$及$\boldsymbol{R}$的三个分量分别为$(x, y, z)$及$(X, Y, Z)$，把对两个粒子坐标的微商变换成对相对坐标和质心坐标微商的变换为

$$\frac{\partial}{\partial x_1}=\frac{\partial}{\partial X}\frac{\partial X}{\partial x_1}+\frac{\partial}{\partial x}\frac{\partial x}{\partial x_1}=\frac{m_1}{M}\frac{\partial}{\partial X}+\frac{\partial}{\partial x}$$

$$\frac{\partial^2}{\partial x_1^2}=\left(\frac{m_1}{M}\frac{\partial}{\partial X}+\frac{\partial}{\partial x}\right)\left(\frac{m_1}{M}\frac{\partial}{\partial X}+\frac{\partial}{\partial x}\right)=\frac{m_1^{\ 2}}{M^2}\frac{\partial^2}{\partial X^2}+\frac{2m_1}{M}\frac{\partial^2}{\partial X\partial x}+\frac{\partial^2}{\partial x^2}$$

类似地可得

$$\frac{\partial^2}{\partial x_2^2}=\frac{m_2^{\ 2}}{M^2}\frac{\partial^2}{\partial X^2}-\frac{2m_2}{M}\frac{\partial^2}{\partial X\partial x}+\frac{\partial^2}{\partial x^2}$$

以及$\dfrac{\partial^2}{\partial y_1^2}$，$\dfrac{\partial^2}{\partial y_2^2}$，$\dfrac{\partial^2}{\partial z_1^2}$，$\dfrac{\partial^2}{\partial z_2^2}$的变换式(请读者自己推导)，由此得

$$\frac{1}{m_1}\nabla_1^2=\frac{m_1}{M^2}\nabla_R^2+\frac{2}{M}\left(\frac{\partial^2}{\partial X\partial x}+\frac{\partial^2}{\partial Y\partial y}+\frac{\partial^2}{\partial Z\partial z}\right)+\frac{1}{m_1}\nabla^2$$

$$\frac{1}{m_2}\nabla_2^2=\frac{m_2}{M^2}\nabla_R^2-\frac{2}{M}\left(\frac{\partial^2}{\partial X\partial x}+\frac{\partial^2}{\partial Y\partial y}+\frac{\partial^2}{\partial Z\partial z}\right)+\frac{1}{m_2}\nabla^2$$

将上面两式相加后得

$$\frac{1}{m_1}\nabla_1^2+\frac{1}{m_2}\nabla_2^2=\frac{1}{M}\nabla_R^2+\frac{1}{m}\nabla^2 \tag{6-3}$$

将式(6-3)代入式(6-1)后，得到以相对坐标和质心坐标表示的薛定谔方程为

$$\left[-\frac{\hbar^2}{2M}\nabla_R^2-\frac{\hbar^2}{2m}\nabla^2+U(r)\right]\psi(r,R)=E_t\psi(r,R) \tag{6-4}$$

由式(6-4)式可知，哈密顿量 $\hat{H}$ 被分成相互不关联的两项之和 $\hat{H}=\hat{H}_R+\hat{H}_r$，式中，$\hat{H}_R=-\frac{\hbar^2}{2M}\nabla_R^2$表示质心作自由运动，$\hat{H}_r=-\frac{\hbar^2}{2m}\nabla^2+U(r)$表示电子对核的相对运动。

6.1.2 变量分离

假设氢原子的波函数用质心的平动波函数 $\varphi(R)$和电子对核的相对运动的波函数 $\phi(r)$的乘积来表示，即

$$\psi(r,R)=\varphi(R)\phi(r) \tag{6-5}$$

于是两体系统的定态薛定谔方程为

$$\begin{aligned}\hat{H}_R\varphi(R)\phi(r)+\hat{H}_r\varphi(R)\phi(r)&=\phi(r)\hat{H}_R\varphi(R)+\varphi(R)\hat{H}_r\phi(r)\\&=E_t\varphi(R)\phi(r)\end{aligned}$$

即

$$\hat{H}_R\varphi(R)\phi(r)=(E_t-\hat{H}_r)\varphi(R)\phi(r)$$

将等式两边同时除以 $\varphi(R)\phi(r)$，得

$$\frac{1}{\varphi(R)}\hat{H}_R\varphi(R)=\frac{1}{\phi(r)}(E_t-\hat{H}_r)\phi(r)$$

上式已把质心坐标和相对坐标分离开，等式成立的条件是必须等于同一个常数，由量纲分析应为能量的量纲，故设为 E_c。于是得到以下两个独立的方程：

$$-\frac{\hbar^2}{2M}\nabla_R^2\varphi(R)=E_c\varphi(R) \tag{6-6}$$

$$\left[-\frac{\hbar^2}{2m}\nabla^2+U(r)\right]\phi(r)=E\phi(r) \tag{6-7}$$

式中，$E_t=E_c+E$ 为体系的总能量。质心运动相当于质量为 M 的自由粒子的运动，$\varphi(R)$是平面波，相应的能量为 E_c。由式(6-7)可看出，相对坐标部分的运动相当于一个质量为折合质量 m 的粒子，在势场 $U(r)$中运动。因此对于一个两体问题，关键是求解相对运动的方程式(6-7)。特别是氢原子核的质量 m_N 远大于核外电子的质量 m_e，质心的位置就在核上，近似有 $M\approx m_N$，$m\approx m_e$。下面讨论式(6-7)的求解。

6.1.3 球坐标系下的哈密顿算符

由于中心对称性，在球坐标里面求解式(6-7)比较方便。在球坐标系下，式(6-7)的哈密顿算符为

$$\hat{H}_r = -\frac{\hbar^2}{2mr^2}\frac{\partial}{\partial r}\left(r^2\frac{\partial}{\partial r}\right)+\frac{\hat{\boldsymbol{l}}^2}{2mr^2}+U(r)$$

$$= -\frac{\hat{p}_r^2}{2mr^2}+\frac{\hat{\boldsymbol{l}}^2}{2mr^2}+U(r) \tag{6-8}$$

式(6-8)表明量子力学中动能算符分成了径向(动能与势能)部分及与角动量平方算符 $\hat{\boldsymbol{l}}^2$ 有关的离心势能，其中

$$\hat{\boldsymbol{l}}^2 = -\hbar^2\left[\frac{1}{\sin\theta}\frac{\partial}{\partial\theta}\left(\sin\theta\frac{\partial}{\partial\theta}\right)+\frac{1}{\sin^2\theta}\frac{\partial^2}{\partial\varphi^2}\right] \tag{6-9}$$

因此可将相对运动的波函数 $\phi(r)$ 为分离变量的形式表示成径向部分与角度部分的乘积，即

$$\phi(r)=\phi(r,\ \theta,\ \varphi)=R(r)\mathrm{Y}_{lm}(\theta,\ \varphi) \tag{6-10}$$

式中，$\mathrm{Y}_{lm}(\theta,\ \varphi)$为式(6-9)的本征函数。角度部分的波函数已经知道了，因此，以后的工作仅需求出径向波函数 $R(r)$即可。

6.2 氢原子与类氢离子的量子力学理论

6.2.1 径向方程的解

现在讨论库仑场中径向部分的薛定谔方程。对于氢原子与类氢离子取势场为吸引库仑势，即

$$U(r)=-\frac{Ze^2}{r} \tag{6-11}$$

由式(6-7)得径向部分的方程为

$$\frac{1}{r^2}\frac{\mathrm{d}}{\mathrm{d}r}\left(r^2\frac{\mathrm{d}R(r)}{\mathrm{d}r}\right)+\left[\frac{2m}{\hbar^2}\left(E+\frac{Ze^2}{r}\right)-\frac{l(l+1)}{r^2}\right]R(r)=0 \tag{6-12}$$

由此可见，粒子在中心力场中运动的能量完全由径向方程决定。下面作函数替换，即

$$R(r)=\frac{\chi(r)}{r} \tag{6-13}$$

并注意到$\frac{1}{r^2}\frac{\mathrm{d}}{\mathrm{d}r}\left(r^2\frac{\mathrm{d}R(r)}{\mathrm{d}r}\right)=\frac{1}{r}\frac{\mathrm{d}^2\chi}{\mathrm{d}r^2}$，得到关于 $\chi(r)$所满足的方程为

$$\frac{\mathrm{d}^2\chi}{\mathrm{d}r^2}+\left[\frac{2m}{\hbar^2}\left(E+\frac{Ze^2}{r}\right)-\frac{l(l+1)}{r^2}\right]\chi=0 \tag{6-14}$$

为了方便，将 E，Z 换成α，β来表示为

$$\alpha=\left(-\frac{8mE}{\hbar^2}\right)^{\frac{1}{2}},\quad \beta=\frac{2mZe^2}{\alpha\hbar^2} \tag{6-15}$$

因为人们关心的是 $E<0$ 的束缚态，为使 α，β都是实数，所以 α 表达式中的被开方数前加上了负号。这样得

$$\frac{d^2\chi}{dr^2}+\left[-\frac{\alpha^2}{4}+\frac{\beta\alpha}{r}-\frac{l(l+1)}{r^2}\right]\chi=0 \tag{6-16}$$

为进一步简化，再作自变量的变换，即

$$\rho=\alpha r \tag{6-17}$$

得

$$\frac{d^2\chi}{d\rho^2}+\left[-\frac{1}{4}+\frac{\beta}{\rho}-\frac{l(l+1)}{\rho^2}\right]\chi=0 \tag{6-18}$$

先来讨论渐进方程，当 $\rho\to\infty$，式(6-18)就趋近于式(6-19)

$$\frac{d^2\chi}{d\rho^2}-\frac{1}{4}\chi=0 \tag{6-19}$$

渐进解为

$$\chi(\rho)=e^{\pm\frac{\rho}{2}} \tag{6-20}$$

式中，只有 $\chi(\rho)=e^{-\frac{\rho}{2}}$ 满足波函数平方可积条件。这启发我们将 $\chi(\rho)$ 写成

$$\chi(\rho)=e^{-\frac{\rho}{2}}f(\rho) \tag{6-21}$$

并代入式(6-18)得到 $f(\rho)$ 满足的微分方程为

$$\frac{d^2f}{d\rho^2}-\frac{df}{d\rho}+\left[\frac{\beta}{\rho}-\frac{l(l+1)}{\rho^2}\right]f=0 \tag{6-22}$$

下面求式(6-22)的级数解。令

$$f(\rho)=\sum_{v}^{\infty}b_v\rho^{s+v},\quad (b_0\neq 0) \tag{6-23}$$

为使 $R(r)=\dfrac{\chi(r)}{r}$ 在 $r=0(\rho=0)$ 时有限，必须使 $s\geqslant 1$，这是因为 $\rho\to 0$ 时，$f(\rho)\to\rho^s$，$R(r)\to\rho^{s-1}$，所以要求 $s\geqslant 1$。

(1) 将式(6-23)代入式(6-22)。首先比较最低次幂 ρ^{s-2} 的系数，就得到 s 的指标方程为

$$s(s-1)=l(l+1) \tag{6-24}$$

即得解

$$s=l+1 \tag{6-25}$$

符合 $s\geqslant 1$ 的条件；而另一解

$$s=-l \tag{6-26}$$

不符合 $s\geqslant 1$ 的条件，应舍去。

(2) 比较一般的幂 ρ^{s+v-1} 的系数。由式(6-22)及 $f(\rho)$ 的表达式(6-23)可知，包含 ρ^{s+v-1} 的项共有四项，它们的系数分别为

$$\frac{d^2}{d\rho^2}[b_{v+1}\rho^{s+v+1}]=(s+v+1)(s+v)b_{v+1}\rho^{s+v-1} \tag{6-27}$$

$$-\frac{d}{d\rho}[b_v\rho^{s+v}]=-(s+v)b_v\rho^{s+v-1} \tag{6-28}$$

$$\frac{\beta}{\rho}[b_v\rho^{s+v}]=\beta b_v\rho^{s+v-1} \tag{6-29}$$

$$\frac{l(l+1)}{\rho^2}[b_{v+1}\rho^{s+v+1}]=l(l+1)b_{v+1}\rho^{s+v-1} \tag{6-30}$$

由 ρ^{s+v-1} 的系数之和为0，得

$$[(s+v+1)(s+v)-l(l+1)]b_{v+1}+[\beta-(s+v)]b_v=0 \tag{6-31}$$

得到系数的递推关系为

$$b_{v+1}=\frac{s+v-\beta}{(s+v+1)(s+v)-l(l+1)}b_v \tag{6-32}$$

(3) 级数截断。因为在 $v\to\infty$ 时，$\frac{b_{v+1}}{b_v}\to\frac{v}{v^2}=\frac{1}{v}$，比较 e^{ρ} 的泰勒级数展开系数，其系数之比也是 $\frac{1}{v}$，即在 $v\to\infty$ 时，$f(\rho)$ 和 e^{ρ} 的行为一致；在 $\rho\to\infty$ 时，$\chi(\rho)=e^{-\frac{\rho}{2}}f(\rho)\to e^{\frac{\rho}{2}}$，显然是发散的，所以级数必须截断才行。假定在 $v=n_r$ 处截断，从式(6-32)知必须有

$$\beta=s+n_r=n_r+l+1 \tag{6-33}$$

式中，$n_r=0，1，2，\cdots$；$l=0，1，2，\cdots$。故 β 必须是正整数。

6.2.2 结果及讨论

定义主量子数 $n=\beta=n_r+l+1$，式中，n_r 为径向量子数；l 为角量子数。n_r 和 l 并不独立，在 n 取定后，$n_r=0，1，2，\cdots，n-1$；$l=n-1，n-2，\cdots，0$；磁量子数 $m=0，\pm1，\cdots，\pm l$，而能级只依赖于 n。所以氢原子能级的简并度为

$$d=\sum_{l=0}^{n-1}(2l+1)=n\frac{[2(n-1)+1]+1}{2}=n^2 \tag{6-34}$$

即对一定的能级(n)共有 n^2 个不同的本征波函数。

另外根据 $n=\beta=\frac{2mZe^2}{\alpha\hbar^2}$，得 $n^2=\frac{4m^2Z^2e^2}{\hbar^4}\frac{1}{\alpha^2}=\frac{4m^2Z^2e^2}{\hbar^4}\left(-\frac{\hbar^2}{8mE_n}\right)$，最后得到能级的表示为

$$E_n=-\frac{mZ^2e^4}{2\hbar^2n^2},\quad n=1，2，3，\cdots \tag{6-35}$$

对于氢原子，$Z=1$。令 $a_0=\frac{\hbar^2}{me^2}=0.529\times10^{-10}\,\mathrm{m}$，此即第一玻尔半径。氢原子电离电势为 $E_1=\frac{me^4}{2\hbar^2}=\frac{e^2}{2a_0}=13.625\,\mathrm{eV}$。现在对氢原子的物理图像和一些主要结果作以下讨论：

(1) 氢原子的束缚态能级 E_n 与 $\left(-\frac{1}{n^2}\right)$ 成正比，因此它与一维谐振子不同，氢原子的能级是不等间距的，能量越大，能级越高，能级间距越小。

(2) 利用氢原子的能级公式可解释氢原子光谱，并给出里德伯常数。电子由能级 E_n 跃迁到 $E_{n'}$ 时辐射出光，它的频率为

$$\nu=\frac{E_{n'}-E_n}{2\pi\hbar}=\frac{me^4}{4\pi\hbar^3}\left(\frac{1}{n^2}-\frac{1}{n'^2}\right) \tag{6-36}$$

由此可见，量子力学比玻尔理论更成功，它可以直接从求解氢原子的薛定谔方程给出氢原子光谱，而无须依赖于玻尔旧量子论中的各种假设。因此，整个理论显得更自然而严密。

(3) 径向分布函数。求对应于主量子数为 n，角量子数为 l 的波函数，利用递推关系得

$$b_{v+1}=\frac{l+1+v-n}{(l+v+2)(l+v+1)-l(l+1)}b_v$$
$$=\frac{l+1+v-n}{(v+1)(v+2l+2)}b_v \tag{6-37}$$

根据式(6-37)将各次幂的系数表示为

$$b_1=-\frac{n-l-1}{1!(2l+2)}b_0 \tag{6-38}$$

$$b_2=(-1)^2\frac{(n-l-1)(n-l-2)}{2!(2l+2)(2l+3)}b_0 \tag{6-39}$$

$$b_{n-l-1}=(-1)^{n-l-1}\frac{(n-l-1)!}{(n-l-1)!(2l+2)\cdots(n+l)} \tag{6-40}$$

因此有

$$f(\rho)=b_0\rho^{l+1}\Big[1-\frac{n-l-1}{1!(2l+2)}\rho+(-1)^2\frac{(n-l-1)(n-l-2)}{2!(2l+2)(2l+3)}\rho^2+\cdots$$
$$+(-1)^{n-l-1}\frac{(n-l-1)!}{(n-l-1)!(2l+2)\cdots(n+l)}\rho^{n-l-1}\Big] \tag{6-41}$$

因数理方程中有缔合拉盖尔多项式，即

$$L_{n+l}^{2l+1}(\rho)=\sum_{v=0}^{n-l-1}(-1)^{v+1}\frac{[(n+l)!]^2\rho^v}{(n-l-1-v)!(2l+1+v)!v!} \tag{6-42}$$

故可将 $f(\rho)$ 用 $L_{n+l}^{2l+1}(\rho)$ 来表示

$$f(\rho)=-b_0\frac{(n-l-1)!(2l+1)!}{[(n+l)!]^2}\rho^{l+1}L_{n+l}^{2l+1}(\rho) \tag{6-43}$$

将 $\rho=\alpha r=\frac{2Z}{na_0}r$ 代入式(6-43)，由式(6-13)得径向波函数为

$$R_{nl}(r)=N_{nl}e^{-\frac{Z}{na_0}r}\left(\frac{2Z}{na_0}r\right)^l L_{n+l}^{2l+1}\left(\frac{2Z}{na_0}r\right)=N_{nl}K_{nl}(r) \tag{6-44}$$

式中，N_{nl} 为归一化系数。

系统的总的波函数为

$$\phi_{nlm}(r,\ \theta,\ \varphi)=R_{nl}(r)Y_{lm}(\theta,\ \varphi) \tag{6-45}$$

在空间一点$(r,\ \theta,\ \varphi)$附近，体积元 $d\tau=r^2 dr\sin\theta d\theta d\varphi$ 内找到处于量子态 ϕ_{nlm} 的电子的概率为

$$w_{nlm}(r,\ \theta,\ \varphi)=|\phi_{nlm}(r,\ \theta,\ \varphi)|^2 r^2 dr\sin\theta d\theta d\varphi \tag{6-46}$$

由波函数的归一化条件得

$$\iiint\phi^*\phi d\tau=\int_0^\infty R_{nl}^2(r)r^2 dr\int_0^\pi\int_0^{2\pi}Y_{lm}^*(\theta,\varphi)Y_{lm}(\theta,\varphi)\sin\theta d\theta d\varphi$$
$$=N_{nl}^2\int_0^\infty K_{nl}^2(r)r^2 dr=1 \tag{6-47}$$

根据缔合拉盖尔多项式的性质积分，由式(6-47)得归一化系数为

$$N_{nl}=\left\{\left(\frac{2Z}{na_0}\right)^3\frac{(n-l-1)!}{2n[(n+l)!]^3}\right\}^{\frac{1}{2}} \tag{6-48}$$

电子出现在半径为 r 到 $r+dr$ 中的概率为

$$w_{nl}(r)\mathrm{d}r=|R_{nl}(r)|^2r^2\mathrm{d}r \tag{6-49}$$

$w_{nl}(r)$为径向概率分布函数。

下面给出最低的几个$R_{nl}(r)$表示式，各式中σ的表达式为

$$\sigma=2Zr/na_0 \tag{6-50}$$

① $n=1$(称为K壳层电子)的径向波函数为

$l=0$，称为1s子壳层

$$R_{10}(r)=(Z/a_0)^{3/2}2\mathrm{e}^{-\sigma/2} \tag{6-51}$$

② $n=2$(称为L壳层电子)的径向波函数为

$l=0$，称为2s子壳层

$$R_{20}(r)=(Z/a_0)^{3/2}\frac{(2-\sigma)}{2\sqrt{2}}\mathrm{e}^{-\sigma/2} \tag{6-52}$$

$l=1$，称为2p子壳层

$$R_{21}(r)=(Z/a_0)^{3/2}\frac{\sigma}{2\sqrt{6}}\mathrm{e}^{-\sigma/2} \tag{6-53}$$

③ $n=3$(称为M壳层电子)的径向波函数为

$l=0$，称为3s子壳层

$$R_{30}(r)=(Z/a_0)^{3/2}\frac{(6-6\sigma+\sigma^2)}{9\sqrt{3}}\mathrm{e}^{-\sigma/2} \tag{6-54}$$

$l=1$，称为3p子壳层

$$R_{31}(r)=(Z/a_0)^{3/2}\frac{(4-4\sigma)\sigma}{9\sqrt{6}}\mathrm{e}^{-\sigma/2} \tag{6-55}$$

$l=2$，称为3d子壳层

$$R_{32}(r)=(Z/a_0)^{3/2}\frac{\sigma^2}{9\sqrt{30}}\mathrm{e}^{-\sigma/2} \tag{6-56}$$

对氢原子，可在上述式子中取$Z=1$而得出相应的$R_{nl}(r)$。

(4) 角分布函数。电子出现在角度为(θ,φ)处立体角$\mathrm{d}\Omega=\sin\theta\mathrm{d}\theta\mathrm{d}\varphi$内的概率分布为

$$\begin{aligned}w_{lm}(\theta,\varphi)\mathrm{d}\Omega&=\int_0^\infty|R_{nl}(r)|^2r^2\mathrm{d}r|\mathrm{Y}_{lm}(\theta,\varphi)|^2\mathrm{d}\Omega\\&=|\mathrm{Y}_{lm}(\theta,\varphi)|^2=N_{lm}^2|\mathrm{P}_l{}^{|m|}\cos\theta|^2\mathrm{d}\Omega\end{aligned} \tag{6-57}$$

例如，对s电子，其概率分布为

$$w_{00}=|\mathrm{Y}_{00}|^2=\frac{1}{4\pi} \tag{6-58}$$

它与θ无关。

对p电子，当$l=1$，$m=0$时概率为

$$w_{10}=|\mathrm{Y}_{10}|^2=\frac{3}{4\pi}\cos^2\theta \tag{6-59}$$

在$\theta=0$处概率最大，$\theta=\pi/2$处概率为0；当取$l=1$，$m=$时概率为±1

$$w_{1,\pm1}=|\mathrm{Y}_{1,\pm1}|^2=\frac{3}{8\pi}\sin^2\theta \tag{6-60}$$

在$\theta=\pi/2$处概率最大，$\theta=0$处概率为0，对z轴具有旋转对称性。

小　　结

1. 氢原子中包含原子核及核外电子，是个两体问题。在质心坐标系中，它们的运动可以看作有两种运动所组成，一是氢原子整体即氢原子的质心的平动，二是氢原子电子的相对运动。利用分离变量法，可以把质心和相对运动分离成如下两个定态薛定谔方程：

$$-\frac{\hbar^2}{2M}\nabla_R^2\phi(R)=E_c\phi(R)$$

$$\left[-\frac{\hbar^2}{2m}\nabla^2+U(r)\right]\phi(r)=E\phi(r)$$

2. 对于氢原子与类氢离子取势场为吸引库仑势 $U(r)=-\frac{Ze^2}{r}$，得径向部分的方程为

$$\frac{1}{r^2}\frac{\mathrm{d}}{\mathrm{d}r}\left(r^2\frac{\mathrm{d}R(r)}{\mathrm{d}r}\right)+\left[\frac{2m}{\hbar^2}\left(E+\frac{Ze^2}{r}\right)-\frac{l(l+1)}{r^2}\right]R(r)=0$$

通过作变换 $R(r)=\frac{\chi(r)}{r}$、无量纲化、截断的级数解等几个步骤，可得波函数为

$$R_{nl}(r)=N_{nl}\mathrm{e}^{-\frac{Z}{na_0}r}\left(\frac{2Z}{na_0}r\right)^l\mathrm{L}_{n+l}^{2l+1}\left(\frac{2Z}{na_0}r\right)=N_{nl}K_{nl}(r)$$

氢原子的能级公式为

$$E_n=-\frac{mZ^2e^4}{2\hbar^2n^2},\quad n=1,2,3,\cdots$$

习　题

1. 氢原子处在基态 $\psi(r,\theta,\varphi)=\frac{1}{\sqrt{\pi a_0^3}}e^{-r/a_0}$ 时，求：

(1) r 的平均值；

(2) 势能 $-\frac{e^2}{r}$ 的平均值；

(3) 最可几半径；

(4) 动能的平均值；

(5) 动量的概率分布函数。

2. 证明氢原子中电子运动所产生的电流密度在球极坐标中的分量为

$$J_{er}=J_{e\theta}=0$$

$$J_{e\varphi}=\frac{e\hbar m}{\mu r\sin\theta}\left|\psi_{nlm}\right|^2$$

3. 由题2可知，氢原子中的电流可以看作是由许多圆周电流组成的(图6.1)。

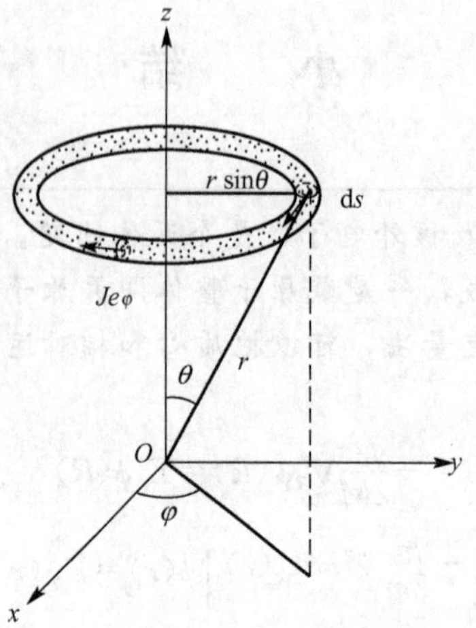

图 6.1　题 3 图

(1) 求一圆周电流的磁矩。

(2) 证明氢原子磁矩为

$$M=M_z=-\frac{me\hbar}{2\mu}$$

原子磁矩与角动量之比为(这个比值称为回转磁比率)

$$\frac{M_z}{l_z}=-\frac{e}{2\mu},$$

4. 证明处于 1s，2p 和 3d 态的氢原子的电子在离原子核的距离分别为 a_0、$4a_0$ 和 $9a_0$ 的球壳内被发现的概率最大(a_0 为第一玻尔轨道半径)。

5. 设氢原子处于状态

$$\psi(r,\ \theta,\ \varphi)=\frac{1}{2}R_{21}(r)Y_{10}(\theta,\ \varphi)-\frac{\sqrt{3}}{2}R_{21}(r)Y_{1-1}(\theta,\ \varphi)$$

求氢原子能量、角动量平方及角动量 Z 分量的可能值，这些可能值出现的概率和这些力学量的平均值。

第7章

电磁场中粒子的运动

本章教学要点

知识要点	掌握程度	相关知识
电磁场中荷电粒子的运动	了解电磁场的描述； 正确理解电磁场中荷电粒子的薛定谔方程； 知道规范不变性	场论与矢量分析
正常塞曼效应	知道正常塞曼效应； 能理解正常塞曼效应的量子力学解释	原子能级的简并与能级分裂
电子在均匀磁场中的运动	知道电子在均匀磁场中运动的经典结果； 能理解电子在均匀磁场中运动的量子力学结果； 知道经典霍尔效应与量子霍尔效应	经典轨道； 朗道能级； 洛仑兹力

导读材料

1980 年，德国物理学家克利钦(K. Von Klitzing，1943—)和他的同事们在 1.5K 的低温和 18T 的强磁场下测量了金属-氧化物-半导体场效应晶体管的霍尔电阻。实验发现，当改变磁场或载流子浓度时，霍尔电压 U_H 与磁感应强度 B 的关系曲线将出现一系列的 U_H 保持恒定值的平台(称为**霍尔平台**)。

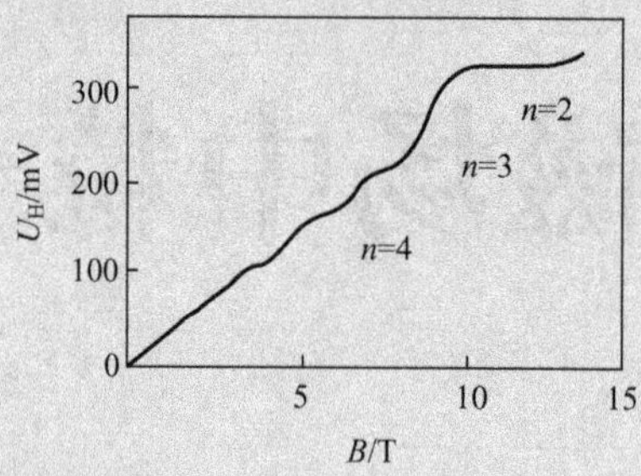

平台的霍尔电阻 $R_H=U_H/I$(I 是流过半导体异质结界面的电流)是量子化的，因此称为**量子霍尔电阻**。出现量子霍尔电阻的数值为

$$R_H=\frac{h}{ne^2}=\frac{R_K}{n}, \quad n=1, 2, 3, \cdots$$

式中，n 为阶数(也是量子数)；R_K 称为**克利钦(Klitzing)常数**。此效应称为**整数量子霍尔效应**。量子霍尔效应与经典霍尔效应的区别在于：霍尔电阻和磁感应强度不再呈线性关系。量子霍尔电阻的值与具体材料无关，仅依赖自然常数 h 和 e。

实验证明，当温度越低和磁感应强度越大时，平台区越宽。R_K 对应于 $n=1$ 的霍尔电阻值，可以测量得十分精确(相对误差为百万分之一)，其值为 $R_K=25812.8\Omega$。

德国物理学家克利钦因发现量子霍尔效应，获得 1985 年度诺贝尔物理学奖。

由于量子霍尔电阻的值仅依赖自然常数 h 和 e，因而量子霍尔电阻为我们提供了一种电阻的自然基准。国际计量委员会下属的电学咨询委员会(CCE)在 1986 年第 17 届会议上决定实行新的电阻基准，采用的 R_K 约定值为

$$R_{H-90}=25812.807\Omega$$

式中，下标“90”表示该基准的生效时间，即 1990 年 1 月 1 日生效。此外，量子霍尔效应实验还可以独立地确定精细结构常数 $\alpha\equiv\frac{e^2}{2hc\varepsilon_0}\approx\frac{1}{137.0360}$，从而验证量子电动力学理论的正确性。

前面已经学习了粒子在中心力场中的运动。例如，氢原子中电子在原子核的库仑引力势中的运动，其相互作用只与粒子的位置有关，可由一标势函数描写，并且氢原子的能级是 n^2 度简并的。本章中，我们先讨论荷电粒子在恒定电磁场中运动的薛定谔方程及规范不变性，然后介绍正常塞曼效应(Zeeman effect)并给出量子力学的解释。

7.1 电磁场中荷电粒子的运动

7.1.1 电磁场中荷电粒子运动的薛定谔方程

设质量为 m，荷电 q 的粒子以速度 v 在电磁场中运动。按经典电动力学理论，在静电单位制中，荷电粒子受到电场力 $q\boldsymbol{E}$ 和磁场力 $\frac{1}{c}q\boldsymbol{v}\times\boldsymbol{B}$(洛仑兹力)的作用，粒子运动规律满足牛顿第二定律，即

$$m\ddot{\boldsymbol{r}}=q\left(\boldsymbol{E}+\frac{1}{c}\boldsymbol{v}\times\boldsymbol{B}\right) \tag{7-1}$$

引入电磁场的矢势 $\boldsymbol{A}$ 和标势 ϕ，则电场强度和磁感应强度分别表示为

$$\boldsymbol{E}=-\frac{1}{c}\frac{\partial}{\partial t}\boldsymbol{A}-\nabla\phi \tag{7-2}$$

$$\boldsymbol{B}=\nabla\times\boldsymbol{A} \tag{7-3}$$

这样，在经典力学中的哈密顿量为

$$H=\frac{1}{2m}\left(\boldsymbol{P}-\frac{q}{c}\boldsymbol{A}\right)^2+q\phi \tag{7-4}$$

式中，$\boldsymbol{P}$ 称为**正则动量**。在分析力学中，相应的正则方程为

$$\dot{\boldsymbol{r}}=\frac{\partial H}{\partial \boldsymbol{P}},\quad \dot{\boldsymbol{P}}=-\frac{\partial H}{\partial \boldsymbol{r}} \tag{7-5}$$

取式(7-5)中第一式的 x 分量并利用式(7-4)，得

$$\dot{x}=\frac{\partial H}{\partial P_x}=\frac{1}{m}\left(P_x-\frac{q}{c}A_x\right)$$

所以有

$$P_x=m\dot{x}+\frac{q}{c}A_x=mv_x+\frac{q}{c}A_x$$

类似地可以算出它的其他分量，因而正则动量为

$$\boldsymbol{P}=m\boldsymbol{v}+\frac{q}{c}\boldsymbol{A} \tag{7-6}$$

由此可以看出，在有电磁场作用的情况下，带电粒子的正则动量不等于其机械动量 $m\boldsymbol{v}$。由式(7-2)～式(7-6)还可以验算式(7-1)的正确性(请读者按照分量形式自己证明)。

按照量子力学中的正则量子化程序，在坐标表象中，把正则动量 $\boldsymbol{P}$ 替换成算符 $\hat{\boldsymbol{P}}$，即

$$\boldsymbol{P}\rightarrow\hat{\boldsymbol{P}}=-\mathrm{i}\hbar\nabla$$

则电磁场中荷电粒子的哈密顿量为

$$\hat{H}=\frac{1}{2m}\left(\hat{\boldsymbol{P}}-\frac{q}{c}\boldsymbol{A}\right)^2+q\phi \tag{7-7}$$

相应的薛定谔方程为

$$\mathrm{i}\hbar\frac{\partial}{\partial t}\psi=\left[\frac{1}{2m}\left(\hat{\boldsymbol{P}}-\frac{q}{c}\boldsymbol{A}\right)^2+q\phi\right]\psi \tag{7-8}$$

注意以下对易关系

$$[\hat{\boldsymbol{P}},\boldsymbol{A}]=\hat{\boldsymbol{P}}\boldsymbol{A}-\boldsymbol{A}\hat{\boldsymbol{P}}=-\mathrm{i}\hbar\nabla\cdot\boldsymbol{A}$$

在电磁场的横波条件[①] $\nabla\cdot\boldsymbol{A}=0$ 下，式(7-8)可写成

$$\mathrm{i}\hbar\frac{\partial}{\partial t}\psi=\left[\frac{1}{2m}\hat{\boldsymbol{P}}^2-\frac{q}{mc}\boldsymbol{A}\cdot\hat{\boldsymbol{P}}+\frac{q^2}{2mc^2}A^2+q\phi\right]\psi \tag{7-9}$$

7.1.2 定域的概率守恒与流密度

取式(7-9)的复共轭，并注意矢势 $\boldsymbol{A}$ 和标势 ϕ 均为实数，在坐标表象中 $\hat{\boldsymbol{P}}^*=-\hat{\boldsymbol{P}}$，有

$$-\mathrm{i}\hbar\frac{\partial}{\partial t}\psi^*=\left[\frac{1}{2m}\hat{\boldsymbol{P}}^2+\frac{q}{mc}\boldsymbol{A}\cdot\hat{\boldsymbol{P}}+\frac{q^2}{2mc^2}A^2+q\phi\right]\psi^* \tag{7-10}$$

令 $\psi^*\times$式(7-9)$-\psi\times$式(7-10)，并根据$\nabla\cdot\mathrm{A}=0$，得

$$\begin{aligned}
&\mathrm{i}\hbar\frac{\partial}{\partial t}(\psi^*\psi)\\
&=\frac{1}{2m}(\psi^*\hat{\boldsymbol{P}}^2\psi-\psi\hat{\boldsymbol{P}}^2\psi^*)-\frac{q}{mc}[\psi^*\boldsymbol{A}\cdot\hat{\boldsymbol{P}}\psi+\psi\boldsymbol{A}\cdot\hat{\boldsymbol{P}}\psi^*]\\
&=\frac{1}{2m}\hat{\boldsymbol{P}}\cdot(\psi^*\hat{\boldsymbol{P}}\psi-\psi\hat{\boldsymbol{P}}\psi^*)-\frac{q}{mc}\hat{\boldsymbol{P}}\cdot(\psi^*\boldsymbol{A}\psi)\\
&=-\frac{\mathrm{i}\hbar}{2m}\nabla\cdot\left[(\psi^*\hat{\boldsymbol{P}}\psi-\psi\hat{\boldsymbol{P}}\psi^*)-\frac{2q}{c}\psi^*\boldsymbol{A}\psi\right]
\end{aligned}$$

可写成

$$\frac{\partial\rho}{\partial t}+\nabla\cdot\boldsymbol{j}=0 \tag{7-11}$$

式中

$$\rho=\psi^*\psi$$

$$\begin{aligned}
\boldsymbol{j}&=\frac{1}{2m}(\psi^*\hat{\boldsymbol{P}}\psi-\psi\hat{\boldsymbol{P}}\psi^*)-\frac{q}{mc}\boldsymbol{A}\psi^*\psi\\
&=\frac{1}{2m}\left[\psi^*\left(\hat{\boldsymbol{P}}-\frac{q}{c}\boldsymbol{A}\right)\psi+\psi\left(\hat{\boldsymbol{P}}-\frac{q}{c}\boldsymbol{A}\right)^*\psi^*\right]\\
&=\frac{1}{2}(\psi^*\hat{\boldsymbol{v}}\psi+\psi\hat{\boldsymbol{v}}^*\psi^*)\\
&=\mathrm{Re}(\psi^*\hat{\boldsymbol{v}}\psi)
\end{aligned}$$

而

$$\hat{\boldsymbol{v}}=\frac{1}{m}\left(\hat{\boldsymbol{P}}-\frac{q}{c}\boldsymbol{A}\right)=\frac{1}{m}\left(-\mathrm{i}\hbar\nabla-\frac{q}{c}\boldsymbol{A}\right)$$

可视为粒子的速度算符，$\boldsymbol{j}$ 为粒子流密度。式(7-11)称为定域粒子的概率守恒方程，这是其微分形式，它与第3章中的方程(3-35)具有相同的形式，但其中的流密度公式不同。

7.1.3 规范不变性

电磁场具有规范不变性，即通过选择适当的规范变换，可使物理量和物理规律在该规

---

① 这是电磁场中的一种规范选择，称为库仑规范。这种规范下，稳定磁场的矢势 $\boldsymbol{A}$ 就可以完全被确定。请参考：阚仲元. 电动力学教程. 北京：高等教育出版社，1979.

范变换下保持形式不变。若选择下面的规范变换：

$$\begin{cases} \boldsymbol{A} \to \hat{\boldsymbol{A}}' = \boldsymbol{A} + \nabla\chi(r,\ t) \\ \phi \to \phi' = \phi - \dfrac{1}{c}\dfrac{\partial}{\partial t}\chi(r,\ t) \end{cases} \tag{7-12}$$

利用式(7-2)和式(7-3)容易验证电场强度和磁感应强度都不变。对于经典牛顿方程式(7-1)，因为在此规范变化下 $\boldsymbol{E}$、$\boldsymbol{B}$ 不变，当然方程的形式也不变。而对于薛定谔方程式(7-8)，波函数如做以下变换：

$$\psi \to \psi' = e^{iq\chi/\hbar c}\psi$$

则 ψ' 满足的薛定谔方程，形式上与 ψ 满足的方程完全相同，即

$$i\hbar\frac{\partial}{\partial t}\psi' = \left[\frac{1}{2m}\left(\hat{\boldsymbol{P}} - \frac{q}{c}\boldsymbol{A}'\right)^2 + q\phi'\right]\psi'$$

还可以证明，在上述规范变换下，ρ、$\boldsymbol{j}$ 及 $\bar{v}$(平均值)都不变。

细心的读者从式(7-12)及波函数的变换中可能发现了两个问题：①电磁场的矢势和标势变了；②波函数也变了。但在上述规范变换下，描述微观粒子运动的基本方程——薛定谔方程的形式不会改变。

第一个问题是因为在式(7-2)和式(7-3)中采用矢势和标势来描述电磁场，但场的性质与势的选择无关，因此矢势和标势的选择不是唯一的。当势作规范变化时，场矢量及其规律都保持不变，这种不变性称为**规范不变性或协变性**。式(7-12)只是其中的一种规范变换；而选择 $\boldsymbol{A} \to \boldsymbol{A}' + \nabla\phi$ 也能使 $\boldsymbol{B}$ 保持不变，因为

$$\boldsymbol{B} = \nabla\times\boldsymbol{A}' = \nabla\times(\boldsymbol{A} + \nabla\phi) = \nabla\times\boldsymbol{A} + \nabla\times\nabla\phi = \nabla\times\boldsymbol{A}$$

第二个问题涉及波函数的物理意义和本质，因为波函数变换式中前面仅多出一个复指数因子，按照波函数的统计解释，ψ' 和 ψ 描述的是同一个状态。

最后指出，物理规律的规范不变性是对物理规律描述的客观要求，寻求相应的规范变换是必需的，但同时也是很不容易的。读者可以看到，上述矢势、标势及波函数的规范变化是非常巧妙的，它充分应用了矢量分析中的场论知识。

7.2 正常塞曼效应

7.2.1 正常塞曼效应概述

1896 年，荷兰物理学家塞曼(P. Zeeman，1865—1943)使用罗兰光栅观察磁场中的钠火焰的光谱，他发现钠的 D 谱线似乎出现了加宽的现象。这种加宽现象实际是谱线发生了分裂。随后不久，塞曼的老师、荷兰物理学家洛仑兹应用经典电磁理论对这种现象进行了解释。他认为，由于电子存在轨道磁矩，并且磁矩方向在空间的取向是量子化的，因此在强磁场作用下能级发生分裂，谱线分裂成间隔相等的三条谱线。塞曼和洛仑兹因为这一发现，分享了 1902 年的诺贝尔物理学奖。塞曼效应是继 1845 年法拉第效应和 1875 年克尔效应之后发现的第三个磁场对光有影响的实例。塞曼效应证实了原子磁矩的空间量子化，为研究原子结构提供了重要途径，被认为是 19 世纪末 20 世纪初物理学最重要的发现之一。

原子与磁场相互作用的强度依赖于原子的总角动量 $\boldsymbol{J}=\boldsymbol{L}+\boldsymbol{S}$，$\boldsymbol{L}$ 和 $\boldsymbol{S}$ 分别是轨道角动量和自旋角动量。总角动量 $\boldsymbol{J}$ 在 z 方向的分量 m_J 有 $2J+1$ 种取值。不加外磁场时，没有特定的择优取向，原子的能级是 $2J+1$ 重简并。塞曼效应是由于原子磁矩与外磁场相互作用，使得原子能级简并消除产生的物理现象。在光谱观测上原来的一条谱线分裂成几条，分裂的条数与电子的自旋和轨道角动量有关。

所谓**正常塞曼效应**指在强磁场中原子光谱发生分裂(一般为三条)的现象。因此，研究正常塞曼效应时可以忽略电子自旋与轨道之间的耦合相互作用。若原来原子的两个跃迁态之间的自旋本身都是零，当然不存在自旋和轨道之间的耦合相互作用，因此，无论是在强磁场还是在弱磁场中肯定就只能观察到正常塞曼效应了。例如，镉(Gd)原子的 643.8nm 谱线，它是 $^1D_2\rightarrow{}^1P_2$ 态(两个态的自旋均为零)之间跃迁的结果，在磁场作用下分裂成三条谱线，而且相邻两谱线之间是等间距的。

如果在弱磁场中，存在轨道和自旋的相互耦合作用而且不能忽略时，观察原子光谱在弱磁场中的分裂就更复杂了，这就造成**反常塞曼效应**。这在学习电子自旋之后，将深入讨论。

7.2.2 正常塞曼效应的量子力学解释

原子中的电子，可近似看成处于一个中心平均势场中运动，能级一般是简并的。如果把原子置于强磁场中，就可能观察到正常塞曼效应，即原来的一条光谱线分裂成三条谱线。光谱线的分裂实质上反映了原子能级的分裂或者说简并能级的(部分)解除。

在原子尺度范围内，实验室常用的磁场都可视为均匀磁场，记为 $\boldsymbol{B}$，取矢势为

$$\boldsymbol{A}=\frac{1}{2}\boldsymbol{B}\times\boldsymbol{r} \tag{7-13}$$

式中，$\boldsymbol{B}$ 是常矢量，用矢量分析的知识容易验证：$\boldsymbol{B}=\nabla\times\boldsymbol{A}$ 及 $\nabla\cdot\boldsymbol{A}=0$(横波条件)(请读者自己验证)。设磁场的方向指向 z 轴的正向，则

$$A_x=-\frac{1}{2}By,\quad A_y=\frac{1}{2}Bx,\quad A_z=0 \tag{7-14}$$

为简单起见，仅考虑只有一个价电子的原子(如碱金属原子)，并假设价电子处于原子实(原子核和内层满壳层电子)所产生的屏蔽库仑势场 $V(r)$ 中运动，那么价电子的哈密顿量为

$$\begin{aligned}\hat{H}&=\frac{1}{2\mu}\left[\left(\hat{p}_x-\frac{eB}{2c}y\right)^2+\left(\hat{p}_y+\frac{eB}{2c}x\right)^2+\hat{p}_z^2\right]+V(r)\\&=\frac{1}{2\mu}\left[\hat{p}^2+\frac{eB}{c}\hat{l}_z+\frac{e^2B^2}{4c^2}(x^2+y^2)\right]+V(r)\end{aligned} \tag{7-15}$$

式中，$\hat{l}_z=(x\hat{p}_y-y\hat{p}_x)=-\mathrm{i}\hbar\left(x\frac{\partial}{\partial y}-y\frac{\partial}{\partial x}\right)=-\mathrm{i}\hbar\frac{\partial}{\partial\varphi}$ 是角动量的 z 分量。在原子中，$x^2+y^2\approx a^2\approx10^{-20}\,\mathrm{m}^2$。而实验室中的磁场强度 B(小于 10T)，则 B^2 项与 B 项之比为

$$\left(\frac{e^2B^2}{4c^2}a^2\right)\Big/\left(\frac{eB}{c}\right)\hbar<10^{-4}$$

因此，可以略去式(7-15)中的 B^2 项，并化为

$$\hat{H}=\frac{1}{2\mu}\hat{\boldsymbol{p}}^2+V(r)+\frac{eB}{2\mu c}\hat{l}_z \qquad (7-16)$$

式(7-16)右侧最后一项可视为电子的轨道磁矩$\left(\mu_z=-\frac{e}{2\mu c}\hat{l}_z\right)$与外磁场相互作用引起的附加能量($\Delta E=-\mu_z B$)。因此，原子中的价电子满足的薛定谔方程为

$$\left[-\frac{\hbar^2}{2\mu}\nabla^2+V(r)+\frac{eB}{2\mu c}\hat{l}_z\right]\psi=E\psi \qquad (7-17)$$

这里仅讨论上述方程的定性解法。电子原来处于中心力场中运动，但在外加磁场的作用下，破坏了原子的球对称性，角动量不再是守恒量，而$\hat{\boldsymbol{l}}^2$和$\hat{l}_z$仍然为守恒量。因此，能量本征函数可选为对易量守恒完全集(H，$\boldsymbol{l}^2$，l_z)的共同本征函数，即

$$\psi_{n_r lm}(r,\theta,\varphi)=R_{n_r l}(r)Y_{lm}(\theta,\varphi) \qquad (7-18)$$

式中，$n_r=0,1,2,\cdots$；$l=0,1,2,\cdots$；$m=-l,-l+1,\cdots,l-1,l$。注意n_r是径量子数(而不是主量子数)，l是角量子数。相应的本征值为

$$E_{n_r lm}=E_{n_r l}+\frac{eB}{2\mu c}m\hbar=E_{n_r l}+m\hbar\omega_L \qquad (7-19)$$

式中，$\omega_L=eB/2\mu c$称为**拉莫尔(Larmor)频率**；$E_{n_r l}$为价电子处于中心势$V(r)$中的能量；$m\hbar\omega_L$为电子轨道运动与磁场相互作用的附加能量，该能量也是量子化的，与量子数m成正比，说明电子轨道运动磁矩的空间取向(沿磁场$\boldsymbol{B}$方向)是量子化的，因此量子数m称为**磁量子数**。

屏蔽库仑场具有空间转动不变对称性，其能量本征值与径量子数n_r和角量子数l有关，简并度为$2l+1$。但在外加磁场之后，球对称性被破坏了，能级简并被完全解除，能量本征值与n_r、l和m都有关［式(7-19)］。

由此可解释正常塞曼效应。例如，钠黄光(波长为589.3nm)的谱线是3P→3S态之间跃迁的结果，但外加磁场后，根据式(7-19)可知，激发态能级3P($l=1$)分裂成三个能级，但基态3S($l=0$)能级不分裂，而分裂后的三个激发态能级都向基态能级跃迁，并遵从跃迁选择定则：$\Delta l=\pm1$；$\Delta m=0,\pm1$。于是有三条谱线(其中一条就是原来的589.3nm，另外两条在它的两侧并且与它等间距)，如图7.1所示。在实验中，若磁场越强，分裂的能级间隔越大，光谱线就分得越开。理论结果与实验结果在定性上完全一致。

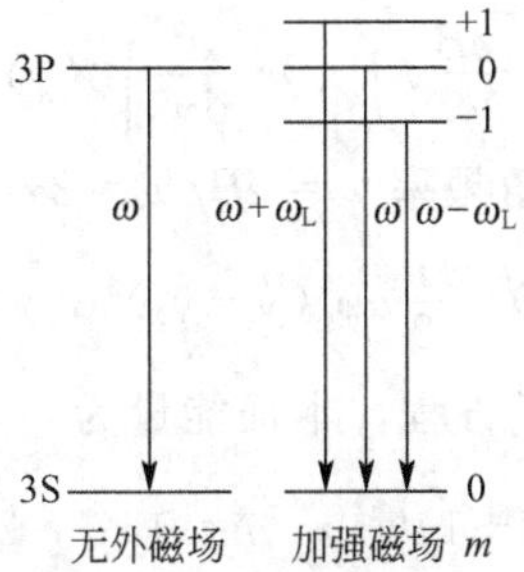

图7.1 钠原子3P→3S态跃迁在强磁场中的能级分裂及光谱跃迁示意

*7.3 电子在均匀磁场中的运动

7.3.1 经典电磁理论的结果

考虑一个自由电子在均匀磁场中的运动。设恒定磁场 $\boldsymbol{B}$ 的方向指向 z 轴正向，电子电量为 $-e$、质量为 μ，电子运动的速度为 $\boldsymbol{v}$。按照经典电动力学，在直角坐标系中电子受到的洛仑兹力表示为

$$\boldsymbol{f}=-e\boldsymbol{v}\times\boldsymbol{B}=-e\begin{vmatrix}\boldsymbol{i} & \boldsymbol{j} & \boldsymbol{k}\\ v_x & v_y & v_z\\ 0 & 0 & B\end{vmatrix}=eB(v_x\boldsymbol{j}-v_y\boldsymbol{i})$$

这表明电子在 z 方向不受力的作用，只有在 xy 平面内受到洛仑兹力的作用。因此，沿 z 方向电子作匀速运动，在 xy 平面内电子作圆周运动，其合成运动是沿 z 方向作等距螺旋运动。而洛仑兹力对电子不做功，因此，电子的能量保持为 $E=\frac{1}{2}\mu v^2$。

7.3.2 量子力学结果

在量子力学中，结果有何不同呢？下面来讨论此问题。

在原子范围内，实验室中能够产生的磁场变化很小，可以视为均匀磁场，相应的矢势 $\boldsymbol{A}$ 可以选用不同的规范变换，从而得到薛定谔方程，求解后得到能量本征态和本征值。在此，采用朗道(Landau)选用的规范，即

$$A_x=-By,\quad A_y=A_z=0$$

容易证明该规范满足 $\boldsymbol{B}=\nabla\times\boldsymbol{A}$ 的要求。相应的电子在 xy 平面内运动的哈密顿量为

$$\hat{H}=\frac{1}{2\mu}\left[\left(\hat{P}_x-\frac{eB}{c}y\right)^2+\hat{P}_y^2\right] \tag{7-20}$$

因为 $\hat{H}$ 不显含 x 但显含 y，则 $[\hat{H},\ \hat{P}_x]=0$。于是，$\hat{H}$ 的本征态可取为对易守恒量完全集$(\hat{H},\ \hat{P}_x)$的共同态，即

$$\psi(x,\ y)=\mathrm{e}^{\mathrm{i}P_x x/\hbar}\phi(y),\quad -\infty<P_x<+\infty \tag{7-21}$$

式中，$\phi(y)$满足下列方程，即

$$\frac{1}{2\mu}\left[\left(P_x-\frac{eB}{c}y\right)^2-\hbar^2\frac{\mathrm{d}^2}{\mathrm{d}y^2}\right]\phi(y)=E\phi(y) \tag{7-22}$$

令 $y_0=P_x c/eB$，并定义**回旋角频率** $\omega_\mathrm{c}=eB/\mu c=2\omega_\mathrm{L}$，式(7-22)可化为

$$-\frac{1}{2\mu}\phi''(y)+\frac{1}{2}\mu\omega_\mathrm{c}^2(y-y_0)^2\phi(y)=E\phi(y) \tag{7-23}$$

这是一个平衡位置在 y_0 处的谐振子方程，本征能量为

$$E=E_n=\left(n+\frac{1}{2}\right)\hbar\omega_\mathrm{c}=(N+1)\hbar\omega_\mathrm{L},\quad n=0,\ 1,\ 2,\ \cdots,\quad N=0,\ 2,\ 4,\ \cdots \tag{7-24}$$

电子处于这样的分立能级，称为朗道(Landau)能级。相应的本征函数为

$$\phi_{y_0 n}(y)=C_n\mathrm{e}^{-\alpha^2(y-y_0)^2/2}\mathrm{H}_n[\alpha(y-y_0)] \tag{7-25}$$

式中，$\alpha=\sqrt{\mu\omega_c/\hbar}$是量纲为$L^{-1}$的参量；$H_n$为厄米多项式；$C_n$为归一化常数。式(7-25)表述的电子波函数依赖于n和y_0($y_0=cP_x/eB$)，而y_0依赖于P_x，它在($-\infty$，$+\infty$)内可连续变化，但能级E_n不依赖y_0，因此能级为无穷度简并。值得注意的一个有趣的现象是，在均匀磁场中运动的电子，可以出现在无穷远处($y_0\to\pm\infty$)而成为非束缚态，同时在x方向也是非束缚态(平面波)，但所有状态下的电子的能级却是离散的(量子化)。按照经典理论，通常一个非束缚态粒子的能量是连续变化的。

7.3.3 霍尔效应

通过经典理论与量子理论的讨论和比较，发现其结果差异甚大，究竟哪个正确呢？电子在恒定磁场中运动受洛仑兹力的作用作圆周运动(电子速度垂直于磁场方向)很容易通过实验观察和证实。那么，有无实验能证实量子力学的结果呢？答案是肯定的，这就是导读材料中提到的量子霍尔效应。

1. 经典霍尔效应

如图7.2所示，将一导电板放在垂直于它的磁场中，当有电流通过时，在导电板的A、A′两侧会产生一个电位差U_H，这种现象称为霍尔效应。实验表明，在磁场不太强时，电位差U_H与电流强度I和磁感应强度B成正比，与板的厚度d成反比，即

$$U_H=K_H\frac{IB}{d} \tag{7-26}$$

式中，K_H称为霍尔系数；U_H称为霍尔电压。

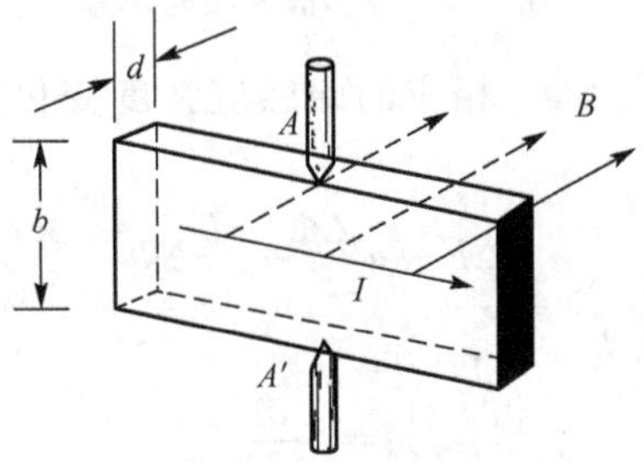

图7.2 霍尔效应原理示意

霍尔效应可用电子在磁场中受到的洛仑兹力来解释。因为磁场使导体内荷电粒子(又称载流子)发生移动，结果在A、A′两侧分别聚集正、负电荷，从而形成电位差。

设导电板内载流子(带电量为q)的平均定向速率为u，它们在磁场中受到的洛仑兹力为quB。当A、A′之间形成电位U_H后，载流子还受到一个相反方向的静电力$qE=qU_H/b$(b为导电板的宽度)，两个力平衡后有

$$quB=qU_H/b$$

设载流子的浓度为n，则电流强度I与u的关系为

$$I=bdnqu \quad 或 \quad u=I/(bdnq)$$

于是得

$$U_H=\frac{1}{nq}\frac{IB}{d}$$

上式与式(7-26)比较，即可得霍尔系数为

$$K_H = \frac{1}{nq} \tag{7-27}$$

式(7-27)表明，霍尔系数与载流子浓度 n 和电量 q 有关。因为电量 q 有正有负，因此，霍尔系数也可正可负，由此可以判断载流子的电性。这在半导体中，可以通过测量载流子的电性，从而确定半导体的类型(P 型或 N 型)。同时，利用霍尔效应还可以测量导体或半导体中的载流子浓度。

2. 量子霍尔效应

从前一段的讨论可知，电子在恒定磁场中的运动，可视为一个“二维电子费米气”模型，即电子被磁场约束在一个二维平面上的运动［式(7-22)］，这将产生量子霍尔效应。

下面利用量子力学理论对量子霍尔效应进行解释。按照劳林(R. L. Laughlin，1950—)的假想实验，对二维自由电子气所在的平面用首尾相接的载流圆环带代替，带上处处有垂直于带表面的磁场 B，穿过带上沿圆环方向流过电流 I，带的两侧将产生霍尔电压 U_H。定义圆周方向是 y 方向，平行圆环轴线的方向为 x 方向，磁场方向为 z 方向，如图 7.3 所示。环带电流 I 产生的磁通穿过环带中心，产生磁矩为 $\mu = IS/c$(S 为电流环面积，c 为光速)。

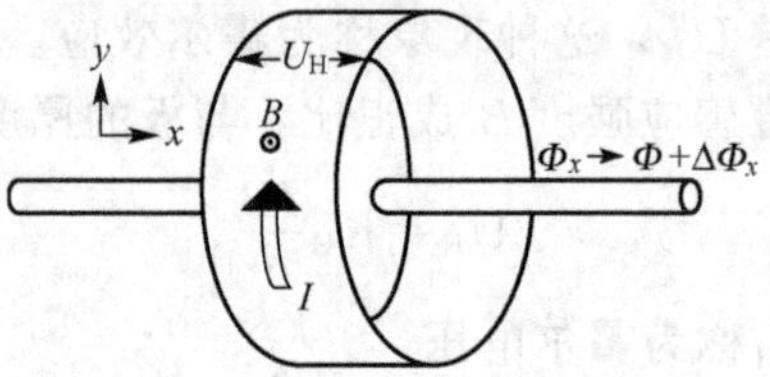

图 7.3　劳林假想实验示意

若磁通量 Φ 有微小的变化 $\Delta\Phi$，相应的磁感应强度变化为 $\Delta\Phi/S$，磁矩 μ 在磁场中的能量变化为

$$\Delta E = \mu\frac{\Delta\Phi}{S} = \frac{I}{c}\Delta\Phi \tag{7-28}$$

因此，载流环的电流表示为

$$I = c\frac{\partial E}{\partial\Phi} \tag{7-29}$$

从 7.3.2 节的学习知道，在均匀磁场中运动的电子与第 j 个朗道能级相应的本征波函数为谐振子波函数，其平衡位置为 $y_0 = P_x c/eB$。由于平衡位置 y_0 可以随 P_x 连续变化，因此朗道能级是无穷度简并的。由规范不变性原理可以证明[①]：磁通每改变一个量子磁通 Φ_0($\Phi_0 = hc/e$)，多电子体系的能量和状态不会变化，其中单电子波函数对应的 P_x 值将连续地变为另一个值，平衡位置 y_0 也随之变化。从二维电子气整体来看，这等价于在 y 方向电子从电位能较低的位置移动到电位能较高的位置。变化前后的电位差为霍尔电位差 U_H，电位能变化为 eU_H。若体系中共有 n 个朗道能级被电子填满(多电子体系)，则总能量的变化为 $\Delta E = neU_H$，于是由式(7-29)可得

$$I = c\frac{\Delta E}{\Delta\Phi} = c\frac{ne}{\Phi_0}U_H = \frac{ne^2}{h}U_H \tag{7-30}$$

由此得到霍尔电阻的表达式为

① 请参考：郑厚植. 分数量子霍尔效应——1998 年诺贝尔物理学奖介绍. 物理，1999，20(3)：131.

$$R_H=\frac{U_H}{I}=\frac{h}{ne^2} \tag{7-31}$$

这就是量子霍尔电阻的公式。

目前有三种理论模型可以解释量子霍尔效应的微观物理机制，上面只是其中的一种解释。观察量子霍尔效应需要极低的温度和极强的磁场，因此使二维电子气处于完全的量子化状态的实验条件非常苛刻。正因为这样，人们在通常的实验条件下只能观察到电子在磁场中运动的宏观经典效应。

上述量子霍尔效应中，出现的霍尔电阻平台为 $R_H=\frac{h}{ne^2}$，$n=1, 2, 3, \cdots$，因此称为整数量子霍尔效应。1982 年，美国贝尔实验室的三位科学家 D. Tsui（崔琦，美籍华人）、H. Stormer（美籍德国人）和 R. Laughlin 发现了分数量子霍尔效应，即出现的霍尔电阻平台为 $R_H=\frac{h}{\upsilon e^2}$，$\upsilon=\frac{4}{3}, \frac{5}{3}, \frac{1}{5}, \frac{2}{5}, \frac{3}{5}, \frac{4}{5}, \frac{7}{5}, \frac{8}{5}, \frac{2}{7}, \cdots$。这就是分数量子霍尔效应。随后，还观察到更多的分数，甚至分母还可以是偶数。由于发现分数量子霍尔效应方面所做出的突出贡献，以上三位科学家分享了 1998 年度的诺贝尔物理学奖。有关分数量子霍尔效应的量子力学理论超出了本书的范围，而且理论还在发展和完善中，在此不再讨论。请有兴趣的读者查阅相关的文献。

量子霍尔效应的发现，对半导体工业的发展有着极其重要的作用，它不仅推动了对半导体超晶格、微观物质结构更深入的研究，而且使半导体异质结构材料生长技术、半导体器件制造技术、高精度实验测量技术得到了飞速发展。

小　结

引入电磁场的矢势 $\boldsymbol{A}$ 和标势 ϕ，则电场强度和磁感应强度分别表示为

$$\boldsymbol{E}=-\frac{1}{c}\frac{\partial}{\partial t}\boldsymbol{A}-\nabla\phi, \quad \boldsymbol{B}=\nabla\times\boldsymbol{A}$$

电磁场中荷电粒子的薛定谔方程为

$$\mathrm{i}\hbar\frac{\partial}{\partial t}\psi=\left[\frac{1}{2m}\left(\hat{\boldsymbol{P}}-\frac{q}{c}\boldsymbol{A}\right)^2+q\phi\right]\psi$$

在电磁场的横波条件 $\nabla\cdot\boldsymbol{A}=0$ 下，薛定谔方程为

$$\mathrm{i}\hbar\frac{\partial}{\partial t}\psi=\left[\frac{1}{2m}\hat{\boldsymbol{P}}^2-\frac{q}{mc}\boldsymbol{A}\cdot\hat{\boldsymbol{P}}+\frac{q^2}{2mc^2}A^2+q\phi\right]\psi$$

在任何规范变换下，薛定谔方程的形式不变，荷电粒子的定域守恒律仍然成立。

原子在强磁场下发生正常塞曼效应，这种现象可以通过求解电磁场中荷电粒子的薛定谔方程而得到解释。

电子在均匀电场中的运动分别按照经典电磁理论和量子理论计算，其结果有所不同。经典电磁理论得出电子作等距螺旋运动，而量子力学得到朗道能级（能量是量子化的）。二维自由电子气在磁场中会产生量子霍尔效应，分为整数量子霍尔效应和分数量子霍尔效应。利用量子力学理论，容易解释整数量子霍尔效应。霍尔器件在导体和半导体研究中具有重要的作用。

习　题

1. 氦原子的光谱中，波长为 6678.1Å($1s3d\,^1D_2 \rightarrow 1s2p\,^1P_1$)及 7065.1Å($1s3s\,^3S_1 \rightarrow 1s2p\,^3P_0$)的两条谱线，在磁场中发生塞曼效应时各分裂成几条，画出能级跃迁图。请问那些是正常塞曼效应。

2. 求互相垂直的均匀电场和磁场中的带电粒子的能量本征值。

3. 设一带电荷 q 的粒子在方向 y 的均匀电场 $\boldsymbol{\varepsilon}=(0, \varepsilon, 0)$ 和 z 方向的均匀磁场 $\boldsymbol{B}=(0, 0, B)$ 中运动(B 不随时间变化)。

(1) 证明矢势 A 可以选取 $\boldsymbol{A}=(-By, 0, 0)$；

(2) 说明粒子是在 x—y 平面内运动；

(3) 写出体系的哈密顿量(用 ε，B 表示)。

4. 假设电子囚禁在二维各向同性谐振子场中，$V(x, y)=\frac{1}{2}\omega_0^2(x^2+y^2)$，如再受到 z 方向的均匀磁场 $\boldsymbol{B}=(0, 0, B)$ 的作用，求电子的能级和本征函数$\left(\text{矢势可取为 }\boldsymbol{A}=\frac{1}{2}\boldsymbol{B}\times\boldsymbol{r}\right)$。

第8章

矩阵力学简介

本章教学要点

知识要点	掌握程度	相关知识
态的表象	熟悉直角坐标系的旋转变换； 正确理解态矢量的表象； 熟悉坐标表象与动量表象	幺正变换，矩阵运算
算符的矩阵表示	知道算符的表象表示； 熟悉算符的矩阵表示	矩阵变换； 算符对波函数(态矢量)的作用
量子力学公式的矩阵表示	熟悉量子力学公式的矩阵表示； 能正确理解波动力学和矩阵力学的等价性	波动力学中量子力学公式

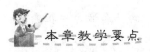

导读材料

波动力学是量子力学的两大形式之一，由薛定谔创立，与海森伯等人创立的矩阵力学并列。

薛定谔

海森伯

当时量子力学有五种不同的数学体系：①矩阵力学，由玻恩、约丹和海森伯在哥廷根建立；②Q-代数，由P·狄拉克在剑桥建立；③积分方程理论，由K·兰酋斯在法兰克福建立；④算符力学，由玻恩和N·维也纳合作完成；⑤波动力学。在这五种不同表述中，薛定谔的波动力学最为实用，因为它的数学形式直观简洁，可以计算当时所有的原子问题。

诠释量子力学波函数的概念是1926年理论物理学界的一大焦点。经过一番辩论，薛定谔的"连续诠释"观点被玻恩的"统计诠释"观点和狄拉克-约丹的"统计变换理论"驳倒了。1926年，薛定谔证明了波动力学与矩阵力学在数学上是等价的。1927年海森伯首次提出并证明了量子力学的"测不准原理"。紧接着玻尔发展了"互补性原理"。至此量子力学的基本概念得到了完备的物理解释。

与运用矩阵作为数学工具的矩阵力学相比，波动力学使用比较熟悉的波动语言和偏微分方程，比较适合于初学者，在量子理论的基本应用中最常使用的也是这种形式。但矩阵力学在处理对称性问题，如计算分子、晶体时，应用群论中群的不可约表示，可以大大减少计算量，对于编制实用的计算程序带来了不少方便，从而推动了计算物理和材料设计的快速发展。

到目前为止，人们描述微观体系的状态的波函数是坐标(x，y，z)的函数，而力学量则用作用于该坐标函数的算符来表示，但这种表示方式在量子力学中并不是唯一的。这正如在几何学中可用不同的坐标系来表示同一个矢量一样。前面学习的薛定谔方程是量子力学的波动力学形式，而本章将介绍量子力学的另一种等价形式——矩阵力学。

波函数(或态函数，简称态)和力学量算符的不同表示形式称为表象(representation)。薛定谔方程所采用的表象实际上是坐标表象，在量子力学中，体现的微观状态称为态矢量(简称量子态或态矢)。力学量算符对态矢量的作用实际上是对态矢量进行变换，因此可与代数中线性变换进行类比。

8.1 态的表象

8.1.1 直角坐标系的旋转变换

取平面直角坐标系 Ox_1x_2，其两坐标轴的基矢(也称单位矢量)可表示为 $\boldsymbol{e}_1$、$\boldsymbol{e}_2$，如图 8.1所示。其标积可写成下面的形式：

$$(\boldsymbol{e}_i,\ \boldsymbol{e}_j)=\delta_{ij},\quad (i,\ j=1,\ 2) \tag{8-1}$$

式中，$\delta_{ij}=\begin{cases}1,\ i=j\\0,\ i\neq j\end{cases}$。而平面上的任一矢量 $\boldsymbol{A}$ 可以写为

$$\boldsymbol{A}=A_1\boldsymbol{e}_1+A_2\boldsymbol{e}_2 \tag{8-2}$$

式中，$A_1=(\boldsymbol{e}_1,\ \boldsymbol{A})$，$A_2=(\boldsymbol{e}_2,\ \boldsymbol{A})$分别为沿坐标轴 x_1、x_2 的投影分量。为此我们将(A_1，A_2)称为 $\boldsymbol{A}$ 在坐标系 Ox_1x_2 中的表示。

现在将坐标系 Ox_1x_2 沿垂直于自身面的轴顺时针转 θ 角度，坐标系变为新的坐标系 $Ox_1'x_2'$，其单位基矢变为 $\boldsymbol{e}_1'$，$\boldsymbol{e}_2'$，如图 8.2 所示。同样地有

$$(\boldsymbol{e}_i',\ \boldsymbol{e}_j')=\delta_{ij},\quad i,\ j=1,\ 2 \tag{8-3}$$

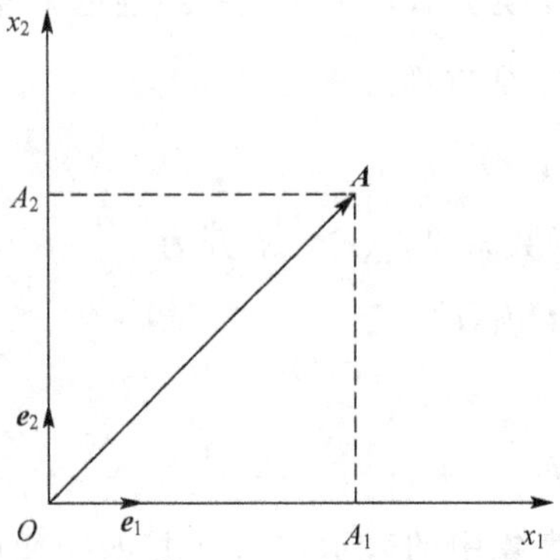

图 8.1 平面直角坐标系中的矢量

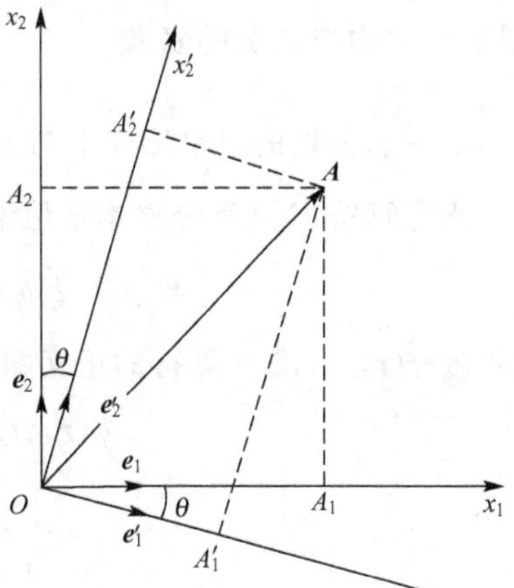

图 8.2 平面直角坐标系的旋转

而平面上的任一矢量 $\boldsymbol{A}$ 此时可以写为

$$\boldsymbol{A}=A_1'\boldsymbol{e}_1'+A_2'\boldsymbol{e}_2' \tag{8-4}$$

其中投影分量是

$$A_1'=(\boldsymbol{e}_1',\ \boldsymbol{A}),\ A_2'=(\boldsymbol{e}_2',\ \boldsymbol{A}) \tag{8-5}$$

这时(A_1'，A_2')为 $\boldsymbol{A}$ 在坐标系 $Ox_1'x_2'$ 中的表示。

由此可见，同一个矢量 $\boldsymbol{A}$ 在不同的坐标系中的表示(A_1，A_2)和(A_1'，A_2')是不同的，现在的问题是这两个表示有何关系？显然是存在以下关系式：

$$\boldsymbol{A}=A_1'\boldsymbol{e}_1'+A_2'\boldsymbol{e}_2'=A_1\boldsymbol{e}_1+A_2\boldsymbol{e}_2 \tag{8-6}$$

用 $\boldsymbol{e}_1'$，$\boldsymbol{e}_2'$分别与式(8-6)中的后一等式点积(即作标积)，有

$$A_1' = A_1(\boldsymbol{e}_1', \boldsymbol{e}_1) + A_2(\boldsymbol{e}_1', \boldsymbol{e}_2),\quad A_2' = A_1(\boldsymbol{e}_2', \boldsymbol{e}_1) + A_2(\boldsymbol{e}_2', \boldsymbol{e}_2) \tag{8-7}$$

式(8-7)还可以表示成矩阵形式

$$\begin{pmatrix} A_1' \\ A_2' \end{pmatrix} = \begin{pmatrix} (\boldsymbol{e}_1', \boldsymbol{e}_1) & (\boldsymbol{e}_1', \boldsymbol{e}_2) \\ (\boldsymbol{e}_2', \boldsymbol{e}_1) & (\boldsymbol{e}_2', \boldsymbol{e}_2) \end{pmatrix} \begin{pmatrix} A_1 \\ A_2 \end{pmatrix} \tag{8-8}$$

由于 $\boldsymbol{e}_1'$与 $\boldsymbol{e}_1$ 及 $\boldsymbol{e}_2'$与 $\boldsymbol{e}_2$ 之间的夹角均为 θ，因此有

$$\begin{pmatrix} A_1' \\ A_2' \end{pmatrix} = \begin{pmatrix} \cos\theta & -\sin\theta \\ \sin\theta & \cos\theta \end{pmatrix} \begin{pmatrix} A_1 \\ A_2 \end{pmatrix} \tag{8-9}$$

或记为

$$\begin{pmatrix} A_1' \\ A_2' \end{pmatrix} = \boldsymbol{R}(\theta) \begin{pmatrix} A_1 \\ A_2 \end{pmatrix} \tag{8-10}$$

式中，$\boldsymbol{R}(\theta) = \begin{pmatrix} \cos\theta & -\sin\theta \\ \sin\theta & \cos\theta \end{pmatrix}$，是把矢量 $\boldsymbol{A}$ 在两坐标系中的表示 $\begin{pmatrix} A_1' \\ A_2' \end{pmatrix}$ 和 $\begin{pmatrix} A_1 \\ A_2 \end{pmatrix}$ 联系起来的变换矩阵。该矩阵是一个幺正矩阵，相应的变换称为**幺正变换**。变换矩阵的矩阵元正是两坐标系基矢间的标积，它表示基矢之间的关系。故若坐标旋转角 θ 给定，则 $\boldsymbol{R}$ 随之给定，任何矢量在两坐标系间的关系也确定。

8.1.2 量子力学中态矢量的表象

量子力学中态矢量的表象形式上与上述坐标变换类似，设有某一线性厄米算符 $\hat{F}$。为叙述方便，假定算符 $\hat{F}$ 具有分立本征值谱。它的本征方程为

$$\hat{F}\psi_k(\boldsymbol{r}) = F_k\psi_k(\boldsymbol{r}) \tag{8-11}$$

将波函数 $\psi(\boldsymbol{r}, t)$按 $\hat{F}$ 算符的正交归一本征函数系 $\{\psi_k(\boldsymbol{r})\}$ 展开为

$$\psi(\boldsymbol{r}, t) = \sum a_k(t)\psi_k(\boldsymbol{r}) \tag{8-12}$$

简写为

$$\psi = \sum_k a_k\psi_k \tag{8-13}$$

展开系数 $\{a_k(t)\}$ 就是波函数 $\psi(\boldsymbol{r}, t)$在 F 表象中的表示，它可由 $\psi_k(\boldsymbol{r})$的正交归一性推出。将式(8-12)两边分别乘 $\psi_m^*(\boldsymbol{r})$并对空间积分，得

$$\int\psi(\boldsymbol{r},t)\psi_m^*(\boldsymbol{r})\mathrm{d}\boldsymbol{r} = \sum_k\int\psi_m^*(\boldsymbol{r})\psi_k(\boldsymbol{r})a_k(t)\mathrm{d}\boldsymbol{r} = a_m(t) \tag{8-14}$$

将其简写为 $a_m = (\psi_m, \psi)$，即 ψ 与各基矢($\hat{F}$ 的本征波函数 ψ_m)的内积。与代数不同的是，这里的“矢量”(量子态或波函数)是复数，矢量空间维数可以是无穷的，甚至不可数的。

$a_k(t)$的物理意义是：当体系处在以 $\psi(\boldsymbol{r}, t)$所描述的状态时，力学量 F 具有确定值 F_k 的概率为 $|a_k(t)|^2$，具有和波函数 $\psi(\boldsymbol{r}, t)$统计解释相同的概率解释。因此我们可以用一组系数 $\{a_k(t)\}$ 代替波函数 $\psi(\boldsymbol{r}, t)$来描述该状态。将数列 $a_1(t)$，$a_2(t)$，…，$a_k(t)$，…写成一个列矩阵，则 $\psi(\boldsymbol{r}, t)$在 F 表象的表示为

$$\boldsymbol{\psi}=\begin{pmatrix} a_1(t) \\ a_2(t) \\ \vdots \\ a_k(t) \\ \vdots \end{pmatrix} \tag{8-15}$$

它的共轭矩阵是

$$\boldsymbol{\psi}^+=(a_1^*(t),\ a_2^*(t),\ \cdots,\ a_k^*(t),\ \cdots) \tag{8-16}$$

归一条件是

$$\boldsymbol{\psi}^+\boldsymbol{\psi}=1 \tag{8-17a}$$

即

$$(a_1^*(t),\ a_2^*(t),\ \cdots,\ a_k^*(t),\ \cdots)\begin{pmatrix} a_1(t) \\ a_2(t) \\ \vdots \\ a_k(t) \\ \vdots \end{pmatrix}=\begin{pmatrix} 1 & 0 & \cdots & 0 & \cdots \\ 0 & 1 & \cdots & 0 & \cdots \\ \vdots & \vdots & \ddots & \vdots & \vdots \\ 0 & 0 & \cdots & 1 & \cdots \\ \vdots & \vdots & \vdots & \vdots & \ddots \end{pmatrix}=\boldsymbol{I} \tag{8-17b}$$

式中，$\boldsymbol{I}$ 是单位矩阵。

下面根据式(8-12)分别以坐标表象和动量表象为例，得到量子态在不同表象下的表示。

1. 坐标表象

以坐标算符的本征态为基矢构成的表象称为坐标表象。以一维的 x 坐标为例。算符 $\hat{x}$ 的本征方程为

$$\hat{x}\delta(x-x')=x'\delta(x-x') \tag{8-18}$$

本征函数是 $\delta(x-x')$，量子态 $\varphi(x')$ 总可按 $\hat{x}$ 的本征函数系展开，得

$$\varphi(x')=\int\varphi(x)\delta(x-x')\mathrm{d}x \tag{8-19}$$

展开系数 $\varphi(x)$ 就是该量子态在 x 表象的表示，即波函数。

2. 动量表象

以动量算符的本征态为基底构成的表象是动量表象。选 x 为自变量，动量算符的本征函数是平面波。以动量算符 $\hat{p}_x$ 为例，其本征态为

$$\varphi_{p_x}(x)=\frac{1}{\sqrt{2\pi\hbar}}\mathrm{e}^{\mathrm{i}p_x x/\hbar} \tag{8-20}$$

将量子态 $\varphi(x)$ 按 $\varphi_{p_x}(x)$ 展开，得

$$\varphi(x)=\int C(p_x)\varphi_{p_x}(x)\mathrm{d}p_x=\frac{1}{\sqrt{2\pi\hbar}}\int\mathrm{e}^{\mathrm{i}p_x x}C(p_x)\mathrm{d}p_x \tag{8-21}$$

式中，$C(p_x)$ 为动量表象中的波函数。这正是前面已熟知的结果。

现在考虑同一个量子态 ψ 在另一组力学量完全集 F'（表象 F'）中的表示。设本征态为 $\psi'_\alpha(\alpha=1,\ 2,\ \cdots)$，满足正交归一，即 $(\psi'_\alpha,\ \psi'_\beta)=\delta_{\alpha\beta}$。同样将量子态 ψ 用这组本征态矢来展开，即

$$\psi=\sum_\alpha a'_\alpha\psi'_\alpha \tag{8-22}$$

其展开系数为

$$a'_\alpha=(\psi'_\alpha,\ \psi) \tag{8-23}$$

则这一组系数$(a'_1,\ a'_2,\ \cdots)$就是态ψ在F'表象中的表示。

下面确定$(a_1,\ a_2,\ \cdots)$与$(a'_1,\ a'_2,\ \cdots)$的关系。

因为

$$\psi=\sum_\alpha a'_\alpha\psi'_\alpha=\sum_k a_k\psi_k \tag{8-24}$$

对式(8-24)中的后一等式用ψ'^*_α作内积，有

$$a'_\alpha=\sum_k(\psi'_\alpha,\ \psi_k)a_k=\sum_k S_{\alpha k}a_k \tag{8-25}$$

式中，矩阵元$S_{\alpha k}=(\psi'_\alpha,\ \psi_k)$是$F'$表象基矢与$F$表象基矢的内积。式(8-25)也可以写成矩阵的形式

$$\begin{pmatrix}a'_1\\a'_2\\\vdots\\a'_\alpha\\\vdots\end{pmatrix}=\begin{pmatrix}S_{11}&S_{12}&\cdots&\cdots&\cdots\\S_{21}&S_{22}&\cdots&\cdots&\cdots\\\vdots&\vdots&\ddots&\vdots&\vdots\\S_{\alpha1}&S_{\alpha2}&\cdots&\ddots&\cdots\\\vdots&\vdots&\vdots&\vdots&\ddots\end{pmatrix}\begin{pmatrix}a_1\\a_2\\\vdots\\a_k\\\vdots\end{pmatrix} \tag{8-26}$$

简记为

$$\boldsymbol{a}'=\boldsymbol{S}\boldsymbol{a} \tag{8-27}$$

式中，$\boldsymbol{S}$矩阵是变换矩阵，通过$\boldsymbol{S}$矩阵可以将F表象中的基矢变换为F'表象中的基矢。并且$\boldsymbol{S}\boldsymbol{S}^+=\boldsymbol{S}^+\boldsymbol{S}=\boldsymbol{I}$，即$\boldsymbol{S}$矩阵是幺正矩阵，它实际上是联系两个基矢的变换矩阵。

下面证明$\boldsymbol{S}$矩阵是幺正矩阵。

证明$\boldsymbol{S}$矩阵是幺正矩阵，只要证明$\boldsymbol{S}^+\boldsymbol{S}$的矩阵元是$\delta_{ij}$即可。在$F$表象中，有

$$(S^+S)_{kj}=\sum_\alpha S^+_{k\alpha}S_{\alpha j}=\sum_\alpha S^*_{k\alpha}S_{\alpha j} \tag{8-28}$$

根据$\boldsymbol{S}$矩阵元的定义，式(8-28)可变为

$$\begin{aligned}(S^+S)_{kj}&=\sum_\alpha\int d\tau\psi'_\alpha(\boldsymbol{r})\psi^*_k(\boldsymbol{r})\times\int d\tau'\psi'^*_\alpha(\boldsymbol{r}')\psi_j(\boldsymbol{r}')\\&=\int d\tau\int d\tau'\sum_\alpha\psi'^*_\alpha(\boldsymbol{r}')\psi'_\alpha(\boldsymbol{r})\psi^*_k(\boldsymbol{r})\psi_j(\boldsymbol{r}')\end{aligned} \tag{8-29}$$

由于δ函数可以用任何一组正交归一完备函数组来构成，即

$$\delta(\boldsymbol{r}-\boldsymbol{r}')=\sum_n\psi^*_n(\boldsymbol{r})\psi_n(\boldsymbol{r}') \tag{8-30}$$

则

$$(S^+S)_{kj}=\int d\tau\int d\tau'\delta(\boldsymbol{r}-\boldsymbol{r}')\psi^*_k(\boldsymbol{r})\psi_j(\boldsymbol{r}')=\delta_{kj} \tag{8-31}$$

可见，$\boldsymbol{S}^+\boldsymbol{S}$矩阵为单位矩阵，即$\boldsymbol{S}\boldsymbol{S}^+=\boldsymbol{S}^+\boldsymbol{S}=\boldsymbol{I}$。

8.2 算符的矩阵表示

8.2.1 算符的表象表示

以线性空间的矢量作类比，如图8.3所示的平面直角坐标系Ox_1x_2中，矢量$\boldsymbol{A}$逆时针

转动 θ 角后成为矢量 $\boldsymbol{B}$，其中矢量 $\mathbf{A}=A_1\boldsymbol{e}_1+A_2\boldsymbol{e}_2$，而矢量 $\boldsymbol{B}=B_1\boldsymbol{e}_1+B_2\boldsymbol{e}_2$。令

$$\boldsymbol{B}=R(\theta)\mathbf{A} \tag{8-32}$$

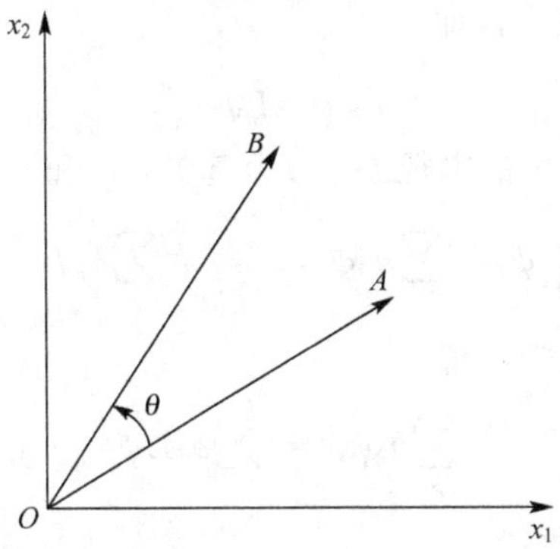

图 8.3 平面直角坐标系中的矢量旋转

式中，$R(\theta)$表示矢量 $\mathbf{A}$ 逆时针转动 θ 角的一个操作。通过此操作，矢量 $\mathbf{A}$ 变成矢量 $\boldsymbol{B}$。写成分量的形式，有

$$\boldsymbol{B}=B_1\boldsymbol{e}_1+B_2\boldsymbol{e}_2=A_1R(\theta)\boldsymbol{e}_1+A_2R(\theta)\boldsymbol{e}_2 \tag{8-33}$$

用 $\boldsymbol{e}_1$、$\boldsymbol{e}_2$ 对式(8-33)作点乘，得

$$B_1=A_1(\boldsymbol{e}_1, R\boldsymbol{e}_1)+A_2(\boldsymbol{e}_1, R\boldsymbol{e}_2) \tag{8-34}$$

$$B_2=A_1(\boldsymbol{e}_2, R\boldsymbol{e}_1)+A_2(\boldsymbol{e}_2, R\boldsymbol{e}_2) \tag{8-35}$$

把式(8-34)、(8-35)写成矩阵形式为

$$\begin{pmatrix} B_1 \\ B_2 \end{pmatrix}=\begin{pmatrix} (\boldsymbol{e}_1, R\boldsymbol{e}_1) & (\boldsymbol{e}_1, R\boldsymbol{e}_2) \\ (\boldsymbol{e}_2, R\boldsymbol{e}_1) & (\boldsymbol{e}_2, R\boldsymbol{e}_2) \end{pmatrix}\begin{pmatrix} \mathbf{A}_1 \\ \mathbf{A}_2 \end{pmatrix} \tag{8-36}$$

按照图 8.4 所示，有

$$\begin{pmatrix} B_1 \\ B_2 \end{pmatrix}=\begin{pmatrix} \cos\theta & -\sin\theta \\ \sin\theta & \cos\theta \end{pmatrix}\begin{pmatrix} A_1 \\ A_2 \end{pmatrix}=\boldsymbol{R}(\theta)\begin{pmatrix} A_1 \\ A_2 \end{pmatrix} \tag{8-37}$$

式中，$\boldsymbol{R}(\theta)=\begin{pmatrix} \cos\theta & -\sin\theta \\ \sin\theta & \cos\theta \end{pmatrix}$，是矢量 $\mathbf{A}$ 逆时针转动 θ 角的变换矩阵，容易证明它也是幺正矩阵。

(8-38)

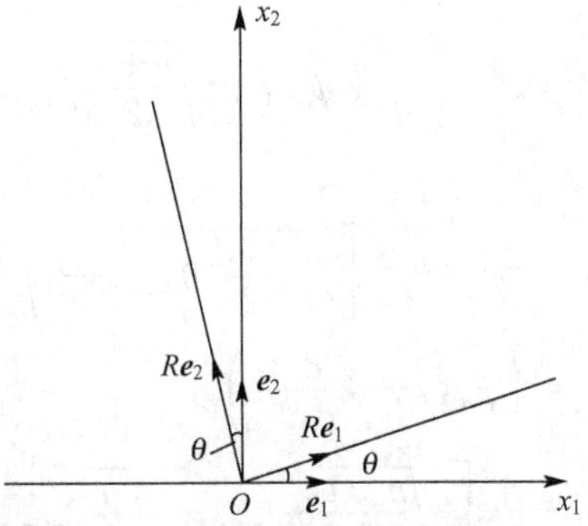

图 8.4 旋转操作引起基矢量的转动

8.2.2 量子力学中算符的矩阵表示

设 ψ 经算符 $\hat{L}$ 作用后变为 φ，即

$$\varphi=\hat{L}\psi \tag{8-39}$$

以 F 表象(力学量 F 完全集的本征态 ψ_k)为基矢，ψ 和 φ 分别表示为

$$\psi=\sum_k a_k\psi_k,\quad \varphi=\sum_k b_k\psi_k \tag{8-40}$$

把式(8-40)代入式(8-39)，得

$$\sum_k b_k\psi_k=\sum_k a_k\hat{L}\psi_k \tag{8-41}$$

以 ψ_j 对式(8-41)作内积得

$$b_j=\sum_k(\psi_j,\hat{L}\psi_k)a_k=\sum_k L_{jk}a_k \tag{8-42}$$

式中

$$L_{jk}=(\psi_j,\ \hat{L}\psi_k) \tag{8-43}$$

式(8-43)是算符 $\hat{L}$ 在 F 表象中的表示。在选定表象后，算符对应于一个矩阵。这个矩阵的第 j 行第 k 列的矩阵元 L_{jk} 是算符 $\hat{L}$ 作用在第 k 个基矢 $\psi_k(x)$ 后得出的函数 $\hat{L}\psi_k(x)$ 与第 j 个基矢 $\psi_j(x)$ 的内积。

由式(8-42)可见，力学量算符对态的作用可以写成

$$\begin{pmatrix} b_1\\ b_2\\ \vdots \end{pmatrix}=\begin{pmatrix} L_{11} & L_{12} & \cdots\\ L_{21} & L_{22} & \cdots\\ \vdots & \vdots & \vdots \end{pmatrix}\begin{pmatrix} a_1\\ a_2\\ \vdots \end{pmatrix} \tag{8-44}$$

因此，(L_{jk}) 矩阵一旦确定，则所有基矢(因而任何矢量)在 $\hat{L}$ 作用下的变化就完全确定了。

【例 8-1】 求一维谐振子坐标 x、动量 p，以及哈密顿量(H)在能量表象中的表示。

解：利用一维谐振子波函数的递推关系，即

$$x\psi_n=\frac{1}{\alpha}\left[\sqrt{\frac{n}{2}}\psi_{n-1}+\sqrt{\frac{n+1}{2}}\psi_{n+1}\right] \tag{8-45}$$

$$\frac{\mathrm{d}}{\mathrm{d}x}\psi_n=\alpha\left[\sqrt{\frac{n}{2}}\psi_{n-1}+\sqrt{\frac{n+1}{2}}\psi_{n+1}\right] \tag{8-46}$$

得

$$x_{mn}=(\psi_m,\ x\psi_n)=\frac{1}{\alpha}\left[\sqrt{\frac{n+1}{2}}\delta_{m,n+1}+\sqrt{\frac{n}{2}}\delta_{m,n-1}\right] \tag{8-47}$$

$$\begin{aligned} p_{mn}&=\left(\psi_m,\ -\mathrm{i}\hbar\frac{\mathrm{d}}{\mathrm{d}x}\psi_n\right)\\ &=\mathrm{i}\hbar\alpha\left[\sqrt{\frac{n+1}{2}}\delta_{m,n+1}-\sqrt{\frac{n}{2}}\delta_{m,n-1}\right] \end{aligned} \tag{8-48}$$

注意：这里的 m、n 都是由 0 开始取值。于是有

$$(x_{mn})=\frac{1}{\alpha}\begin{pmatrix} 0 & 1/\sqrt{2} & 0 & 0 & \cdots \\ 1/\sqrt{2} & 0 & 1 & 0 & \cdots \\ 0 & 1 & 0 & \sqrt{3/2} & \cdots \\ 0 & 0 & \sqrt{3/2} & 0 & \cdots \\ \vdots & \vdots & \vdots & \vdots & \ddots \end{pmatrix} \tag{8-49}$$

$$(p_{mn})=\mathrm{i}\hbar\alpha\begin{pmatrix} 0 & -1/\sqrt{2} & 0 & 0 & \cdots \\ 1/\sqrt{2} & 0 & 1 & 0 & \cdots \\ 0 & 1 & 0 & -\sqrt{3/2} & \cdots \\ 0 & 0 & \sqrt{3/2} & 0 & \cdots \\ \vdots & \vdots & \vdots & \vdots & \ddots \end{pmatrix} \tag{8-50}$$

而

$$H_{nm}=(\psi_m,\ \hat{H}\psi_n)=E_n\delta_{mn}=\left(n+\frac{1}{2}\right)\hbar\omega\,\delta_{mn} \tag{8-51}$$

所以，$(H_{mn})=\hbar\omega\begin{pmatrix} 1/2 & 0 & 0 & 0 & \cdots \\ 0 & 3/2 & 0 & 0 & \cdots \\ 0 & 0 & 5/2 & 0 & \cdots \\ 0 & 0 & 0 & 7/2 & \cdots \\ \vdots & \vdots & \vdots & \vdots & \ddots \end{pmatrix}$是一个对角矩阵。这是因为任何力学量在自身表象中的表示都是对角矩阵。

8.3 量子力学公式的矩阵表示

在引入特定表象后，量子力学中的所有公式都可用矩阵表述，从而构成矩阵力学。以 $\hat{F}$ 表象为例，量子力学公式可通过下述公式表示。设力学量完全集 F 的本征态是分立的(基矢可数)，在 F 表象中，力学量 L 的矩阵元表示为

$$L_{kj}=(\psi_k,\ \hat{L}\psi_j) \tag{8-52}$$

而量子态 ψ 则表示成列矢的形式，即

$$\psi=\begin{pmatrix} a_1 \\ a_2 \\ \vdots \end{pmatrix},\quad \psi^*=(a_1^*,\ a_2^*,\ \cdots) \tag{8-53}$$

式中

$$a_k=(\psi_k,\ \psi) \tag{8-54}$$

这样，量子力学的理论表述均可表示成矩阵的形式。

下面分别讨论薛定谔方程、平均值公式及本征值方程的矩阵形式。

8.3.1 薛定谔方程的矩阵表示

薛定谔方程为

$$\mathrm{i}\hbar\frac{\partial}{\partial t}\psi=\hat{H}\psi \tag{8-55}$$

在 F 表象中，$\psi(r,t)=\sum_k a_k(t)\psi_k(r)$，系数为时间 t 的函数。代入式(8-55)得

$$i\hbar\sum_k \dot{a}_k(t)\psi_k=\sum_k a_k(t)\hat{H}\psi_k \tag{8-56}$$

对式(8-56)左乘$(\psi_j,\ \cdots)$作内积，得

$$i\hbar\sum_k \dot{a}_k(t)(\psi_j,\ \psi_k)=\sum_k a_k(t)(\psi_j,\ \hat{H}\psi_k) \tag{8-57}$$

而 $H_{jk}=(\psi_j,\ \hat{H}\psi_k)$，这样利用基矢的性质，有

$$i\hbar\dot{a}_j(t)=\sum_k H_{jk}a_k \tag{8-58}$$

因此，薛定谔方程写成如下矩阵的形式为

$$i\hbar\begin{pmatrix}\dot{a}_1\\ \dot{a}_2\\ \vdots\end{pmatrix}=\begin{pmatrix}H_{11} & H_{12} & \cdots\\ H_{21} & H_{22} & \cdots\\ \vdots & \vdots & \vdots\end{pmatrix}\begin{pmatrix}a_1\\ a_2\\ \vdots\end{pmatrix} \tag{8-59}$$

8.3.2 平均值公式的矩阵表示

对于力学量算符 $\hat{L}$，其平均值公式为

$$\begin{aligned}\overline{L}&=(\psi,\ \hat{L}\psi)=\sum_{kj}a_k^*(\psi_k,\ \hat{L}\psi_j)a_j\\ &=\sum_{kj}a_k^*L_{kj}a_j=(a_1^*,\ a_2^*,\ \cdots)\begin{pmatrix}L_{11} & L_{12} & \cdots\\ L_{21} & L_{22} & \cdots\\ \vdots & \vdots & \vdots\end{pmatrix}\begin{pmatrix}a_1\\ a_2\\ \vdots\end{pmatrix}\end{aligned} \tag{8-60}$$

若 $\hat{L}=\hat{F}$，即在自身表象中，则

$$L_{kj}=(\psi_k,\ \hat{L}\psi_j)=L_j\delta_{kj} \tag{8-61}$$

这说明 $\boldsymbol{L}$ 是个对角矩阵，将式(8-61)代入平均值公式(8-60)，有

$$\overline{L}=\sum_{kj}a_k^*L_{kj}a_j=\sum_k|a_k|^2L_k \tag{8-62}$$

即 $\overline{L}$ 取值为 L_k 的概率是 $|a_k|^2$。

8.3.3 本征值方程的矩阵表示

对本征值方程

$$\hat{L}\psi=L'\psi \tag{8-63}$$

把 $\psi=\sum_k a_k\psi_k$ 代入式(8-63)，有

$$\sum_k a_k\hat{L}\psi_k=L'\sum_k a_k\psi_k \tag{8-64}$$

用 ψ_j 与式(8-64)作内积，可得 $\sum_k L_{jk}a_k=L'a_j$，即

$$\sum_k(L_{jk}-L'\delta_{jk})a_k=0 \tag{8-65}$$

这是关于 a_k 的齐次线性方程组。方程组有非零解的充要条件是系数行列式为零，即

$$\det|L_{jk}-L'\delta_{jk}|=0 \tag{8-66}$$

写出明显的行列式形式为

$$\begin{vmatrix} L_{11}-L' & L_{12} & L_{13} & \cdots \\ L_{21} & L_{22}-L' & L_{23} & \cdots \\ L_{31} & L_{32} & L_{33}-L' & \cdots \\ \vdots & \vdots & \vdots & \ddots \end{vmatrix}=0 \tag{8-67}$$

如果表象空间的维数为 N，则式(8-67)是关于 L' 的 N 次方程，有 N 个实根。记为 $L'_j(j=1, 2, \cdots, N)$，用解得的 L'_j 代入前面所得方程组(8-65)有

$$\sum_k(L_{jk}-L'\delta_{jk})a_k=0 \tag{8-68}$$

可以得到 $a_k^{(j)}(k=1, 2, \cdots, N)$，并把它表示成列矢的形式为

$$\boldsymbol{\psi}=\begin{pmatrix} a_1^{(j)} \\ a_2^{(j)} \\ \vdots \\ a_N^{(j)} \end{pmatrix},\quad j=1, 2, \cdots, N \tag{8-69}$$

它就是与本征值 L'_j 相应的本征态在 F 表象中的表示。

注意：若 L' 有重根，则会出现简并(不同的态对应相同的能量)，简并态还不能唯一确定。

8.3.4 力学量的表象变换

在 F 表象中，$\{\psi_k\}$ 是基矢，力学量算符 $\hat{L}$ 可以表示为

$$L_{kj}=(\psi_k, \hat{L}\psi_j) \tag{8-70}$$

在 F' 表象中，$\{\psi'_\alpha\}$ 是基矢，力学量算符 $\hat{L}$ 可以表示为

$$L'_{\alpha\beta}=(\psi'_\alpha, \hat{L}\psi'_\beta) \tag{8-71}$$

下面寻找 $L'_{\alpha\beta}$ 与 L_{kj} 的关系。

因为 ψ_k 是基矢，可以将 ψ'_α 按 F 表象中的基矢 ψ_k 展开，有

$$\psi'_\alpha=\sum_\beta c_\beta\psi_\beta \tag{8-72}$$

用 ψ_k 与式(8-72)作内积，有

$$(\psi_k, \psi'_\alpha)=\sum_\beta c_\beta(\psi_k, \psi_\beta)=\sum_\beta c_\beta\delta_{k\beta}=c_k \tag{8-73}$$

即

$$c_\beta=(\psi_\beta, \psi'_\alpha) \tag{8-74}$$

或

$$\psi'_\alpha=\sum_\beta(\psi_\beta, \psi'_\alpha)\psi_\beta=\sum_k(\psi_k, \psi'_\alpha)\psi_k=\sum_k S^*_{\alpha k}\psi_k \tag{8-75}$$

式中

$$S_{\alpha k}=(\psi'_\alpha, \psi_k) \tag{8-76}$$

同理可得

$$\psi'_\beta=\sum_j S^*_{\beta j}\psi_j \tag{8-77}$$

式中

$$S_{\beta j}=(\psi'_\beta,\ \psi_j) \tag{8-78}$$

所以

$$L'_{\alpha\beta}=(\psi'_\alpha,\hat{L}\psi'_\beta)=\sum_{kj}(S^*_{\alpha k}\psi_k,\hat{L}S^*_{\beta j}\psi_j)=\sum_{kj}S_{\alpha k}(\psi_k,\hat{L}\psi_j)S^*_{\beta j}$$

$$=\sum_{kj}S_{\alpha k}(\psi_k,\hat{L}\psi_j)S^*_{\beta j} \tag{8-79}$$

$$=\sum_{kj}S_{\alpha k}L_{kj}S_{j\beta}=(\boldsymbol{SLS}^+)_{\alpha\beta}$$

即

$$\boldsymbol{L}'=\boldsymbol{SLS}^{-1} \tag{8-80}$$

式中

$$\boldsymbol{S}_{\alpha k}=(\psi'_\alpha,\ \psi_k) \tag{8-81}$$

式(8-81)是从 F 表象到 F' 表象间基矢变换的幺正矩阵，即 $\boldsymbol{S}^+=\boldsymbol{S}^{-1}$。

小　结

1. 量子态和力学量算符的不同表示形式称为表象。在量子力学中的量子态相当于几何学中的矢量，对矢量的表示可以选择不同的坐标系(基矢正交归一)，同样对量子态的描述也可以选择不同力学量的本征函数系(基矢正交归一)。量子力学中对量子态的作用，使得量子态从 $\psi(\boldsymbol{r},\ t)$ 到另一量子态 $\varphi(\boldsymbol{r},\ t)$，相当于几何学中对矢量的旋转，使得由矢量 $\boldsymbol{A}$ 到矢量 $\boldsymbol{B}$。

2. 将波函数 $\psi(\boldsymbol{r},\ t)$ 按 $\hat{F}$ 算符的正交归一本征函数系 $\{\psi_k(\boldsymbol{r})\}$ 展开为

$$\psi(\boldsymbol{r},\ t)=\sum_k a_k(t)\psi_k(\boldsymbol{r})$$

展开系数 $\{a_k(t)\}$ 就是波函数 $\psi(\boldsymbol{r},\ t)$ 在 F 表象中的表示。$a_k(t)$ 简写为 $a_k(\psi_k,\ \psi)$，它们分别是与各基矢的内积，写成矩阵形式为

$$\psi(\boldsymbol{r},\ t)=\begin{pmatrix}a_1(t)\\ a_2(t)\\ \vdots\\ a_k(t)\\ \vdots\end{pmatrix}$$

它的共轭矩阵是 $\boldsymbol{\psi}^+=(a_1^*(t),\ a_2^*(t),\ \cdots,\ a_k^*(t),\ \cdots)$。

3. 力学量 $\boldsymbol{L}$ 在 F 表象中的矩阵为

$$\boldsymbol{L}=\begin{pmatrix}L_{11} & L_{12} & \cdots\\ L_{21} & L_{22} & \cdots\\ \vdots & \vdots & \vdots\end{pmatrix}$$

式中，$L_{kj}=(\psi_j,\ \hat{L}\psi_k)$。

4. 量子力学公式的矩阵形式主要有以下四种：

(1) 薛定谔方程的矩阵形式为

$$\mathrm{i}\hbar\begin{pmatrix}\dot{a}_1\\ \dot{a}_2\\ \vdots\end{pmatrix}=\begin{pmatrix}H_{11} & H_{12} & \cdots\\ H_{21} & H_{22} & \cdots\\ \vdots & \vdots & \vdots\end{pmatrix}\begin{pmatrix}a_1\\ a_2\\ \vdots\end{pmatrix}$$

式中，$H_{jk}=(\psi_j,\ \hat{H}\psi_k)$。

(2) 平均值公式的矩阵形式为

$$\overline{L}=(\psi,\ \hat{L}\psi)=\sum_{kj}a_k^*(\psi_k,\ \hat{L}\psi_j)a_j$$

$$=\sum_{kj}a_k^*L_{kj}a_j=(a_1^*,\ a_2^*,\ \cdots)\begin{pmatrix}L_{11} & L_{12} & \cdots\\ L_{21} & L_{22} & \cdots\\ \vdots & \vdots & \vdots\end{pmatrix}\begin{pmatrix}a_1\\ a_2\\ \vdots\end{pmatrix}$$

(3) 本征值方程的矩阵形式为

$$\begin{vmatrix}L_{11}-L' & L_{12} & L_{13} & \cdots\\ L_{21} & L_{22}-L' & L_{23} & \cdots\\ L_{31} & L_{32} & L_{33}-L' & \cdots\\ \vdots & \vdots & \vdots & \ddots\end{vmatrix}=0$$

(4) 力学量的表象变换的矩阵形式为

$$\boldsymbol{L}'=\boldsymbol{SLS}^{-1}$$

式中，$S_{\alpha k}=(\psi'_\alpha,\ \psi_k)$。

习题

1. 设粒子处在宽度为 a 的无限深势阱中，求能量表象中粒子坐标和动量的矩阵表示。

2. $\psi(x,\ t)$是质量为 m 的自由粒子的一维薛定谔方程的解，$\psi(x,\ 0)=A\mathrm{e}^{-x^2/a^2}$。求 $t=0$ 时，动量空间的概率振幅。

3. 设 $\hat{H}=\dfrac{p_x^2}{2m}+V(x)$，写出在 x 表象中 $\hat{x}$、$\hat{p}_x$及 $\hat{H}$ 的矩阵元。

4. 求在动量表象中角动量 L_x的矩阵元和 L_x^2的矩阵元。

5. 求线性谐振子哈密顿量在动量表象中的矩阵元。

6. 设已知在 $\hat{L}^2$ 和 $\hat{L}_z$的共同表象中，算符 $\hat{L}_x$和 $\hat{L}_y$的矩阵分别为

$$\boldsymbol{L}_x=\frac{\hbar\sqrt{2}}{2}\begin{pmatrix}0 & 1 & 0\\ 1 & 0 & 1\\ 0 & 1 & 0\end{pmatrix},\quad \boldsymbol{L}_y=\frac{\hbar\sqrt{2}}{2}\begin{pmatrix}0 & \mathrm{i} & 0\\ \mathrm{i} & 0 & \mathrm{i}\\ 0 & \mathrm{i} & 0\end{pmatrix}$$

求它们的本征值和归一化的本征函数。最后将矩阵 $\boldsymbol{L}_x$和 $\boldsymbol{L}_y$对角化。

7. 设厄密算符 $\hat{A}$、$\hat{B}$，满足 $\hat{A}^2=\hat{B}^2=\boldsymbol{I}$，而且 $\hat{A}\hat{B}+\hat{B}\hat{A}=0$，求：

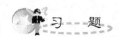

(1) 在 A 表象中，算符 $\hat{A}$、$\hat{B}$ 的矩阵表示；算符 $\hat{B}$ 的本征值和本征函数；

(2) 在 B 表象中，算符 $\hat{A}$、$\hat{B}$ 的矩阵表示；算符 $\hat{A}$ 的本征值和本征函数；

(3) 由 A 表象到 B 表象的幺正变换矩阵 $\boldsymbol{S}$。

8. 设矩阵 $\boldsymbol{A}$ 和 $\boldsymbol{B}$ 满足 $\boldsymbol{A}^2=0$，$\boldsymbol{A}\boldsymbol{A}^+ + \boldsymbol{A}^+\boldsymbol{A}=\boldsymbol{I}$，$\boldsymbol{B}=\boldsymbol{A}^+\boldsymbol{A}$。

(1) 证明：$\boldsymbol{B}^2=\boldsymbol{B}$；

(2) 在 $\boldsymbol{B}$ 表象中求出 $\boldsymbol{A}$ 的矩阵表示(设 $\boldsymbol{B}$ 的本征态无简并)。

第9章

常用的近似方法

本章教学要点

知识要点	掌握程度	相关知识
非简并态微扰理论	熟悉非简并态微扰理论的基本思想； 掌握能量一级和二级修正的计算方法，知道微扰项的选择原则	非简并态； 矩阵元； 近似精度
简并态微扰理论	熟悉简并态微扰理论的求解方法； 会求解久期方程	简并态与简并度； 简并的解除
氢原子的一级Stark效应	熟悉氢原子的Stark效应； 了解氢原子一级Stark效应的量子力学解释	简并态微扰理论
变分法及其应用	熟悉变分法求原子基态能量的方法和步骤； 了解氦原子基态的变分计算法	变分原理； 试探波函数
晶体中一维近自由电子近似	了解晶体中一维近自由电子近似的基本思想； 理解形成晶体能带结构的原因	微扰理论的应用； 周期场
含时微扰理论	知道含时微扰的概念； 了解量子跃迁的物理机制	含时薛定谔方程； 跃迁速率
跃迁概率	了解常微扰和周期性微扰情况下的跃迁概率； 知道黄金规则	δ函数； 态密度
光的发射和吸收、选择定则	知道自发辐射的爱因斯坦唯象理论； 掌握偶极辐射跃迁的选择定则	玻耳兹曼分布； 黑体辐射

导读材料

激光最初的中文名是“镭射”、“莱塞”，是它的英文名称 LASER 的音译，是取自英文 Light Amplification by Stimulated Emission of Radiation 中各单词首字母组成的缩写词，意思是“由受激发射的光放大产生的辐射”。1964 年按照我国著名科学家钱学森建议将“光受激发射”改称为“激光”。

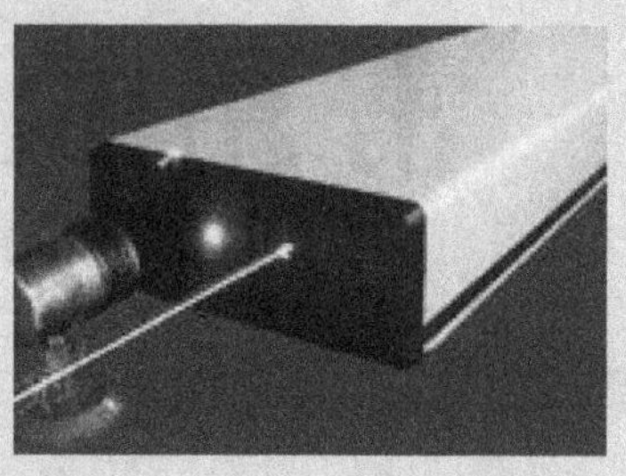

激光器的发明是 20 世纪科学技术的一项重大成就。它使人们终于有能力驾驭尺度极小、数量极大、运动极混乱的分子和原子的发光过程，从而获得产生、放大相干的红外线、可见光线和紫外线(以至 X 射线和 γ 射线)的能力。激光科学技术的兴起使人类对光的认识和利用达到了一个崭新的水平。

如果一个系统中处于高能态的粒子数多于低能态的粒子数，就出现了粒子数的反转状态。那么只要有一个光子引发，就会迫使一个处于高能态的原子受激辐射出一个与之相同的光子，这两个光子又会引发其他原子受激辐射，这样就实现了光的放大；如果加上适当的谐振腔的反馈作用便形成光振荡，从而发射出激光。这就是激光器的工作原理。

除自由电子激光器外，各种激光器的基本工作原理均相同，产生激光必不可少的条件是粒子数反转和增益大过损耗，所以装置中必不可少的组成部分有激励(或抽运)源、具有亚稳态能级的工作介质两个部分。激励是工作介质吸收外来能量后激发到激发态，为实现并维持粒子数反转创造条件。激励方式有光学激励、电激励、化学激励和核能激励等。工作介质具有亚稳态能级，是使受激辐射占主导地位，从而实现光放大。激光器中常见的组成部分还有谐振腔(但并非必不可少的组成部分)，谐振腔可使腔内的光子有一致的频率、相位和运行方向，从而使激光具有良好的方向性和相干性。而且，它可以很好地缩短工作物质的长度，还能通过改变谐振腔长度来调节所产生激光的模式(即选模)，所以一般激光器都具有谐振腔。

与普通光源相比，激光光源具有单色性好、亮度高、方向性强和相干性强等特点。激光技术已迅速运用于工业、农业、精密测量和探测、通信与信息处理、医疗、军事等各方面，并在许多领域引起了革命性的突破。

在前几章，我们已介绍了量子力学的基本概念和基本原理，并利用这些原理求解了一些较简单的问题，如求得了一维无限深势阱中运动的粒子、线性谐振子、氢原子等体系的能量本征值和本征函数。对这些简单体系，我们可以精确求解。但是由于体系的哈密顿量复杂，量子力学的许多实际问题很难求出其精确解，甚至无法求解，而只能求近似解。因此，量子力学中用来求问题的近似解的方法(近似方法)就显得非常重要。近似方法一般可以分为两类：一类用于体系的哈密顿算符不是时间的显函数，讨论的是定态问题，定态微扰理论、变分法就属于这一类；另一类用于体系的哈密顿算符是时间的显函数，讨论的是体系状态之间的跃迁问题，含时微扰理论、跃迁概率就属于这一类。本章还将应用这一类方法来讨论光的发射和吸收，以及晶体中一维近自由电子近似等问题。

9.1 非简并态微扰理论

微扰理论方法的基本思想是：从通常难以精确求解的哈密顿量 $\hat{H}$ 中，划分出其中数值较小的部分 $\hat{H}'$，即有 $\hat{H}=\hat{H}_0+\hat{H}'$，划分出 $\hat{H}'$后剩下 $\hat{H}_0$的本征值问题能精确求解。然后，以 $\hat{H}_0$相应算符的本征态和本征值为基础和出发点，以逐级近似的方法考虑 $\hat{H}'$的影响，给出 $\hat{H}$ 的本征态和本征值的逐级近似解(又称微扰修正)，直至达到需要的精度为止。

假设体系的哈密顿算符 $\hat{H}$ 不显含时间，而且可以分为两部分：一部分是 $\hat{H}^{(0)}$，它的本征值 $E_n^{(0)}$ 和本征函数 $\psi_n^{(0)}$ 是已知的或者容易精确求解；另一部分是 $\hat{H}'$，很小，可以看作加于 $\hat{H}^{(0)}$上的微扰。其公式表示为

$$\hat{H}=\hat{H}^{(0)}+\hat{H}' \tag{9-1}$$

$$\hat{H}^{(0)}\psi_n^{(0)}=E_n^{(0)}\psi_n^{(0)} \tag{9-2}$$

以 E_n 和 ψ_n 表示 $\hat{H}$ 的本征值和本征函数，即

$$\hat{H}\psi_n=E_n\psi_n \tag{9-3}$$

微扰的引入使得体系的能级由 $E_n^{(0)}$ 变为 E_n，即能级发生移动(图 9.1)，波函数也由 $\psi_n^{(0)}$ 变为 ψ_n。

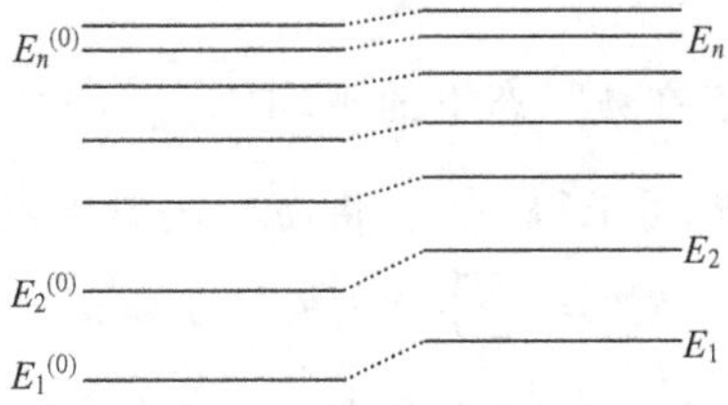

图 9.1 受微扰后能级的移动

下面要讨论的定态微扰理论，可以近似地由 $\hat{H}^{(0)}$的分立能级 $E_n^{(0)}$ 求出与 $\hat{H}$ 相对应的能级 E_n，由波函数系 $\psi_n^{(0)}$ 求出 ψ_n。

为了明显地表示出微扰项 $\hat{H}'$的微小程度，将 $\hat{H}'$写为 $\hat{H}'=\lambda\hat{H}^{(1)}$，其中 λ 是一个很小的实参数。由于 E_n、ψ_n 都和微扰有关，可以把它们看作表征微扰程度的参数 λ 的函数。将它们展开为 λ 的幂级数

$$E_n=E_n^{(0)}+\lambda E_n^{(1)}+\lambda^2E_n^{(2)}+\cdots \tag{9-4}$$

$$\psi_n = \psi_n^{(0)} + \lambda\psi_n^{(1)} + \lambda^2\psi_n^{(2)} + \cdots \tag{9-5}$$

式中，$E_n^{(0)}$、$\psi_n^{(0)}$ 分别为体系未受微扰时的能量和波函数，称为**零级近似能量和零级近似波函数**。$\lambda E_n^{(1)}$、$\lambda\psi_n^{(1)}$ 分别为能量和波函数的一级修正，依此类推。

将 $\hat{H}'=\lambda\hat{H}^{(1)}$ 先代入式(9-1)，再把式(9-1)、(9-4)、(9-5)代入式(9-3)中，得

$$(\hat{H}^{(0)}+\lambda\hat{H}^{(1)})(\psi_n^{(0)}+\lambda\psi_n^{(1)}+\lambda^2\psi_n^{(2)}+\cdots)=(E_n^{(0)}+\lambda E_n^{(1)}+\lambda^2 E_n^{(2)}+\cdots)(\psi_n^{(0)}+\lambda\psi_n^{(1)}+\lambda^2\psi_n^{(2)}+\cdots) \tag{9-6}$$

这个恒等式两边的 λ 同次幂系数应相等，由此得到下面一系列的方程：

$$\lambda^0:(\hat{H}^{(0)}-E_n^{(0)})\psi_n^{(0)}=0 \tag{9-7}$$

$$\lambda^1:(\hat{H}^{(0)}-E_n^{(0)})\psi_n^{(1)}=-(\hat{H}^{(1)}-E_n^{(1)})\psi_n^{(0)} \tag{9-8}$$

$$\lambda^2:(\hat{H}^{(0)}-E_n^{(0)})\psi_n^{(2)}=-(\hat{H}^{(1)}-E_n^{(1)})\psi_n^{(1)}+E_n^{(2)}\psi_n^{(0)} \tag{9-9}$$

式(9-7)即式(9-2)，它的解为已知或容易精确地求解。

人们引入 λ 是为了更清楚地得到上述方程，达到目的后，将 λ 省去，把 $\hat{H}^{(1)}$ 理解为 $\hat{H}'$，把 $E_n^{(1)}$、$\psi_n^{(1)}$ 分别理解为能量和波函数的一级修正，这样就明确了。

下面讨论 $E_n^{(0)}$ 非简并的情况。对应于这个本征值，$\hat{H}^{(0)}$ 的本征函数只有一个 $\psi_n^{(0)}$，它就是 ψ_n 的零级近似。设 $\psi_n^{(0)}$ 已经归一化。为了求 $E_n^{(1)}$，以 $\psi_n^{(0)*}$ 左乘式(9-8)两边，并对整个空间积分，得

$$\int\psi_n^{(0)*}(\hat{H}^{(0)}-E_n^{(0)})\psi_n^{(0)}\,\mathrm{d}\tau = E_n^{(1)}\int\psi_n^{(0)*}\psi_n^{(0)}\,\mathrm{d}\tau - \int\psi_n^{(0)*}\hat{H}'\psi_n^{(0)}\,\mathrm{d}\tau \tag{9-10}$$

因 $\hat{H}^{(0)}$ 是厄密算符，$E_n^{(0)}$ 是实数，故等式左边有

$$\int\psi_n^{(0)*}(\hat{H}^{(0)}-E_n^{(0)})\psi_n^{(0)}\,\mathrm{d}\tau = \int(\hat{H}^{(0)}\psi_n^{(0)}-E_n^{(0)}\psi_n^{(0)})^*\psi_n^{(0)}\,\mathrm{d}\tau = 0 \tag{9-11}$$

同时 $\psi_n^{(0)}$ 是正交归一化的，于是由式(9-10)得

$$E_n^{(1)} = \int\psi_n^{(0)*}\hat{H}'\psi_n^{(0)}\,\mathrm{d}\tau \tag{9-12}$$

即能量的一级修正 $E_n^{(1)}$ 等于 $\hat{H}'$ 在 $\psi_n^{(0)}$ 态下的平均值。

$E_n^{(1)}$ 已经求得，由式(9-8)可求得 $\psi_n^{(1)}$。将 $\psi_n^{(1)}$ 按 $\hat{H}^{(0)}$ 的本征函数系展开为

$$\psi_n^{(1)} = \sum_l c_l^{(1)}\psi_l^{(0)},\quad l\neq n \tag{9-13}$$

该波函数与 $\psi_n^{(0)}$ 正交。将式(9-13)代入式(9-8)中，得

$$\hat{H}^{(0)}\sum_l c_l^{(1)}\psi_l^{(0)} - E_n^{(0)}\sum_l c_l^{(1)}\psi_l^{(0)} = E_n^{(1)}\psi_l^{(0)} - \hat{H}'\psi_l^{(0)}$$

上式即

$$\sum_l E_n^{(0)}c_l^{(1)}\psi_l^{(0)} - E_n^{(0)}\sum_l c_l^{(1)}\psi_l^{(0)} = E_n^{(1)}\psi_l^{(0)} - \hat{H}'\psi_l^{(0)}$$

以 $\psi_m^{(0)*}$ $(m\neq n)$左乘上式两边后，对整个空间积分，并因 $\psi_l^{(0)}$ 的正交归一性，得

$$\sum_l E_l^{(0)}c_l^{(1)}\delta_{ml} - E_n^{(0)}\sum_l c_l^{(1)}\delta_{ml} = -\int\psi_m^{(0)*}\hat{H}'\psi_n^{(0)}\,\mathrm{d}\tau \tag{9-14}$$

令

$$\int \psi_m^{(0)*} \hat{H}' \psi_n^{(0)} = H'_{mn} \tag{9-15}$$

式中，H'_{mn} 称为**微扰矩阵元**。于是式(9-14)简化为$(E_n^{(0)}-E_m^{(0)})c_m^{(1)}=H'_{mn}$，因此有

$$c_m^{(1)}=\frac{H'_{mn}}{E_n^{(0)}-E_m^{(0)}} \tag{9-16}$$

将式(9-16)代入式(9-13)，得

$$\psi_n^{(1)}=\sum_{m\neq n}\frac{H'_{mn}}{E_n^{(0)}-E_m^{(0)}}\psi_m^{(0)} \tag{9-17}$$

为了求能量二级修正，把式(9-13)代入式(9-9)，并用 $\psi_n^{(0)*}$ 左乘式(9-9)两边，对整个空间积分，得

$$\int \psi_n^{(0)*}(\hat{H}^{(0)}-E_n^{(0)})\psi_n^{(2)}\,\mathrm{d}\tau = E_n^{(1)}\sum_m c_m^{(1)}\delta_{nm}-\sum_m c_m^{(1)}H'_{nm}+E_n^{(2)}$$

这里利用 $\psi_n^{(0)}$ 的正交归一性，类比式(9-11)，上式左边为零，右边第一项由于$m\neq n$，也为零，则

$$E_n^{(2)}=\sum_{m\neq n}c_m^{(1)}H'_{nm}=\sum_{m\neq n}\frac{|H'_{mn}|^2}{E_n^{(0)}-E_m^{(0)}} \tag{9-18}$$

由式(9-9)还可以求出 $\psi_n^{(2)}$。用类似的步骤可以求得能量和波函数的更高级修正，这里不作详细推导，有兴趣的读者可以自己完成。

至此，已得到受微扰体系的能量和波函数分别为

$$E_n=E_n^{(0)}+H'_{nn}+\sum_{m\neq n}\frac{|H'_{mn}|^2}{E_n^{(0)}-E_m^{(0)}}+\cdots \tag{9-19}$$

$$\psi_n=\psi_n^{(0)}+\sum_{m\neq n}\frac{H'_{mn}}{E_n^{(0)}-E_m^{(0)}}\psi_m^{(0)}+\cdots \tag{9-20}$$

微扰理论适用的条件是级数式(9-19)和式(9-20)收敛。而所讨论的两个级数的一般项我们不知道，在此情况下，只能要求级数的已知几项中后面的项远小于前面的项，得到理论适用的条件为

$$\left|\frac{H'_{mn}}{E_n^{(0)}-E_m^{(0)}}\right|\ll 1 \tag{9-21}$$

这就是 $\hat{H}'$ 很小的明确表示式，而且要求能级 $E_n^{(0)}$ 与其他诸能级 $E_m^{(0)}$ 的间距不能太小。

【例 9-1】 在 $\hat{H}^{(0)}$ 表象中系统能量算符为 $\hat{H}=\hat{H}^{(0)}+\hat{H}'$，其中

$$\hat{H}^{(0)}=\begin{pmatrix}E_1^{(0)} & 0\\ 0 & E_2^{(0)}\end{pmatrix},\quad \hat{H}'=\begin{pmatrix}0 & \lambda\\ \lambda & 0\end{pmatrix}$$

$\lambda\ll E_1^{(0)}<E_2^{(0)}$。试用微扰理论求能量本征值，精确到二级修正。

解：体系的哈密顿算符是 $\hat{H}=\hat{H}^{(0)}+\hat{H}'$，而 $\lambda\ll E_1^{(0)}<E_2^{(0)}$，$\hat{H}'$ 可视为微扰。$\hat{H}^{(0)}$ 的本征态是非简并的，可用非简并微扰论计算。

能量的零级近似为

$$E_1^{(0)}=E_1^{(0)},\quad E_2^{(0)}=E_2^{(0)}$$

能量的一级修正为

$$E_1^{(1)}=H'_{11},\quad E_2^{(1)}=H'_{22}$$

由题已知 $H'_{11}=H'_{22}=0$，故能量的一级近似修正为 0，即 $E_1^{(1)}=E_2^{(1)}=0$。下面求能量

的二级修正为

$$E_1^{(2)}=\frac{|H'_{21}|^2}{E_1^{(0)}-E_2^{(0)}}=\frac{\lambda^2}{E_1^{(0)}-E_2^{(0)}},\quad E_2^{(2)}=\frac{|H'_{12}|^2}{E_2^{(0)}-E_1^{(0)}}=\frac{\lambda^2}{E_2^{(0)}-E_1^{(0)}}$$

因此，修正到二级的体系能量为

$$E_1\approx E_1^{(0)}-\frac{\lambda^2}{E_2^{(0)}-E_1^{(0)}},\quad E_2\approx E_2^{(0)}+\frac{\lambda^2}{E_2^{(0)}-E_1^{(0)}}$$

因为 $E_1^{(0)}<E_2^{(0)}$，说明考虑微扰修正后，$E_1<E_1^{(0)}$，$E_2>E_2^{(0)}$。

本题可以精确求解出 $\hat{H}$ 的本征能量，请读者自己完成。

【例 9-2】 一电荷为 e 的线性谐振子受恒定弱电场 ε 作用，电场沿正 x 方向。用微扰理论求体系的定态能量和波函数。

解：体系的哈密顿算符为 $\hat{H}=-\frac{\hbar^2}{2m}\frac{\mathrm{d}^2}{\mathrm{d}x^2}+\frac{1}{2}m\omega^2x^2-e\varepsilon x$。在弱电场条件下，取

$$\hat{H}^{(0)}=-\frac{\hbar^2}{2m}\frac{\mathrm{d}^2}{\mathrm{d}x^2}+\frac{1}{2}m\omega^2x^2,\quad \hat{H}'=-e\varepsilon x$$

$\hat{H}^{(0)}$ 是线性谐振子的哈密顿算符，我们已经知道它的本征值与本征函数，分别为

$$E_n^{(0)}=(n+1/2)\hbar\omega,\quad \psi_n^{(0)}=N_n\mathrm{e}^{-\alpha^2x^2/2}\mathrm{H}_n(\alpha x)$$

下面首先计算能量一级修正：

$$E_n^{(1)}=\int_{-\infty}^{+\infty}\psi_n^{(0)*}\hat{H}'\psi_n^{(0)}\mathrm{d}x=-N_n^2e\varepsilon\int_{-\infty}^{+\infty}x[\mathrm{H}_n(\alpha x)]^2\mathrm{e}^{-\alpha^2x^2}\mathrm{d}x=0\quad\text{（奇函数对称积分）}$$

这样能量的一级修正就为 0，所以必须计算能量的二级修正。为此，先计算微扰矩阵元 H'_{mn}，即

$$H'_{mn}=-e\varepsilon\int_{-\infty}^{+\infty}\psi_m^{(0)*}x\psi_n^{(0)}\mathrm{d}x=-e\varepsilon\int_{-\infty}^{+\infty}\psi_m^{(0)}x\psi_n^{(0)}\mathrm{d}x$$

利用递推关系 $x\psi_n^{(0)}=\frac{1}{\alpha}\left[\sqrt{\frac{n}{2}}\psi_{n-1}^{(0)}+\sqrt{\frac{n+1}{2}}\psi_{n+1}^{(0)}\right]$代入上式，并利用 $\psi_n^{(0)}$ 的正交归一性，得

$$\begin{aligned}H'_{mn}&=-e\varepsilon\alpha^{-1}\int_{-\infty}^{+\infty}\psi_m^{(0)}\left[\sqrt{n/2}\,\psi_{n-1}^{(0)}+\sqrt{(n+1)/2}\,\psi_{n+1}^{(0)}\right]\mathrm{d}x\\&=-e\varepsilon\left(\frac{\hbar}{2m\omega}\right)^{1/2}\left[\sqrt{n}\,\delta_{m,n-1}+\sqrt{n+1}\,\delta_{m,n+1}\right]\end{aligned}$$

所以能量的二级修正为

$$\begin{aligned}E_n^{(2)}&=\sum_{m\neq n}\frac{|H'_{mn}|^2}{E_n^{(0)}-E_m^{(0)}}=\frac{\hbar e^2\varepsilon^2}{2m\omega}\left(\frac{n}{E_n^{(0)}-E_{n-1}^{(0)}}+\frac{n+1}{E_n^{(0)}-E_{n+1}^{(0)}}\right)\\&=\frac{\hbar e^2\varepsilon^2}{2m\omega}\left(\frac{n}{\hbar\omega}-\frac{n+1}{\hbar\omega}\right)\\&=-\frac{e^2\varepsilon^2}{2m\omega^2}\end{aligned}$$

波函数的一级修正为

$$\begin{aligned}\psi_n^{(1)}&=\sum_{m\neq n}\frac{H'_{mn}}{E_n^{(0)}-E_m^{(0)}}\psi_m^{(0)}\\&=-e\varepsilon(\hbar/2m\omega)^{1/2}\left(\frac{\sqrt{n}}{E_n^{(0)}-E_{n-1}^{(0)}}\psi_{n-1}^{(0)}+\frac{\sqrt{n+1}}{E_n^{(0)}-E_{n+1}^{(0)}}\psi_{n+1}^{(0)}\right)\end{aligned}$$

$$=e\varepsilon(2m\hbar\omega^3)^{-1/2}\left[\sqrt{n+1}\,\psi_{n+1}^{(0)}-\sqrt{n}\,\psi_{n-1}^{(0)}\right]$$

此式对 $n\geqslant1$ 成立。若讨论基态 $n=0$ 时，则没有第二项。

本题还可以精确求解，体系的哈密顿算符可写为

$$\begin{aligned}\hat{H}&=-\frac{\hbar^2}{2m}\frac{\mathrm{d}^2}{\mathrm{d}x^2}+\frac{1}{2}m\omega^2\left(x-\frac{e\varepsilon}{m\omega^2}\right)^2-\frac{e^2\varepsilon^2}{2m\omega^2}\\&=-\frac{\hbar^2}{2m}\frac{\mathrm{d}^2}{\mathrm{d}x^2}+\frac{1}{2}m\omega^2x'^2-\frac{e^2\varepsilon^2}{2m\omega^2}\end{aligned}$$

式中，$x'=x-e\varepsilon/m\omega^2$。相应的本征能量和本征函数分别为

$$E_n=(n+1/2)\hbar\omega-e^2\varepsilon^2/2m\omega^2$$

$$\psi_n(\alpha x')=N_n\mathrm{e}^{-\alpha^2x'^2/2}\mathrm{H}_n(\alpha x')$$

由此可见，该体系仍是一个线性谐振子，它的每一个能级都比无电场时的线性谐振子相应能级降低了 $e^2\varepsilon^2/2m\omega^2$，平衡点向右移动了 $e\varepsilon/m\omega^2$。

9.2 简并态微扰理论

实际问题中，特别是处理体系的激发态时，常常碰到简并态或近似简并态，此时，9.1 节所述的微扰理论是不适用的。这里首先碰到的困难是：**零级能量给定后，对应的零级波函数不唯一**，这是简并态微扰理论首先要解决的问题。

假设 $E_n^{(0)}$ 是简并的，属于 $\hat{H}^{(0)}$ 的本征值 $E_n^{(0)}$ 有 k 个本征函数：ϕ_1，ϕ_2，…，ϕ_k，即

$$\hat{H}^{(0)}\phi_i=E_n^{(0)}\phi_i,\quad i=1,\ 2,\ \cdots,\ k \tag{9-22}$$

在这种情况下，首先要从这 k 个 ϕ 中挑选出零级近似波函数。作为零级近似波函数，它必须使式(9-8)有解。根据这个条件，把零级近似波函数 $\psi_n^{(0)}$ 写成 k 个 ϕ 的线性组合，即

$$\psi_n^{(0)}=\sum_{i=1}^{k}c_i^{(0)}\phi_i \tag{9-23}$$

式中，系数 $c_i^{(0)}$ 可按下面步骤由式(9-8)定出。

将式(9-23)代入式(9-8)中，有

$$(\hat{H}^{(0)}-E_n^{(0)})\psi_n^{(1)}=E_n^{(1)}\sum_{i=1}^{k}c_i^{(0)}\phi_i-\sum_{i=1}^{k}c_i^{(0)}\hat{H}'\phi_i$$

以 ϕ_l^* 左乘上式两边，并对整个空间积分。根据式(9-11)，上式左边为 0，于是有

$$\sum_{i=1}^{k}(\hat{H}'_{li}-E_n^{(1)}\delta_{li})c_i^{(0)}=0,\quad l=1,\ 2,\ \cdots,\ k \tag{9-24}$$

式中

$$H'_{li}=\int\phi_l^*\hat{H}'\phi_i\mathrm{d}\tau \tag{9-25}$$

式(9-24)是以系数 $c_i^{(0)}$ 为未知量的一次齐次方程组，它有不全为 0 的解的条件是系数行列式等于零，即

$$\begin{vmatrix}H'_{11}-E_n^{(1)} & H'_{12} & \cdots & H'_{1k}\\ H'_{21} & H'_{22}-E_n^{(1)} & \cdots & H'_{2k}\\ \vdots & \vdots & \vdots & \vdots\\ H'_{k1} & H'_{k2} & \cdots & H'_{kk}-E_n^{(1)}\end{vmatrix}=0 \tag{9-26}$$

这个行列式方程称为**久期方程**。由于 H' 的厄米性，解这个方程可以得到能量一级修正 $E_n^{(1)}$ 的 k 个实根 $E_{nj}^{(1)}(j=1, 2, \cdots, k)$。因为 $E_n=E_n^{(0)}+E_n^{(1)}$，若 $E_n^{(1)}$ 的 k 个根都不相等，则一级微扰可以将 k 度简并完全解除；若 $E_n^{(1)}$ 有多重根，说明简并被部分解除，必须进一步考虑能量的二级修正，才有可能使能级完全分裂开来。

为了确定能量 $E_{nj}=E_n^{(0)}+E_{nj}^{(1)}$ 所对应的零级近似波函数，可以把 $E_{nj}^{(1)}$ 的值代入式(9-24)中解出一组 $c_i^{(0)}$，再代入式(9-23)即可。9.3 节我们将用简并微扰理论来解决氢原子的一级斯塔克(Stark)效应。

*9.3 氢原子的一级 Stark 效应

氢原子在外电场作用下所产生的谱线分裂现象称为氢原子的 Stark 效应。我们知道，由于电子在氢原子中受到球对称的库仑场的作用，第 n 个能级有 n^2 度简并。Stark 效应的实质是，在外电场(微扰)作用下，体系的能级结构发生变化，使简并部分地消除。

氢原子在外电场中，体系的哈密顿算符为 $\hat{H}=\hat{H}^{(0)}+\hat{H}'$，$\hat{H}^{(0)}$ 是未加外电场时氢原子体系的哈密顿算符，即

$$\hat{H}_0=-\frac{\hbar^2}{2\mu}\nabla^2-\frac{e_s^2}{r} \tag{9-27}$$

式中，$e_s=e(4\pi\varepsilon_0)^{-1/2}$，$e$ 为电子电荷的数值，ε_0 为真空中的介电常数；在高斯单位制(CGS)中，$e_s=e$。设外电场 $\boldsymbol{\varepsilon}$ 是均匀的，方向沿 z 轴，则

$$\hat{H}'=e\boldsymbol{\varepsilon}\cdot\boldsymbol{r}=e\varepsilon z=e\varepsilon r\cos\theta \tag{9-28}$$

原子内部的电场约为 $10^{11}\,\text{V/m}$，一般外电场达到 $10^7\,\text{V/m}$ 已经是很强的了，因此，相对于原子内部的电场，可将外电场看作微扰。$\hat{H}^{(0)}$ 的本征值和本征函数已在氢原子中解出，当 $n=2$ 时，本征值为

$$E_2^{(0)}=-\frac{\mu e_s^4}{2\hbar^2 n^2}=-\frac{\mu e_s^4}{8\hbar^2}=-\frac{e_s^2}{8a_0} \tag{9-29}$$

式中，$a_0=\hbar^2/\mu e_s^2$ 为第一玻尔轨道半径。当 $n=2$ 时，简并度 $D=n^2=4$(未计自旋)，相应的波函数为

$$\left.\begin{aligned}
\phi_1&=\psi_{200}=R_{20}\,Y_{00}(\theta, \varphi)=\frac{1}{4\sqrt{2\pi}}a_0^{-2/3}(2-r/a_0)e^{-r/2a_0}\\
\phi_2&=\psi_{210}=R_{21}\,Y_{10}(\theta, \varphi)=\frac{1}{4\sqrt{2\pi}}a_0^{-2/3}(r/a_0)e^{-r/2a_0}\cos\theta\\
\phi_3&=\psi_{211}=R_{21}\,Y_{11}(\theta, \varphi)=\frac{1}{8\sqrt{\pi}}a_0^{-2/3}(r/a_0)e^{-r/2a_0}\sin\theta e^{i\varphi}\\
\phi_4&=\psi_{21-1}=R_{21}\,Y_{1-1}(\theta, \varphi)=\frac{1}{8\sqrt{\pi}}a_0^{-2/3}(r/a_0)e^{-r/2a_0}\sin\theta e^{-i\varphi}
\end{aligned}\right\} \tag{9-30}$$

要求能量的一级修正，必须求解久期方程式(9-26)。为此，必须计算 $\hat{H}'$ 在 $\hat{H}^{(0)}$ 表象内的矩阵元。利用球谐函数的奇偶性质，以及 $H'=e\varepsilon r\cos\theta=e\varepsilon r\sqrt{4\pi/3}\,Y_{10}$，可以看出，除矩阵元 H'_{12}、H'_{21} 不等于零外，其他矩阵元都是零。所以只要计算 H'_{12}、H'_{21}：

$$
\begin{aligned}
H'_{12} = H'_{21} &= \int \phi_1^* \hat{H}' \phi_2 \mathrm{d}\tau \\
&= \frac{1}{32\pi}(a_0)^{-3} \iiint (2 - r/a_0)(r/a_0) \mathrm{e}^{-r/a_0} \cos\theta e \varepsilon r \cos\theta r^2 \sin\theta \mathrm{d}r \mathrm{d}\theta \mathrm{d}\varphi \\
&= \frac{1}{24} \frac{e\varepsilon}{a_0^4} \int_0^{\infty} (2 - r/a_0) r^4 \mathrm{e}^{-r/a_0} \mathrm{d}r \\
&= -3e\varepsilon a_0
\end{aligned}
$$

将以上结果代入久期方程式(9-26)中，得

$$
\begin{vmatrix}
-E_2^{(1)} & -3e\varepsilon a_0 & 0 & 0 \\
-3e\varepsilon a_0 & -E_2^{(1)} & 0 & 0 \\
0 & 0 & -E_2^{(1)} & 0 \\
0 & 0 & 0 & -E_2^{(1)}
\end{vmatrix} = 0
$$

即

$$
(E_2^{(1)})^2[(E_2^{(1)})^2 - (3e\varepsilon a_0)^2] = 0
$$

这个方程的四个根分别为

$$
\left.
\begin{aligned}
E_{21}^{(1)} &= 3e\varepsilon a_0 \\
E_{22}^{(1)} &= -3e\varepsilon a_0 \\
E_{23}^{(1)} &= E_{24}^{(1)}
\end{aligned}
\right\} \tag{9-31}
$$

最后两个根是重根。由此可见，在外电场的作用下，原来是四度简并的能级，在一级修正中将分裂为三个能级，简并部分地被消除。

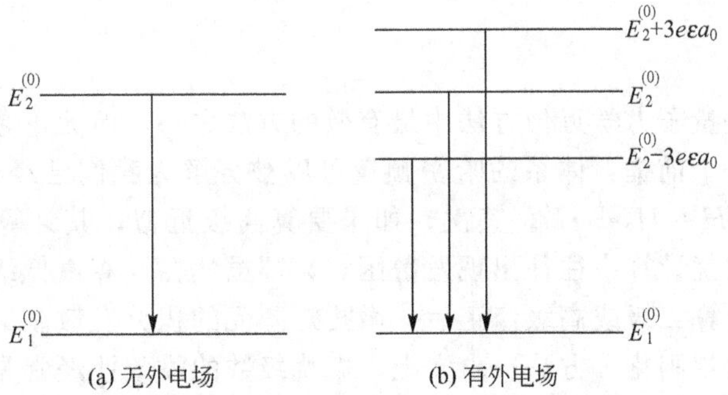

图 9.2 在电场中氢原子能级的分裂

图 9.2 所示为在电场中氢原子能级的分裂情况。图 9.2(a)是没有外电场时的能级和跃迁，图 9.2(b)是加进外电场后的情况。原来简并的能级在外电场的作用下分裂为三个能级，其能量相差均为 $3e\varepsilon a_0$。这样，没有外加电场时的一条谱线，在外加电场中就分裂成三条；它们的频率一条比原来的稍小，一条稍大，另一条与原来的相等。利用式(9-24)可以得到属于这些能级的零级近似波函数，将式(9-31)的结果分别代入式(9-24)中，得到一组线性方程为

$$
\begin{cases}
-3e\varepsilon a_0 c_2^{(0)} - E_2^{(1)} c_1^{(0)} = 0 \\
-3e\varepsilon a_0 c_1^{(0)} - E_2^{(1)} c_2^{(0)} = 0 \\
E_2^{(1)} c_3^{(0)} = 0 \\
E_2^{(1)} c_4^{(0)} = 0
\end{cases}
$$

再将式(9-31)中 $E_2^{(1)}$ 的几个数值分别代入上式：

(1) 当 $E_2^{(1)}=E_{21}^{(1)}=3e\varepsilon a_0$ 时，解之得 $c_1^{(0)}=-c_2^{(0)}$，$c_3^{(0)}=-c_4^{(0)}=0$，所以对应于能级 $E_2^{(0)}+3e\varepsilon a_0$ 的零级近似波函数是

$$\psi_{21}^{(0)}=\frac{1}{\sqrt{2}}(\phi_1-\phi_2)=\frac{1}{\sqrt{2}}(\psi_{200}-\psi_{210}) \tag{9-32a}$$

式中，$1/\sqrt{2}$ 为归一化常数。

(2) 当 $E_2^{(1)}=E_{22}^{(1)}=-3e\varepsilon a_0$ 时，解之得 $c_1^{(0)}=c_2^{(0)}$，$c_3^{(0)}=-c_4^{(0)}=0$，因而对应于能级 $E_2^{(0)}-3e\varepsilon a_0$ 的零级近似波函数为

$$\psi_{22}^{(0)}=\frac{1}{\sqrt{2}}(\phi_1+\phi_2)=\frac{1}{\sqrt{2}}(\psi_{200}+\psi_{210}) \tag{9-32b}$$

(3) 当 $E_2^{(1)}=E_{23}^{(1)}=E_{24}^{(1)}=0$ 时，解之得 $c_1^{(0)}=c_2^{(0)}=0$，$c_3^{(0)}$ 和 $c_4^{(0)}$ 为不同时等于零的任意常数。因而对应于能级 $E_2^{(1)}=E_2^{(0)}$ 的零级近似波函数为

$$\psi_{23}^{(0)}/\psi_{24}^{(0)}=c_3^{(0)}\phi_3+c_4^{(0)}\phi_4=c_3^{(0)}\psi_{211}+c_4^{(0)}\psi_{21-1} \tag{9-32c}$$

上面的结果说明，处于零级近似态 $\psi_{21}^{(0)}$、$\psi_{22}^{(0)}$、$\psi_{23}^{(0)}$ 和 $\psi_{24}^{(0)}$ 的氢原子就像具有大小为 $3e\varepsilon a_0$ 的永久电偶极矩一般。在 $\psi_{21}^{(0)}$ 和 $\psi_{22}^{(0)}$ 态中，电矩取向分别与外电场平行和反平行；在 $\psi_{23}^{(0)}$、$\psi_{24}^{(0)}$ 态中，电矩取向与外电场垂直。

9.4 变分法及其应用

9.4.1 变分法

微扰理论虽然是量子力学近似方法中最有效的方法之一，但无论是针对简并的或非简并的情况，都需要一个前提：体系的哈密顿量可以被分解为我们已经知道其解的部分 H_0 和一个小项 H'，即 $H=H_0+H'$。其次，如果要算高级近似，其计算工作量非常大。另外，在量子场论的微扰计算中往往出现发散困难，即虽然在计算最低级近似时，微扰理论的结果收敛，但在计算二级或高级修正后，微扰矩阵元的积分发散。为克服发散困难，通常要用重整化或维数规则化等方法。事实上，微扰级数的收敛性经常是很难证明的。往往只是计算一级或二级修正，然后将所得结果与实验结果比较来看它的符合程度。因此，有必要再建立一种其他的近似方法以解决薛定谔方程的求解问题。本节将介绍的变分法适用于近似确定体系的基态能级或最低能级，给出该数值的上限。对于变量不能分离时的薛定谔方程的数值求解，可以大大简化计算工作量。

设体系的哈密顿算符 $\hat{H}$ 的本征值由小到大(基态能量处于最前位置)的顺序排列为

$$E_0<E_1<E_2<\cdots<E_n<\cdots \tag{9-33}$$

与这些本征值对应的本征函数为

$$\psi_0,\ \psi_1,\ \psi_2,\ \cdots,\ \psi_n,\ \cdots \tag{9-34}$$

式中，E_0、ψ_0 分别为基态能量和基态波函数。假定 $\hat{H}$ 的本征值 E_n 是分立的，本征函数 ψ_n 组成正交归一系，则

$$\hat{H}\psi_n=E_n\psi_n \tag{9-35}$$

设 ψ 是任意一个归一化的波函数，将 ψ 按 ψ_n 展开，即

$$\psi = \sum_n a_n \psi_n \tag{9-36}$$

在 ψ 所描述的状态中，体系能量的平均值是

$$\overline{H} = \int \psi^* \hat{H} \psi \mathrm{d}\tau \tag{9-37}$$

将式(9-36)代入式(9-37)，并应用式(9-35)，得

$$\overline{H} = \sum_{m,n} a_m^* a_n \int \psi_m^* \hat{H} \psi_n \mathrm{d}\tau = \sum_{m,n} a_m^* a_n E_n \delta_{mn} = \sum_n |a_n|^2 E_n \tag{9-38}$$

由于 E_0 是基态能量，所以有 $E_0 < E_n (n \geqslant 1)$，用 E_0 代替式(9-38)中的 E_n，则

$$\overline{H} \leqslant \sum_n |a_n|^2 E_0 = E_0 \tag{9-39}$$

式(9-39)利用了 ψ 的归一化条件 $\sum\limits_n |a_n|^2 = 1$，它给出了

$$E_0 \leqslant \int \psi^* \hat{H} \psi \mathrm{d}\tau \tag{9-40}$$

式(9-40)说明，用任意波函数 ψ 算出 $\hat{H}$ 的平均值总是大于体系的基态能量，而只有当 ψ 恰好是体系的基态波函数 ψ_0 时，$\hat{H}$ 的平均值才等于基态能量 E_0。

如果 ψ 不是归一化的，那么式(9-40)应写为

$$E_0 \leqslant \frac{\int \psi^* \hat{H} \psi \mathrm{d}\tau}{\int \psi^* \psi \mathrm{d}\tau} \tag{9-41}$$

根据波函数 ψ 算出 $\hat{H}$ 的平均值总是不小于 E_0，可以选取很多 ψ 并算出 $\hat{H}$ 的平均值，这些平均值中最小的一个最接近于 E_0。采用**变分法**可以求出这个最小的能量值。其步骤如下：

(1) 选择合适的含变分参数 λ_i(可以是一个或多个)的试探波函数 $\psi(\lambda_i)$，并利用归一化条件，求得归一化的波函数 $\psi(\lambda_i)$。

(2) 求出 $\hat{H}$ 的平均值表达式 $\overline{H}(\lambda_i)$，即 $\overline{H}(\lambda_i) = \int \psi^*(\lambda_i) \hat{H} \psi(\lambda_i) \mathrm{d}\tau$。

(3) 根据变分原理，$\overline{H}(\lambda_i)$ 的极值条件为 $\delta \overline{H}(\lambda_i) = \frac{\partial}{\partial \lambda_i} \overline{H}(\lambda_i) \delta \lambda_i = 0$，求解出变分参数 λ 的表达式。若只有一个变分参数 λ，相当于极值条件 $\frac{\mathrm{d}}{\mathrm{d}\lambda} \overline{H}(\lambda) = 0$；若有 i 个变分参数，需要求解 i 个联立方程 $\frac{\partial}{\partial \lambda_i} \overline{H}(\lambda_i) = 0$，从而解出各个 λ_i 的表达式。

(4) 将 λ(或 λ_i)的表达式代入 $\overline{H}(\lambda)$ [或 $\overline{H}(\lambda_i)$] 中，求其最小值，即得到体系基态的近似值。

【例 9-3】 试选择适当的尝试波函数，用变分法求氢原子的基态能级和基态波函数。

解：(1) 提出试探波函数 $\psi(\lambda) = A\mathrm{e}^{-\lambda r}$，对其进行归一化：

$$1 = A^2 \iiint_{\text{全空间}} \mathrm{e}^{-2\lambda r} r^2 \mathrm{d}r \sin\theta \mathrm{d}\theta \mathrm{d}\varphi = 4\pi A^2 \int_0^\infty r^2 \mathrm{e}^{-2\lambda r} \mathrm{d}r = \frac{\lambda^3}{\pi} A^2$$

得归一化常数 $A = (\lambda^3/\pi)^{1/2}$。所以，归一化的波函数为

$$\psi(\lambda)=(\lambda^3/\pi)^{1/2}e^{-\lambda r}$$

(2) 求能量平均值表达式为

$$\begin{aligned}\overline{H}(\lambda)&=\int_0^{\infty}\psi^*(\lambda)\hat{H}\psi(\lambda)\mathrm{d}r\\&=(\lambda^3/\pi)\int_0^{\infty}e^{-\lambda r}\left[(-\hbar^2/2\mu)\nabla^2-e_s^2/r\right]e^{-\lambda r}\mathrm{d}r\\&=\lambda^2\hbar^2/2\mu-e_s^2\lambda\end{aligned}$$

(3) 由极值条件$\frac{\mathrm{d}}{\mathrm{d}\lambda}\overline{H}(\lambda)=\lambda\hbar^2/\mu-e_s^2=0$，解得$\lambda=\mu e_s^2/\hbar^2=1/a_0$。$a_0=\hbar^2/\mu e_s^2$是第一玻尔轨道半径。

(4) 把$\lambda=\mu e_s^2/\hbar^2=1/a_0$代入$\overline{H}(\lambda)$中，得氢原子的最低能量即基态能量为

$$E_1=\overline{H}(\lambda)_{\min}=\left(\frac{\mu e_s^2}{\hbar^2}\right)^2\cdot\frac{\hbar^2}{2\mu}-e_s^2\frac{\mu e_s^2}{\hbar^2}=-\frac{\mu e_s^4}{\hbar^2}=-\frac{e_s^2}{a_0^2}$$

相应的基态波函数为$\psi_{100}(r,\theta,\varphi)=\frac{1}{\sqrt{\pi}a_0^{3/2}}e^{-r/a_0}$，与求解氢原子的薛定谔方程得到的结果相同。

9.4.2 氦原子基态

氦原子是由带正电荷$2e$的原子核与核外两个电子组成的体系，由于核的质量比电子质量大得多，因此可以认为核是固定不动的。这样氦原子的哈密顿算符可写为

$$\hat{H}=-\frac{\hbar^2}{2\mu}\nabla_1^2-\frac{\hbar^2}{2\mu}\nabla_2^2-\frac{2e_s^2}{r_1}-\frac{2e_s^2}{r_2}+\frac{e_s^2}{r_{12}}\qquad(9-42)$$

式中，μ为约化质量；r_1和r_2分别为第一个电子和第二个电子到核的距离；r_{12}为两个电子之间的距离；$e_s=e(4\pi\varepsilon_0)^{-1/2}$(9.3节)。式中右边第一和第二项分别是第一个电子和第二个电子的动能，第三和第四项分别是第一个电子和第二个电子在核电场中的势能，最后一项是两个电子的静电相互作用能。

下面应用变分法求$\hat{H}$的基态能量。第一步要选取适当的尝试波函数，在式(9-42)中如果最后一项不存在，$\hat{H}$变为

$$\hat{H}_0=-\frac{\hbar^2}{2\mu}\nabla_1^2-\frac{\hbar^2}{2\mu}\nabla_2^2-\frac{2e_s^2}{r_1}-\frac{2e_s^2}{r_2}$$

这时，两个电子互不相关地在核电场中运动，$\hat{H}_0$的基态本征函数可用分离变量法解薛定谔方程得出，它是两个类氢原子基态本征函数的乘积，即

$$\Psi(r_1,r_2)=\psi_{100}(r_1)\psi_{100}(r_2)\qquad(9-43)$$

式中，ψ_{100}为类氢离子的基态波函数，即

$$\psi_{100}(r)=\frac{1}{\sqrt{\pi}}\left(\frac{Z}{a_0}\right)^{3/2}e^{-Zr/a_0}\qquad(9-44)$$

式中，Z为原子序数。将式(9-44)代入式(9-43)，得

$$\Psi(r_1,r_2)=\frac{Z^3}{\pi a_0^3}e^{-Z(r_1+r_2)/a_0}\qquad(9-45)$$

在两个电子间有相互作用时，由于两个电子相互屏蔽，核的有效电荷不是$2e$，因

此人们把 Z 看作参量，把式(9－45)作为试探波函数。将式(9－42)、(9－45)代入式(9－37)，得

$$
\begin{aligned}
\overline{H} &= \iint \Psi^*(r_1, r_2)\hat{H}\Psi(r_1, r_2)\mathrm{d}\tau_1\mathrm{d}\tau_2 \\
&= \left(\frac{Z^3}{\pi a_0^3}\right)^2 \iint \Big[-\frac{\hbar^2}{2\mu}\mathrm{e}^{-Z(r_1+r_2)/a_0}(\nabla_1^2+\nabla_2^2)\mathrm{e}^{-Z(r_1+r_2)/a_0} \\
&\quad - 2e_s^2\left(\frac{1}{r_1}+\frac{1}{r_2}\right)\mathrm{e}^{-2Z(r_1+r_2)/a_0} + \frac{e_s^2}{r_{12}}\mathrm{e}^{-2Z(r_1+r_2)/a_0}\Big]\mathrm{d}\tau_1\mathrm{d}\tau_2 \qquad (9-46)\\
&= \left(\frac{Z^3}{\pi a_0^3}\right)^2 \iint \Big[-\frac{\hbar^2}{2\mu}\mathrm{e}^{-Z(r_1+r_2)/a_0}(\nabla_1^2+\nabla_2^2)\mathrm{e}^{-Z(r_1+r_2)/a_0}\Big]\mathrm{d}\tau_1\mathrm{d}\tau_2 \\
&\quad - \left(\frac{Z^3}{\pi a_0^3}\right)^2 \iint 2e_s^2\left(\frac{1}{r_1}+\frac{1}{r_2}\right)\mathrm{e}^{-2Z(r_1+r_2)/a_0}\mathrm{d}\tau_1\mathrm{d}\tau_2 + \left(\frac{Z^3}{\pi a_0^3}\right)^2 \iint \frac{e_s^2}{r_{12}}\mathrm{e}^{-2Z(r_1+r_2)/a_0}\mathrm{d}\tau_1\mathrm{d}\tau_2
\end{aligned}
$$

式(9－46)右边的第一项及第二项积分很容易算出，直接写出它们的结果

$$\left(\frac{Z^3}{\pi a_0^3}\right)^2 \iint \Big[-\frac{\hbar^2}{2\mu}\mathrm{e}^{-Z(r_1+r_2)/a_0}(\nabla_1^2+\nabla_2^2)\mathrm{e}^{-Z(r_1+r_2)/a_0}\Big]\mathrm{d}\tau_1\mathrm{d}\tau_2 = \frac{e_s^2 Z^2}{a_0} \qquad (9-47)$$

$$-\left(\frac{Z^3}{\pi a_0^3}\right)^2 \iint 2e_s^2\left(\frac{1}{r_1}+\frac{1}{r_2}\right)\mathrm{e}^{-2Z(r_1+r_2)/a_0}\mathrm{d}\tau_1\mathrm{d}\tau_2 = -\frac{4e_s^2 Z}{a_0} \qquad (9-48)$$

式(9－46)右边最后一项可写成如下形式，即

$$\left(\frac{Z^3}{\pi a_0^3}\right)^2 \iint \frac{e^2}{4\pi\varepsilon_0 r_{12}}\mathrm{e}^{-2Z(r_1+r_2)/a_0}\mathrm{d}\tau_1\mathrm{d}\tau_2 = -\left(\frac{eZ^3}{\pi a_0^3}\right)\int\Big[-\int\left(\frac{eZ^3}{\pi a_0^3}\right)\frac{\mathrm{e}^{-2Zr_1/a_0}}{4\pi\varepsilon_0 r_{12}}\mathrm{d}\tau\Big]\mathrm{e}^{-2Zr_2/a_0}\mathrm{d}\tau_2 \quad (\text{SI 制}) \qquad (9-49)$$

式中，$-\frac{eZ^3}{\pi a_0^3}\mathrm{e}^{-2Zr_1/a_0} = -e|\psi_{100}(r_1)|^2$ 为第一个电子在 r_1 处的电荷密度。式(9－49)中方括号内的量是第一个电子在 r_2 处所产生的势。$-\frac{eZ^3}{\pi a_0^3}\mathrm{e}^{-2Zr_2/a_0} = -e|\psi_{100}(r_2)|^2$ 是第二个电子在 r_2 处的电荷密度，这些电荷密度都是径向对称的，即它们只与 r_1、r_2 的大小有关而与 r_1、r_2 的方向无关。第一个电子在 r_2 处所产生的势可以按 r_1 和 r_2 的相对大小分为两部分：

$$
\begin{aligned}
-\frac{eZ^3}{\pi a_0^3}\int\frac{\mathrm{e}^{-2Zr_1/a_0}}{4\pi\varepsilon_0 r_{12}}\mathrm{d}\tau_1 &= -\frac{eZ^3}{\pi\varepsilon_0 a_0^3}\int_0^\infty \frac{\mathrm{e}^{-2Zr_1/a_0}}{r_{12}}r_1^2\mathrm{d}r_1 \\
&= -\frac{eZ^3}{\pi\varepsilon_0 a_0^3}\Big[\int_0^r \frac{\mathrm{e}^{-2Zr_1/a_0}}{r_{12}}r_1^2\mathrm{d}r_1 + \int_r^\infty \frac{\mathrm{e}^{-2Zr_1/a_0}}{r_{12}}r_1^2\mathrm{d}r_1\Big]
\end{aligned} \qquad (9-50)
$$

式(9－50)右边两项中第一项是以 r_2 为半径的球内第一个电子的电荷在 r_2 所产生的势 V_1，第二项是分布在这个球以外的第一个电子电荷在 r_2 所产生的势 V_2，如图 9.3 所示。

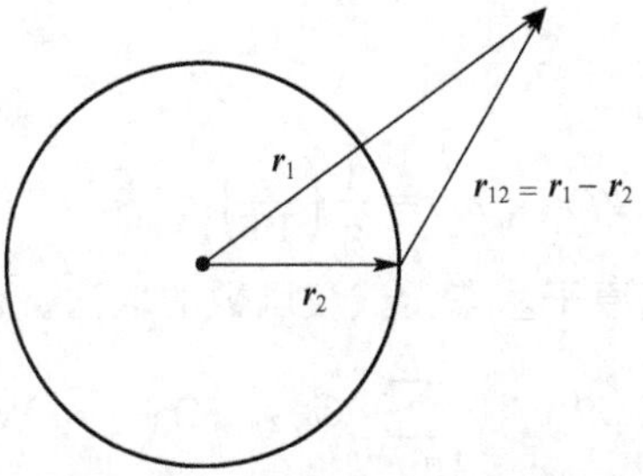

图 9.3　计算式(9－50)中积分的参考图

根据电学可知 V_1 等于球内所有电荷集中在球心时在 r_2 处所产生的势，即

$$\begin{aligned}&-\frac{eZ^3}{\pi a_0^3\varepsilon_0}\int_0^{r_2}\frac{\mathrm{e}^{-2Zr_1/a_0}}{r_{12}}r_1^2\mathrm{d}r_1\\&=-\frac{eZ^3}{\pi a_0^3\varepsilon_0}\int_0^{r_2}\frac{\mathrm{e}^{-2Zr_1/a_0}}{r_2}r_1^2\mathrm{d}r_1\\&=\left[-\frac{eZ^2}{2\pi a_0^3\varepsilon_0}r_2+\frac{eZ}{2\pi a_0\varepsilon_0}+\frac{e}{4\pi\varepsilon_0 r_2}\right]\mathrm{e}^{-2Zr_1/a_0}-\frac{e}{4\pi\varepsilon_0 r_2}\end{aligned}\tag{9-51}$$

而按径向对称地分布在球外的电荷在球内所产生的势等于常量，其值可由在球心处的势得出，即

$$\begin{aligned}&-\frac{eZ^3}{\pi a_0^3\varepsilon_0}\int_{r_2}^{\infty}\frac{\mathrm{e}^{-2Zr_1/a_0}}{r_{12}}r_1^2\mathrm{d}r_1=-\frac{eZ^3}{\pi a_0^3\varepsilon_0}\int_{r_2}^{\infty}\mathrm{e}^{-2Zr_1/a_0}r_1\mathrm{d}r_1\\&=\left[\frac{eZ^2}{2\pi a_0^3\varepsilon_0}r_2+\frac{eZ}{4\pi a_0\varepsilon_0}\right]\mathrm{e}^{-\frac{2z}{a_0}r_2}\end{aligned}\tag{9-52}$$

将式(9－51)、(9－52)代入式(9－50)得

$$-\frac{eZ^3}{\pi a_0^3}\int\frac{\mathrm{e}^{-2Zr_1/a_0}}{4\pi\varepsilon_0}\mathrm{d}\tau_1=\left(\frac{eZ}{a_0}+\frac{e}{r_2}\right)\cdot\frac{\mathrm{e}^{-2Zr_2/a_0}}{4\pi\varepsilon_0}-\frac{e}{4\pi\varepsilon_0 r_2}\tag{9-53}$$

将此结果代入式(9－49)中再对 $\mathrm{d}\tau_2$ 积分，最后得

$$\left(\frac{Z^3}{\pi a_0^3}\right)^2\iint\frac{e_s^2}{r_{12}}\mathrm{e}^{-2Z(r_1+r_2)/a_0}\mathrm{d}\tau_1\mathrm{d}\tau_2=\frac{5Ze_s^2}{8a_0}\tag{9-54}$$

将式(9－47)、(9－48)和(9－54)代入式(9－46)得

$$\overline{H}=\frac{e_s^2Z^2}{a_0}-\frac{4e_s^2Z}{a_0}+\frac{5e_s^2Z}{8a_0}\tag{9-55}$$

对式(9－55)中的参数 Z 求变分，得 $\overline{H}(Z)$ 为最小值的条件是

$$\frac{\mathrm{d}\overline{H}(Z)}{\mathrm{d}Z}=\frac{2e_s^2Z}{a_0}-\frac{4e_s^2}{a_0}+\frac{5e_s^2}{8a_0}=0$$

由此得出当 $Z=27/16\approx1.69$ 时，$\overline{H}(Z)$ 为最小。把 $Z=27/16\approx1.69$ 代入式(9－55)，可得氦原子基态能量的上限为

$$E_0=\frac{e_s^2}{a_0}\left[Z^2-\frac{27}{8}Z\right]=\frac{e_s^2}{a_0}\left[\left(\frac{27}{16}\right)^2-\frac{27}{8}\cdot\frac{27}{16}\right]\approx-2.85\frac{e_s^2}{a_0}\tag{9-56}$$

用实验方法得出氦原子基态能量为 $-2.904e_s^2/a_0$。而用微扰理论计算能量，准确到第一级近似的结果为 $-2.75e_s^2/a_0$。在这个问题中，用微扰理论所得结果并不精确，原因是氦原子的哈密顿算符式(9－42)中 e_s^2/r_{12} 与 $-2e_s^2/r_i(i=1,2)$ 相比，在数量级上不一定很小，而在适当地选取试探波函数后，用变分法求得的氦原子基态能量比微扰理论更接近于实验值。

氦原子基态近似波函数为

$$\Psi(r_1,r_2)=\frac{1}{\pi}\left(\frac{27}{16}\right)^3\mathrm{e}^{-\frac{27}{16a_0}(r_1+r_2)}\tag{9-57}$$

E. A. Hylleraas 改进了氦原子基态尝试波函数的取法。他选用的函数形式为

$$\Phi(\boldsymbol{r}_1,\boldsymbol{r}_2)=\mathrm{e}^{-k(r_1+r_2)}\sum_{l,m,n=0}^{N}C_{l,2m,n}(r_1+r_2)^l(r_1-r_2)^{2m}r_{12}^n\tag{9-58}$$

式中，k 和诸叠加系数 $\{C_{l,2m,n}\}$ 当作变分参量。由于尝试波函数式(9－58)中借助于两个

电子之间的距离变量 r_{12} 计入了氦原子内两个电子运动的相关性，因而大大改善了应用变分法计算氦原子基态能量的精确性。按照式(9-58)，仅仅使用 k 及六个线性变分参量，所计算得到的氦原子基态能量近似值与实验精确测定值相差仅0.013eV。1958年，帕克内斯(C. L. Pekeris)采用包含1078项的式(9-58)作为尝试波函数以计算氦原子基态的能量，得到与实验值极为一致的结果。

*9.5 晶体中一维近自由电子近似

一维近自由电子近似是能带理论中的一个简单模型。该模型的基本出发点是晶体(如金属)中的价电子行为很接近于自由电子的行为，周期势场的作用可以看作很弱的周期性起伏的微扰处理。本节将用微扰理论来处理一维周期场中的运动电子的薛定谔方程，简单介绍晶体的能带结构。

图9.4所示为单电子一维周期场的示意图。所谓近自由电子近似是假定周期场的起伏比较小，作为零级近似，可以用势场的平均值 $\overline{V}$ 代替 $V(x)$，把周期起伏 ΔV，即 $H'=\Delta V=V(x)-\overline{V}$ 作为微扰来处理。

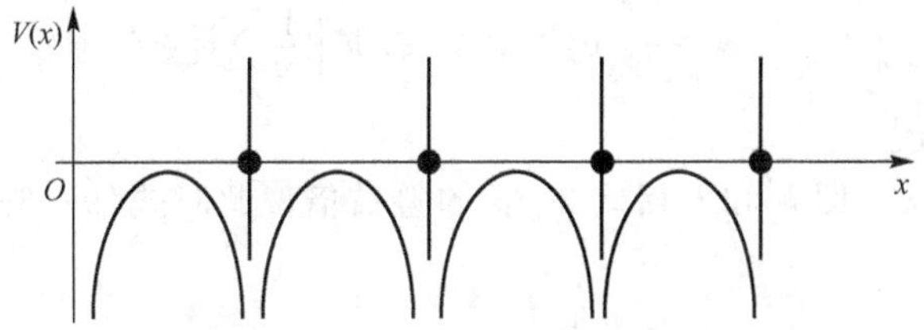

图9.4 单电子一维周期场的示意图

零级近似的薛定谔方程为

$$-\frac{\hbar^2}{2\mu}\frac{\mathrm{d}^2}{\mathrm{d}x^2}\psi^{(0)}+\overline{V}\psi^{(0)}=E^{(0)}\psi^{(0)} \tag{9-59}$$

它的解便是恒定场 $\overline{V}$ 中自由粒子的解，即

$$\psi_k^{(0)}=\frac{1}{\sqrt{L}}\mathrm{e}^{\mathrm{i}kx}，\quad E_k^{(0)}=\frac{\hbar^2k^2}{2\mu}+\overline{V} \tag{9-60}$$

式(9-60)在归一化因子中假定晶格长度 $L=Na$，N 为原胞的数目；a 为晶格常数(原子间距)，引入周期性边界条件可以得到 k 只能取下列值：

$$k=\frac{l}{Na}(2\pi)，\quad l=\text{整数} \tag{9-61}$$

很容易验证波函数满足正交归一化条件：$\int_0^{Na}\psi_{k'}^{(0)*}\psi_k^{(0)}\,\mathrm{d}x=\delta_{kk'}$。正是由于零级近似下的解为自由电子状态，所以称为**近自由电子近似**。

按照一般微扰理论的结果，能量的一级修正为

$$E_k^{(1)}=\overline{(\Delta V)}=\overline{[V(x)-\overline{V}]}=\overline{V}-\overline{V}=0 \tag{9-62}$$

因此，需进行二级能量修正，即

$$E_k^{(2)} = \sum_{k' \neq k} \frac{|H'_{kk'}|^2}{E_k^{(0)} - E_{k'}^{(0)}} \tag{9-63}$$

波函数的一级修正为

$$\psi_k^{(1)} = \sum_{k' \neq k} \frac{H'_{k'k}}{E_k^{(0)} - E_{k'}^{(0)}} \psi_{k'}^{(0)} \tag{9-64}$$

$E_k^{(2)}$ 和 $\psi_k^{(1)}$ 都需要计算矩阵元 $H'_{k'k}$，由于 k' 和 k 两态间的正交关系为①

$$\langle k' | \Delta V | k \rangle = \langle k' | V(x) - \overline{V} | k \rangle = \langle k' | V(x) | k \rangle$$

现在证明，由于 $V(x)$ 的周期性，上述矩阵元服从严格的选择定则，将

$$\langle k' | V(x) | k \rangle = \frac{1}{L} \int_0^L \mathrm{e}^{-\mathrm{i}(k'-k)x} V(x) \mathrm{d}x$$

按原胞划分写成

$$\langle k' | V(x) | k \rangle = \frac{1}{L} \int_0^L \mathrm{e}^{-\mathrm{i}(k'-k)x} V(x) \mathrm{d}x = \frac{1}{Na} \sum_{na}^{(n+1)a} \int_{na}^{(n+1)a} \mathrm{e}^{-\mathrm{i}(k'-k)x} V(x) \mathrm{d}x$$

对不同的原胞 n，引入积分变数 ξ，令 $x = \xi + na$，并考虑到 $V(x)$ 的周期性得 $V(\xi + na) = V(\xi)$，就可以把上式写成

$$\begin{aligned} \langle k' | V(x) | k \rangle &= \frac{1}{Na} \sum_{n=0}^{N-1} \mathrm{e}^{-\mathrm{i}(k'-k)na} \int_0^a \mathrm{e}^{-\mathrm{i}(k'-k)\xi} V(\xi) \mathrm{d}\xi \\ &= \left[\frac{1}{a} \int_0^a \mathrm{e}^{-\mathrm{i}(k'-k)\xi} V(\xi) \mathrm{d}\xi \right] \frac{1}{N} \sum_{n=0}^{N-1} \left[\mathrm{e}^{-\mathrm{i}(k'-k)a} \right]^n \end{aligned} \tag{9-65}$$

现在区分两种情况：

(1) $k' - k = 2\pi n/a$，即 k' 和 k 相差 $2\pi/a$ 的整数倍，此时式(9-65)中的求和式内各项均为1，因此得

$$\frac{1}{N} \sum_{n=0}^{N-1} \left[\mathrm{e}^{-\mathrm{i}(k'-k)a} \right]^n = 1 \tag{9-66}$$

(2) $k' - k \neq 2\pi n/a$，在这种情况下，式(9-65)中的求和式可用几何级数的结果，写成

$$\frac{1}{N} \sum_{n=0}^{N-1} \left[\mathrm{e}^{-\mathrm{i}(k'-k)a} \right]^n = \frac{1}{N} \frac{1 - \mathrm{e}^{-\mathrm{i}(k'-k)Na}}{1 - \mathrm{e}^{-\mathrm{i}(k'-k)a}} = \frac{1}{N} \frac{1 - \mathrm{e}^{-\mathrm{i}2\pi(l'-l)Na/Na}}{1 - \mathrm{e}^{-\mathrm{i}2\pi(l'-l)a/Na}} = 0 \tag{9-67}$$

式(9-67)中用到式(9-61)中 k' 和 k 的表达式

$$k = \frac{l}{Na}(2\pi), \quad k = \frac{l'}{Na}(2\pi) \quad l、l' \text{均为整数}$$

综合以上两种情况的结果可得：如果 $k' - k = 2\pi n/a$，则

$$\langle k' | V(x) | k \rangle = \frac{1}{a} \int_0^a \mathrm{e}^{-\mathrm{i}2\pi \xi n/a} V(\xi) \mathrm{d}\xi = V_n \tag{9-68}$$

否则 $\langle k' | V(x) | k \rangle = 0$。很容易看到，式(9-68)中以 V_n 表示的积分实际上正是周期场 $V(x)$ 的第 n 个傅里叶变换系数。

根据式(9-68)的结果，二级能量修正为

$$E_k^{(2)} = \sum_n \frac{|V_n|^2}{(\hbar^2/2\mu)[k^2 - (k + 2\pi n/a)^2]} \tag{9-69}$$

值得特别注意的是，当

① 这里引入了狄拉克符号的表示，读者可参阅附录A5。

$$k^2=(k+2\pi n/a)^2 \tag{9-70}$$

也就是 $k=-n\pi/a$ 时，$E_k^{(2)}\to\infty$，该结果是没有意义的。以上的微扰理论方法，对于在$k=-n\pi/a$ 附近的 k 是发散的，因此不适用。但是进一步分析发散所产生的原因，可以指出如何正确处理问题的线索。

式(9-64)表明，在原来零级波函数 $\psi_k^{(0)}$ 中，已掺入了零级波函数 $\psi_{k'}^{(0)}$。在这个问题中，k'与 k 态有非零矩阵元的恰是 $k'=k+2\pi n/a$ 各态。上述发散的结果实际反映，当体系存在状态 $k=-n\pi/a$ 时，则存在另外一个状态 $k'=n\pi/a$。在 k'和 k 态下虽有非零矩阵元，但能量差为零，从而导致了发散的结果。因此，对于在 $k'=k+2\pi n/a$ 及其附近的状态，都不满足非简并微扰论的适用条件式(9-21) $\left|\dfrac{H'_{mn}}{E_n^{(0)}-E_m^{(0)}}\right|\ll 1$ 的要求。

我们注意到，晶体中周期性(定态)微扰的一级能量修正等于零，而二级能量修正却在 $k'=k+2\pi n/a$ 的 k'和 k 态之间才有非零矩阵元，但这两个态的零级能量相等，即是简并态，当然不能用非简并态微扰理论来处理。下面用简并态微扰理论处理该问题。

根据以上讨论，对于$-n\pi/a$ 附近的 k 态，例如

$$k=-\frac{n\pi}{a}(1-\Delta)\,(0<\Delta\ll 1) \tag{9-71}$$

以及与之相应的 $n\pi/a$ 附近的 k'态

$$k'=k+\frac{n}{a}(2\pi)=\frac{n\pi}{a}(1+\Delta) \tag{9-72}$$

用 k 坐标来描述的空间是波矢空间，它和原来的 x 坐标空间之间互为傅里叶变换，因此也具有周期性结构，其周期为 $2\pi/a$。$k=-n\pi/a$ 和 $k'=n\pi/a$ 正好处于 k 空间中晶胞的边界上，如图 9.5 所示。

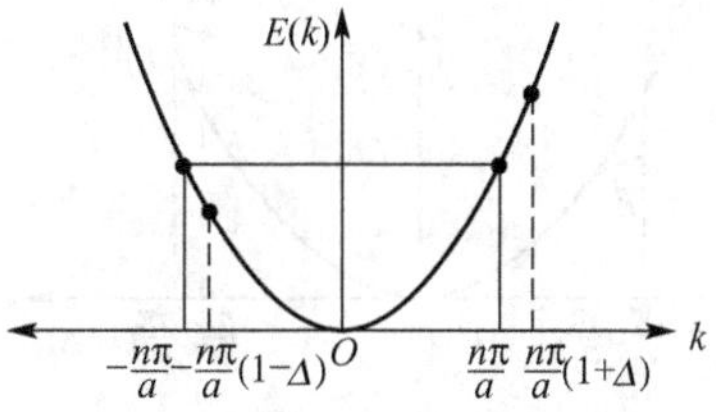

图 9.5 两个简并态的图示

把波函数写成 k'与 k 态两个零级波函数的线性叠加，即

$$\psi=a\psi_{k'}^{(0)}+b\psi_k^{(0)} \tag{9-73}$$

可以根据简并态微扰论确定 a、b 及本征值。体系的能量久期方程为

$$\begin{vmatrix} E_k^{(0)}-E & V_n^* \\ V_n & E_{k'}^{(0)}-E \end{vmatrix}=0$$

式中，$V_n=\langle k'|\Delta V|k\rangle$。上述方程即变为

$$(E_k^{(0)}-E)(E_{k'}^{(0)}-E)-|V_n|^2=0 \tag{9-74}$$

它的解给出本征值为

$$E_\pm=\frac{1}{2}\{(E_k^{(0)}+E_{k'}^{(0)})\pm[(E_k^{(0)}-E_{k'}^{(0)})^2+4|V_n|^2]^{1/2}\} \tag{9-75}$$

下面分别讨论两种情况：

(1) $|E_k^{(0)}-E_{k'}^{(0)}|\gg|V_n|$。这显然表示 k 离 $-n\pi/a$ 较远，所以和 k' 态能量还有较大的差别。对于这种情形，若把式(9-75)按照 $|V_n|/(E_k^{(0)}-E_{k'}^{(0)})$ 展开，取一阶近似即得

$$E\approx E_{k'}^{(0)}+\frac{|V_n|^2}{E_{k'}^0-E_k^0},\quad E\approx E_k^{(0)}-\frac{|V_n|^2}{E_{k'}^0-E_k^0} \tag{9-76}$$

因 $k=-\dfrac{n\pi}{a}(1-\Delta)$ 和 $k'=\dfrac{n\pi}{a}(1+\Delta)(0<\Delta\ll1)$，故有 $E_k^{(0)}<E_{k'}^{(0)}$，结果使原来能量较高的 k' 态的能量升高，原来能量较低的 k 态的能量降低。

(2) $|E_k^{(0)}-E_{k'}^{(0)}|\ll|V_n|$。这表示 k 很接近 $-n\pi/a$ 的情形。对 $(E_k^{(0)}-E_{k'}^{(0)})/|V_n|$ 展开到一级得

$$E_\pm\approx\frac{1}{2}\left\{E_k^{(0)}+E_{k'}^{(0)}\pm\left[2|V_n|+\frac{(E_{k'}^{(0)}-E_k^{(0)})^2}{4V}\right]\right\} \tag{9-77}$$

根据式(9-71)和式(9-72)，具体写出 $E_{k'}^{(0)}$ 和 $E_k^{(0)}$ 的具体结果为

$$\left.\begin{aligned}E_{k'}^{(0)}&=\overline{V}+\frac{\hbar^2}{2\mu}\left(\frac{n\pi}{a}\right)^2(1+\Delta)^2=\overline{V}+T_n(1+\Delta)^2\\E_k^{(0)}&=\overline{V}+\frac{\hbar^2}{2\mu}\left(\frac{n\pi}{a}\right)^2(1-\Delta)^2=\overline{V}+T_n(1-\Delta)^2\end{aligned}\right\} \tag{9-78}$$

式中，$T_n=\dfrac{\hbar^2}{2\mu}\left(\dfrac{n\pi}{a}\right)^2$ 表示在 $k=-n\pi/a$ 时的动能。把式(9-78)代入式(9-77)得

$$E_\pm=\overline{V}+T_n\pm|V_n|\pm\Delta^2T_n\left(\frac{2T_n}{|V_n|}\pm1\right) \tag{9-79}$$

这个结果可以用图线的方式与零级能量加以比较，如图 9.6 所示。

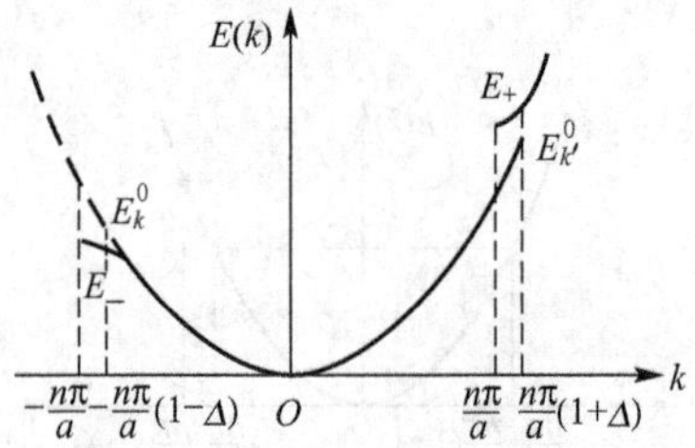

图 9.6 能量的微扰

当 $n=1$ 时，$k'=\pi/a$ 及 $k=-\pi/a$，$k'-k=2\pi/a$，这正是第一布里渊区的宽度，又称第一个能带。在每个布里渊区的边界及其附近，能量是不连续的；在远离布里渊边界，能量是准连续的(由一系列能级间隔很小的分立能级构成)，最终形成**能带结构**。这是晶体能级结构的重要特征，也是在固体物理学中的重要研究内容之一。

*9.6 含时微扰理论

前面几节讨论的微扰理论都是体系的哈密顿算符不显含时间的，因而求解的是定态薛定谔方程。但我们还将看到，有一些量子力学体系，其哈密顿算符是显含时间的，例如，在原子与随时间变化的电磁场的相互作用中，相互作用使原子具有附加的电磁能 $\hat{H}'(t)$，

体系的哈密顿算符 $\hat{H}=\hat{H}_0+\hat{H}'(t)$ 显含时间，这时原子吸收电磁波以后将发生定态之间的跃迁。由于 $\hat{H}$ 与时间有关，体系的波函数要由含时间的薛定谔方程准确解出，通常是很困难的。下面要讨论的与时间有关的微扰理论，使我们能够由 $\hat{H}_0$ 的定态波函数近似地计算出有微扰时的波函数，从而可以计算无微扰体系在微扰作用下由一个量子态跃迁到另一个量子态的跃迁概率。

体系波函数 ψ 所满足的薛定谔方程为

$$i\hbar\frac{\partial\psi}{\partial t}=\hat{H}\psi \tag{9-80}$$

设 $\hat{H}_0$ 的本征函数 ϕ_n 为已知，并满足以下本征方程：

$$\hat{H}_0\phi_n=E_n\phi_n \tag{9-81}$$

将 ψ 按 $\hat{H}_0$ 的定态波函数 $\Phi_n=\phi_n e^{-iE_n t/\hbar}$ 展开为

$$\psi=\sum_n a_n(t)\Phi_n \tag{9-82}$$

将式(9-82)代入式(9-80)，得

$$i\hbar\sum_n\Phi_n\frac{da_n(t)}{dt}+i\hbar\sum_n a_n(t)\frac{d\Phi_n}{dt}=\sum_n a_n(t)\hat{H}_0\Phi_n+\sum_n a_n(t)\hat{H}'\Phi_n \tag{9-83}$$

利用 $i\hbar\frac{\partial\Phi_n}{\partial t}=\hat{H}_0\Phi_n$，可知 $i\hbar\sum_n a_n(t)\frac{d\Phi_n}{dt}=\sum_n a_n(t)\hat{H}_0\Phi_n$，这样就可以消去式(9-83)中左边第二项和右边第一项，则式(9-83)可简化为

$$i\hbar\sum_n\Phi_n\frac{da_n(t)}{dt}=\sum_n a_n(t)\hat{H}'\Phi_n$$

以 Φ_m^* 左乘上式两边，然后对整个空间积分，得

$$i\hbar\sum_n\frac{da_n(t)}{dt}\int\Phi_m^*\Phi_n d\tau=\sum_n a_n(t)\int\Phi_m^*\hat{H}'\Phi_n d\tau$$

将 $\int\Phi_m^*\Phi_n d\tau=\delta_{mn}$ 代入后，得

$$i\hbar\frac{da_m(t)}{dt}=\sum_n a_n(t)H'_{mn}e^{i\omega_{mn}t} \tag{9-84}$$

式中

$$H'_{mn}=\int\phi_m^*\hat{H}'\phi_n d\tau \tag{9-85}$$

式(9-85)是微扰矩阵元；

$$\omega_{mn}=\frac{1}{\hbar}(E_n-E_m) \tag{9-86}$$

是体系从 E_n 能级跃迁到 E_m 能级的玻尔频率。式(9-84)是式(9-80)通过式(9-82)改写的结果，因而式(9-84)就是薛定谔方程的另一种表示形式。

现在用含时微扰的方法来求解式(9-84)的解。设微扰在 $t=0$ 时开始引入，这时体系处于 $\hat{H}_0$ 的第 k 个本征态 Φ_k，则由式(9-82)，得

$$a_n(0)=\delta_{nk} \tag{9-87}$$

为此，把 $a_m(t)$ 按 λ 的幂展开得

$$a_m(t)=a_m^{(0)}(t)+\lambda a_m^{(1)}(t)+\lambda^2 a_m^{(2)}(t)+\cdots \tag{9-88}$$

把式(9-88)代入式(9-84)中，得

$$\mathrm{i}\hbar\frac{\partial a_m^{(0)}(t)}{\partial t}+\mathrm{i}\hbar\lambda\frac{\partial a_m^{(1)}(t)}{\partial t}+\cdots=\sum\left[a_n^{(0)}(t)+\lambda a_n^{(1)}(t)+\lambda^2 a_n^{(2)}(t)+\cdots\right]\lambda H'_{mn}\mathrm{e}^{\mathrm{i}\omega_{mn}t}$$

比较 λ 的同次幂项得

$$\lambda^0：\mathrm{i}\hbar\frac{\partial a_m^{(0)}(t)}{\partial t}=0 \tag{9-89}$$

$$\lambda^1：\mathrm{i}\hbar\frac{\partial a_m^{(1)}(t)}{\partial t}=\sum_n a_n^{(0)}(t)H'_{mn}\mathrm{e}^{\mathrm{i}\omega_{mn}t}=H'_{mk}\mathrm{e}^{\mathrm{i}\omega_{mk}t} \tag{9-90}$$

$$\lambda^2：\mathrm{i}\hbar\frac{\partial a_m^{(2)}(t)}{\partial t}=\sum_n a_n^{(1)}(t)H'_{mn}\mathrm{e}^{\mathrm{i}\omega_{mn}t} \tag{9-91}$$

$$\cdots$$

故有 $a_m^{(0)}(t)=a_m^{(0)}(0)=\delta_{mk}$。

另一方面，由初始条件 $a_m(0)=a_m^{(0)}(0)=\delta_{mk}$，可得

$$a_m^{(0)}(0)=\delta_{mk},\quad a_m^{(1)}(0)=a_m^{(2)}(0)=\cdots=0 \tag{9-92}$$

解式(9-90)得

$$a_m^{(1)}(t)=\frac{1}{\mathrm{i}\hbar}\int_0^t H'_{mk}\mathrm{e}^{\mathrm{i}\omega_{mk}t}\mathrm{d}t \tag{9-93}$$

式(9-93)就是式(9-84)的一级近似解。根据式(9-82)，在 t 时刻发现体系处于 Φ_m 态的概率是 $|a_m(t)|^2$，所以体系在微扰作用下由初态 Φ_k 跃迁到末态 Φ_m 的跃迁概率为

$$W_{k\to m}=|a_m(t)|^2 \tag{9-94}$$

式中，$a_m(t)$ 为跃迁振幅。相应的跃迁速率为

$$w_{k\to m}=\frac{\mathrm{d}W_{k\to m}}{\mathrm{d}t}=\frac{\mathrm{d}}{\mathrm{d}t}|a_m(t)|^2 \tag{9-95}$$

可以看出跃迁概率由初态 Φ_k、末态 Φ_k 和微扰 $\hat{H}'$ 所决定的。如果能量有简并，则第 k 和 n 能级的简并度不同，一般来说 $W_{k\to m}\neq W_{m\to k}$。我们还可以看到，初态和末态能量 $E_k=E_m$ 时，$W_{k\to m}$ 也不一定为 0。也就是说，相同能量的不同态之间也可以跃迁。

【例 9-4】 考虑带电荷 q 的一维谐振子，设初始时刻($t=-\infty$)，振子处于基态 $|0\rangle$，有一微扰 $H'=-q\varepsilon x\mathrm{e}^{-t^2/\lambda^2}$ 作用，其中 ε 为 x 方向的电场，λ 为参数。求充分长时间以后($t\to\infty$)振子处于激发态 $|n\rangle$ 的概率。

解：先求跃迁振幅。一维谐振子 $\hat{H}_0$ 的本征矢量记作 $|n\rangle$，则根据题意，初始 $t=-\infty$ 的态矢为 $|0\rangle$，末态态矢为 $|n\rangle$，因此经充分长时间以后，跃迁振幅为

$$a_n(t)=\frac{1}{\mathrm{i}\hbar}\int_{-\infty}^{+\infty}H'_{n0}\mathrm{e}^{\mathrm{i}\omega_{n0}t}\mathrm{d}t$$

其中

$$H'_{n0}=\langle n|H'|0\rangle=-q\varepsilon\langle n|x|0\rangle\mathrm{e}^{-t^2/\lambda^2}$$
$$\omega_{n0}=(E_n-E_0)/\hbar=n\hbar\omega/\hbar=n\omega$$

因此得

$$a_n(t)=-\frac{q\varepsilon}{\mathrm{i}\hbar}\int_{-\infty}^{+\infty}\langle n|x|0\rangle\mathrm{e}^{\mathrm{i}n\omega t(-t^2/\lambda^2)}\mathrm{d}t$$

由谐振子坐标的矩阵元

$$x_{nk}=\frac{1}{\alpha}\left[\sqrt{(n+1)/2}\,\delta_{k,n+1}+\sqrt{n/2}\,\delta_{k,n-1}\right]$$

可以看到，只有当 $n=k\pm1$ 时，k_{nk} 不为 0。因此有

$$x_{n0}=\frac{1}{\alpha}\sqrt{\frac{n}{2}}\,\delta_{n,1}$$

也就是说，跃迁只能在 $|0\rangle$ 和 $|1\rangle$ 之间发生。从基态 $|0\rangle$ 到 $|1\rangle$ 态的跃迁振幅为

$$a_1(t)=-\frac{q\varepsilon}{\mathrm{i}\hbar\alpha}\sqrt{\frac{1}{2}}\int_{-\infty}^{+\infty}\mathrm{e}^{\mathrm{i}\omega t+(-t^2/\lambda^2)}\,\mathrm{d}t$$

跃迁概率为

$$W_{1\to0}=\frac{q^2\varepsilon^2}{2\hbar^2\alpha^2}\left|\int_{-\infty}^{+\infty}\mathrm{e}^{\mathrm{i}\omega t-t^2/\lambda^2}\,\mathrm{d}t\right|^2=\frac{\pi q^2\varepsilon^2\lambda^2}{2m\hbar\omega}\mathrm{e}^{-\omega^2\lambda^2/2}$$

计算时，利用了以下积分结果，即

$$\int_{-\infty}^{+\infty}\mathrm{e}^{\mathrm{i}\omega t-t^2/\lambda^2}\,\mathrm{d}t=\sqrt{\pi}\,\mathrm{e}^{-\omega^2\lambda^2/4}$$

以及 $\alpha=\sqrt{m\omega/\hbar}$。由此结果可以看到，谐振子停留在基态 $|0\rangle$ 态的概率为 $1-W_{1\to0}$。

*9.7 跃迁概率

本节将按照两种不同情况来计算 $a_m(t)$ 和 $W_{k\to m}$。

1. 常微扰

设 $\hat{H}'$ 在 $0\leqslant t\leqslant t_1$ 这段时间之内不为零，但与时间无关。体系在 $t=0$ 时所处的状态假设为 Φ_k。在 $\hat{H}'$ 作用下，体系跃迁到连续分布或接近连续分布的末态 Φ_m。这些末态的能量 E_m 在初态能量 E_k 上下连续分布。以 $\rho(m)\mathrm{d}E_m$ 表示在 $E_m\to E_m+\mathrm{d}E_m$ 能量范围之内这些末态的数目，则 $\rho(m)$ 就是这些末态的态密度。从初态到末态的跃迁概率是各种可能的跃迁概率之和，所以由式(9-94)，得从初态到这些末态的跃迁概率为

$$W=\sum_m|a_m(t)|^2\to\int_{-\infty}^{\infty}|a_m(t)|^2\rho(m)\,\mathrm{d}E_m \tag{9-96}$$

由跃迁振幅 $a_m(t)$ 的表达式，对所讨论的 $\hat{H}'$ 有下式成立：

$$a_m(t)=-\frac{H'_{mk}}{\hbar}\frac{\mathrm{e}^{\mathrm{i}\omega_{mk}t}-1}{\omega_{mk}}$$

于是

$$|a_m(t)|^2=\frac{|H'_{mk}|^2}{\hbar^2\omega_{mk}^2}(\mathrm{e}^{\mathrm{i}\omega_{mk}-t}-1)(\mathrm{e}^{-\mathrm{i}\omega_{mk}-t}-1)$$

$$=\frac{2|H'_{mk}|^2}{\hbar^2\omega_{mk}^2}(1-\cos\omega_{mk}t)=\frac{4|H'_{mk}|^2}{\hbar^2}\frac{\sin^2(\omega_{mk}t/2)}{\omega_{mk}^2} \tag{9-97}$$

将式(9-97)代入到式(9-96)中，并利用 $\mathrm{d}E_m=\hbar\mathrm{d}\omega_{mk}$ [可根据式(9-86)得到]，得

$$W=\frac{4}{\hbar}\int_{-\infty}^{\infty}|H'_{mk}|^2\rho(m)\frac{\sin^2(\omega_{mk}t/2)}{\omega_{mk}^2}\mathrm{d}\omega_{mk} \tag{9-98}$$

式中，积分号下的因子$\frac{\sin^2(\omega_{mk}t/2)}{\omega_{mk}^2}$在$t$足够大时可以写成δ函数的形式。为此要证明下面这个公式：

$$\lim_{t\to\infty}\frac{\sin^2 xt}{\pi t x^2}=\delta(x) \tag{9-99}$$

由于当$x\neq 0$时，式(9－99)左边的极限为零，而

$$\lim_{x\to 0}\frac{\sin xt}{xt}=1$$

因而得

$$\lim_{t\to\infty}\frac{\sin^2 xt}{\pi t x^2}=\lim_{t\to\infty}\frac{t}{\pi}\left(\frac{\sin xt}{xt}\right)^2=\lim_{t\to\infty}\frac{t}{\pi}\to\infty$$

此外，再作变量代换即$xt=u$，将式(9－99)左边对x积分，得

$$\int_{-\infty}^{\infty}\frac{\sin^2 xt}{\pi t x^2}\mathrm{d}x=\frac{1}{\pi}\int_{-\infty}^{\infty}\frac{\sin^2 u}{u^2}\mathrm{d}u=1$$

上式的积分中用了定积分的公式，即

$$\int_{-\infty}^{\infty}\frac{\sin^2 u}{u^2}\mathrm{d}u=\pi$$

因此，式(9－99)左边确实具有δ函数所应有的性质，于是式(9－99)得到证明。

利用式(9－99)，令$x=\omega_{mk}/2$，则式(9－98)可以改写为

$$W=\frac{2\pi t}{\hbar}\int_{-\infty}^{\infty}|H'_{mk}|^2\rho(m)\delta(\omega_{mk})\mathrm{d}\omega_{mk} \tag{9-100}$$

只考虑$|H'_{mk}|$和$\rho(m)$都随E_m平滑变化的情况，因此它们都可以近似地移到积分号外面，于是有

$$W=\frac{2\pi t}{\hbar}|H'_{mk}|^2\rho(m)$$

相应的单位时间内的跃迁概率为

$$w=\frac{W}{t}=\frac{2\pi}{\hbar}|H'_{mk}|^2\rho(m) \tag{9-101}$$

这个重要的公式(9－101)称为**黄金规则**。

下面要说明一下式(9－101)中的$\rho(m)$。态密度$\rho(m)$的具体形式决定于体系末态的具体情况，设末态是自由粒子动量的本征函数，采用箱归一化得

$$\varphi_m(\boldsymbol{r})=L^{-3/2}\exp\left(\frac{\mathrm{i}}{\hbar}\boldsymbol{p}\cdot\boldsymbol{r}\right)$$

因为在箱内，动量的本征值为

$$p_x=\frac{2\pi\hbar n_x}{L},\quad p_y=\frac{2\pi\hbar n_y}{L},\quad p_z=\frac{2\pi\hbar n_z}{L}$$

式中，n_x，n_y，n_z为零或正负整数。每一组$\{n_x, n_y, n_z\}$的值确定一个态，所以动量在

$$p_x\to p_x+\mathrm{d}p_x,\ p_y\to p_y+\mathrm{d}p_y,\ p_z\to p_z+\mathrm{d}p_z$$

范围内态的数目为

$$\left(\frac{L}{2\pi\hbar}\right)^3\mathrm{d}p_x\mathrm{d}p_y\mathrm{d}p_z$$

用极坐标表示，则动量大小和方向在

$$p\to p+\mathrm{d}p,\ \theta\to\theta+\mathrm{d}\theta,\ \varphi\to\varphi+\mathrm{d}\varphi \tag{9-102}$$

范围内态的数目为

$$\left(\frac{L}{2\pi\hbar}\right)^3 p^2\,\mathrm{d}p\sin\theta\mathrm{d}\theta\mathrm{d}\varphi$$

能量为

$$\varepsilon_m = p^2/2\mu$$

的末态有许多个，在这些态中，动量大小都是 p，但方向不同。以 $\rho(m)\mathrm{d}\varepsilon_m$ 表示动量在式(9－102)范围内的态数目，则

$$\rho(m)\mathrm{d}\varepsilon_m = \left(\frac{L}{2\pi\hbar}\right)^3 p^2\,\mathrm{d}p\sin\theta\mathrm{d}\theta\mathrm{d}\varphi$$

因为

$$\varepsilon_m = p^2/2\mu,\quad \mathrm{d}\varepsilon_m = p\mathrm{d}p/\mu$$

所以

$$\rho(m) = \left(\frac{L}{2\pi\hbar}\right)^3 \mu p\sin\theta\mathrm{d}\theta\mathrm{d}\varphi \tag{9-103}$$

这就是动量大小为 p，方向在立体角 $\mathrm{d}\Omega = \sin\theta\mathrm{d}\theta\mathrm{d}\varphi$ 内的末态的态密度。

2. 周期微扰

假设微扰 $\hat{H}'(t) = \hat{A}\cos\omega t$ 从 $t=0$ 开始作用于体系。为了便于讨论，将 $\hat{H}'(t)$写成指数形式，即

$$\hat{H}'(t) = \hat{F}(\mathrm{e}^{\mathrm{i}\omega t} + \mathrm{e}^{-\mathrm{i}\omega t}) \tag{9-104}$$

式中，$\hat{F}$ 为与时间无关的微扰算符。在 $\hat{H}_0$ 的第 k 个本征态 Φ_k 和第 m 个本征态 Φ_m 之间的微扰矩阵元为

$$H'_{mk} = \int \Phi_m^* \hat{H}'(t)\phi_k\mathrm{d}\tau = F_{mk}(\mathrm{e}^{\mathrm{i}\omega t} + \mathrm{e}^{-\mathrm{i}\omega t}) \tag{9-105}$$

式中

$$F_{mk} = \int \Phi_m^* \hat{F}\phi_k\mathrm{d}\tau \tag{9-106}$$

将式(9－105)代入式(9－93)中，得

$$\begin{aligned} a_m(t) &= \frac{F_{mk}}{i\hbar}\int_0^t [\mathrm{e}^{\mathrm{i}(\omega_{mk}+\omega)t} + \mathrm{e}^{\mathrm{i}(\omega_{mk}-\omega)t}]\mathrm{d}t \\ &= -\frac{F_{mk}}{\hbar}\left[\frac{\mathrm{e}^{\mathrm{i}(\omega_{mk}+\omega)t}-1}{\omega_{mk}+\omega} + \frac{\mathrm{e}^{\mathrm{i}(\omega_{mk}-\omega)t}-1}{\omega_{mk}-\omega}\right] \end{aligned} \tag{9-107}$$

当 $\omega=\omega_{mk}$ 时，式(9－107)右边括号内第二项的分子分母都等于零。利用数学分析中求极限的法则，同时将分子与分母对 $(\omega_{mk}-\omega)$ 求微商，可以得出这一项与 t 成比例。由于括号内第一项不随时间增加，因而当 $\omega\approx\omega_{mk}$ 时，仅括号内第二项起主要作用。当 $\omega\approx-\omega_{mk}$ 时，用同样的方法，可以得出与上述相反的结果，即括号内第一项随时间的增加而加大，括号内第二项却不随时间增加，所以这时起主要作用的是括号内第一项。当 $\omega\neq\pm\omega_{mk}$ 时，式(9－107)右边两项都不随时间增加。由此可见，只有当

$$\omega = \pm\omega_{mk} \quad 或 \quad E_m = E_k \pm \hbar\omega \tag{9-108}$$

时才出现明显的跃迁。这就是说，只有当外界微扰含有频率 ω_{mk} 时，体系才能从 Φ_k 态跃迁到 Φ_m 态，这时体系吸收或发射的能量是 $\hbar\omega_{mk}$。这说明我们所讨论的跃迁是一个共振现象。

因此，下面我们只需要讨论 $\omega\approx\pm\omega_{mk}$ 的情况。

将式(9-107)代入式(9-94)，当 $\omega\approx\omega_{mk}$ 时，式(9-107)右边括号内只取第二项，当 $\omega\approx-\omega_{mk}$ 时，则只取括号内第一项，于是得到由 Φ_k 态跃迁到 Φ_m 态的概率为

$$W_{k\to m}=|a_m(t)|^2=\frac{4|F_{mk}|^2\sin^2(\omega_{mk}t\pm\omega t)/2}{\hbar^2(\omega_{mk}\pm\omega)^2} \tag{9-109}$$

当 $\omega\approx-\omega_{mk}$ 时，式(9-109)右边都取正号，当 $\omega\approx\omega_{mk}$ 时，则都取负号。

利用式(9-99)，令 $x=(\omega_{mk}\pm\omega)/2$，并有式 $\delta(ax)=\delta(x)/a$，则式(9-109)可改写为

$$W_{k\to m}=\frac{\pi t}{\hbar^2}|F_{mk}|^2\delta\left(\frac{\omega_{mk}\pm\omega}{2}\right)=\frac{2\pi t}{\hbar^2}|F_{mk}|^2\delta(\omega_{mk}\pm\omega) \tag{9-110}$$

将 $\omega_{mk}=(E_m-E_k)/\hbar$ 代入式(9-110)，得

$$W_{k\to m}=\frac{2\pi t}{\hbar}|F_{mk}|^2\delta(E_m-E_k\pm\hbar\omega) \tag{9-111}$$

因此可以得到单位时间内体系由 Φ_k 态跃迁到 Φ_m 态的概率为

$$w_{k\to m}=\frac{2\pi}{\hbar}|F_{mk}|^2\delta(E_m-E_k\pm\hbar\omega) \tag{9-112}$$

由于 δ 函数只有在变量等于零时本身才不为零，所以式(9-111)和式(9-112)中的 δ 函数把能量守恒条件式(9-108)明显地表示出来。当 $E_k>E_m$ 时，式(9-112)可改写为

$$w_{k\to m}=\frac{2\pi}{\hbar}|F_{mk}|^2\delta(E_m-E_k+\hbar\omega) \tag{9-113}$$

即仅当 $E_m=E_k-\hbar\omega$ 时，跃迁概率才不为零，体系由 Φ_k 态跃迁到 Φ_m 态，发射出能量 $\hbar\omega$。

当 $E_k<E_m$ 时，式(9-112)给出

$$w_{k\to m}=\frac{2\pi}{\hbar}|F_{mk}|^2\delta(E_m-E_k-\hbar\omega) \tag{9-114}$$

这时只有 $E_m=E_k+\hbar\omega$ 时，跃迁概率才不为零。跃迁过程中，体系吸收能量 $\hbar\omega$。

在式(9-111)中，将 m 和 k 对调，即得体系由 Φ_m 态跃迁到 Φ_k 态的概率。因为 $\hat{F}$ 是厄密算符，所以有 $|F_{mk}|^2=|F_{km}|^2$，对于跃迁概率则有

$$W_{m\to k}=W_{k\to m} \tag{9-115}$$

即体系由 Φ_m 态跃迁到 Φ_k 态的概率，与由 Φ_k 态跃迁到 Φ_m 态的概率相等。

现在要讨论的是初态 k 是分立的、末态 m 是连续的情况，这时 $E_m>E_k$。假设微扰 $\hat{H}'(t)=\hat{A}\cos\omega t$ 只在 $t=0$ 到 $t=t'$ 这段时间内对体系有作用，那么由式(9-109)在 $t\geqslant t'$ 的时刻体系由 Φ_k 态跃迁到 Φ_m 态的概率为

$$W_{k\to m}=\frac{4|F_{mk}|^2\sin^2(\omega_{mk}t'-\omega t')/2}{\hbar^2(\omega_{mk}-\omega)^2}$$

这个式子作为 $(\omega_{mk}-\omega)$ 的函数画在图 9.7 所示中。由图可以看出跃迁概率主要在主峰范围内，即 $(\omega_{mk}-\omega)$ 从 $-2\pi/t'$ 到 $2\pi/t'$ 范围内明显不为零，在这个范围以外跃迁概率很小。在这个过程中，能量守恒 $E_m=E_k+\hbar\omega$ 或 $\omega_{mk}=\omega$ 不是严格成立的，它只在图 9.7 中原点处严格成立。因为 $(\omega_{mk}-\omega)$ 只要在 $-2\pi/t'$ 到 $2\pi/t'$ 范围内，跃迁概率都不为零，所以 ω_{mk} 不仅可以取 ω 的值，还可以取 $\omega-2\pi/t'$ 到 $\omega+2\pi/t'$ 之间的任何值，即 ω_{mk} 的不确定范围是 $\Delta\omega_{mk}\sim1/t'$，由于 k 是分立能级，E_k 是确定的，所以 ω_{mk} 的不确定也就是末态能量 E_m 的不确定，即

$$\Delta\omega_{\mathrm{mk}}=\Delta\left(\frac{E_m-E_k}{\hbar}\right)=\frac{1}{\hbar}\Delta E_m$$

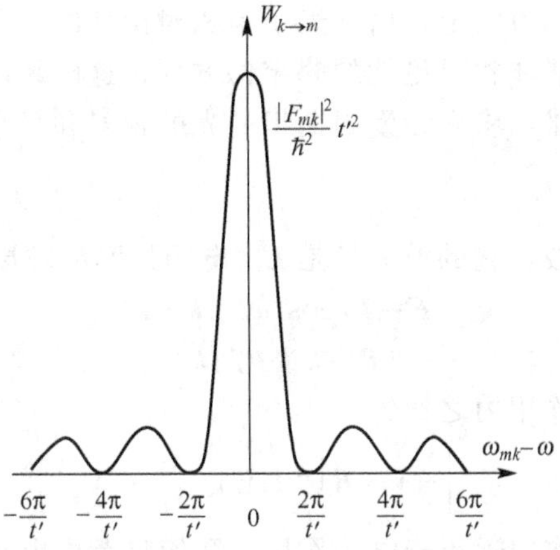

图 9.7 跃迁概率 $W_{k\to m}$ 与频率 $\omega_{mk}-\omega$ 的关系曲线

由此有

$$t'\cdot\Delta E_m\sim\hbar \tag{9-116}$$

把这个微扰过程看作测量末态能量 E_m 的过程，t' 是测量的时间间隔，那么式(9-116)说明能量的不确定范围 ΔE_m 与测量的时间间隔之乘积有 $\hbar$ 的数量级。这个关系有普遍的意义，在一般情况下，当用于测量那个能量的时间为 Δt，所测得的能量不确定范围为 ΔE 时，有

$$\Delta E\cdot\Delta t\sim\hbar \tag{9-117}$$

这个式子称为能量时间的测不准关系。由这个关系可知，测量能谱越窄(ΔE 越小)，则在该能级附近的寿命越长(Δt 越大)。

*9.8 光的发射和吸收、选择定则

光照到原子上时，会发生吸收或发射的现象。按照玻尔的量子论，这是因为能量为 $h\nu$ 的光子被原子吸收，而使原子核外的电子从能级 E_k 跃迁到 E_m，由于跃迁过程中能量守恒，因此 $h\nu$ 与 E_k、E_m 必须满足 $E_m-E_k=h\nu$。同理，处在能级为 E_m 的电子，也会跃迁到能级 E_k 而放出光子。但是玻尔理论只能给出光谱线的频率，不能给出光谱线的强度，而且，即使是光谱线频率的公式，也只是玻尔理论中的假设。

事实上，光的发射不仅可以是受激的，即在光线入射于原子体系时发生，也可以是自发的。即使没有光线入射，原子中处于较高能级的电子，在较低的能级中出现空位时，也可能自发地从较高能级跃迁到较低能级并放出光子。因此，量子力学比玻尔量子论前进了一大步：不仅可以用含时微扰理论证实跃迁过程中必须满足能量守恒，从而给出谱线频率，这是量子力学的推论而非假定，输出而非输入，而且，特别重要的是，由子谱线强度正比于电子的跃迁速率，可以由量子力学算出跃迁概率从而给出谱线强度。但是，只靠非相对论量子力学处理光的吸收和发射问题，也有一些原则性的困难。严格来说，只靠量子力学，无法处理自发辐射。这是因为原子中的电子虽然处在较高的能级，但仍处在定态，在无外来作用的情况下，按量子力学，它应该永远处在这个定态，不可能自发跃迁至较低

能级并且自发辐射出光子。事实上，由于光子是相对论性的，严格处理光的发射和吸收要用量子电动力学，不能只靠非相对论性的薛定谔方程，这已超出了本书的范围。本节为解决量子力学自发辐射的困难，将介绍爱因斯坦的光的发射和吸收的理论。

1. 光的吸收和受激发射

设入射光是单色平面波，它的波矢量是 $\boldsymbol{k}$，电场强度和磁场强度分别为

$$\boldsymbol{E}=\boldsymbol{E}_0\cos(\omega t-\boldsymbol{k}\cdot\boldsymbol{r}) \tag{9-118}$$

$$\boldsymbol{B}=\boldsymbol{k}\times\boldsymbol{E}/|\boldsymbol{k}| \tag{9-119}$$

电子受磁场和电场的作用力之比为

$$\left|\frac{e}{c}\boldsymbol{v}\times\boldsymbol{B}\right|\Big/|e\boldsymbol{E}|\sim\frac{v}{c}\ll 1$$

因此在原子中，磁场作用远小于电场作用。我们只考虑电场的作用。另外，如果入射光是可见光(波长在 400～700nm)，远大于玻尔半径，式(9-118)中的 $\boldsymbol{k}\cdot\boldsymbol{r}\propto 2\pi a/\lambda\ll 1$，可以略去，得

$$E=E_0\cos\omega t \tag{9-120}$$

相应的能量为

$$H'=e\boldsymbol{E}\cdot\boldsymbol{r}=e\boldsymbol{E}_0\cdot\boldsymbol{r}\cos\omega t=-\boldsymbol{D}\cdot\boldsymbol{E}_0\cos\omega t \tag{9-121}$$

式中，$\boldsymbol{D}=-e\boldsymbol{r}$ 表示电偶极矩。式(9-121)是周期性微扰，可直接利用式(9-113)得

$$w_{k\to m}=\frac{\pi}{2\hbar}|\boldsymbol{D}\cdot\boldsymbol{E}_0|^2_{mk}\delta(E_m-E_k-\hbar\omega) \tag{9-122}$$

式中，$\hat{F}=-\dfrac{\boldsymbol{D}\cdot\boldsymbol{E}_0}{2}$。保留负号是由于现在只考虑光的吸收，假设 $E_m>E_k$，记 $\boldsymbol{D}_{mk}$ 和 $\boldsymbol{E}_0$ 的夹角为 θ，则式(9-122)可简化为

$$w_{k\to m}=\frac{\pi}{2\hbar}|\boldsymbol{D}_{mk}|^2E_0^2\cos^2\theta\delta(E_m-E_k-\hbar\omega) \tag{9-123}$$

如果入射光是非偏振光，$\boldsymbol{E}_0$ 的方向完全无规则，则 θ 也完全无规则，式(9-123)中 $\cos^2\theta$ 可以近似的用 $\cos^2\theta$ 的空间平均值来代替，即

$$\overline{\cos^2\theta}=\frac{1}{4\pi}\int_\Omega\cos^2\theta\mathrm{d}\Omega=\frac{1}{4\pi}\int_0^{2\pi}\mathrm{d}\varphi\int_0^\pi\cos^2\theta\sin\theta\mathrm{d}\theta=\frac{1}{3} \tag{9-124}$$

则式(9-124)代入式(9-123)，得

$$w_{k\to m}=\frac{\pi}{6\hbar}|\boldsymbol{D}_{mk}|^2E_0^2\delta(E_m-E_k-\hbar\omega) \tag{9-125}$$

如果入射光是自然光而非单色波，则在圆频率间隔 $\omega\to\omega+\mathrm{d}\omega$ 中的能量密度是 $I(\omega)\mathrm{d}\omega$，$I(\omega)$ 满足

$$\begin{aligned}I(\omega)&=\frac{1}{8\pi}\overline{(\boldsymbol{E}^2+\boldsymbol{B}^2)}\approx\frac{1}{4\pi}\overline{\boldsymbol{E}^2}\\&=\frac{1}{4\pi}\frac{E_0^2}{T}\int_0^T\cos^2\theta\omega t\,\mathrm{d}t=\frac{\boldsymbol{E}_0^2}{4\pi}\frac{\omega}{2\pi}\frac{\pi}{\omega}=\frac{\boldsymbol{E}_0^2}{8\pi}\end{aligned} \tag{9-126}$$

于是最后得出，自然光入射到原子上，单位时间内的跃迁概率为

$$\begin{aligned}w_{k\to m}&=\int\frac{\pi}{6\hbar^2}|\boldsymbol{D}_{mk}|^2 8\pi I(\omega)\delta(\omega_{mk}-\omega)\mathrm{d}\omega\\&=\frac{4\pi^2}{3\hbar^2}|\boldsymbol{D}_{mk}|^2I(\omega_{mk})=\frac{4\pi^2e^2}{3\hbar^2}|\boldsymbol{r}_{mk}|^2I(\omega_{mk})\end{aligned} \tag{9-127}$$

从式(9－127)可得，跃迁速率与入射光中圆频率 ω_{mk} 的光的光强度 $I(\omega_{mk})$ 成正比，入射光中的其他频率成分对电子的 E_k 能级到 E_m 能级的跃迁无贡献。如果入射光中没有圆频率为 ω_{mk} 的光，则这种光不能引起从 E_k 到 E_m 的跃迁。定义

$$B_{km}=\frac{4\pi^2e^2}{3\hbar^2}|\boldsymbol{r}_{mk}|^2 \tag{9-128}$$

称为受激吸收系数。利用 $\boldsymbol{r}$ 的厄米性质，显然有

$$B_{km}=B_{mk} \tag{9-129}$$

即从 k 态到 m 态的受激吸收系数与从 m 态到 k 态的受激吸收系数相等，而且它们都只决定于初态和末态间的坐标矩阵。

2. 选择定则

因为式(9－127)中，$\boldsymbol{r}_{mk}=x_{mk}i+y_{mk}j+z_{mk}k$，若坐标矩阵元为零，则 $w_{k\to m}=0$，从 k 态到 m 态的跃迁将被禁戒。设原子的初态是 $|nlm\rangle$，末态是 $|n'l'm'\rangle$，在球坐标下有

$$\left.\begin{aligned}x&=r\sin\theta\cos\varphi=\frac{r}{2}\sin\theta(\mathrm{e}^{\mathrm{i}\varphi}+\mathrm{e}^{-\mathrm{i}\varphi})\\y&=r\sin\theta\cos\varphi=\frac{r}{2}\sin\theta(\mathrm{e}^{\mathrm{i}\varphi}-\mathrm{e}^{-\mathrm{i}\varphi})\\z&=r\cos\theta\end{aligned}\right\} \tag{9-130}$$

而 $|nlm\rangle=R_{nl}\mathrm{Y}_{lm}$，因此，当且仅当坐标矩阵元 $\langle n'l'm'|r\cos\theta|nlm\rangle$ 及 $\langle n'l'm'|r\sin\theta\mathrm{e}^{\pm\mathrm{i}\varphi}|nlm\rangle$ 不为零时，跃迁概率 $w_{k\to m}$ 才不为零，跃迁才可能在这两个态之间发生。利用球谐函数的关系式

$$\cos\theta\mathrm{Y}_{lm}=\sqrt{\frac{(l+1)^2-m^2}{(2l+1)(2l+3)}}\mathrm{Y}_{l+1,m}-\sqrt{\frac{l^2-m^2}{(2l-1)(2l+1)}}\mathrm{Y}_{l-1,m} \tag{9-131}$$

及

$$\mathrm{e}^{\pm\mathrm{i}\varphi}\sin\theta\mathrm{Y}_{lm}=\mp\sqrt{\frac{(l\pm m+1)(l\pm m+2)}{(2l+1)(2l+3)}}\mathrm{Y}_{l+1,m\pm1}\pm\sqrt{\frac{(l\mp m)(l\mp m-1)}{(2l-1)(2l+1)}}\mathrm{Y}_{l-1,m\pm1} \tag{9-132}$$

以及球谐函数的正交归一性可得，只有当

$$l'=l\pm1,\quad m'=m,\quad m\pm1 \tag{9-133}$$

也即

$$\Delta l=l'-l=\pm1,\quad \Delta m=m'-m=0,\quad \pm1 \tag{9-134}$$

时，$\boldsymbol{r}$ 的矩阵元才不全为零，从 k 态到 m 态才可能发生跃迁。式(9－134)称为偶极辐射跃迁的选择定则。从式(9－134)可见，偶极跃迁与主量子数无关。

在上面的讨论中，我们略去了微扰项中 $\boldsymbol{k}\times\boldsymbol{r}$ 的贡献。这对可见光、紫外线等是成立的，因为这时入射光的波长远大于原子半径。但对波长更短的电磁波，如X射线，$\boldsymbol{k}\times\boldsymbol{r}$ 不能略去，除偶极辐射外还要考虑四极辐射或其他辐射，这时选择定则也要作相应的改变。

3. 自发辐射和爱因斯坦理论

在上述理论中，对于原子体系，是用量子力学、用薛定谔方程和含时微扰理论处理的。但对于入射的光波，则只用经典的电磁场的方法处理，完全没有考虑到电磁场的量子化，不考虑光子的产生和湮灭过程。严格来说，这只是一种半经典理论。这种理论当然有

它的不足之处。表现在如果不引进新的处理方法，这种理论不可能讨论自发辐射。按量子力学，体系的哈密顿量是守恒量。体系处在定态后，在无外界影响的条件下，不可能自发跃迁到另一个定态。

为了处理自发辐射，爱因斯坦建立了一套唯象理论。他不同量子力学处理自发辐射是否可能，而是假定同时存在自发辐射和受激辐射。当体系和辐射场达到热平衡后，用平衡条件来建立自发辐射与受激辐射之间的关系。他利用量子力学含时微扰理论求出的受激辐射系数，再利用平衡条件给出原子体系的自发辐射系数。

设能级 $E_m > E_k$，从能级 E_m 到 E_k 的受激发射系数为 B_{mk}，从能级 E_k 到 E_m 的受激发射系数为 B_{km}，另外，从能级 E_m 自发跃迁到 E_k 后的自发发射系数为 A_{mk}。在强度为 $I(\omega)$ 的入射光的照射下，处在能级 E_m 的原子，经过受激发射放出能量为 $\hbar\omega_{mk}$ 的光子，跃迁到 E_k 的概率为 $B_{mk}I(\omega_{mk})$，处在能级 E_k 的原于经过受激吸收，吸收能量为 $\hbar\omega_{mk}$ 的光子，跃迁到 E_m 的概率为 $B_{km}I(\omega_{km})$。

假定能级 E_m 中有 N_m 个原子，E_k 中有 N_k 个原子，则单位时间内通过受激发射和自发发射放出光子，由能级 E_m 跃迁到 E_k 的原子数是 $N_m[A_{mk} + B_{mk}I(\omega_{mk})]$。同理，单位时间内通过吸收光子，由能级 E_k 跃迁到 E_m 的原子数是 $N_kB_{km}I(\omega_{km})$，当原子和电磁辐射达到平衡后，有

$$N_m[A_{mk} + B_{mk}I(\omega_{mk})] = N_kB_{km}I(\omega_{km}) \tag{9-135}$$

利用统计物理中的玻耳兹曼分布

$$N_k \propto e^{-E_k/kT}, \quad N_m \propto e^{-E_m/kT} \tag{9-136}$$

$$\frac{N_k}{N_m} = e^{-\frac{E_k - E_m}{kT}} = e^{\hbar\omega_{mk}/kT} \tag{9-137}$$

将式(9－137)代入式(9－135)，得

$$I(\omega_{mk}) = \frac{A_{mk}}{\frac{N_k}{N_m}B_{km} - B_{mk}} = \frac{A_{mk}}{B_{km}e^{\hbar\omega_{mk}/kT} - B_{mk}} \tag{9-138}$$

将式(9－138)和普朗克黑体辐射公式，即

$$\rho(\nu)d\nu = \frac{8\pi h\nu^3}{c^3}\frac{1}{e^{h\nu/kT} - 1}d\nu \tag{9-139}$$

相比较，由于 $I(\omega)d\omega = \rho(\nu)d\nu$，且 $\omega = 2\pi\nu$ 有

$$\rho(\nu) = 2\pi I(\omega) \tag{9-140}$$

即

$$\frac{A_{mk}}{B_{mk}} = \frac{1}{e^{\hbar\omega_{mk}/kT} - B_{mk}/B_{km}} = \frac{4h\nu_{mk}^3}{c^3}\frac{1}{e^{h\nu_{mk}/kT} - 1} \tag{9-141}$$

因为 $\hbar\omega_{mk} = h\nu$，比较式(9－141)两边，有

$$A_{mk} = \frac{4h\nu_{mk}^3}{c^3}B_{mk} = \frac{\hbar\omega_{mk}^3}{c^3\pi^2}B_{mk} \tag{9-142}$$

在偶极辐射近似下，$B_{mk} = B_{km}$，由式(9－128)表示，得

$$A_{mk} = \frac{4e^2\omega_{mk}^3}{3\hbar c^2}|\boldsymbol{r}_{mk}|^2 \tag{9-143}$$

现在讨论式(9－143)给出的自发辐射系数 A_{mk}：

(1) 由式(9－138)和式(9－143)得自发辐射和受激辐射之比为

$$\frac{A_{mk}}{B_{mk}I(\omega_{mk})}=\mathrm{e}^{\frac{\hbar\omega_{mk}}{kT}}-1 \tag{9-144}$$

当 $\omega_{mk}=kT\ln 2/\hbar$时，$A_{mk}=B_{mk}I(\omega_{mk})$。在室温条件下，取温度 $T=300\mathrm{K}$，得 $\omega_{mk}\approx 3\times10^{13}\mathrm{s}^{-1}$，其相应的波长 $\lambda_{mk}\approx 6\times10^{5}\mathrm{m}$，远大于可见光波长。而波长越小，$\omega$ 越大，A_{mk} 将远大于 $B_{mk}I(\omega_{mk})$。在可见光区中，自发辐射远大于受激辐射。

(2) 式(9－143)表明自发辐射系数也由坐标矩阵元 $\boldsymbol{r}_{mk}$ 决定。自发辐射和受激辐射具有同样的选择定则。

(3) 处在受激态 Φ_m 的 N_m 个原子中，在 $\mathrm{d}t$ 时间内自发跃迁到 Φ_k 态的数目为

$$\mathrm{d}N_m=-N_mA_{mk}\,\mathrm{d}t \tag{9-145}$$

积分后得

$$N_m=N_m(0)\mathrm{e}^{-A_{mk}t}=N_m(0)\mathrm{e}^{-t/\tau_{mk}} \tag{9-146}$$

式中，$N_m(0)$表示在 $t=0$ 时 N_m的值，$\tau_{mk}=1/A_{mk}$ 表示原子由 Φ_m 态自发跃迁到 Φ_k 态的平均寿命。

(4) 利用式(9－143)，可以算出自发跃迁的辐射强度。经自发跃迁后，原子发出能量为$\hbar\omega_{mk}$的光子。因此，单位时间内原子辐射出的能量为

$$\frac{\mathrm{d}E}{\mathrm{d}t}=\hbar\omega_{mk}A_{mk}=\frac{4e^2\omega_{mk}^4}{3c^3}|\boldsymbol{r}_{mk}|^2 \tag{9-147}$$

而处于 Φ_m 态的原子数是 N_m，因此发出频率为 ω_{mk} 的总辐射强度为

$$J_{mk}=N_m\frac{4e^2\omega_{mk}^4}{3c^3}|\boldsymbol{r}_{mk}|^2 \tag{9-148}$$

【例 9－5】 求氢原子及类氢离子 2p 态的自发发射系数和平均寿命。

解：可以证明，对于 $m=0$，±1，矩阵元 $\langle 100|\boldsymbol{r}|21m\rangle$ 的绝对值相同，故下面只计算 $A_{100,210}$。由

$$\psi_{100}(r)=\sqrt{\frac{Z^3}{\pi a_\mu^3}}\mathrm{e}^{-Zr/a_\mu}$$

和

$$\psi_{210}(r)=\sqrt{\frac{Z^5}{32\pi a_\mu^5}}r\mathrm{e}^{-Zr/2a_\mu}\cos\theta$$

得

$$\langle 100|x|210\rangle=\langle 100|y|210\rangle=0$$

$$\langle 100|z|210\rangle=\langle 100|r\cos\theta|210\rangle=\frac{2^7\sqrt{2}}{3^5}\left(\frac{a_\mu}{Z}\right)$$

又因为

$$\omega_{21}=\frac{E_2^0-E_1^0}{\hbar}=\frac{3Z^2e^2}{(4\pi\varepsilon_0)8\hbar a_\mu}$$

故自发发射系数为

$$A_{100,210}=\frac{4e^2\omega_{21}^3}{(4\pi\varepsilon_0)3\hbar c^3}|Z_{210,100}|^2=6.26\times10^8Z^4(\mathrm{s}^{-1})$$

2p 态的平均寿命为

$$\tau_{210}=\frac{1}{A_{100,210}}\approx 1.6\times10^{-9}\frac{1}{Z^4}(\mathrm{s})$$

小　结

1. 定态微扰理论的适用范围及条件如下。

适用范围：求分立能级及所属波函数的修正。

适用条件：

$$\left|\frac{H'_{mn}}{E_n^{(0)}-E_m^{(0)}}\right| \ll 1,\quad E_n^{(0)} \neq E_m^{(0)}$$

(1) 非简并情况的受微扰体系的能量和波函数分别为

$$E_n = E_n^{(0)} + H'_{nn} + \sum_{m\neq n}\frac{|H'_{mn}|^2}{E_n^{(0)}-E_m^{(0)}} + \cdots$$

$$\psi_n = \psi_n^{(0)} + \sum_{m\neq n}\frac{H'_{mn}}{E_n^{(0)}-E_m^{(0)}}\psi_n^{(0)} + \cdots$$

(2) 简并情况的能级的一级修正由下列久期方程解出：

$$\begin{vmatrix} H'_{11}-E_n^{(1)} & H'_{12} & \cdots & H'_{1k} \\ H'_{21} & H'_{22}-E_n^{(1)} & \cdots & H'_{2k} \\ \vdots & \vdots & \vdots & \vdots \\ H'_{k1} & H'_{k2} & \cdots & H'_{kk}-E_n^{(1)} \end{vmatrix} = 0$$

零级近似波函数由

$$\sum_{i=1}^{k}(\hat{H}'_k - E_n^{(1)}\delta_{li})c_i^{(0)} = 0,\quad l = 1, 2, \cdots, k$$

解出 $c_i^{(0)}$，代入 $\psi_n^{(0)} = \sum_{i=1}^{k} c_i^{(0)}\phi_i$ 得出。

2. 晶体的能带结构：越是外层电子，能带越宽，ΔE 越大；点阵间距越小，能带越宽，ΔE 越大；两个能带有可能重叠。

3. 与时间有关的微扰理论主要有以下四方面内容：

(1) 由初态 Φ_k 跃迁到末态 Φ_m 的跃迁概率为

$$W_{k\to m} = |a_m(t)|^2 = \frac{1}{\hbar^2}\left|\int_0^t H'_{mk}e^{i\omega_{mk}t}\,dt\right|^2$$

若作用于体系的是周期微扰，即

$$\hat{H}'(t) = \hat{F}(e^{i\omega t} + e^{-i\omega t})$$

则

$$W_{k\to m} = \frac{2\pi t}{\hbar}|F_{mk}|^2\delta(E_m - E_k \pm \hbar\omega)$$

(2) 能量和时间的测不准关系为

$$\Delta E \cdot \Delta t \sim \hbar$$

(3) 光的发射与吸收：爱因斯坦概率系数为

$$B_{km}=B_{mk}=\frac{4\pi^2 e^2}{3\hbar^2}|\boldsymbol{r}_{mk}|^2$$

$$A_{mk}=\frac{\hbar\omega_{mk}^3}{c^3\pi^2}B_{mk}=\frac{4e^2\omega_{mk}^3}{3\hbar c^2}|\boldsymbol{r}_{mk}|^2$$

原子由 Φ_m 态自发跃迁到 Φ_k 态的辐射强度为

$$J_{mk}=N_m\frac{4e^2\omega_{mk}^4}{3c^3}|\boldsymbol{r}_{mk}|^2$$

(4) 偶极跃迁中角量子数与磁量子数的选择定则为

$$\Delta l=l'-l=\pm 1,\quad \Delta m=m'-m=0,\ \pm 1$$

习题

1. 设 H_0 表象中 $H=H_0+H'$，其中

$$H_0=\begin{pmatrix}E_1^{(0)} & 0 & 0\\ 0 & E_2^{(0)} & 0\\ 0 & 0 & E_3^{(0)}\end{pmatrix},\quad H'=\begin{pmatrix}0 & 0 & a\\ 0 & 0 & b\\ a & b & 0\end{pmatrix}$$

H' 较 H_0 为一级小量，试用微扰理论求能量本征值，精确到二级修正。

2. 在 H_0 表象中系统能量算符为 $H=H_0+H'$，其中 $H_0=\begin{pmatrix}E_1^{(0)} & 0\\ 0 & E_2^{(0)}\end{pmatrix}$，$H'=\begin{pmatrix}0 & \lambda\\ \lambda & 0\end{pmatrix}$，$H'$ 较 H_0 为一级小量。

(1) 试用微扰理论求能量本征值的二级修正。

(2) 试精确求解此问题。

3. 基态氢原子处于平行板电场中，若电场是均匀的且随时间按指数下降，即

$$\varepsilon=\begin{cases}0, & \text{当 } t\leqslant 0\\ \varepsilon_0 e^{-t/\tau}, & \text{当 } t\leqslant 0(\tau \text{ 为大于零的参数})\end{cases}$$

求经过长时间后氢原子处在 2p 态的概率。

*4. (1) 粒子在二维无限深势阱中运动，有

$$V=\begin{cases}0, & 0<x<a,\ 0<y<a\\ \infty, & \text{其他区域}\end{cases}$$

试写出能级和能量本征函数。

(2) 加上微扰 $H'=\lambda xy$，求最低的两个能级的一级微扰修正。

*5. 一维线性谐振子，其能量算符为

$$H_0=-\frac{\hbar^2}{2\mu}\frac{d^2}{dx^2}+\frac{1}{2}\mu\omega^2x^2$$

设此谐振子受到微扰 $H'=\lambda\mu\omega^2x^2/2$，$|\lambda|\ll 1$ 的作用，试求各能级的微扰修正(三级近似)，并和精确解比较。

注：带“*”的题目稍难，读者可以选做。

6. 试用变分法求线性谐振子的基态近似能量及波函数。

7. 粒子在无限深势阱($-a<x<a$)中运动，取试探波函数(作为基态波函数的近似)为

$$\varphi(x)=\begin{cases}N(a^2-x^2)(a^2-\lambda x^2), & |x|<a\\ 0, & |x|\geqslant a\end{cases}$$

试求能级近似值。

8. 计算氢原子由第一激发态到基态的自发发射概率。

9. 求线性谐振子偶极跃迁的选择定则。

第10章 电子自旋

本章教学要点

知识要点	掌握程度	相关知识
原子中电子轨道运动的磁矩	知道原子中电子轨道磁矩的来源和计算方法； 了解原子中电子轨道磁矩的量子力学解释	分子电流； 磁矩
斯特恩-盖拉赫实验	了解斯特恩-盖拉赫实验的方法和结果； 会解释斯特恩-盖拉赫实验现象	荷电粒子在非均匀磁场中的运动； 电子轨道在空间中的取向
电子自旋的假设与电子自旋磁矩	理解电子自旋假设的实验依据； 熟悉电子自旋和自旋磁矩的概念	电子轨道运动和自旋运动的区别； 电子自旋运动的物理本质
电子自旋态与自旋算符	熟悉电子自旋态及其表示方法； 掌握自旋算符的性质和泡利算符	算符的对易关系和运算规则； 算符的表象
总角动量的本征态	了解电子总角动量的运算规则； 掌握自旋与轨道角动量的耦合	矢量加法法则； 角动量量子数
碱金属原子光谱的精细结构	知道碱金属原子光谱的精细结构； 了解碱金属原子光谱的精细结构的量子力学解释	光谱的精细结构； 自旋与轨道角动量耦合
反常塞曼效应	知道反常塞曼效应现象； 了解反常塞曼效应的量子力学解释	正常塞曼效应与反常塞曼效应的区别； 毕奥-萨伐尔定律

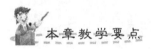

导读材料

原子核由质子和中子组成。中子、质子和电子一样，也存在自旋和磁矩。在磁场中，核自旋磁矩与磁场(取 $\boldsymbol{B}$ 方向为 z 轴)相互作用所产生的附加能量为

$$U=-\boldsymbol{\mu}_I\cdot\boldsymbol{B}=g_I\mu_N Bm_I$$

因为 m_I 有 $2I+1$ 个取值，所以有 $2I+1$ 个不同的附加能量。于是就发生塞曼能级分裂，一条核能级在磁场中就分裂为 $2I+1$ 条。相邻两条分裂能级间的能量差为

$$\Delta U=g_I\mu_N B$$

这就是对核自旋磁矩与磁场相互作用的结果，这也是核磁共振的基础。

对氢核，此两能级之差 $\Delta E=g_I\mu_N B$。当氢核在外磁场中受到电磁波的照射时，就只能吸收如下频率的电磁波：

$$\nu=\frac{\Delta E}{h}=\frac{g_I\mu_N B}{h}$$

这种在外磁场中的核吸收特定频率的电磁波现象称为**核磁共振**(NMR)。

利用核磁共振，可以精密测量磁矩。由斯特恩-盖拉赫实验测定粒子的磁矩，其精度是不高的。一方面是因为实际能够做到的磁场梯度有限，从而限制了仪器的分辨率。另一方面由于最后磁矩的数值需根据仪器的一些参数加以推算，而这些参数本身常常不能精确测定，因此引入额外误差。例如中子、质子的磁矩，数量级为核磁子 $\mu_N=e\hbar/(2m_p)$。由于 m_p 为质子的质量，约为电子质量的 1837 倍，所以核磁子约比玻尔磁子小 1837 倍。要用斯特恩-盖拉赫实验测定这样小的磁矩是不可能的。为了克服这一困难，拉比想出了一个巧妙的办法，这就是**核磁共振法**。

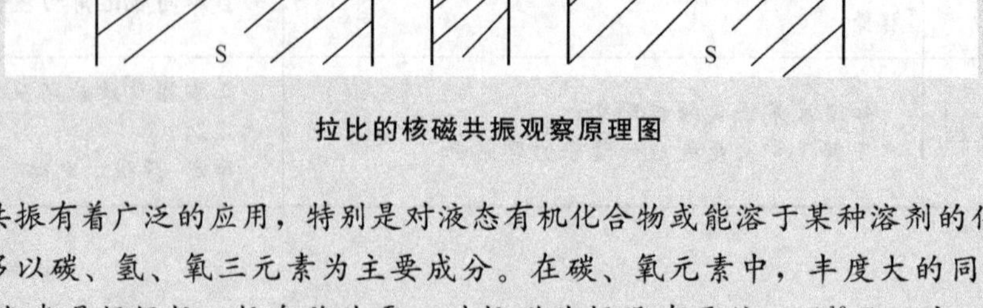

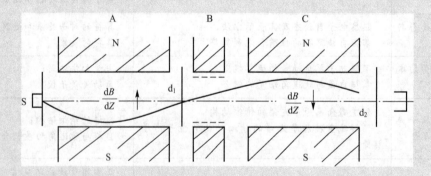

拉比的核磁共振观察原理图

核磁共振有着广泛的应用，特别是对液态有机化合物或能溶于某种溶剂的化合物。有机化合物多以碳、氢、氧三元素为主要成分。在碳、氧元素中，丰度大的同位素是 ^{12}C 和 ^{16}O，它们都是偶偶核，核自旋为零，对核磁共振没有贡献。而 ^{13}C 只占 1.11%，^{17}O 只占 0.038%，但 ^{1}H 的丰度却高达 99.9844%，因而氢的核磁共振最为显著。此外，^{19}F 和 ^{31}P 的丰度均为 100%，它们的核磁共振也已在生物化学与氟化学中得到了广泛的应用。最近十多年，随着科学仪器的发展，碳(^{13}C)谱的应用也日益增多，它对不含氢的化合物(如 CCl_4，CS_2)具有特殊的意义。

核磁共振技术不仅在物理、化学、材料科学等方面有广泛的应用，在近代医学技术中也得到了重要应用。在医学方面，利用核磁共振成像技术可以诊断软组织(各种脏器)的病变，获得非常清晰的图像，与X光相比更显示其优点。其基本原理就是利用核磁共振技术测量人体组织中的氢核密度，由于正常组织和病变组织中氢核密度有明显差别，于是就可诊断病变情况。

玻尔理论考虑了原子中的主要相互作用，即核与电子的静电作用，成功地解释了氢光谱。不过人们随后发现光谱线还有精细结构，这说明还需考虑其他相互作用，即考虑引起能量变化的原因。本章先介绍斯特恩-盖拉赫实验，然后提出电子自旋的概念，并详细阐述自旋角动量及其自旋算符的表示，最后利用自旋的知识解释原子光谱的精细结构和反常塞曼效应。

10.1 原子中电子轨道运动的磁矩

原子中的电子具有轨道角动量，电子是带电粒子，因此就有相应的磁矩，称为轨道磁矩。量子力学计算得到的结果与经典电磁学计算结果基本是一致的，只是在计算中需要用量子力学的角动量算符表示。

10.1.1 经典表示式

在经典电磁学中电流环的磁矩定义为

$$\boldsymbol{\mu}_l = \oint i\mathrm{d}\boldsymbol{A} = \oint i\,\frac{1}{2}\boldsymbol{r}\times\mathrm{d}\boldsymbol{S} \tag{10-1}$$

式中，i 为环中的电流；$\mathrm{d}\boldsymbol{S}$ 为轨道路径之线元；$\boldsymbol{r}\times\mathrm{d}\boldsymbol{S}/2$ 为面积元。于是

$$\boldsymbol{\mu}_l = \oint \frac{1}{2}\boldsymbol{r}\times\frac{\mathrm{d}\boldsymbol{S}}{\mathrm{d}t}\mathrm{d}q = \frac{1}{2m_e}\oint \boldsymbol{r}\times\boldsymbol{p}\,\mathrm{d}q = \frac{-e}{2m_e}\boldsymbol{L} \tag{10-2}$$

式中，e、m_e 分别为电子的电量和质量；$\boldsymbol{L}=\boldsymbol{r}\times\boldsymbol{p}$ 为电子运动的轨道角动量。

对于任意形状的闭合轨道，$\boldsymbol{\mu}=iS\boldsymbol{n}$，这里 S 为电流所围的面积，$\boldsymbol{n}$ 为电流环平面的法向单位矢量。设电子旋转频率为 $\gamma=\dfrac{v}{2\pi r}$(v 是电子的运动速度)，则原子中电子绕核运动的轨道磁矩为

$$\boldsymbol{\mu}_l = iS\boldsymbol{n} = -\mathrm{e}\nu\pi\mathrm{r}^2\boldsymbol{n} = -e\,\frac{v}{2\pi r}\pi r^2\boldsymbol{n}$$

$$= -\frac{e}{2m_e}m_e r v\boldsymbol{n} = -\frac{e}{2m_e}\boldsymbol{L}$$

此结果与式(10-2)完全相同。轨道磁矩 $\boldsymbol{\mu}_l$ 与轨道角动量 $\boldsymbol{L}$ 反向，这是因为磁矩的方向是根据电流方向的右手定则定义的，而电子运动方向与电流反向之故。

从电磁学知道，磁矩在均匀外磁场中受到一个力矩作用，力矩为 $\boldsymbol{\tau}=\boldsymbol{\mu}\times\boldsymbol{B}$。力矩的存在将引起角动量的变化，即

$$\frac{\mathrm{d}\boldsymbol{L}}{\mathrm{d}t} = \boldsymbol{\tau} = \boldsymbol{\mu}\times\boldsymbol{B} \tag{10-3}$$

由以上关系可得

$$\frac{\mathrm{d}\boldsymbol{\mu}}{\mathrm{d}t}=-\frac{e}{2m_{\mathrm{e}}}\boldsymbol{\mu}\times\boldsymbol{B} \tag{10-4}$$

式(10-4)表明：在均匀外磁场中高速旋转的磁矩不向 $\boldsymbol{B}$ 靠拢，而是以一定的角速度 $\boldsymbol{\omega}$ 绕 $\boldsymbol{B}$ 作进动，$\boldsymbol{\omega}$ 的方向与 $\boldsymbol{B}$ 一致(图 10.1)。改写式(10-4)为$\frac{\mathrm{d}\boldsymbol{\mu}}{\mathrm{d}t}=\boldsymbol{\omega}\times\boldsymbol{\mu}$。定义电子的旋磁比(gyromagnetic ratio)$\gamma=-\frac{e}{2m_{\mathrm{e}}}$，则拉莫尔进动的角速度公式为 $\boldsymbol{\omega}=\gamma\boldsymbol{B}$。旋磁比的数值是原子轨道磁矩与轨道角动量之比，也是原子轨道角动量在 1T 的外磁场中的进动速度。进动速度与外磁场成正比，与轨道角动量的大小和取向无关。由于磁矩 $\boldsymbol{\mu}$ 绕外场 $\boldsymbol{B}$ 进动，所以磁矩在其余两个方向分量的平均值均为 0，只有 z 分量可以被观测。

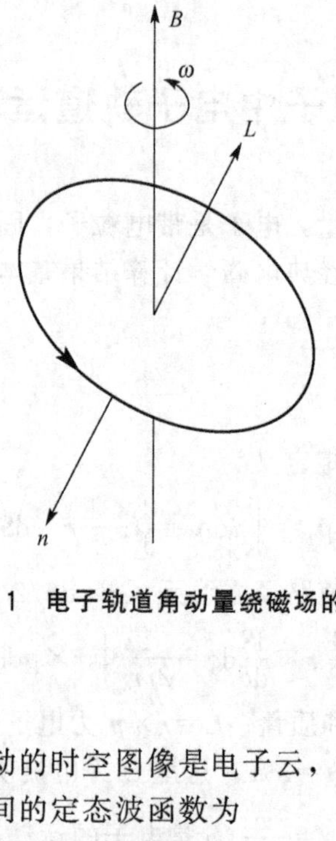

图 10.1 电子轨道角动量绕磁场的旋进

10.1.2 量子力学的表示

量子力学关于原子中电子运动的时空图像是电子云，考虑它运动形成的电流，需要讨论概率流密度。中心力场中含时间的定态波函数为

$$\psi_{nlm}(r,\ \theta,\ \varphi,\ t)=R_n(r)\mathrm{Y}_{lm}(\theta,\ \varphi)\mathrm{e}^{-\frac{\mathrm{i}}{\hbar}E_n t} \tag{10-5}$$

对于定态，概率密度和概率流密度都不随时间 t 变化。根据概率流密度公式

$$\boldsymbol{j}=-\frac{i\hbar}{2m}(\psi_{nlm}^{*}\nabla\psi_{nlm}-\psi_{nlm}\nabla\psi_{nlm}^{*}) \tag{10-6}$$

式中，梯度算符∇在球坐标系中的表达式为

$$\nabla=\frac{\partial}{\partial r}\boldsymbol{e}_r+\frac{1}{r}\frac{\partial}{\partial\theta}\boldsymbol{e}_\theta+\frac{1}{\sin\theta}\frac{\partial}{\partial\varphi}\boldsymbol{e}_\varphi \tag{10-7}$$

则球坐标系中概率流密度的三个分量为

$$j_r=-\frac{\mathrm{i}\hbar}{2m_{\mathrm{e}}}\left(\psi_{nlm}^{*}\frac{\partial}{\partial r}\psi_{nlm}-\psi_{nlm}\frac{\partial}{\partial r}\psi_{nlm}^{*}\right)$$

$$j_\theta=-\frac{\mathrm{i}\hbar}{2m_{\mathrm{e}}r}\left(\psi_{nlm}^{*}\frac{\partial}{\partial\theta}\psi_{nlm}-\psi_{nlm}\frac{\partial}{\partial\theta}\psi_{nlm}^{*}\right)$$

$$j_{\varphi}=-\frac{\mathrm{i}\hbar}{2m_{\mathrm{e}}r\sin\theta}\left(\psi_{nlm}^{*}\frac{\partial}{\partial\varphi}\psi_{nlm}-\psi_{nlm}\frac{\partial}{\partial\varphi}\psi_{nlm}^{*}\right)$$

由于 ψ_{nlm} 中与 r 和 θ 有关的因子都是实数，从上式可以看出 $j_r=j_\theta=0$，而与 φ 相关的项为 $\mathrm{e}^{\mathrm{i}m\varphi}$，故

$$\begin{aligned}j_{\varphi}&=-\frac{\mathrm{i}\hbar}{2m_{\mathrm{e}}r\sin\theta}\left(\psi_{nlm}^{*}\frac{\partial}{\partial\varphi}\psi_{nlm}-\psi_{nlm}\frac{\partial}{\partial\varphi}\psi_{nlm}^{*}\right)\\&=-\frac{\mathrm{i}\hbar}{2m_{\mathrm{e}}r\sin\theta}(2\mathrm{i}m|\psi_{nlm}|^{2})\\&=\frac{m\hbar}{m_{\mathrm{e}}r\sin\theta}|\psi_{nlm}|^{2}\end{aligned}\tag{10-8}$$

与 j_φ 相对应，存在一等效电流密度 $j_{\mathrm{e}\varphi}=-ej_\varphi$。如图 10.2 所示，$j_{\mathrm{e}\varphi}$ 与 j_φ 皆对 z 轴旋转对称，但它们的方向相反。

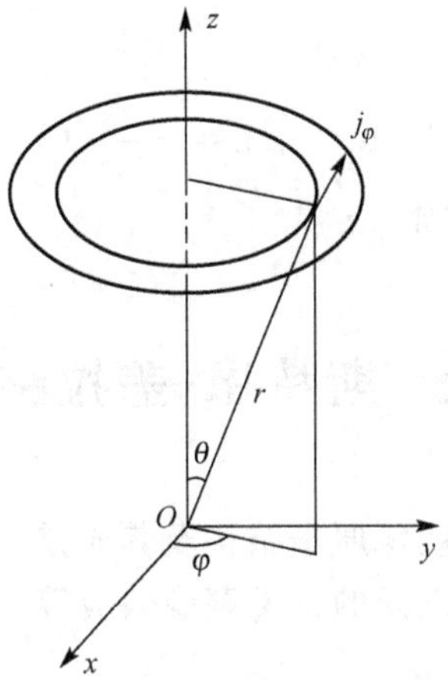

图 10.2　电子绕核运动形成的概率流密度分布

电流 $j_{\mathrm{e}\varphi}$ 绕 z 轴流动，形成一个小电流环，每个小电流环产生等效磁偶极子。根据原子中的电流，可计算出轨道磁矩。由于 $j_{\mathrm{e}\varphi}$ 与 φ 无关，所以在通过极轴的一切平面上电流的分布都相同，并且电流总是垂直于这些平面，在任何一个平面上去取面积元 $\mathrm{d}s=r\mathrm{d}r\mathrm{d}\theta$，则垂直通过面积元 $\mathrm{d}s$ 的环形电流强度为 $\mathrm{d}I=j_{\mathrm{e}\varphi}\mathrm{d}s$，相应的磁矩为

$$\mathrm{d}\mu_z=A\mathrm{d}I=\pi r^2\sin^2\theta j_{\mathrm{e}\varphi}\mathrm{d}s\tag{10-9}$$

式中，$A=\pi r^2\sin^2\theta$ 为圆形电流所环绕的面积。将式(10－8)乘以 $-e$，代入式(10－9)，可得

$$\begin{aligned}\mathrm{d}\mu_z&=-\pi r^2\sin^2\theta\cdot\frac{em\hbar}{m_{\mathrm{e}}r\sin\theta}\mathrm{d}s\\&=-\frac{em\hbar}{m_{\mathrm{e}}}\pi r\sin\theta\mathrm{d}s|\psi_{nlm}|^2\end{aligned}\tag{10-10}$$

因此，沿 z 轴方向的总磁矩为

$$\mu_z=-\frac{em\hbar}{2m_{\mathrm{e}}}\int|\psi_{nlm}|^2 2\pi r\sin\theta\mathrm{d}s=-\frac{em\hbar}{2m_{\mathrm{e}}}\int|\psi_{nlm}|^2\mathrm{d}\tau$$

式中，$\mathrm{d}\tau=2\pi r\sin\theta\mathrm{d}s$ 为圆周电流所占体积。将式(10.10)对全空间积分，注意波函数的归

一化，得

$$\mu_z = -\frac{em\hbar}{2m_e} = -\mu_B m \tag{10-11}$$

式中，$\mu_B = \frac{e\hbar}{2m_e} \approx 9.274 \times 10^{-24}\ \text{A} \cdot \text{m}^2$，称为玻尔磁子，是轨道磁矩的最小单位，是物理学中的一个重要常数。由于 $l_z = m\hbar$ 是角动量的 z 分量，因此电子的旋磁比为

$$\gamma = \frac{\mu_z}{l_z} = -\frac{e}{2m_e}$$

以上计算是在 L^2 和 L_z 的共同本征态中进行，此时只有 j_φ 不为零，磁矩也只有 z 方向的分量不为零。中心力场的运动状态也可以用 L^2 与 $\boldsymbol{L}$ 的其他分量(L_y 或 L_z)的共同本征态来描述，在这种本征态中，等效电流将是环绕另一个方向，也只有这个方向上有不为零的磁矩。但不管取哪一个分量方向，磁矩与角动量间的比例关系相同，故可以写成矢量公式，即

$$\boldsymbol{\mu}_l = \frac{\mu_B}{\hbar}\boldsymbol{L} = -\frac{e}{2m_e}\boldsymbol{L} \tag{10-12}$$

这与前面给出的经典结果完全相同。

10.2 斯特恩-盖拉赫实验

应用薛定谔方程能够成功说明氢原子结构及其光谱规律、光谱线在电场中分裂的斯塔克效应、光谱线在磁场中分裂为三条的正常塞曼效应等。但仍然有些复杂的光谱现象还不能得到合理的解释：

(1) 原子光谱线的精细结构。如果用分辨率很高的仪器观测原子光谱，发现某些谱线实际是由一组相近的谱线所组成的多重结构，人们把这种多重结构称为原子光谱的**精细结构**。例如，碱金属原子的光谱，每一条谱线是由二至三条线组成，锂(Li)原子主线系一条红色谱线的双线结构波长差约 0.15Å，一辅系和柏格曼系的谱线由三条组成。

(2) 反常塞曼效应。例如钠原子的 589.6nm 和 589.0nm 的谱线在外磁场中的分裂，589.6nm 的谱线是 $^2P_{1/2}$ 态向 $^2S_{1/2}$ 态跃迁产生的谱线。当外磁场不太强时，在外磁场作用下，$^2S_{1/2}$ 态能级分裂成两个子能级，$^2P_{1/2}$ 态也分裂成两个子能级，但由于两个态的朗德 g 因子不同，谱线分裂成四条，中间两条是 π 线，外侧两条分别是 $\sigma+$ 线和 $\sigma-$ 线。589.0nm 的谱线是 $^2P_{3/2}$ 态向 $^2S_{1/2}$ 态跃迁产生的，$^2P_{3/2}$ 态能级在外磁场不太强时分裂成四个子能级，因此 589.6nm 的谱线分裂成六条。中间两条 π 线，外侧两边各两条 σ 线。这种非单态的谱线在外磁场中的分裂就是反常塞曼效应，谱线分裂不一定是三条(往往是偶数条)，间隔也不一定是洛仑兹单位。普雷斯顿(T. Preston)在 1897 年首先报告了锌和镉原子在弱磁场中的反常塞曼效应光谱。在引入电子的自旋轨道耦合能后，反常塞曼效应得到了圆满的解释。

以上两种现象实际暗示了电子可能存在一种尚未发现的运动状态。1921 年，斯特恩(O. Stern，1888—1969) 和盖拉赫(W. Gerlach)首次用银原子在磁场中的偏转实验来直观地证明了这一运动，斯特恩-盖拉赫实验示意如图 10.3 所示。

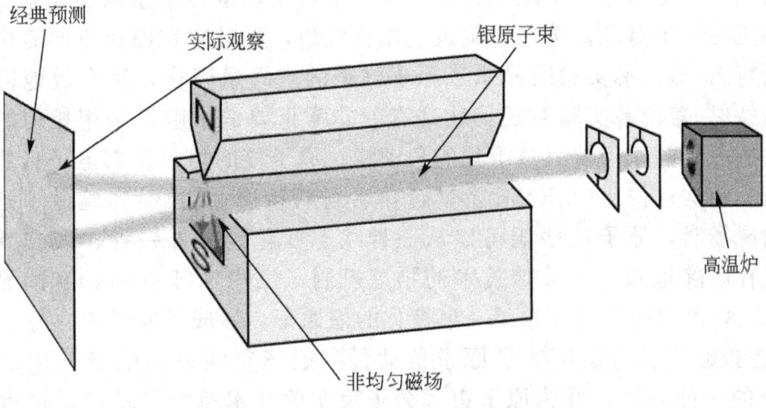

图 10.3 斯特恩-盖拉赫实验示意图

从加热炉中发出一束银原子蒸气(由于炉温不是很高，故原子处于基态)。假设银原子先后穿过两个平行直狭缝后形成沿 x 方向运动的速度为 v 的银原子直细线束，原子束穿过磁场区最后落在屏上。N－S 磁极间产生的为一非均匀磁场，其梯度方向沿 z 方向，进入磁场的原子束受到作用力

$$F_z=\mu_z\frac{\partial B_z}{\partial z} \tag{10-13}$$

式中，μ_z 为磁矩在磁场方向的投影。原子束在磁场区内的运动方程为

$$\begin{cases} D=vt \\ z=\dfrac{1}{2}\dfrac{F_z}{m}t^2 \end{cases}$$

式中，D 为原子从磁极处到观察屏的垂直距离。μ_z 为银原子轨道磁矩 $\boldsymbol{\mu}$ 沿磁场方向的分量，其数值是

$$\begin{aligned}\mu_z=\gamma l_z&=-g\frac{e}{2m_e}L_z\\&=-g\frac{e}{2m_e}m\hbar\\&=-mg\mu_B\end{aligned}$$

式中，g 为朗德因子。因此，银原子在观察屏上沿 z 方向移动的距离为

$$z=-\frac{1}{2m}\frac{dB}{dz}\left(\frac{D}{v}\right)^2\cdot mg\mu_B \tag{10-14}$$

根据经典理论，磁矩 $\boldsymbol{\mu}$ 在 z 方向的投影 μ_z 可以在 $-\mu\sim+\mu$ 间任意取值，因此在屏上应该得到一条连续的线。实验结果则显示了银原子在磁场中分裂成上下两束，这说明银原子束在磁场中受到了两个相反方向的力，银原子束中的原子磁矩对磁场只可能有两种取向。但实验所用的银原子束温度不高，它处在基态，其基态轨道磁矩为零。如果是这样，底片上将出现奇数条条纹，而实验结果却只是两条(偶数)，因此银原子此时所显示的磁矩

① 旋磁比可以推广到一般的情况：$\gamma=-g\frac{e}{2m_e}$，式中 g 称为朗德因子，简称 g 因子。若以 $\frac{e}{2m_e}$ 为单位，则电子的 $g=-1$。在第 11 章中，我们将有进一步的讨论。

不可能是轨道磁矩，那么原子中应该还存在着一个与角动量为半整数相联系的运动，这就是我们现在知道的电子自旋。电子自旋也应该有磁矩，而且它在磁场方向有两个相反的取向。因此，斯特恩-盖拉赫实验既显示了原子磁矩的空间量子化，又直观地揭示了电子的自旋运动。斯特恩-盖拉赫实验对近代物理有着非常重要的影响，采用相似的方法，科学家们证明了一些原子的原子核有量子化的角动量，原子核的角动量与电子自旋的耦合产生了光谱的超精细结构；拉比(I. Rabi)及其合作者对斯特恩-盖拉赫实验做了延伸，他们发现采用交变的磁场时，原子的磁矩可以从一种状态变化到另外一种，形成所谓的拉比振荡，这就是现在医院里磁共振成像技术的物理机制；拉姆瑟(Ramsey)和凯勒普纳(Kleppner)采用斯特恩-盖拉赫方法产生了一束极化的氢原子，形成了原子钟。

斯特恩-盖拉赫实验首次证实了原子角动量在磁场空间取向的量子化，它还提供了测量原子磁矩的一种办法，并为原子束和分子束实验技术奠定了基础，这也使得它成为原子物理学和量子力学的重要基础实验之一。斯特恩因此而获得 1943 年度诺贝尔物理学奖。

10.3 电子自旋的假设与电子自旋磁矩

1925 年，荷兰莱顿大学的青年学生乌伦贝克(G. E. Uhlenbech)和古德斯密特(S. A. Goudsmit)二人提出了电子存在自旋运动的假设。他们假设：

(1) 每个电子除了绕核旋转以外(轨道运动)，还存在绕其自身轴线旋转的自旋运动，并且有角动量 S，S 在空间任何方向的投影只能取两个值，即

$$S=\pm\frac{1}{2}\hbar=m_S\hbar \tag{10-15}$$

$$m_S=\pm\frac{1}{2} \tag{10-16}$$

(2) 每个电子也同时具有自旋磁矩 M_S，它在空间任何方向(比如 z 方向)的投影为

$$M_{S_z}=\frac{e}{m}\cdot\frac{\hbar}{2}=\mu_B \tag{10-17}$$

乌伦贝克和古德斯密特二人提出电子自旋假设①，在当时主要是为了去解释碱金属原子光谱的精细结构。他们提出这个假设前受到了泡利不相容原理以及原子中电子状态必须用四个量子数描述的启发。他们二人在假设中强调了每一个电子都具有自旋，并且其角动量在任意方向的投影只能为分立的两个值($\pm\hbar/2$)的思想，这种观点与经典物理学关于一切运动都是连续的思想是根本对立的。不过乌伦贝克和古德斯密特最初提出的电子自旋仍然是一个机械唯心论观点。他们认为，与地球绕太阳的运动相似，电子一方面绕原子核运动(对应有轨道角动量)，一方面又有自转，相应的自转角动量为 $S=\hbar/2$。实际上，电子自旋的想法曾受到洛仑兹的质疑，洛仑兹把电子设想为一个半径为 r_e 的刚性球，如果它具有$\hbar$大小的自旋角动量，则从

$$\hbar=I\omega=\frac{2}{5}m_e r_e^2\,\frac{v}{2\pi r_e}$$

① 值得注意的是，电子自旋假设并不是量子力学中的一个基本假定，而是相对论量子力学中的自然结果。

可以估算出电子的赤道速度 $v=5\pi\hbar/m_e r_e$，带入电子的经典半径 2.8fm（$1\text{fm}=10^{-15}$ m）（估计值），则得到 $v\approx 2152.1c$。这违背了狭义相对论，所以洛仑兹认为电子不可能具有$\hbar$大小的自旋角动量。洛仑兹采用的是电荷连续分布模型，这等价于简单的点电荷分布体系。实际上不能将电子视为一个刚性小球那样的物体，从而将 $\boldsymbol{S}$ 和 S_z 看成是小球自身绕质心和绕 z 轴转动的角动量，因为按转动理论，一个物体在几何空间的转动只能给出取整数值的角动量，而电子自旋则取半整数。所以正确的推理应该是：由于电子确实具有$\hbar$大小的角动量，所以电子不可能是一个简单的点电荷分布体系，电子自旋反映的是电子内禀运动。

电子自旋与轨道角动量不同点如下：

（1）电子自旋值为$\hbar/2$，而不是$\hbar$的整数倍；

（2）｜内禀磁矩/自旋｜$=e/m_e c$，而｜轨道磁矩/轨道角动量｜$=e/2m_e c$。或者说对于自旋，朗德 g 因子为-2，而对于轨道运动，朗德 g 因子为-1。

无数实验表明，除静止质量、电荷之外，自旋也是标志各种粒子的一个非常重要的物理量，尤其是自旋为半奇数或整数（包括零）就决定了粒子遵守费米统计或玻色统计。

在自旋假设提出之后，海森伯和约当二人引进了自旋矢量 $\boldsymbol{S}$，并且第一次计算了碱金属原子光谱的双线分裂和反常塞曼效应。1927 年 5 月，泡利又把 $\boldsymbol{S}$ 看作作用在波函数上的算符，将薛定谔方程在非相对论近似下推广到包含电子自旋的情况中去，得到了泡利矩阵和泡利方程，同样解决了上述复杂光谱的问题。

10.4 电子自旋态与自旋算符

10.4.1 电子自旋态的描述

有了自旋自由度，要描写电子所处的状态，还必须考虑电子的自旋状态。确切地说，要考虑它的自旋在某个给定方向（如 z 轴方向的两个可能取值），即波函数中还应包括自旋投影这个变量，自旋角动量是与轨道运动无关的独立变量，$[\boldsymbol{r},\hat{S}_z]=0$，所以 $\boldsymbol{r}$ 和 S_z 可以同时被精确地测量。取 $\boldsymbol{r}$、S_z 表象，电子的波函数写为

$$\psi=\psi(x,y,z,S_z,t)$$

由于 $S_z=\pm\hbar/2$ 是离散变量，ψ 实际上可以写为两个分量，即

$$\begin{aligned}\psi_1&=\psi(x,y,z,+\hbar/2,t)\\ \psi_2&=\psi(x,y,z,-\hbar/2,t)\end{aligned}\tag{10-18}$$

可以把这两个分量排成一个二行一列的矩阵：

$$\boldsymbol{\psi}=\begin{pmatrix}\psi_1(x,y,z,+\hbar/2,t)\\ \psi_2(x,y,z,-\hbar/2,t)\end{pmatrix}\tag{10-19}$$

如果哈密顿量不含自旋变量或可以表示成自旋变量部分与空间部分之和，则哈密顿算符的本征波函数可以分离变量，即

$$\psi(x,y,z,S_z,t)=\phi(\boldsymbol{r},t)\chi(S_z)$$

人们规定式（10-19）中第一行对应于 $S_z=+\hbar/2$，第二行对应于 $S_z=-\hbar/2$。按照这个

规定，如果已知电子处于的自旋态 $S_z=+\hbar/2$，则它的波函数写为

$$\boldsymbol{\psi}_{1/2}=\begin{pmatrix}\psi_1(x,\ y,\ z,\ +\hbar/2,\ t)\\ 0\end{pmatrix}=\begin{pmatrix}\phi(\boldsymbol{r},\ t)\chi_{+1/2}\\ 0\end{pmatrix} \tag{10-20}$$

$|\boldsymbol{\psi}_{1/2}|^2$是电子在 t 时刻，自旋向上($S_z=+\hbar/2$)，位置在(x，y，z)处的概率密度。同样，如果已知电子的自旋是 $S_z=-\hbar/2$，则波函数为

$$\boldsymbol{\psi}_{-1/2}=\begin{pmatrix}0\\ \psi_2(x,\ y,\ z,\ -\hbar/2,\ t)\end{pmatrix}=\begin{pmatrix}0\\ \phi(\boldsymbol{r},\ t)\chi_{-1/2}\end{pmatrix} \tag{10-21}$$

$|\boldsymbol{\psi}_{-1/2}|^2$是电子在 t 时刻，自旋向下($S_z=-\hbar/2$)，位置在(x，y，z)处的概率密度。波函数的归一化条件为

$$\begin{aligned}&\sum_{S_z}\int|\psi(x,\ y,\ z,\ S_z,\ t)|^2\mathrm{d}\tau\\ &=(|\chi_{+/1/2}|^2+|\chi_{-/1/2}|^2)\int|\psi(x,\ y,\ z,\ t)|^2\mathrm{d}\tau\\ &=|\chi_{+/1/2}|^2+|\chi_{-/1/2}|^2\\ &=1\end{aligned}$$

$\boldsymbol{\chi}(S_z)$是描述自旋态的波函数，其一般形式为

$$\boldsymbol{\chi}(S_z)=\begin{pmatrix}a\\ b\end{pmatrix}$$

相应的归一化条件为

$$\sum_{S_z}|\boldsymbol{\chi}(S_z)|^2=\boldsymbol{\chi}^+\boldsymbol{\chi}=(a^*,\ b^*)\begin{pmatrix}a\\ b\end{pmatrix}=|a|^2+|b|^2$$

10.4.2 电子自旋算符，泡利矩阵

电子具有自旋角动量纯粹是量子特性，它不可能用经典力学来解释。自旋角动量与轨道角动量一样，也是一个力学量，但是它和其他力学量有根本的差别：一般力学量都可以表示为坐标和动量的函数，自旋角动量则与电子的坐标和动量无关，并无经典对应(当 $\hbar\to0$，自旋效应就消失)，自旋属于相对论量子力学范畴，是电磁场在空间转动下特性的反映。

与量子力学中所有的力学量一样，自旋也是用一个算符 $\hat{S}$ 来描写，由于它和坐标、动量无关，因而角动量的算符表示对它不适用。另一方面，它又是角动量，和其他角动量之间应有共性，这个共性表现在角动量算符所满足的对易关系及本征方程。因此，自旋算符和轨道角动量一样，也满足以下这些关系

$$\hat{\boldsymbol{S}}\times\hat{\boldsymbol{S}}=\mathrm{i}\hbar\hat{\boldsymbol{S}} \tag{10-22}$$

或者分量形式

$$[\hat{S}_\alpha,\ \hat{S}_\beta]=\mathrm{i}\hbar\varepsilon_{\alpha\beta\gamma}\hat{S}_\gamma \tag{10-23}$$

以及

$$\hat{S}^2\chi(S_z)=s(s+1)\hbar^2\chi(S_z) \tag{10-24}$$

$$\hat{S}_z \chi(S_z) = s_z \hbar \chi(S_z) \tag{10-25}$$

与角动量不同的是，此处的 s 及 S_z 的取值可以为半整数。

每一种基本粒子都有特定的自旋量子数取值，π 介子的自旋为 0，电子的自旋为 1/2，光子的自旋为 1，Δ 重子的自旋为 3/2，引力子的自旋为 2 等。其中 $s=1/2$ 非常重要，它是组成通常物质的基本粒子(质子，中子和电子)的自旋量子数，也是所有的夸克和轻子的自旋。核子存在自旋，因而也有相应的核磁矩。另外，它只有两种可能的状态，自旋向上和自旋向下。由于 $\hat{\boldsymbol{S}}$ 在空间任意方向上的投影只能取两个数值 $\pm\hbar/2$，所以 $\hat{S}_x$、$\hat{S}_y$ 和 $\hat{S}_z$ 三个算符的本征值都是 $\pm\hbar/2$，它们的平方就都是 $\hbar^2/4$，即

$$S_x^2 = S_y^2 = S_z^2 = \hbar^2/4$$

由此得到自旋角动量平方算符 $\hat{S}^2$ 的本征值为

$$S^2 = S_x^2 + S_y^2 + S_z^2 = 3\hbar^2/4 \tag{10-26}$$

令

$$S^2 = s(s+1)\hbar^2 \tag{10-27}$$

则 $s=1/2$。将式(10-27)与轨道角动量平方算符的本征值 $L^2 = l(l+1)\hbar^2$ 比较，可知 s 与角量子数 l 相当，我们称 s 为自旋量子数。但必须注意，这里 s 只能取一个数值，即 $s=1/2$。

为简便起见，引进一个算符 $\hat{\boldsymbol{\sigma}}$，它和 $\hat{\boldsymbol{S}}$ 的关系是

$$\hat{\boldsymbol{S}} = \frac{\hbar}{2}\hat{\boldsymbol{\sigma}} \tag{10-28}$$

或

$$\left.\begin{aligned} \hat{s}_x &= \frac{\hbar}{2}\hat{\sigma}_x \\ \hat{s}_y &= \frac{\hbar}{2}\hat{\sigma}_y \\ \hat{s}_z &= \frac{\hbar}{2}\hat{\sigma}_z \end{aligned}\right\} \tag{10-29}$$

将式(10-28)代入式(10-22)，得到 $\hat{\sigma}$ 所满足的对易关系为

$$\hat{\boldsymbol{\sigma}} \times \hat{\boldsymbol{\sigma}} = 2\mathrm{i}\hat{\boldsymbol{\sigma}} \tag{10-30}$$

或

$$[\hat{\sigma}_\alpha, \hat{\sigma}_\beta] = 2\mathrm{i}\varepsilon_{\alpha\beta\gamma}\hat{\sigma}_\gamma \tag{10-31}$$

由式(10-30)及 $\hat{s}_\alpha(\alpha=x, y, z)$ 的本征值都是 $\pm\hbar/2$，可知 $\hat{\sigma}_\alpha(\alpha=x, y, z)$ 的本征值都是 ± 1。因此，$\hat{\sigma}_\alpha^2(\alpha=x, y, z)$ 的本征值是 1，即

$$\hat{\sigma}_x^2 = \hat{\sigma}_y^2 = \hat{\sigma}_z^2 = \hat{I} \quad (\hat{I}\ \text{为单位算符}) \tag{10-32}$$

由式(10-31)和式(10-32)容易证明 $\hat{\boldsymbol{\sigma}}$ 的分量之间满足反对易关系，即

$$\left.\begin{aligned} \hat{\sigma}_x\hat{\sigma}_y + \hat{\sigma}_y\hat{\sigma}_x &= 0 \\ \hat{\sigma}_y\hat{\sigma}_z + \hat{\sigma}_z\hat{\sigma}_y &= 0 \\ \hat{\sigma}_z\hat{\sigma}_x + \hat{\sigma}_x\hat{\sigma}_z &= 0 \end{aligned}\right\} \tag{10-33}$$

电子的自旋算符是作用在电子波函数上的，既然电子波函数写成二行一列的矩阵(式 10-19)，那么自旋算符应该是二行二列的矩阵。这样，自旋算符作用在二行一列的

矩阵上，仍得到二行一列的矩阵。设

$$\hat{\boldsymbol{\sigma}}_z=\begin{pmatrix}z_1 & z_2\\ z_3 & z_4\end{pmatrix} \tag{10-34}$$

因为在式(10－20)所描写的态中，$\hat{\boldsymbol{\sigma}}_z$ 有确定值＋1，所以式(10－20)是 $\hat{\boldsymbol{\sigma}}_z$ 的本征态，属于本征值＋1，则

$$\hat{\boldsymbol{\sigma}}_z\boldsymbol{\psi}_{+1/2}=\boldsymbol{\psi}_{+1/2} \tag{10-35}$$

即

$$\begin{pmatrix}z_1 & z_2\\ z_3 & z_4\end{pmatrix}\begin{pmatrix}\psi_1\\ 0\end{pmatrix}=\begin{pmatrix}\psi_1\\ 0\end{pmatrix}$$

或

$$\begin{pmatrix}z_1\psi_1\\ z_3\psi_1\end{pmatrix}=\begin{pmatrix}\psi_1\\ 0\end{pmatrix}$$

因此有

$$z_1=1,\ z_3=0$$

同样，式(10－21)也是 $\hat{\boldsymbol{\sigma}}_z$ 的本征函数，但属于本征值－1，按照上面相同的运算方法，可得

$$z_2=0,\ z_4=-1$$

因此得到的 $\hat{\boldsymbol{\sigma}}_z$ 矩阵形式

$$\hat{\boldsymbol{\sigma}}_z=\begin{pmatrix}1 & 0\\ 0 & -1\end{pmatrix} \tag{10-36}$$

式(10－36)实际上就是在 $\hat{\boldsymbol{\sigma}}_z$ 的自身表象中的矩阵表示，矩阵是对角化的，对角矩阵元分别等于两个本征值。

令 $\boldsymbol{\sigma}_x$ 矩阵表示为

$$\hat{\boldsymbol{\sigma}}_x=\begin{pmatrix}x_1 & x_2\\ x_3 & x_4\end{pmatrix}$$

利用反对易关系 $\hat{\boldsymbol{\sigma}}_z\hat{\boldsymbol{\sigma}}_x=-\hat{\boldsymbol{\sigma}}_x\hat{\boldsymbol{\sigma}}_z$，得

$$\begin{pmatrix}x_1 & x_2\\ -x_3 & -x_4\end{pmatrix}=\begin{pmatrix}-x_1 & x_2\\ -x_3 & x_4\end{pmatrix}$$

所以有

$$x_1=x_4=0$$

于是 $\hat{\boldsymbol{\sigma}}_x$ 简化为

$$\hat{\boldsymbol{\sigma}}_x=\begin{pmatrix}0 & x_2\\ x_3 & 0\end{pmatrix}$$

再根据厄米性要求 $\hat{\boldsymbol{\sigma}}_x=\hat{\boldsymbol{\sigma}}_x^+$，可得 $x_2=x_3^*$；再由 $\hat{\boldsymbol{\sigma}}_x^2=\hat{\boldsymbol{I}}$，得

$$\hat{\boldsymbol{\sigma}}_x^2=\begin{pmatrix}0 & x_2\\ x_2^* & 0\end{pmatrix}\begin{pmatrix}0 & x_2\\ x_2^* & 0\end{pmatrix}=\begin{pmatrix}|x_2|^2 & 0\\ 0 & |x_2|^2\end{pmatrix}=\begin{pmatrix}1 & 0\\ 0 & 1\end{pmatrix}$$

所以$|x|^2=1$，$x=e^{i\zeta}$（ζ为实数），取$\zeta=0$，于是

$$\hat{\boldsymbol{\sigma}}_x=\begin{pmatrix}0 & 1\\ 1 & 0\end{pmatrix}$$

利用对易关系$\hat{\boldsymbol{\sigma}}_z\hat{\boldsymbol{\sigma}}_x-\hat{\boldsymbol{\sigma}}_x\hat{\boldsymbol{\sigma}}_z=2i\hat{\boldsymbol{\sigma}}_y$，可以求得

$$\hat{\boldsymbol{\sigma}}_y=\begin{pmatrix}0 & -i\\ i & 0\end{pmatrix}$$

$\hat{\boldsymbol{\sigma}}_x$、$\hat{\boldsymbol{\sigma}}_y$、$\hat{\boldsymbol{\sigma}}_z$三个算符的矩阵表示称为泡利(Pauli)矩阵，即

$$\hat{\boldsymbol{\sigma}}_x=\begin{pmatrix}0 & 1\\ 1 & 0\end{pmatrix},\quad \hat{\boldsymbol{\sigma}}_y=\begin{pmatrix}0 & -i\\ i & 0\end{pmatrix},\quad \hat{\boldsymbol{\sigma}}_z=\begin{pmatrix}1 & 0\\ 0 & -1\end{pmatrix} \tag{10-37}$$

相应的归一化的自旋波函数为

$$\boldsymbol{\chi}_{+1/2}=\begin{pmatrix}1\\ 0\end{pmatrix},\quad \boldsymbol{\chi}_{-1/2}=\begin{pmatrix}0\\ 1\end{pmatrix} \tag{10-38}$$

式中，$\boldsymbol{\chi}_{+1/2}$、$\boldsymbol{\chi}_{-1/2}$分为是$\hat{\boldsymbol{\sigma}}_z$(或$\hat{s}_z$)属于本征值$+\hbar/2$、$-\hbar/2$的本征函数。这两个本征函数彼此正交，即

$$\boldsymbol{\chi}_{+1/2}^{+}\boldsymbol{\chi}_{-1/2}=(1\quad 0)\begin{pmatrix}0\\ 1\end{pmatrix}=0$$

量子力学中的力学量(算符)在不同的表象中有不同的形式，泡利矩阵采用了$\hat{\boldsymbol{\sigma}}_z$表象。若采用其他表象，如$\hat{\boldsymbol{\sigma}}_x$或$\hat{\boldsymbol{\sigma}}_y$表象，可以用它们之间的轮换关系直接写出其他算符的矩阵形式，请读者自己总结。

【例 10-1】 证明：$\hat{\sigma}_\alpha\hat{\sigma}_\beta=\begin{cases}i\varepsilon_{\alpha\beta\gamma}\hat{\sigma}_\gamma, & (\alpha\neq\beta\neq\gamma)\\ \boldsymbol{I}, & (\alpha=\beta=\gamma)\end{cases}$，其中$\alpha$，$\beta$，$\gamma=x$，$y$，$z$；$\boldsymbol{I}$为单位矩阵；$\varepsilon_{\alpha\beta\gamma}$是列维-席维塔符号。

证明：由泡利算符的对易及反对易关系，即

$$\begin{cases}\hat{\sigma}_x\hat{\sigma}_y-\hat{\sigma}_y\hat{\sigma}_x=2i\hat{\sigma}_z\\ \hat{\sigma}_y\hat{\sigma}_z-\hat{\sigma}_z\hat{\sigma}_y=2i\hat{\sigma}_x\\ \hat{\sigma}_z\hat{\sigma}_x-\hat{\sigma}_x\hat{\sigma}_z=2i\hat{\sigma}_y\end{cases},\quad \begin{cases}\hat{\sigma}_x\hat{\sigma}_y+\hat{\sigma}_y\hat{\sigma}_x=0\\ \hat{\sigma}_y\hat{\sigma}_z+\hat{\sigma}_z\hat{\sigma}_y=0\\ \hat{\sigma}_x\hat{\sigma}_z+\hat{\sigma}_x\hat{\sigma}_x=0\end{cases}$$

联立(三个等式对应相加或相减)得

$$\begin{cases}\hat{\sigma}_x\hat{\sigma}_y=-\hat{\sigma}_y\hat{\sigma}_x=i\hat{\sigma}_z\\ \hat{\sigma}_y\hat{\sigma}_z=-\hat{\sigma}_z\hat{\sigma}_y=i\hat{\sigma}_x\\ \hat{\sigma}_z\hat{\sigma}_x=-\hat{\sigma}_x\hat{\sigma}_z=i\hat{\sigma}_y\end{cases}$$

我们知道，$\hat{\sigma}_x^2=\hat{\sigma}_y^2=\hat{\sigma}_z^2=\boldsymbol{I}$。综合上述结果，即

$$\hat{\sigma}_\alpha\hat{\sigma}_\beta=\begin{cases}i\varepsilon_{\alpha\beta\gamma}\hat{\sigma}_\gamma, & (\alpha\neq\beta\neq\gamma)\\ \boldsymbol{I}, & (\alpha=\beta=\gamma)\end{cases}$$

*10.5 总角动量的本征态

前面已经看到，原子中运动的电子同时具有轨道和自旋角动量，这两种既有共性也有区别。在中心力场中的电子，当计及自旋轨道耦合作用($\boldsymbol{s}\cdot\boldsymbol{l}$)后，如何寻求它们的共同本征态呢？首先定义总角动量

$$\boldsymbol{j}=\boldsymbol{l}+\boldsymbol{s} \tag{10-39}$$

它是轨道角动量 $\boldsymbol{l}$ 和自旋角动量 $\boldsymbol{s}$ 的矢量和，并遵从矢量相加的法则。在量子力学中，它们都是力学量，应当用算符表示，分别记为 $\hat{\boldsymbol{j}}$、$\hat{\boldsymbol{l}}$ 和 $\hat{\boldsymbol{s}}$。由于 $\hat{\boldsymbol{l}}$ 和 $\hat{\boldsymbol{s}}$ 属于不同自由度，彼此对易，即

$$[\hat{l}_\alpha,\ \hat{s}_\beta]=0,\quad \alpha,\ \beta=x,\ y,\ z \tag{10-40}$$

因此有

$$[\hat{\boldsymbol{j}},\ \hat{\boldsymbol{s}}\cdot\hat{\boldsymbol{l}}]=0 \tag{10-41}$$

容易证明算符 $\hat{\boldsymbol{j}}$ 和 $\hat{\boldsymbol{l}}$、$\hat{\boldsymbol{s}}$ 一样，三个分量满足以下对易关系

$$[\hat{j}_\alpha,\ \hat{j}_\beta]=\mathrm{i}\hbar\varepsilon_{\alpha\beta\gamma}\hat{j}_\gamma \tag{10-42}$$

式中，$\varepsilon_{\alpha\beta\gamma}$ 为列维-席维塔符号。令

$$\hat{\boldsymbol{j}}^2=\hat{j}_x^2+\hat{j}_y^2+\hat{j}_z^2 \tag{10-43}$$

相应有

$$[\hat{\boldsymbol{j}}^2,\ \hat{j}_\alpha]=0,\quad \alpha=x,\ y,\ z \tag{10-44}$$

注意：当计及自旋轨道耦合 $\hat{\boldsymbol{s}}\cdot\hat{\boldsymbol{l}}$ 后，$\boldsymbol{l}$、$\boldsymbol{s}$ 都不是守恒量，但 $\boldsymbol{l}^2$、$\boldsymbol{j}^2$ 和 $\boldsymbol{j}$ 都是守恒量。因此在中心力场中电子的能量本征态如何选择呢？由于包含自旋自由度在内，体系共有四个自由度，其中空间坐标三个(r，θ，ϕ)，自旋一个①，那么完全集中力学量的数目也等于4。因此，选择一组对易守恒量完全集(H，$\boldsymbol{l}^2$，$\boldsymbol{j}^2$，j_z)的共同本征函数作为体系的本征态。而空间角度部分与自旋部分的波函数则可以取为力学量完全集($\boldsymbol{l}^2$，$\boldsymbol{j}^2$，j_z)的共同本征态(即不考虑径向坐标 r 这个自由度)。

在(θ，ϕ，s_z)表象中，设此共同本征函数表示为

$$\phi(\theta,\ \phi,\ s_z)=\begin{pmatrix}\phi(\theta,\ \phi,\ \hbar/2)\\ \phi(\theta,\ \phi,\ -\hbar/2)\end{pmatrix}\equiv\begin{pmatrix}\phi_1(\theta,\ \phi)\\ \phi_2(\theta,\ \phi)\end{pmatrix} \tag{10-45}$$

首先考虑它是 $\hat{\boldsymbol{l}}^2$ 的本征态，即 $\hat{\boldsymbol{l}}^2\phi=C\phi$($C$ 是常数)，就是说 ϕ_1、ϕ_2 都是 $\hat{\boldsymbol{l}}^2$ 的本征态，且有相同的本征值。

其次，要求 ϕ 为 $\hat{j}_z$ 的本征态，即 $\hat{j}_z\phi=j'_z\phi$，或写成

---

① 由于 $\boldsymbol{s}^2=s_x^2+s_y^2+s_z^2=3\hbar^2/4$ 是常数，自由度降为 2，从而自旋算符可以表示为二维线性空间中的泡利矩阵。又考虑到 s_z 在空间的取向只有两个，即自旋向上和向下，非常明确。为了问题的简化，暂仅考虑其中的一个自由度。在后面的演算中再把两个自由度都考虑进去。

$$\hat{l}_z\begin{pmatrix}\phi_1\\ \phi_2\end{pmatrix}+\frac{\hbar}{2}\begin{pmatrix}1 & 0\\ 0 & -1\end{pmatrix}\begin{bmatrix}\phi_1\\ \phi_2\end{bmatrix}=j_z'\begin{pmatrix}\phi_1\\ \phi_2\end{pmatrix} \tag{10-46}$$

所以

$$\hat{l}_z\phi_1=(j_z'-\hbar/2)\phi_1$$

$$\hat{l}_z\phi_2=(j_z'+\hbar/2)\phi_2$$

说明 ϕ_1 和 ϕ_2 都是 $\hat{l}_z$ 的本征态，但本征值之间相差 $\hbar$。因此，取本征函数为

$$\phi(\theta,\ \varphi,\ s_z)=\begin{pmatrix}a\mathrm{Y}_{lm}(\theta,\ \varphi)\\ b\mathrm{Y}_{lm+1}(\theta,\ \varphi)\end{pmatrix} \tag{10-47}$$

显然，有

$$\hat{\boldsymbol{l}}^2\phi=l(l+1)\hbar^2\phi,\ \hat{j}_z\phi=(m+1/2)\hbar\phi \tag{10-48}$$

最后，要求 $\phi(\theta,\ \phi,\ s_z)$ 是 $\hat{\boldsymbol{j}}^2$ 的本征态，即

$$\hat{\boldsymbol{j}}^2\begin{pmatrix}a\mathrm{Y}_{lm}\\ b\mathrm{Y}_{l,m+1}\end{pmatrix}=\lambda\hbar^2\begin{pmatrix}a\mathrm{Y}_{lm}\\ b\mathrm{Y}_{l,m+1}\end{pmatrix} \tag{10-49}$$

λ 是待定的无量纲常数。在泡利表象中有

$$\begin{aligned}\hat{\boldsymbol{j}}^2&=\hat{\boldsymbol{l}}^2+\hat{\boldsymbol{s}}^2+2\hat{\boldsymbol{s}}\cdot\hat{\boldsymbol{l}}\\ &=\hat{\boldsymbol{l}}^2+\frac{3}{4}\hbar^2+\hbar(\hat{\sigma}_x\hat{l}_x+\hat{\sigma}_y\hat{l}_y+\hat{\sigma}_z\hat{l}_z)\\ &=\begin{pmatrix}\hat{\boldsymbol{l}}^2+3\hbar^2/4+\hbar\hat{l}_z & \hbar\hat{l}_-\\ \hbar\hat{l}_+ & \hat{\boldsymbol{l}}^2+3\hbar^2/4-\hbar\hat{l}_z\end{pmatrix}\end{aligned} \tag{10-50}$$

式中，$\hat{l}_\pm=\hat{l}_x\pm\mathrm{i}\hat{l}_y$。把式(10-50)代入式(10-49)，利用①

$$\hat{l}_\pm\mathrm{Y}_{lm}=\hbar\sqrt{(l\pm m+1)(l\mp m)}\mathrm{Y}_{l,m\pm1}$$

得

$$\begin{aligned}&[l(l+1)+3/4+m]\ a+\sqrt{(l-m)(l+m+1)}b=\lambda a\\ &\sqrt{(l-m)(l+m+1)}a+[l(l+1)+3/4-(m+1)]\ b=\lambda b\end{aligned} \tag{10-51}$$

这是关于 a、b 的线性齐次方程组，它们有非零解的条件为

$$\begin{vmatrix}l(l+1)+3/4+m-\lambda & \sqrt{(l-m)(l+m+1)}\\ \sqrt{(l-m)(l+m+1)} & l(l+1)+3/4-(m+1)-\lambda\end{vmatrix}=0$$

解得

$$\lambda_1=(l+1/2)(l+3/2),\quad \lambda_2=(l-1/2)(l+1/2)$$

或表示为

$$\lambda=j(j+1),\quad j=l\pm1/2 \tag{10-52}$$

把 $j=l\pm1/2$ 分别代入方程组式(10-51)中的任何一式，可得

$$a/b=\sqrt{(l+m+1)/(l-m)} \tag{10-53}$$

$$-a/b=-\sqrt{(l-m)/(l+m+1)} \tag{10-54}$$

---

① 请参考：曾谨言．量子力学（卷Ⅰ）．3版．北京：科学出版社，2002.

把式(10-53)、(10-54)分别代入式(10-49)，并利用归一化条件，可以得出($\boldsymbol{l}^2$，$\boldsymbol{j}^2$，j_z)的共同本征态：

(1) 对于 $j=l+1/2$，不妨取 $a=\sqrt{l+m+1}$，$b=\sqrt{l-m}$，有

$$\phi(\theta,\ \varphi,\ s_z)=\frac{1}{\sqrt{2l+1}}\begin{pmatrix}\sqrt{l+m+1}\,\mathrm{Y}_{lm}\\ \sqrt{l-m}\,\mathrm{Y}_{l,m+1}\end{pmatrix} \tag{10-55a}$$

(2) 对于 $j=l-1/2(l\neq 0)$，不妨取 $a=\sqrt{l-m}$，$b=\sqrt{l+m+1}$，有

$$\phi(\theta,\ \varphi,\ s_z)=\frac{1}{\sqrt{2l+1}}\begin{pmatrix}-\sqrt{l-m}\,\mathrm{Y}_{lm}\\ \sqrt{l+m+1}\,\mathrm{Y}_{l,m+1}\end{pmatrix} \tag{10-55b}$$

($\boldsymbol{l}^2$，$\boldsymbol{j}^2$，j_z)的本征值分别为 $l(l+1)\hbar^2$，$j(j+1)\hbar^2$(其中 $j=l\pm 1/2$)，$m_j\hbar=(m+1/2)\hbar$。①

考虑到式(10-55a)和(10-55b)中的被开方数为非负数，同时又考虑到球谐函数中磁量子数的取值范围，于是：

在式(10-55a)中，$j=l+1/2$，$m_{\max}=l$，$m_{\min}=-(l+1)$，即 $m=l$，$l-1$，…，0，…，$-(l+1)$。相应

$$\begin{aligned}m_j&=m+1/2=l+1/2,\quad l-1/2,\ \cdots,\ 1/2,\ \cdots,\ -(l+1/2)\\&=j,\ j-1,\ \cdots,\ 1/2,\ \cdots,\ -j\end{aligned}$$

共有 $2j+1$ 个可能的取值。

在式(10-55b)中，$j=l-1/2(l\neq 0)$，$m_{\max}=l-1$，$m_{\min}=-l$，所以 $m=l-1$，$l-2$，…，$-l+1$，$-l$。相应

$$\begin{aligned}m_j&=m+1/2=l-1/2,\ l-3/2,\ \cdots,\ -l+3/2,\ -l+1/2\\&=j,\ j-1\cdots,\ -j+1,\ -j\end{aligned}$$

也共有 $2j+1$ 个可能的取值。

因此($\boldsymbol{l}^2$，$\boldsymbol{j}^2$，j_z)的共同本征态 $\phi(\theta,\ \phi,\ s_z)$ 最后可用量子数(l，j，m_j)来描述。具体表示如下：

(1) 对于 $j=l+1/2$，其表示为

$$\begin{aligned}\phi_{ljm_j}&=\frac{1}{\sqrt{2l+1}}\begin{pmatrix}\sqrt{l+m+1}\,\mathrm{Y}_{lm}\\ \sqrt{l-m}\,\mathrm{Y}_{l,m+1}\end{pmatrix}=\sqrt{\frac{l+m+1}{2l+1}}\,\mathrm{Y}_{lm}\begin{pmatrix}1\\0\end{pmatrix}+\sqrt{\frac{l-m}{2l+1}}\,\mathrm{Y}_{l,m+1}\begin{pmatrix}0\\1\end{pmatrix}\\&=\frac{1}{\sqrt{2j}}\begin{pmatrix}\sqrt{j+m_j}\,\mathrm{Y}_{j-1/2,m_j-1/2}\\ \sqrt{j-m_j}\,\mathrm{Y}_{j-1/2,m_j+1/2}\end{pmatrix}\end{aligned} \tag{10-56a}$$

(2) 对于 $j=l-1/2(l\neq 0)$，其表示为

$$\begin{aligned}\phi_{ljm_j}&=\frac{1}{\sqrt{2l+1}}\begin{pmatrix}-\sqrt{l-m}\,\mathrm{Y}_{lm}\\ \sqrt{l+m+1}\,\mathrm{Y}_{l,m+1}\end{pmatrix}=-\sqrt{\frac{l-m}{2l+1}}\,\mathrm{Y}_{lm}\begin{pmatrix}1\\0\end{pmatrix}+\sqrt{\frac{l+m+1}{2l+1}}\,\mathrm{Y}_{l,m+1}\begin{pmatrix}0\\1\end{pmatrix}\\&=\frac{1}{\sqrt{2j+2}}\begin{pmatrix}-\sqrt{j-m_j+1}\,\mathrm{Y}_{j+1/2,m_j-1/2}\\ \sqrt{j+m_j+1}\,\mathrm{Y}_{j+1/2,m_j+1/2}\end{pmatrix}\end{aligned} \tag{10-56b}$$

---

① 此结果并非一目了然，请读者用 $\hat{j}_z=\hat{l}_z+\hat{s}_z$ 和波函数式(10-56)进行验算。验算时注意，$\hat{s}_z=\hbar\begin{pmatrix}1&0\\0&-1\end{pmatrix}$

以上两式中均应用到 $m_j=m+1/2$。对于 $l=0$，不存在自旋轨道耦合，总角动量等于自旋角动量，$j=s=1/2$，$m_j=m_s=\pm 1/2$。此时波函数为

$$\begin{cases} \phi_{0\frac{1}{2}\frac{1}{2}}=\begin{pmatrix} Y_{00} \\ 0 \end{pmatrix}=\dfrac{1}{\sqrt{4\pi}}\begin{pmatrix} 1 \\ 0 \end{pmatrix} \\ \phi_{0\frac{1}{2}-\frac{1}{2}}=\begin{pmatrix} 0 \\ Y_{00} \end{pmatrix}=\dfrac{1}{\sqrt{4\pi}}\begin{pmatrix} 0 \\ 1 \end{pmatrix} \end{cases} \tag{10-57}$$

【例 10-2】 求 $\hat{s}_z$ 在 ϕ_{ljm_j} 态下的平均值。

解：当 $j=l+1/2$ 时，

$$\overline{s_z}=\int_\Omega \phi^*_{ljm_j}\hat{s}_z\phi_{ljm_j}\,d\Omega=\int_\Omega \frac{1}{\sqrt{2l+1}}\left[\sqrt{l+m+1}\,Y^*_{lm} \quad \sqrt{l-m}\,Y^*_{l,m+1}\right]\frac{\hbar}{2}\begin{pmatrix} 1 & 0 \\ 0 & -1 \end{pmatrix}\left[\frac{1}{\sqrt{2l+1}}\begin{pmatrix} \sqrt{l+m+1}\,Y_{lm} \\ \sqrt{l-m}\,Y_{l,m+1} \end{pmatrix}\right]d\Omega$$

$$=\frac{1}{2l+1}\cdot\frac{\hbar}{2}\cdot\int_\Omega\left[(l+m+1)\,|\,Y_{lm}\,|^2-(l-m)\,|\,Y_{l,m+1}\,|^2\right]d\Omega$$

$$=\frac{\hbar}{2(2l+1)}\cdot(l+m+1-l+m)$$

$$=\frac{m+1/2}{2l+1}\hbar$$

$$=\frac{m_j}{2j}\hbar$$

当 $j=l-1/2(l\neq 0)$ 时，类似地可以算出(留给读者自己完成)$\overline{s_z}=-\dfrac{m_j}{2(j+1)}\hbar$。

本题的结果将在 10.7 节中用到。

10.6 碱金属原子光谱的精细结构

10.6.1 碱金属原子光谱精细结构概述

在第 2 章中，我们学习了碱金属原子光谱项的表示，如果用分辨率足够高的仪器进行观察，会发现每一条谱线不是简单的一条线，而是由二条或三条线组成的，这称为光谱线的精细结构。所有碱金属原子的光谱都有相似的精细结构。主线系和第二辅线系的每一条光谱线是由两条线构成的，而第一辅线系和柏格曼系是三条线构成的。如大家熟悉的钠黄光就是它的主线系的第一条光谱线，波长为 589.3nm，它是 3P→3S 态之间的跃迁。但当用更高分辨率的光谱仪器观察时，观察到两条靠得很近的两条谱线：波长分别为 589.0nm 和 589.6nm，如图 10.4 所示。

为何碱金属原子光谱的精细结构具有双线或三线结构呢？下面分别从自旋与轨道耦合和量子力学予以解释。

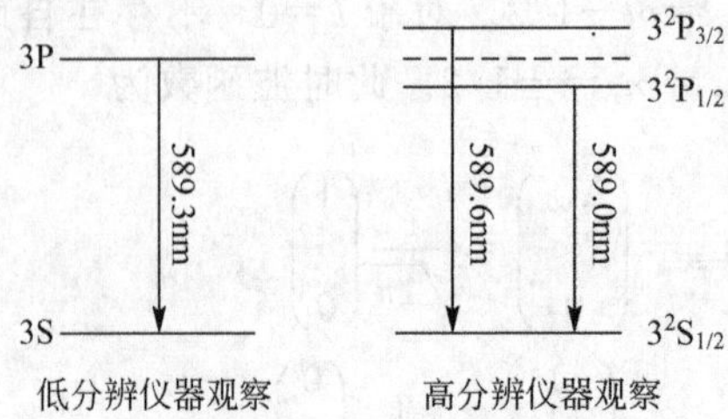

图 10.4 钠黄光的精细结构

10.6.2 自旋与轨道耦合解释

碱金属能级的多重结构是由电子的自旋磁矩和轨道磁矩的相互作用引起的。

根据玻尔理论，价电子在原子实的电场中绕原子核运动，设原子实对价电子作用的有效电荷为 $Z^* e$，而价电子以速率 v 绕原子实运动。据运动相对性，价电子绕原子实的运动也可看成是原子实以同样的速率 $\boldsymbol{v}$ 沿相反方向绕电子运动。原子实的有效电荷数为 $Z^* e$，它绕电子的旋转运动在电子处产生的磁场 $\boldsymbol{B}$ 与电子自旋磁矩 $\boldsymbol{\mu}_s$ 的相互作用称为自旋-轨道相互作用，如图 10.5 所示。引起的“附加能量”称为自旋-轨道耦合能(即电子内禀磁矩在磁场作用下具有的势能)为

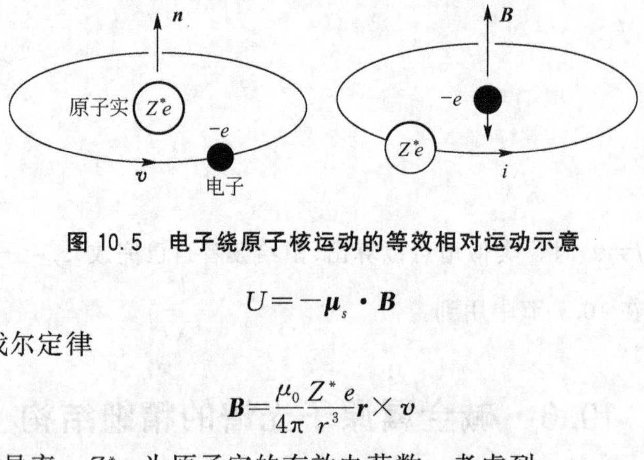

图 10.5 电子绕原子核运动的等效相对运动示意

$$U=-\boldsymbol{\mu}_s\cdot\boldsymbol{B} \tag{10-58}$$

根据毕奥-萨伐尔定律

$$\boldsymbol{B}=\frac{\mu_0}{4\pi}\frac{Z^* e}{r^3}\boldsymbol{r}\times\boldsymbol{v} \tag{10-59}$$

式中，μ_0 为真空磁导率；$Z^* e$ 为原子实的有效电荷数。考虑到

$$\boldsymbol{l}=\boldsymbol{r}\times m_e\boldsymbol{v} \tag{10-60}$$

以及电子自旋磁矩

$$\boldsymbol{\mu}_s=-\frac{e}{m_e}\boldsymbol{s} \tag{10-61}$$

其中自旋角动量 $\boldsymbol{s}$ 在空间任意方向上的投影只能取两个值：$s_z=\pm\hbar/2$。可得

$$\boldsymbol{B}=\frac{\mu_0}{4\pi r^3}\frac{Z^* e}{m_e}\boldsymbol{l} \tag{10-62}$$

以及耦合能量

$$U=\frac{\mu_0}{4\pi m_e r^3}Z^* e\,\boldsymbol{l}\cdot\boldsymbol{s} \tag{10-63}$$

式(10-63)中，$\boldsymbol{l}\cdot\boldsymbol{s}$ 正是轨道角动量与自旋角动量之耦合因子。该式是在电子静止坐

标系中得到的，而我们需要的是原子实静止的坐标系，由于相对论效应，这两个坐标系不等效。1926 年托马斯通过相对论坐标变换，得到了相对于原子实静止的坐标系的附加能量为式(10.63)的一半，因此正确结果应为

$$U=\frac{\mu_0}{8\pi}\frac{Z^* e}{m_e r^3}\boldsymbol{l}\cdot\boldsymbol{s} \tag{10-64}$$

原子光谱是通过实验观测的结果，与实验观测结果相联系的是力学量的平均值。因此，需要计算出 $1/r^3$ 的平均值。量子力学的计算结果为

$$\overline{\left(\frac{1}{r^3}\right)}=\frac{Z^{*3}}{a_1^3 n^3 l(l+1)(l+1/2)} \tag{10-65}$$

式中，a_1 为氢原子的第一轨道半径；n 、l 分别为主量子数和角量子数。至于 $\boldsymbol{l}\cdot\boldsymbol{s}$，根据角动量矢量模型

$$\begin{cases}\boldsymbol{j}=\boldsymbol{s}+\boldsymbol{l}\\ \boldsymbol{j}^2=\boldsymbol{s}^2+\boldsymbol{l}^2+2\boldsymbol{s}\cdot\boldsymbol{l}\end{cases} \tag{10-66}$$

这里，$\boldsymbol{j}$ 是总角动量，它是自旋角动量 $\boldsymbol{s}$ 与轨道角动量 $\boldsymbol{l}$ 的矢量和，并满足矢量相加法则。于是可得

$$\boldsymbol{s}\cdot\boldsymbol{l}=\frac{1}{2}(\boldsymbol{j}^2-\boldsymbol{s}^2-\boldsymbol{l}^2)=\frac{1}{2}[j(j+1)-s(s+1)-l(l+1)]\hbar^2 \tag{10-67}$$

对于单电子($s=\pm 1/2$)，有

$$\boldsymbol{s}\cdot\boldsymbol{l}=\begin{cases}l\hbar^2/2, & j=l+1/2\\ -(l+1)\hbar^2/2, & j=l-1/2\end{cases} \tag{10-68}$$

可知其能级为双能级($l=0$ 除外)。至此可得出电子自旋-轨道耦合能为

$$\left.\begin{aligned}U_{l+1/2}&=\frac{\mu_0}{16\pi}\frac{Z^{*4}e^2\hbar^2}{m_e^2 a_1^3 n^3}\cdot\frac{1}{(l+1)(l+1/2)}, & j=l+1/2\\ U_{l-1/2}&=-\frac{\mu_0}{16\pi}\frac{Z^{*4}e^2\hbar^2}{m_e^2 a_1^3 n^3}\cdot\frac{1}{l(l+1/2)}, & j=l-1/2\end{aligned}\right\} \tag{10-69}$$

所以自旋-轨道耦合引起的能级分裂($l\neq 0$)为

$$\Delta U=U_{l+1/2}-U_{l-1/2}=\frac{\mu_0}{8\pi}\cdot\frac{Z^{*4}e^2\hbar^2}{m_e{}^2 a_1^3}\cdot\frac{1}{n^3 l(l+1)} \tag{10-70}$$

或者

$$\Delta U=\frac{Z^{*4}}{n^3 l(l+1)}\times 7.25\times 10^{-4}\quad(\text{eV}) \tag{10-71}$$

由所得 ΔU 的结果知，碱金属的 s 能级是单一的，其余所有的 p，d，f 能级是双重的；双线分裂间距(或者精细结构裂距)随主量子数 n 的增加而减少，随 l 增大而减小(n 相同)；Z^* 越大(元素越重)，双重能级间距越大，所以碱金属原子谱线的精细结构比氢原子容易观察到，见表 10-1。

表 10-1 碱金属元素的双重能级与间隔

元　素	锂(Li)	钠(Na)	钾(K)	铷(Rb)	铯(Cs)
能级	$2^2P_{1/2,3/2}$	$3^2P_{1/2,3/2}$	$4^2P_{1/2,3/2}$	$5^2P_{1/2,3/2}$	$6^2P_{1/2,3/2}$
ΔU / eV	0.42×10^{-4}	21×10^{-4}	72×10^{-4}	295×10^{-4}	687×10^{-4}

至此，图 10.4 所示钠黄光的精细结构就很容易解释了。因为钠的价电子被激发到 3p

态上，则 $l=1$，$s=1/2$，按照旋轨耦合，总角动量为 $j=1/2$ 和 $j=3/2$，该能级就分裂成两个能级 $^2P_{1/2}$ 和 $^2P_{3/2}$，分别向基态 3s 跃迁。但 3s 态的 $l=0$，没有能级分裂，因此最后产生两条谱线，即双线结构。至于图表中的原子态符号 $^2P_{1/2,3/2}$，将在第 11 章中详细介绍。

10.6.3 光谱精细结构的量子力学求解

碱金属有一个价电子，原子核及内层满壳电子(即原子实)对它的作用可以近似地用一个屏蔽库仑场 $V(r)$ 来表示。碱金属原子的低激发态能级来自价电子的激发。考虑自旋与轨道耦合相互作用后，价电子的哈密顿量为

$$\hat{H}_0=\frac{\hat{p}^2}{2\mu}+V(r)+\xi(r)\hat{\boldsymbol{s}}\cdot\hat{\boldsymbol{l}} \tag{10-72}$$

式中，$\xi(r)=\frac{1}{2\mu^2c^2r}\frac{\mathrm{d}V}{\mathrm{d}r}$。

由于，$\hat{\boldsymbol{j}}=\hat{\boldsymbol{l}}+\hat{\boldsymbol{s}}$，则 $\hat{\boldsymbol{j}}^2=\hat{\boldsymbol{l}}^2+\hat{\boldsymbol{s}}^2+2\hat{\boldsymbol{s}}\cdot\hat{\boldsymbol{l}}$，$\hat{j}_z=\hat{l}_z+\hat{s}_z$。因为 $[\hat{\boldsymbol{l}},\ \hat{\boldsymbol{s}}]=0$，容易证明算符 $\hat{H}$，$\hat{\boldsymbol{l}}^2$，$\hat{\boldsymbol{j}}^2$ 和 j_z 之间彼此对易，因此，$\hat{H}$ 的本征态可选为守恒量完全集(H，$\boldsymbol{l}^2$，$\boldsymbol{j}^2$，j_z)的共同本征态，即令

$$\psi(r,\ \theta,\ \phi,\ s_z)=R(r)\phi_{ljm_j}(\theta,\ \phi,\ s_z) \tag{10-73}$$

式中，$\phi_{ljm_j}(\theta,\ \phi,\ s_z)$ 是($\boldsymbol{l}^2$，$\boldsymbol{j}^2$，j_z)的共同本征态，把式(10-73)代入能量本征方程

$$\left[-\frac{\hbar^2}{2\mu}\left(\frac{1}{r^2}\frac{\partial}{\partial r}r^2\frac{\partial}{\partial r}-\frac{l^2}{\hbar^2r^2}\right)+V(r)+\xi(r)\boldsymbol{s}\cdot\boldsymbol{l}\right]\psi=E\psi \tag{10-74}$$

利用式(10-68)的结果，得到如下两个径向方程：

(1) 对于 $j=l+1/2$

$$\left[-\frac{\hbar^2}{2\mu}\frac{1}{r^2}\frac{\partial}{\partial r}r^2\frac{\partial}{\partial r}-\frac{\boldsymbol{l}^2}{\hbar^2r^2}+V(r)+\frac{l(l+1)\hbar^2}{2\mu r^2}+\frac{l\hbar^2}{2}\xi(r)\right]R(r)=ER(r) \tag{10-75}$$

(2) 对于 $j=l-1/2(l\neq0)$

$$\left[-\frac{\hbar^2}{2\mu}\frac{1}{r^2}\frac{\partial}{\partial r}r^2\frac{\partial}{\partial r}-\frac{\boldsymbol{l}^2}{\hbar^2r^2}+V(r)+\frac{l(l+1)\hbar^2}{2\mu r^2}-\frac{(l+1)\hbar^2}{2}\xi(r)\right]R(r)=ER(r) \tag{10-76}$$

如果给定 $V(r)$，则 $\xi(r)$ 也随之给定，那么就能求解出径向方程，从而得到离散的能量本征值。其结果与纯库仑场的情况并不完全相同，与(n，l，j)都有关，记为 E_{nlj}。在原子中，$V(r)<0$(库仑引力势)，所以 $\xi(r)>0$，比较 $j=l+1/2$ 与 $j=l-1/2(l\neq0)$ 两种情况对能量项的影响，于是有

$$E_{nlj=l+1/2}>E_{nlj=l-1/2} \tag{10-77}$$

因此，$j=l+1/2$ 的能级略高于 $j=l-1/2$ $(l\neq0)$的能级。但由于自旋轨道耦合很小，这两个能级靠得很近，用低分辨率的仪器无法观察出来，若采用高分辨率的仪器就能观察到碱金属原子的精细结构双线了。

最后指出，当碱金属原子的价电子被激发到更高的能级上时，向较低能级跃迁会出现三线结构。若用微扰论处理，把自旋轨道耦合相互作用能视作微扰项，通过计算能级之间跃迁不为零的微扰矩阵元，就可以得到跃迁的选择定则：

$$\Delta l=\pm1,\quad \Delta j=\pm1,\quad \Delta m_j=0,\quad \pm1 \tag{10-78}$$

由此可以解释碱金属原子光谱的三线精细结构。

10.7 反常塞曼效应

前面已经介绍了若将原子置于强磁场中，由于磁场与原子中电子间相互作用，破坏了原子的球对称性，使得原子能级简并被解除，能级分裂为 $2l+1$ 条，相应的光谱线也发生分裂，这种现象称为正常塞曼效应。对于正常塞曼效应，不必考虑电子自旋就可以得到很好的解释。若计及电子自旋和相应的内禀磁矩，则需要把内禀磁矩与外磁场的作用考虑进去。但当外磁场很强时，人们仍然可以把自旋轨道耦合作用(很小)略去，这时仍然得到正常塞曼效应的结果。

如果把电子的自旋轨道耦合作用考虑进去，则体系的哈密顿量中应出现外磁场和电子自旋磁矩的相互作用项和自旋-轨道耦合项，因为体系的哈密顿量将变为

$$\hat{H}=\frac{\hat{p}^2}{2\mu}-\frac{Ze^2}{r}+\frac{eB}{2\mu c}(\hat{l}_z+2\hat{s}_z)+\xi(r)\hat{\boldsymbol{l}}\cdot\hat{\boldsymbol{s}} \quad \text{(高斯单位制)} \tag{10-79}$$

当所加外磁场 B 很弱时，自旋轨道耦合作用并不比外磁场作用小，此时应把它们一并加以考虑，这就造成反常塞曼现象。定态方程为

$$\left[-\frac{\hbar^2}{2\mu}\nabla^2+V(r)+\xi(r)\hat{\boldsymbol{s}}\cdot\hat{\boldsymbol{l}}+\frac{eB}{2\mu c}\hat{j}_z+\frac{eB}{2\mu c}\hat{s}_z\right]\psi=E\psi \tag{10-80}$$

若无外磁场($B=0$)时，对于碱金属原子，以上方程的解就是碱金属原子的精细结构能级。当 B 值很小时，可以将 $\hat{H}$ 中的最后一项 $(eB/2\mu c)\hat{s}_z$ 看成是微扰，去掉微扰后，则定态方程变为

$$\left[-\frac{\hbar^2}{2\mu}\nabla^2+V(r)+\frac{1}{2}\xi(r)\left(\hat{\boldsymbol{j}}^2-\hat{\boldsymbol{l}}^2-\frac{3}{4}\hbar^2\right)+\frac{eB}{2\mu c}\hat{j}_z\right]\psi^{(0)}(r,\ s_z)=E^{(0)}\psi^{(0)}(r,\ s_z) \tag{10-81}$$

式(10-81)中不含微扰的哈密顿算符 $\hat{H}_0$ 与 $\hat{\boldsymbol{l}}^2$，$\hat{\boldsymbol{j}}^2$ 及 $\hat{j}_z$ 相互对易。$\hat{\boldsymbol{l}}^2$，$\hat{\boldsymbol{j}}^2$ 及 $\hat{j}_z$ 的共同本征函数已知，即 $\phi_{ljm_j}(\theta,\ \varphi,\ s_z)$，$j=l\pm1/2$。式(10-81)的解为

$$\psi^{(0)}(r,\ s_z)=R_{nljm_j}(r)\phi_{ljm_j}(\theta,\ \varphi,\ s_z) \tag{10-82}$$

相应的本征能量为

$$E^{(0)}=E_{nlj}+\frac{eB\hbar}{2\mu c}m_j=E_{nlj}+m_j\hbar\omega_{\mathrm{L}} \tag{10-83}$$

式中，$\omega_{\mathrm{L}}=eB/2\mu c$ 为拉莫尔进动频率。由于 $E^{(0)}$ 同量子数 n、l、j 有关，故它是 $(2j+1)$ 简并的。$\psi^{(0)}(r,\ s_z)$ 为零级近似波函数，按照非简并微扰理论，并利用10.5节中例10-2的结果，得一级修正的能量为

$$\begin{aligned}E^{(1)}&=\int(\psi^{(0)})^*\frac{eB}{2\mu c}\hat{s}_z\psi^{(0)}\,\mathrm{d}\tau\\&=\frac{eB}{2\mu c}\int\phi^*_{ljm_j}\hat{s}_z\phi_{ljm_j}\,\mathrm{d}\Omega\\&=\begin{cases}\dfrac{eB}{2\mu c}\cdot\dfrac{m_j\hbar}{2j}(j=l+1/2)\\-\dfrac{eB}{2\mu c}\cdot\dfrac{m_j\hbar}{2(j+1)}(j=l-1/2)\end{cases}\end{aligned} \tag{10-84}$$

在弱磁场 B 中，定态能量的近似值为

$$E_{nljm_j}=E_{nlj}+\begin{cases}\dfrac{eBm_j\hbar}{2\mu c}[1+1/(2j)], & j=l+1/2\\ \dfrac{eBm_j\hbar}{2\mu c}[1-1/(2(j+1))], & j=l-1/2,\ l\neq 0\end{cases} \tag{10-85}$$

式中，$m_j=-j$，$-(j-1)$，…，$j-1$，j。原来给定的某个 l 能级首先由于旋轨耦合分裂成两个能级，这两个能级的 j 不同，分别等于 $l+1/2$ 和 $l-1/2(l=0$ 除外)。没有磁场时，能级简并度为$(2j+1)$。但在弱磁场下，对于每个相同的 j 值，分裂成$(2j+1)$个 m_j 不同的能级。因此能级简并被完全解除。式(10-84)中给出的微扰矩阵元不为零的条件，这就是10.6 节的式(10-78)给出的跃迁选择定则：

$$\Delta l=\pm1,\quad \Delta j=\pm1,\quad \Delta m_j=0,\ \pm1$$

最后，我们把钠黄光在不计自旋、计及自旋和外加弱磁场情况下的光谱一并绘制在图 10.6 中，以供读者参考。在磁场中的光谱都是线偏振光，$\Delta m_j=0$ 对应的谱线称为 π 线，其电矢量平行于磁场；$\Delta m_j=\pm1$ 对应的谱线称为 σ 线，其电矢量垂直于磁场。

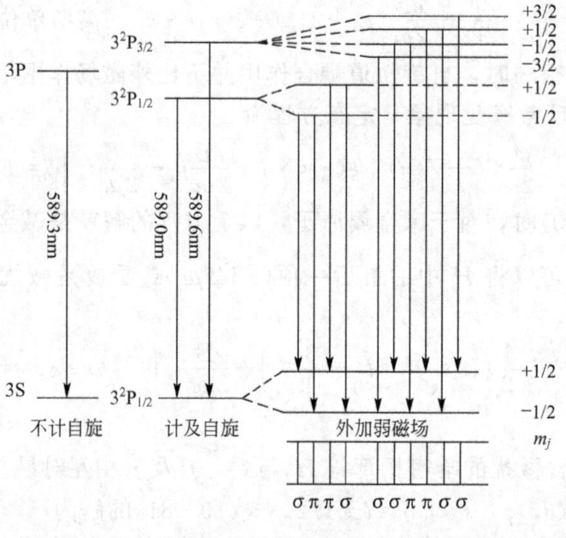

图 10.6　在不计自旋、计及自旋和外加弱磁场情况下钠黄光的光谱变化

小　　结

斯恩特-盖拉赫实验证明了电子自旋的存在和角动量的空间量子化。电子运动同时具有轨道磁矩和自旋磁矩，它们的旋磁比相差一倍。

电子的自旋角动量与轨道角动量具有完全不同的自由度。因为 $s^2=s_x^2+s_y^2+s_z^2=3\hbar^2/4$，所以自旋只有两个自由度，它可以用二维空间中的泡利矩阵来表示。但自旋角动量分量之间与轨道角动量的分量之间满足相同的对易关系，而且由于 $\hat{\sigma}_x^2=\hat{\sigma}_y^2=\hat{\sigma}_z^2=I$，泡利算符分量之间还满足反对易关系。

自旋轨道相互作用，可引入总角动量 $\hat{j}=\hat{l}+\hat{s}$ 来描述。电子处于原子实的中心力场中，自旋轨道耦合 $\hat{\boldsymbol{l}}\cdot\hat{\boldsymbol{s}}$ 起着重要作用，体系可以选择一组力学量完全集$(H, \boldsymbol{l}^2, \boldsymbol{j}^2, j_z)$的共同本征函数作为体系的本征态，而总角动量的本征态可以用量子数(l, j, m_j)来描述。

考虑电子自旋轨道耦合相互作用后，碱金属原子光谱的精细结构和反常塞曼效应就能得到很好的解释。

习题

1. 在 σ_z 表象中，求 $\boldsymbol{\sigma}\cdot\boldsymbol{n}$ 的本征态，其中 $\boldsymbol{n}(\sin\theta\cos\theta, \sin\theta\sin\phi, \cos\theta)$为$(\theta, \phi)$方向的单位矢量，$\boldsymbol{\sigma}\cdot\boldsymbol{n}=\begin{pmatrix}\cos\theta & \sin\theta e^{i\varphi}\\ \sin\theta e^{i\varphi} & -\cos\theta\end{pmatrix}$。

2. 钠原子从 $3^2P_{1/2}\to 3^2S_{1/2}$ 跃迁的光谱线波长为 589.6nm，在 $B=2.5$T 的磁场中发生塞曼分裂。试问在垂直于磁场方向观察，其分裂为多少条谱线，并给出波长最长和最短的两条谱线波长。

3. 一电子在沿 z 方向的均匀磁场 B 中运动。设 $t=0$ 时，电子的自旋波函数为

$$\begin{pmatrix}a(0)\\ b(0)\end{pmatrix}=\begin{pmatrix}e^{-i\alpha}\cos\beta\\ e^{i\alpha}\sin\beta\end{pmatrix}$$

求在任意时间 t 的电子自旋波函数。

4. 设氢原子的状态为 $\boldsymbol{\psi}=\begin{pmatrix}\frac{1}{2}R_{21}(r)Y_{11}(\theta, \varphi)\\ -\frac{\sqrt{3}}{2}R_{21}(r)Y_{10}(\theta, \varphi)\end{pmatrix}$，求：

(1) 轨道角动量的 z 分量 $\hat{L}_z$ 和自旋角动量的 z 分量 $\hat{S}_z$ 的平均值；

(2) 求总磁矩的 z 分量 $\hat{M}_z=-\frac{1}{2\mu}\hat{L}_z-\frac{1}{\mu}\hat{S}_z$ 的平均值。

5. 一电子在沿 x 方向的均匀磁场 B 中运动。$t=0$ 时，电子的自旋向 z 轴的正向极化。求：

(1) 在任意时刻 t，电子的自旋波函数；

(2) $\hat{S}_z$ 的测值为 $\hbar/2$ 和 $-\hbar/2$ 的概率。

6. 设有一个定域电子，受到沿 x 方向均匀磁场 $\boldsymbol{B}$ 的作用，哈密顿量(不考虑轨道运动)为 $\hat{H}=\frac{eB}{mc}\hat{s}_x=\frac{eB\hbar}{2mc}\hat{\sigma}_x$。设 $t=0$ 时电子自旋“向上”$(s_z=\hbar/2)$，求 $t>0$ 时 $\hat{s}$ 的平均值。

*7. 证明：$e^{i\lambda\hat{\sigma}_z}\hat{\sigma}_x e^{-i\lambda\hat{\sigma}_z}=\hat{\sigma}_x\cos 2\lambda-\hat{\sigma}_y\sin 2\lambda$($\lambda$ 为常数)。

* 注：带“*”的题目稍难，读者可以选做。

第11章

多电子原子

本章教学要点

知识要点	掌握程度	相关知识
多电子的耦合	掌握电子组态、原子态的概念，熟练运用电子组态的 $L-S$ 耦合规则求态项； 熟悉原子能级跃迁的选择规则	氦原子光谱和能级结构
泡利原理	掌握泡利原理的物理本质和在原子结构中的应用； 熟悉同科电子的概念及其态项特点	全同性原理
玻恩-奥本海默近似与哈特里-福克方法	理解玻恩-奥本海默近似； 了解哈特里-福克方法求解多电子原子薛定谔方程的思想，知道迭代法的应用	多粒子体系的薛定谔方程； 变分法、微扰法
元素周期表与原子基态	熟悉元素的原子结构、物理化学性质的周期性变化规律； 掌握原子基态的求法	元素周期表； 原子的价电子和电子组态

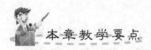

导读材料

计算材料学(Computational Materials Science)，是材料科学与计算机科学的交叉学科，是一门正在快速发展的新兴学科，是关于材料组成、结构、性能、服役性能的计算机模拟与设计的学科，是材料科学研究里的“计算机实验”。它涉及材料、物理、计算机、数学、化学等多门学科。

计算材料学主要包括两个方面的内容：一方面是计算模拟，即从实验数据出发，通过建立数学模型及数值计算，模拟实际过程；另一方面是材料的计算机设计，即直接通过理论模型和计算，预测或设计材料结构与性能。前者使材料研究不是停留在实验结果和定性的讨论上，而是使特定材料体系的实验结果上升为一般的、定量的理论，后者则使材料的研究与开发更具方向性、前瞻性，有助于原始性创新，可以大大提高研究效率。因此，计算材料学是连接材料学理论与实验的桥梁。

量子力学理论是现代材料设计的重要基础。量子力学理论体系解决了原子核外电子的运动规律，并揭示了原子结构、电子能级、光谱等基础问题的物理本质，原则上可以通过适当的近似方法求解多粒子体系的薛定谔方程，获得各种原子的能级和波函数信息，由此知晓原子的物理性质。

分子由原子构成，通常采用分子中各原子波函数的线性叠加，即所谓的原子轨道线性组合(Linear Combination of Atomic Orbits，LCAO)方法来获得分子的波函数，通过求解分子的薛定谔方程就能获得分子的物理化学性质。但在实际应用时，把 Slater 型基函数转化为 Guass 型基函数，使各种多中心积分变得简单，并利用分子的不同对称性，把群论中的不可约表示方法应用到分子计算中，从而大大减少运算量，由此形成了量子化学中的从头计算方法(abinitio)。Guass 程序是主要的从头计算软件，用于分子结构、性能预测。

晶体是材料中的重要成员，宏观晶体包含 10^{23} 个以上的原子，如果按照类似于计算分子的方法，是无法完成计算的。但晶体具有空间平移对称性，按照晶体几何学的划分，总共有 7 个晶系、14 种布拉菲单胞、32 种点群结构。加上晶格的空间平移对称操作，晶体共有 230 种空间群。因此，在计算晶体时，可以在分析晶体对称性的基础上，选取代表晶体几何与物理性质对称性的原胞进行研究，便可以计算出整个晶体的物理性质。目前，VASP、Materials Stutio 等商用专业软件，主要用于晶体材料的设计和性能预测。

第一性原理(First Principle)是一个计算物理或计算化学专业名词。广义的第一性原理计算指的是一切基于量子力学原理的计算。物质由分子组成，分子由原子组成，原子由原子核和电子组成。量子力学计算就是根据原子核和电子的相互作用原理去计算分子结构和分子能量，然后就能计算物质的各种性质。

从头计算是狭义的第一性原理计算，它是指不使用经验参数，只用电子质量、光速、质子质量、中子质量等少数实验数据去做量子计算。但是这个计算很慢，所以就加入一些经验参数，可以大大加快计算速度，当然也会不可避免地牺牲计算结果精度。

目前常用的材料计算方法包括第一性原理从头计算法、分子动力学方法、蒙特卡洛方法、有限元分析等。

在第10章中讨论了单电子原子、类氢离子和具有一个价电子的碱金属原子光谱，以及由此类推得这些原子的典型能谱，并说明了出现能级精细结构的原因。我们对最简单原子的内部状况已有了一个扼要的了解，这些知识也是进一步研究较多电子原子结构的基础。本章从讨论具有两个电子(或两个价电子)的原子出发，给出对全同粒子系——任意费米子系(多电子原子)运动规律起主要作用的泡利(W. Pauli，1900—1958)原理。从泡利原理出发，可以说明核外电子组态的周期性，从而使化学元素周期性的概念物理化。

11.1 多电子的耦合

实验观察发现氦及元素周期表中第二主族与副族的元素(即铍、镁、钙、锶、钡、镭、锌、镉和汞)具有相似的光谱结构。从这些元素的光谱分析，推得它们的能级都分成两套，一套是单层结构，另一套是三层的结构。我们先了解氦原子的光谱和能级，然后分析形成原子光谱的原因。

11.1.1 氦的光谱和能级

从氦的光谱可推得其有两套谱线系，即有两个主线系，两个第一辅助线系，两个第二辅助线系等。这两套谱线的结构有显著的差别，其中一套谱线都是单线，另一套谱线却有复杂的结构。这里先直接给出基于光谱实验的氦原子能级图，如图11.1所示。图中的各光谱项(或原子态)符号将在稍后给出详细的说明。

氦原子能级有如下四个特点：

(1) 有两套结构。左边一套是单层的，右边一套大多数是三层。这两套能级之间没有相互跃迁，它们各自内部的跃迁便产生了两套相互独立的光谱。①

(2) 存在着几个亚稳态。我们知道，在原子的能谱中，除了最低的一个能级状态称为基态外，其余均属激发态，处于激发态的原子很快便会自发退激，但有些激发态能使原子留住较长一段时间，这样的激发态称为**亚稳态**。例如，图11.1中2^1S_0和2^3S_1都是亚稳态。

(3) 氦的基态1^1S_0与第一激发态2^3S_1之间能量相差很大(相对氢原子而言)，是19.77eV；电离能也是所有元素中最大的，是24.58eV。

(4) 在三层结构那套能级中没有来自$(1s)^2$的能级。

从图11.1可以看出，氦能谱中除基态中两个电子都处于最低的1s态外，所有能级都是由一个电子处于1s态，另一个电子被激发到2s、1p、3s、3p、3d等态形成的。当然，两个电子都处于激发态也是有可能的，但这里没有，因为它将需要更大的能量，观察也困难。此外，图11.1还表明：凡电子组态相同的，三重态的能级总低于单一态中相应的能级。其原因在11.2节中再述。

① 早年设想有两种氦，具有复杂结构谱线的氦称为正氦，产生单线光谱的则称为仲氦。现证实只有一种氦，只是能级结构分为两套而已。

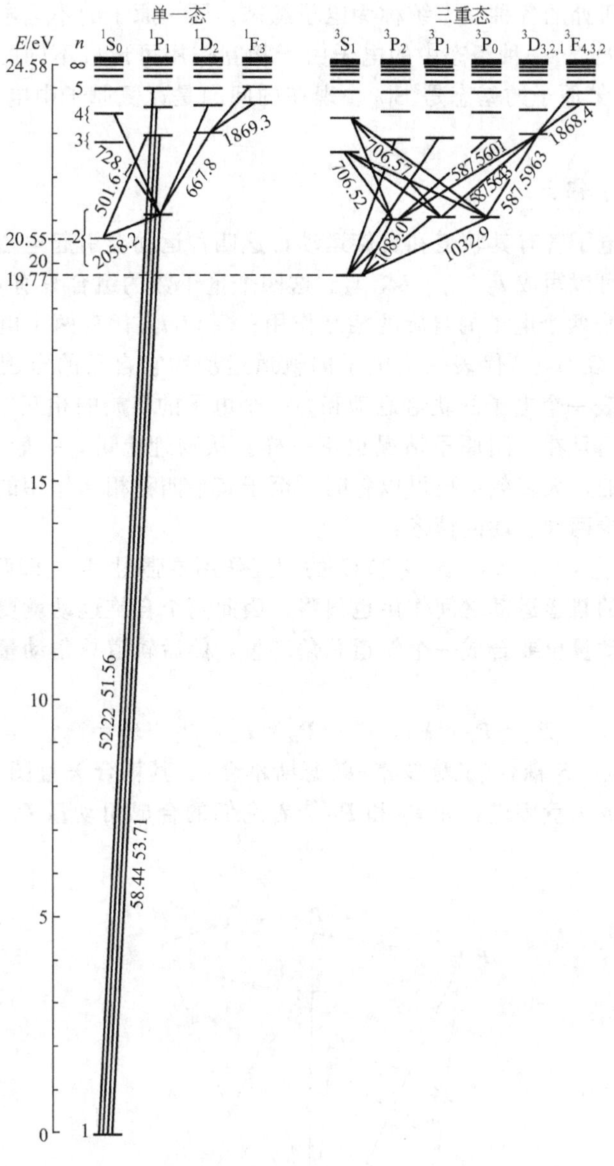

图 11.1 氦原子能级图(图中波长单位为 nm)

11.1.2 电子组态与两个角动量的耦合

1. 电子组态

如果原子是一个完整的满壳层结构，它的总角动量和总磁矩为零，那么原子态的形成只需要考虑价电子就可以了。

先以氢原子为例来说明什么是电子组态。氢原子中有一个电子，当氢原子处于基态时，这个电子在 $n=1$、$l=0$ 的状态，即可用 1s 来描写这个状态。把这时氢原子的电子组态称为 1s，它导致氢原子的基态是 $^2S_{1/2}$。而氦原子处于**基态**时，两个电子都在 1s 态，这时的电子组态就是 1s1s 或 $1s^2$。

原子中价电子所处的各种状态统称为**电子组态**。同一原子的不同电子组态具有不同的能量，有时差别很大。① 一种组态中的电子由于相互作用可形成不同的原子态，氢原子中电子的组态 1s 导致氢原子的基态是$^2S_{1/2}$。现在的问题是，氦原子中电子组态 1s1s 导致什么样的原子态呢？

2. $L-S$ 和 $j-j$ 耦合

氦原子中两个电子各有其轨道和自旋运动，这四种运动会引起电磁相互作用。代表这四种运动的量子数可以写成 l_1、s_1、l_2、s_2。这四个量子数的组合只有六种(即有六种相互作用)：$G_1(s_1s_2)$代表两个电子的自旋的相互作用；$G_2(l_1l_2)$代表两个电子轨道角动量的相互作用；$G_3(l_1s_1)$、$G_4(l_2s_2)$代表一个电子的轨道运动和它自己的自旋间的相互作用；$G_5(l_1s_2)$、$G_6(l_2s_1)$代表一个电子的轨道运动和另一个电子的自旋的相互作用。这六种相互作用强弱是不同的，而且在不同原子情况也不一样。从物理上讲，一般来说，G_5 和 G_6 这两个相互作用是较弱的，大多数情况可以忽略，至于其余四种相互作用的强弱可以有各种程度的不同。现在讨论两种极端的情形：

(1) G_1 和 G_2 占优势(G_1 和 G_2 比 G_3 和 G_4 的相互作用要强得多)，即两个电子自旋之间作用很强，两个电子的轨道运动之间作用也很强，因此两个自旋运动就要合成一个总的自旋运动，两个轨道角动量也要合成一个轨道总角动量，然后轨道总角动量再和自旋总角动量合成总角动量，即

$$\boldsymbol{P}_{s1}+\boldsymbol{P}_{s2}=\boldsymbol{P}_S,\ \boldsymbol{P}_{l1}+\boldsymbol{P}_{l2}=\boldsymbol{P}_L,\ \boldsymbol{P}_S+\boldsymbol{P}_L=\boldsymbol{P}_J$$

这种耦合过程称为 $L-S$ 耦合(又称罗素-桑德斯耦合)。其耦合矢量图如图 11.2 所示，各矢量绕着它们的合成矢量旋进，如 $\boldsymbol{P}_{l1}$ 和 $\boldsymbol{P}_{l2}$ 绕着它们的合成角动量 $\boldsymbol{P}_L$ 旋进，$\boldsymbol{P}_S$ 和 $\boldsymbol{P}_L$ 绕着其总角动量 $\boldsymbol{P}_J$ 旋进。

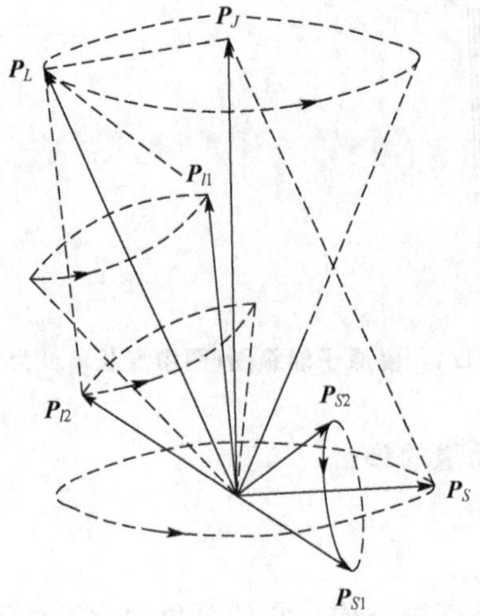

图 11.2 $L-S$ 耦合的矢量图

① 例如氦在第一激发态时，电子组态是 1s2s，它同基态 1s1s 的能量差别很大，这是因为有一个电子的主量子数不同，当然能量就差别较大。

(2) G_3和G_4占优势(G_3和G_4比G_1和G_2的相互作用要强得多)，即电子的自旋同自己的轨道运动的相互作用比其余几种作用要强，因此这时电子的自旋角动量和轨道角动量要先合成各自的总角动量，然后两个电子的总角动量又合成原子的总角动量，即

$$\boldsymbol{P}_{l1}+\boldsymbol{P}_{s1}=\boldsymbol{P}_{j1},\ \boldsymbol{P}_{l2}+\boldsymbol{P}_{s2}=\boldsymbol{P}_{j2},\ \boldsymbol{P}_{j1}+\boldsymbol{P}_{j2}=\boldsymbol{P}_{J}$$

这种耦合方式称为$j-j$耦合。其耦合矢量图如图 11.3 所示，各矢量绕着它们的合成矢量旋进。

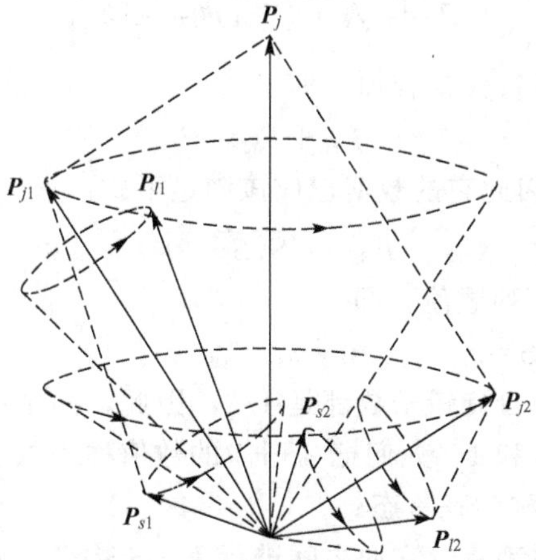

图 11.3 $j-j$ 耦合的矢量图

对于多电子情况，若各电子的自旋、轨道角动量分别记为s_1，s_2，s_3，…；l_1，l_2，l_3，…。则$L-S$耦合可以记为

$$(s_1\ s_2\ s_3\cdots)(l_1\ l_2\ l_3\cdots)=(S,\ L)=J \tag{11-1}$$

而$j-j$耦合可以记为

$$(s_1\ l_1)(s_2\ l_2)(s_3\ l_3)\cdots=(j_1\ j_2\ j_3\cdots)=J \tag{11-2}$$

必须指出，$L-S$耦合表示每个电子自身的自旋与轨道运动之间的相互作用比较弱，这时，主要的耦合作用发生在不同电子之间；而$j-j$耦合表示每个电子自身的自旋与轨道运动之间相互作用比较强，不同电子之间的耦合作用比较弱。

3. 两个角动量耦合的一般法则

P_{l1}和P_{l2}分别是以l_1和l_2为量子数的轨道角动量。由量子力学的结果得，它们的数值分别为

$$\left.\begin{aligned}P_{l1}&=\sqrt{l_1(l_1+1)}\ \hbar\\P_{l2}&=\sqrt{l_2(l_2+1)}\ \hbar\end{aligned}\right\}$$

把这两个轨道角动量进行矢量相加，即

$$P_{l1}+P_{l2}=P_L$$

由于P_L也是角动量，因此它的数值也应该满足下式：

$$P_L=\sqrt{L(L+1)}\ \hbar$$

而L只能有下列数值，即

$$L=l_1+l_2,\ l_1+l_2-1,\ \cdots,\ |l_1-l_2| \tag{11-3}$$

这是从 l_1+l_2 到 $|l_1-l_2|$ 且相邻两个值相差 1 的一些数值。如果 $l_1>l_2$，则共有 $2l_2+1$ 个数值。这样，对于两个电子，便有好几个可能的轨道总角动量。

两个电子的自旋角动量的耦合也有类似的规则。按照量子力学的结果，两个电子的自旋角动量数值分别为

$$\left.\begin{aligned} P_{s1}&=\sqrt{s_1(s_1+1)}\,\hbar=\frac{\sqrt{3}}{2}\hbar \\ P_{s2}&=\sqrt{s_2(s_2+1)}\,\hbar=\frac{\sqrt{3}}{2}\hbar \end{aligned}\right\}$$

把这两个自旋角动量进行矢量相加，即

$$P_{s1}+P_{s2}=P_S$$

由于 P_S 也是角动量，因此它的数值也应该满足下式：

$$P_S=\sqrt{S(S+1)}\,\hbar$$

而总自旋量子数 S 只能取下列数值，即

$$S=s_1+s_2,\ s_1+s_2-1,\ \cdots,\ |s_1-s_2| \tag{11-4}$$

由于对于所有的电子，自旋量子数都是 1/2，因此，两个的自旋电子耦合后得到的总自旋量子数有两个值，即 0 和 1。人们把 $2S+1$ 的数值称为原子的**重态数**，因此，$S=0$ 的态称为单态，而 $S=1$ 的态称为三重态。

有了总的轨道和自旋角动量，它们之间进行 $L-S$ 耦合，将得到总角动量。总角动量仍然满足矢量相加法则，即

$$P_J=P_L+P_S$$

按量子力学的结果，其大小为

$$P_J=\sqrt{J(J+1)}\,\hbar$$

而总量子数 J 只能取如下值，即

$$J=L+S,\ L+S-1,\ \cdots,\ |L-S| \tag{11-5}$$

例如，设有两个 p 电子，它们的轨道角动量量子数分别为 $l_1=1$ 和 $l_2=1$，$s_1=s_2=1/2$。按照 $L-S$ 耦合规则，合成后的总轨道角动量量子数 $L=0$，1，2，而总自旋量子数 $S=0$，1；然后根据总角动量量子数的计算规则式(11-5)，全部可能的耦合状态绘制到图 11.4 中，有 3 个单态、7 个三重态，共有 10 个原子态。

	$S=0$	1
$L=0$	$^1S_0$	$^3S_1$
1	$^1P_1$	$^3P_{0,1,2}$
2	$^1D_2$	$^3D_{1,2,3}$

图 11.4　两个 p 电子组态形成的可能原子态

这里的原子态符号是按照光谱符号习惯写出的。电子组态耦合后的总轨道量子数 $L=0$，1，2，3，4，5，6，7，8，…，分别对应光谱符号 S，P，D，F，G，H，I，K，L…等。左上角标记光谱重数 $2S+1$ 的数值，而右下角标记总量子数 J 的值。一般来说，对于多重态，重态数等于相应的光谱态数目。但是按照(11-5)式，当 $L<S$ 时，重态数就大于相应光谱态的数目。如上例中的 $^3S_1$ 是三重态，相应的光谱态却只有这一个。

关于 $j-j$ 耦合，其方法与 $L-S$ 相似，不过要注意耦合的次序。但 $j-j$ 耦合的原子态标记不同于 $L-S$ 耦合的原子态标记。如上一例中，按照 $j-j$ 耦合，$J_1=J_2=1/2, 3/2$，因此 $J=0, 1, 2$，其原子态标记为 $\left(\frac{1}{2}, \frac{1}{2}\right)_0$、$\left(\frac{1}{2}, \frac{1}{2}\right)_1$、$\left(\frac{1}{2}, \frac{3}{2}\right)_1$、$\left(\frac{1}{2}, \frac{3}{2}\right)_2$、$\left(\frac{3}{2}, \frac{1}{2}\right)_1$、$\left(\frac{3}{2}, \frac{1}{2}\right)_2$、$\left(\frac{3}{2}, \frac{3}{2}\right)_0$、$\left(\frac{3}{2}, \frac{3}{2}\right)_1$、$\left(\frac{3}{2}, \frac{3}{2}\right)_2$和$\left(\frac{3}{2}, \frac{3}{2}\right)_3$，也是 10 个原子态。由此可以看出，相同的电子组态，$j-j$ 耦合和 $L-S$ 耦合给出原子态的数目相同。

最后指出，对于两个以上的电子组态，如三个电子的耦合，可以先对两个电子耦合，再和第三个电子耦合。对于更多的电子组态，可以用同样的方法，逐一耦合下去就可以得到所有可能的原子态。

4. 选择定则

在第 9 章中曾讨论到，单电子原子在发生电偶极辐射时的跃迁只能发生在有一定关系的状态之间，即满足一定的选择规则。在 9.8 节中已就跃迁的选择规则给出了简单的说明，这些选择定则可以用量子力学的相关理论严格证明，在这里只是直接给出具体的选择定则。在具有两个或两个以上电子的原子中，状态的辐射跃迁也具有选择性，按照耦合的类型有两套不同选择规则：

$L-S$ **耦合**：$\Delta S=0$，$\Delta L=0, \pm1$，$\Delta J=0, \pm1$（$J=0 \to J'=0$ 除外）。

$j-j$ **耦合**：$\Delta j=0, \pm1$，$\Delta J=0, \pm1$（$J=0 \to J'=0$ 除外）。

另外，对上述两种耦合情况，都必须再加上一条普通的选择定则，即要求初态与末态的宇称必须相反。在前面单电子跃迁的选择规则中要求初态与末态的 $\Delta l=\pm1$，这也满足了初、末态宇称相反的要求。对于在原子跃迁中，有几个电子变动时，这一普遍规则就是要求在初态中这几个电子的 l 量子数相加与末态中它们的 l 量子数相加所得到的数值奇偶相反即可。

有了上述 $L-S$ 耦合规则和选择定则，就容易推得氦原子的光谱结构了。首先，氦原子的基态电子组态为 1s1s，按照 $L-S$ 耦合规则，其原子基态为 1^1S_0（这里两个 1s 电子是同科的，其自旋必须相反，不会出现三重态，这在后面将进一步讨论）。如果把其中的一个电子激发到 np($n>1$)，则得到激发态的电子组态为 $1s^1np^1$，按照 $L-S$ 耦合，则 $L=1$，$S=0, 1$，得到可能的原子态为 n^1P_1 和 $n^3P_{0,1,2}$，即由单态和三重态构成。再考虑 $\Delta S=0$ 及 $\Delta L=0, \pm1$ 的跃迁规则，$1s^1np^1 \to 1s1s$ 的跃迁，只有 $n^1P_1 \to 1^1S_0$ 存在，而三重态不能向单态跃迁。

以上讨论的是 sp 电子组态合成原子态的情况。同样，对于 $ms^1ns^1(n>m)$组态，容易发现，合成的原子态为$^1S_0$，$^3S_1$。前者对应于两电子的自旋反平行，后者对应于自旋平行。类似地，还可以算出 $mp^1np^1(n>m)$组态合成的原子态为：$^1S_0$，$^1P_1$，$^1D_2$；$^3S_1$，$^3P_{2,1,0}$，$^3D_{3,2,1}$。请读者思考，$mp^1nd^1(n>m)$可形成哪些可能的原子态呢？

从这些例子，我们发现，对于两个电子的组态，合成后的原子态总是分为两组：一组为单态，对应于自旋反平行；另一组为三重态，对应于自旋平行。这就是为什么在氦光谱中观察到两套结构的原因。

尽管由于选择定则的限制，两套能级之间没有相互辐射跃迁，但氦原子之间可以通过相互碰撞来交换能量而不需通过辐射跃迁来转移能量，这就不必服从选择规则，故正常的氦气是“正氦”与“仲氦”的混合。

不过，在氦光谱中我们没有发现与1s1s组态对应的$^3S_1$状态，氦的基态是$^1S_0$态。类似地，对于具有相同的n量子数的两个p电子($npnp$组态)，按照$L-S$耦合法则，相应的原子态中可构成^1P，^3S，^3D这些状态；但观察到的只是^1S，^1D，^3P。从电子组态合成各种状态时，唯一的依据只是角动量耦合的几何特性。要回答哪些状态在实际中出现，哪些不出现，必须寻找物理的原因。这就是下面我们将介绍的泡利不相容原理。

11.2 泡利原理

11.2.1 泡利不相容原理的叙述

泡利提出不相容原理是在量子力学产生之前，也是在电子自旋假设提出之前。他发现，在原子中要完全确定一个电子的能态，需要四个量子数，并提出不相容原理：在原子中每一个确定的电子能态上，最多只能容纳一个电子。原来已经知道的三个量子数(n，l，m)只与电子绕原子核的运动有关，第四个量子数表示电子本身还有某种新的性质，泡利当时就预告：它只可取双值，且不能被经典物理所描述。

在乌伦贝克与古德斯密特提出电子自旋假设后，泡利的第四个量子数就是电子自旋量子数m_s，它可以取$\pm1/2$两个值。于是，泡利不相容原理就叙述为：**在一个原子中不可能有两个或两个以上的电子具有完全相同的四个量子数**(n，l，m_l，m_s)。换言之，**原子中的每一个状态只能容纳一个电子。**泡利不相容原理是微观粒子运动的基本规律之一。这一原理可以在经典物理中找到某种相似的比喻，例如，两个小球不能同时占据同一个空间——牛顿的“物质的不可穿透性”。应用泡利不相容原理，就可以解释原子内部的电子分布状况和元素周期律。

后来发现，这一原理可以**更普遍地表述**为：在费米子(即自旋为$\hbar/2$的奇数倍微观粒子，如电子，质子，中子等)组成的系统中，不能有两个或更多的粒子处于完全相同的状态。

11.2.2 应用举例

1. 氦原子的基态

从11.1节可知，按照$L-S$耦合规则，氦的基态应该有$^1S_0$和$^3S_1$这两个态，但是实际上氦原子能谱(图11.1)中只有$^1S_0$态而并无$^3S_1$态。这是因为在n，l，m_l都相同时(两个1s电子，n，l分别为1、0，而m_l必为0)，两个电子的m_s必定不能相同，即自旋必须相反，从而只能出现$^1S_0$单态，不能出现三重态$^3S_1$。

前面已经指出，三重态的能级总比相应的单态能级要低。例如1s1s电子组态形成的$^3S_1$态能级低于1s1s组态形成的$^1S_0$态能级，即两电子倾向于自旋平行(这也是所谓洪特定则的含义之一，见11.4节)。在同一原子中，n和l两个量子数都相同的电子称为同科电子，同科电子即是原子中同一子壳层的电子。用泡利原理可解释：对于同科电子，n，l相同，电子取平行自旋时，m_s相同，则按照泡利不相容原理，m_l必定不同，即空间取向不同。也就是说，电子会相互排斥，空间距离大时势能低，体系稳定。

氦原子比氢原子多了一个核外电子，从而多了一个电子轨道的角动量和电子的自旋，以及相应的磁矩，由此会产生多种磁相互作用。但是需指出的是，对氦原子的动力学性质起主要作用的是电的相互作用，氦与氢的差异主要来自氦原子中电子间的静电相互作用，而这个相互作用的大小又受到泡利原理的控制。因此，氦光谱的主要决定因素是泡利不相容原理，对此我们作简单说明。

前面已经估计过，磁的相互作用大小约为 10^{-3} eV 数量级，而两电子的静电相互作用为

$$\frac{1}{4\pi\varepsilon_0}\frac{e^2}{|\boldsymbol{r}_1-\boldsymbol{r}_2|}\approx\frac{1.44\text{nm}\cdot\text{eV}}{0.05\text{nm}}\approx 29\text{eV}$$

比磁的相互作用大得多。虽然静电力本身与电子的自旋无关，但两电子的自旋平行与否却通过泡利原理影响了两电子的空间分布，从而影响了电的相互作用。

2. 原子的大小

实验表明，原子的大小几乎都一样，这点用经典物理和旧量子论都不能给予解释，但是现在用泡利不相容原理则可以圆满解释。按照玻尔的观点，原子的大小应该如图 11.5 所示，因随着原子序数 Z 的增大，核外电子受原子核正电荷 $+Ze$ 的吸引力增大，则电子离核的距离减小；又每个核外电子都要占据能量最低的轨道，从而受到的吸引力相等。因而，随着 Z 增大，原子的半径越来越小。按照泡利原理，随着原子序数的增大，核外电子受到原子核正电荷的吸引力增大，因此电子离核的距离减小，但是电子由于不能在同一轨道上，因此排列的轨道层次增加，而最终使得原子的大小随原子序数 Z 有微小的变化。

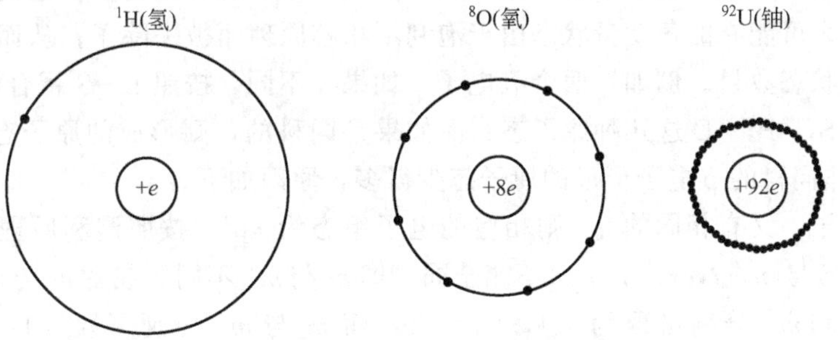

图 11.5 不存在泡利原理时的玻尔轨道

3. 金属中的电子

金属有一个特征：在加热的过程中，原子核核外电子得到的能量，不是均匀分摊的，而几乎全由原子核得去，增强了原子的热运动。为什么金属中的电子几乎不能从加热中得到能量呢？按照泡利原理，金属中的电子是按照能级从基态到高能态逐渐填充的，处于能级较低的电子得到能量而激发是十分困难的，因为它附近的能态都已被占满，因此除非吸收很大能量，否则就不能接受能量。我们知道，加热 10000℃ 才相当于给电子约 1eV 的能量，而金属中晶格能够经受的热运动的能量远小于这个量级。这就是说，金属中原子的内层电子几乎不能从加热中得到能量，能够得到能量的仅仅是最外层

的几个电子。

4. 原子核内独立核子运动

原子核是以极高密度的形式存在的。按理，在如此高密度的原子核中，核子之间是拥挤不堪的，但实验却证实，核子在其中可以自由往来，这种现象似乎很难理解。然而，根据泡利原理却能很好做出解释。因按照泡利原理，由于基态附近的一些状态均已被占满，核子之间不能由相互碰撞而改变状态。即没有相互碰撞(非弹性散射)，核子便表现为相当自由的运动。

5. 核子内的有色夸克

在高能物理中，夸克被认为是构成一切重子(如质子、中子、π 介子)的亚粒子，重子分为强子和介子，强子是由三个夸克构成的。设这三个夸克都为基态，且现在认为夸克是自旋为$\hbar/2$ 的费米子，则当两个夸克的自旋方向确定之后，第三个夸克的自旋方向如何取呢？这似乎违背了泡利原理，于是人们给夸克引入了一个新量子数——色量子数，每一种夸克有蓝、绿、红三种颜色，这样泡利原理同样得到了满足。

以上列举的例子，从物理学中的不同层次阐述了泡利不相容原理的客观性和重要性。可以想象，要是没有泡利原理，那么一切原子的基态都是相似的，原子中的电子将全部集中在最低能量的量子状态上，一切原子在本质上都是显示出相同性质，这将形成最枯燥无味的世界，而这又不是不堪设想的。

11.2.3 同科电子合成的状态

从 11.2.2 节中知道，n 和 l 二量子数相同的电子称为同科电子。由于泡利不相容原理的影响，同科电子形成的原子态比非同科电子形成的原子态要少得多。这是因为对于同科电子，许多本来可能有的角动量状态由于泡利不相容原理而被去除了，从而大大减少了同科电子产生的状态数目。例如，两个 p 电子，如果 n 不同，按照 $L-S$ 耦合法则，会形成^{1}S，^{1}P，^{1}D，^{3}S，^{3}P，^{3}D 这几种原子态；而如果是同科的，则形成的原子态是^{1}S、^{1}D 和^{3}P，即比两个非同科的 p 电子形成的原子态少得多，原因如下。

两个 p 电子，又有相同的 n，则相应的电子组态为 np^2。按照泡利原理，两组量子数(n，l，m_l，m_s)与(n，l，m'_l，m'_s)不能全同，即 m_l与 m'_l不同，或者 m_s与 m'_s不同，或两者都不同。m 和 m'_l 分别可取为$+1$，0，-1，而 m_s 与 m'_s 分别可取$+1/2$(简记为$+$)，$-1/2$(简记为$-$)。m_l与 m'_l都为$+1$时，合成的 M_L为$+2$，那时 m_s与 m'_s不能相同，因此只能有一种情况：(1，$+$)(1，$-$)。同时请注意两个电子中，“甲电子 $m_l=1$，$m_s=+1/2$，乙电子 $m_l=1$，$m_s=-1/2$” 与 “甲电子 $m_l=1$，$m_s=-1/2$，乙电子 $m_l=1$，$m_s=+1/2$” 是完全等同的。在经典物理中，两个粒子总可以区分为甲、乙；在量子物理中，是办不到的，电子是全同的，无法加以“标记”识别。这是经典物理与量子物理的原则区别之一。类似地，可以得到表 11-1 的其他各项。因为每个 p 电子有 3 个子轨道($2l+1=2\times1+1=3$)，每个子轨道上允许有两个可能的自旋相反的状态，因此每个 p 电子可能的状态数有 6 个，和另一个 p 电子耦合，满足泡利原理的态有 $6\times5=30$，但由于两个电子是不可区分的，因此，有一半的状态完全相同(只是两个电子态的交换而已)，即 15 个量子态。

表 11-1 对 np^2 组态，可能的 M_l 和 M_s 数值

M_l	M_s		
	−1	0	+1
+2		(1, +)(1, −)	
+1	(1, −)(0, −)	(1, +)(0, −) (1, −)(0, +)	(1, +)(0, +)
0	(1, −)(−1, −)	(1, +)(−1, −) (0, +)(0, −) (1, −)(−1, +)	(1, +)(−1, +)
−1	(0, −)(−1, −)	(0, +)(−1, −) (0, −)(−1, +)	(0, +)(−1, +)
−2		(−1, +)(−1, −)	

若把表 11-1 的结果画在 M_s-M_l 平面上，即得图 11.6(a)，图中每一方块相应于不同的 M_s-M_l 数值，例如中心处的那个方块即代表 $M_s=M_l=0$，方块中的数值代表状态数。我们可以把图 11.6(a)拆成三张图，即图 11.6(b)、(c)、(d)，使每个方块只对应一个状态，而总的状态数不变(仍为 15，即是表 11-1 中的状态总数)。显而易见，图 11.6(b)、(c)、(d)分别代表三种态项(又称谱项)：$L=2$，$S=0$，^{1}D；$L=1$，$S=1$，^{3}P；$L=0$，$S=0$，^{1}S。这就是 np^2 组态能够组成的、服从泡利原理的三个态项。其中，^{1}D 态项含有 5 个量子态，^{3}P 含有 3×3=9 个量子态，而^{1}S 仅有一个量子态，共 15 个量子态。这样的分析方法称为**斯莱特方法**(J. C. Slater，1900—1976)。

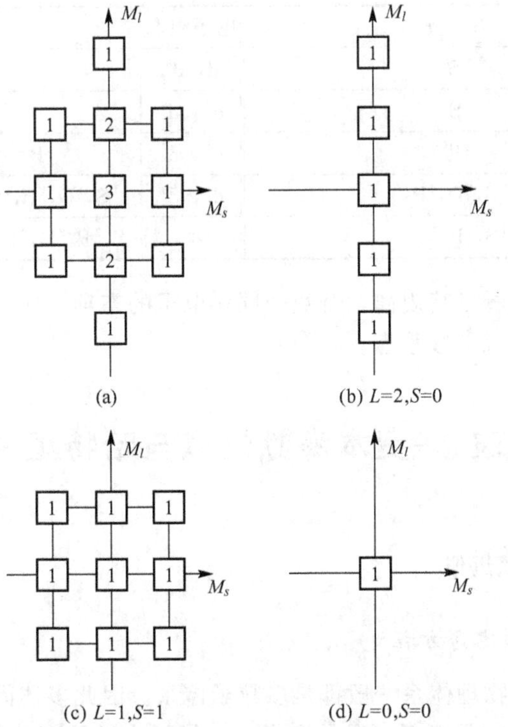

图 11.6 同科电子(np^2)态项的图解法

图 11.7 所示则对应于 np^3 组态，由此可得到 ^4S、^2P、^2D 三种态项。其中，^4S 含有 4 个量子态，^2P 含有 6 个量子态，^2D 含有 10 个量子态，共有 20 个量子态。

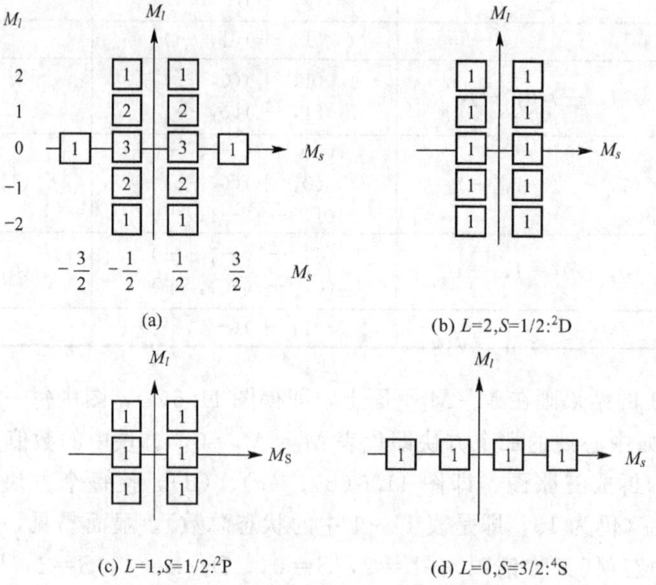

图 11.7　同科电子(np^3)态项的图解法

表 11-2 是部分同科电子的态项。

表 11-2　同科电子的态项

电子组态	态　项	电子组态	态　项
s	^2S	d，d^9	^2D
s^2	^1S	d^2，d^8	$^1S, ^1D, ^1G, ^3P, ^3F$
p，p^5	^2P	d^3，d^7	$^2P, ^2D, ^2G, ^2H, ^4P, ^4D, ^4F$,
p^2，p^4	$^1S, ^1D, ^3P$	d^4，d^6	$^1S, ^1D, ^1F, ^1G, ^1I, ^3P, ^3D, ^3F, ^3G, ^3H, ^5D$
p^3	$^4S, ^2P, ^2D$	d^5	$^2S, ^2P, ^2D, ^2F, ^2G, ^2H, ^2I, ^4P, ^4D, ^4F, ^4G, ^6S$

从表 11-2 中不难看出其规律，奇数个同科电子的态项一定形成偶数重态，而偶数个同科电子的态项一定形成奇数重态。

*11.3　玻恩-奥本海默近似与哈特里-福克方法

11.3.1　玻恩-奥本海默近似

1. 多粒子系统的薛定谔方程

自然界实际存在的物理体系一般都是多粒子体系。因此多体问题研究不仅有巨大的理论意义，而且有极大的实际价值。但是应指出，量子力学的多体问题远比单体问题复杂。这不仅因为，当粒子间有相互作用时，多粒子体系的薛定谔方程一般无法求解，通常只能借助各种近似方法，按体系的各种不同性质以及实际要求的精确度求近似解。而且还因为，多粒子体系，特别是全同粒子体系，还具有新的单粒子体系所没有的特性。

在分子、晶体体系中存在多个原子核和核外电子，而这些体系中电子之间、核之间以及电子与核之间都有相互的静电作用势。体系的哈密顿算符应当包括核的动能算符 $\hat{T}_N$，电子的动能算符 $\hat{T}_e$，所有电子间的相互作用势 V_{e-e}、核之间的相互作用势 V_{N-N}以及电子和核之间的相互作用势 V_{e-N}，则

$$\hat{H}=\hat{T}_N+\hat{T}_e+V_{e-e}+V_{N-N}+V_{e-N} \tag{11-6}$$

式(11-6)中

$$\hat{T}_N=-\sum_I \frac{\hbar^2}{2M_I}\nabla^2_{\boldsymbol{R}_I} \tag{11-7}$$

$$\hat{T}_e=-\sum_i \frac{\hbar^2}{2m_i}\nabla^2_{\boldsymbol{r}_i} \tag{11-8}$$

$$V_{e-e}=\frac{1}{2}\sum_{i\neq j}\frac{e^2}{|r_i-r_j|},\quad V_{N-N}=\frac{1}{2}\sum_{I\neq J}\frac{Z_IZ_Je^2}{|\boldsymbol{R}_I-\boldsymbol{R}_J|},\quad V_{e-N}=-\sum_{i,I}\frac{Z_Ie^2}{|\boldsymbol{r}_i-\boldsymbol{R}_I|} \tag{11-9}$$

以上各式中，M_I表示第 I 个原子核的质量，m 表示电子的质量，e 表示电子电量；Z_I、Z_J分别表示第 I 个和第 J 个原子核的核电荷数；$\boldsymbol{r}_i$、$\boldsymbol{r}_j$分别表示第 i 个和第 j 个电子的坐标；$\boldsymbol{R}_I$、$\boldsymbol{R}_J$分别表示第 I 个和第 J 个原子核的坐标。在式(11-9)中，采用了 CGS 制单位；若用 SI 制，则每个势能项前应乘以因子$(4\pi\varepsilon_0)^{-1}$(ε_0为真空介电常数)。

为方便起见，把式(11-6)中的全部势能项式（11-9）之和写成 $V(\boldsymbol{r},\boldsymbol{R})$，则体系的能量本征方程为

$$[\hat{T}_N(\boldsymbol{R})+\hat{T}_e(\boldsymbol{r})+V(\boldsymbol{r},\boldsymbol{R})]\ \Psi_n(\boldsymbol{r},\boldsymbol{R})=E^H\Psi_n(\boldsymbol{r},\boldsymbol{R}) \tag{11-10}$$

式中，E^H、$\Psi_n(\boldsymbol{r},\boldsymbol{R})$分别是体系的本征能量和本征波函数。该方程构成了多粒子体系的非相对论量子力学的基本问题，即薛定谔方程的本征值问题。对实际体系(比如固体)，在每 m^3 中的求和项数目高达 10^{29} 数量级，显然，直接求解是不现实的。必须针对特定的、所关心的物理问题作合理的简化和近似。

2. 玻恩-奥本海默近似

在 $\hat{T}_e(\boldsymbol{r})$中，只出现电子坐标 $\boldsymbol{r}$；而在 $\hat{T}_N(\boldsymbol{R})$中，只出现原子核坐标 $\boldsymbol{R}$；只有在电子和原子核相互作用项 V_{e-N}中，电子坐标和原子核坐标才同时出现。简单的略去该项是不合理的，因为它与其它相互作用是同一数量级的。但是，还是有可能将原子核的运动和电子的运动分开考虑，其理由便是核的质量比电子的质量大得多。原子核的质量 M_j大约是电子质量m 的 $10^3\sim10^5$ 数量级，因此速度比电子的小得多。电子处于高速运动中，而原子核只是在它们的平衡位置附近振动；电子视为绝热于核的运动，而原子核只能缓慢的跟上电子分布的变化。因此，有可能将整个问题分成两部分考虑：考虑电子运动时原子核是处在它们的瞬时位置上，而考虑核的运动时则不考虑电子在空间的具体分布。这就是玻恩(M. Born，1882～1970)和奥本海默(J. R. Oppenheimer，1904～1967)提出的**绝热近似或称为玻恩-奥本海默近似**。

按照以上绝热近似的思想，若忽略原子核的动能项 $\hat{T}_N(\boldsymbol{R})$(它也比电子的动能小 $10^3\sim$

10^5 数量级)，因此，电子的哈密顿算符表示为

$$\hat{H}_0(\boldsymbol{r},\ \boldsymbol{R})=\hat{T}_e(\boldsymbol{r})+V(\boldsymbol{r},\ \boldsymbol{R}) \tag{11-11}$$

对多粒子系统的定态薛定谔方程(11-10)，其解可写为

$$\Psi_n(\boldsymbol{r},\boldsymbol{R})=\sum_n \chi_n(\boldsymbol{R})\Phi_n(\boldsymbol{r},\ \boldsymbol{R}) \tag{11-12}$$

其中，$\Phi_n(\boldsymbol{r},\ \boldsymbol{R})$为多电子哈密顿量(11-11)所确定的薛定谔方程

$$\hat{H}_0(\boldsymbol{r},\ \boldsymbol{R})\Phi_n(\boldsymbol{r},\ \boldsymbol{R})=E_n(\boldsymbol{R})\Phi_n(\boldsymbol{r},\ \mathbf{R}) \tag{11-13}$$

的解。而 $\chi_n(\boldsymbol{R})$描述的是原子核的状态。这里 n 是电子态量子数，原子核坐标的瞬时位置 $\boldsymbol{R}$ 在电子波函数中只作为参数出现，已不再是量子力学的动力学变量了。

下面将根据玻恩-奥本海默近似的思想和微扰理论来讨论分子或晶体中多粒子体系问题。

为表示核动能算符 $\hat{T}_N(\boldsymbol{R})$对电子哈密顿量 $\hat{H}_0$的微扰程度，引入一个表示微扰程度的小量

$$\kappa=(m/M_0)^{1/4} \tag{11-14}$$

其中 M_0为任一原子核的质量或平均质量，并用 $\kappa\boldsymbol{u}=\boldsymbol{R}-\boldsymbol{R}^0$ 表示原子核相对于其平衡位置 $\boldsymbol{R}^0$ 的位移，这样可将核的动能算符 $\hat{T}_N(\boldsymbol{R})=-\sum_J(\hbar^2/2M_J)\nabla^2_{\boldsymbol{R}J}$ 用对 $\boldsymbol{u}_J$的导数和表示微扰程度的小量 κ 表示成

$$\hat{T}_N(\boldsymbol{R})=-\kappa^2\sum_J(M_0/M_J)(\hbar^2/2m)\nabla^2_{\boldsymbol{u}J}=-\kappa^2\sum_J\xi_J\nabla^2_{\boldsymbol{u}J} \tag{11-15}$$

其中，$\xi_J=(M_0/M_J)(\hbar^2/2m)$。

下面将 $\Phi_n(\boldsymbol{r},\ \mathrm{R})$也展开成 $\boldsymbol{u}$ 的级数

$$\Phi_n(\boldsymbol{r},\ \boldsymbol{R})=\Phi_n(\boldsymbol{r},\ \boldsymbol{R}^0+\kappa\boldsymbol{u})=\Phi_n^{(0)}+\kappa\Phi_n^{(1)}+\kappa^2\Phi_n^{(2)}+\kappa^3\Phi_n^{(3)}+\cdots \tag{11-16}$$

其中 $\Phi_n^{(\nu)}$ 是关于 $\boldsymbol{u}$ 的 ν 次导数。

现在将式(11-11)代入式(11-6)，左乘 $\Phi_n^*(\boldsymbol{r},\ \boldsymbol{R})$后对 $\boldsymbol{r}$ 积分，并注意到 $\boldsymbol{R}$ 是参数，且利用电子的能量本征方程(11-13)，可得

$$[\hat{T}_N(\boldsymbol{R})+E_n(\boldsymbol{R})+C_n(\boldsymbol{u})]\chi_n(\boldsymbol{R})+\sum_{n'(\neq n)}\hat{C}_{nn'}(\boldsymbol{u})\chi_{n'}(\boldsymbol{R})=E^{\mathrm{H}}\chi_n(\boldsymbol{R}) \tag{11-17}$$

其中算符 $\hat{C}_{nn'}(\boldsymbol{u})$为

$$\begin{aligned}\hat{C}_{nn'}(\boldsymbol{u})&=-\kappa^2\sum_J\xi_J\int\mathrm{d}\boldsymbol{r}\Phi_n^*(\boldsymbol{r},\boldsymbol{u})[\nabla^2_{u_J}\Phi_{n'}(\boldsymbol{r},\boldsymbol{u})+2\nabla_{u_J}\Phi_{n'}(\boldsymbol{r},\boldsymbol{u})\cdot\nabla_{u_J}]\\&=-\kappa^2\sum_J\xi_J\left[\int\Phi_n^*(\boldsymbol{r},\boldsymbol{u})\nabla^2_{u_J}\Phi_{n'}(\boldsymbol{r},\boldsymbol{u})\mathrm{d}\mathbf{r}+2\int\mathrm{d}\boldsymbol{r}\Phi_n^*(\boldsymbol{r},\boldsymbol{u})\nabla_{u_J}\Phi_{n'}(\boldsymbol{r},\boldsymbol{u})\cdot\nabla_{u_J}\right]\end{aligned} \tag{11-18}$$

而 $C_n(\boldsymbol{u})$(注意：不是算符，而是一个积分表达式)为

$$C_n(\boldsymbol{u})=-\kappa^2\sum_J\xi_J\int\mathrm{d}\boldsymbol{r}\Phi_n^*(\boldsymbol{r},\boldsymbol{u})\nabla^2_{u_J}\Phi_n(\boldsymbol{r},\boldsymbol{u}) \tag{11-19}$$

注意到式(11-18)中被积函数中方括号里的两项分别包含了 $\Phi_{n'}(\boldsymbol{r},\ \boldsymbol{u})$的二阶和一阶导数，所以算符 $\hat{C}_{nn'}(\boldsymbol{u})$的前一项是 κ 的四阶小量，后一项及 $C_n(\boldsymbol{u})$是 κ 的三阶小量，而 $\hat{T}_N$为的 κ 二阶小量。用微扰方法，可先令算符 $\hat{C}_{nn'}(\boldsymbol{u})$为零(即零级近似)，这样方程(11-17)成为零级近似下原子核运动的本征方程，即

$$[\hat{T}_N(\boldsymbol{R})+E_n(\boldsymbol{R})+C_n(\boldsymbol{u})]\chi_{n\mu}(\boldsymbol{R})=E^H_{n\mu}\chi_{n\mu}(\boldsymbol{R}) \tag{11-20}$$

式中，$E^H_{n\mu}$和$\chi_{n\mu}(\boldsymbol{R})$分别为零级近似下原子核运动的本征能量和本征函数；$\mu$为振动量子数。描写原子核运动的波函数$\chi_{n\mu}(\boldsymbol{R})$只与电子系统的第$n$个量子态有关，而原子核运动对电子运动没有影响。对于本征能量$E^H_{n\mu}$的系统波函数为

$$\Psi_{n\mu}(\boldsymbol{r},\boldsymbol{R})=\chi_{n\mu}(\boldsymbol{R})\Phi_n(\boldsymbol{r},\boldsymbol{R}) \tag{11-21}$$

式(11-21)表示的就是绝热近似：第一个因子$\chi(\boldsymbol{R})$描写原子核的运动，原子核就像是在一$E_n(\boldsymbol{R})+C_n(\boldsymbol{R})$的势场中运动［式(11-20)］；第二个因子$\Phi_n(\boldsymbol{r},\boldsymbol{R})$描写电子的运动，电子运动时原子核是固定在其瞬时位置的。核的运动不影响电子的运动，即电子是绝热于核的运动。显然，算符$\hat{C}_{nn'}(\boldsymbol{u})$是一个将原子核运动和电子运动耦合在一起的算符，即**非绝热算符**。

现在简单估计一下绝热近似下原子核的能量和波函数的精度。

现将绝热算符$\hat{C}_{nn'}(\boldsymbol{u})$作为微扰，$\chi_{n\mu}(\boldsymbol{R})$作为零级波函数，将$\chi_n(\boldsymbol{R})$作展开

$$\chi_n(\boldsymbol{R})=\sum_\mu a_{n\mu}\chi_{n\mu}(\boldsymbol{R}) \tag{11-22}$$

用微扰方法可得

$$\sum_{n''(\neq n'),\mu''}\left\{\sum_{n'(\neq n),\mu'}\frac{\langle n\mu|\hat{C}_{nn'}|n'\mu'\rangle\langle n'\mu'|\hat{C}_{n'n}|n''\mu''\rangle}{E^H_{n''\mu'}-E^H_{n'\mu'}}+[E^H_{n\mu}-E^H]\delta_{n\mu n''\mu''}\right\}a_{n''\mu''}=0 \tag{11-23}$$

有解的条件是其系数行列式为零

$$\det\left|\sum_{n'(\neq n),\mu'}\frac{\langle n\mu|\hat{C}_{nn'}|n'\mu'\rangle\langle n'\mu'|\hat{C}_{n'n}|n''\mu''\rangle}{E^H_{n''\mu''}-E^H_{n'\mu'}}+[E^H_{n\mu}-E^H]\delta_{n\mu n''\mu''}\right|=0 \tag{11-24}$$

如果只保留对角项的贡献，即只保留$n''\mu''=n\mu$的项，可得

$$E^H=E^H_{n\mu}+\sum_{n'(\neq n),\mu'}\frac{\langle n\mu|\hat{C}_{nn'}|n'\mu'\rangle\langle n'\mu'|\hat{C}_{n'n}|n''\mu''\rangle}{E^H_{n\mu}-E^H_{n'\mu}{}'} \tag{11-25}$$

$\hat{C}_{nn'}(u)$为$o(\kappa^3)$的小量，所以式(11-25)第二项(即求和项)为κ^6阶的小量。相应的波函数展开系数($n'\neq n$)

$$a_{n\mu}=\frac{\langle n\mu|C_{nn'}|n'\mu'\rangle}{E^H_{n'\mu'}-E^H_{n\mu}} \tag{11-26}$$

是$o(\kappa^3)$的小量。因此，在绝热近似下体系波函数可用式(11-21)表示，由此得到的波函数的误差为$o(\kappa^2)$数量级，能级的误差为$o(\kappa^5)$数量级。对大多数半导体和金属来说，这是足够好的近似。

11.3.2 哈特里-福克方法

1. 哈特里方程

通过绝热近似，把电子的运动与原子核的运动分开，得到了多电子系统薛定谔方程

$$\left[-\sum_i\nabla_i^2+\sum_i V(\boldsymbol{r}_i)+\frac{1}{2}\sum_{i,i'}{}'\frac{1}{|r_i-r_{i'}|}\right]\phi=\left[\sum_i\hat{H}_i+\sum_{i,i'}\hat{H}_{ii'}\right]\phi=E\phi \tag{11-27}$$

这里已采用原子单位：$e^2=1$，$\hbar=1$，$2m=1$。为方便起见，式(11-27)写成单粒子算符$\hat{H}_i$和双粒子算符$\hat{H}_{i,i'}$的形式。解这个方程的困难在于电子之间的相互作用项$\hat{H}_{i,i'}$。假定没有该项，那么多电子问题就可变为单电子问题，即可用互不相关的单个电子在给定势场中的运动来描述。这时多电子薛定谔方程简化为

$$\sum_i \hat{H}_i \phi = E\phi \tag{11-28}$$

它的波函数是每个电子波函数 $\varphi_i(\boldsymbol{r}_i)$的连乘积，即

$$\phi(\boldsymbol{r}) = \varphi_1(\boldsymbol{r}_1)\varphi_2(\boldsymbol{r}_2)\cdots\varphi_n(\boldsymbol{r}_n) \tag{11-29}$$

这种形式的波函数称为哈特里波函数。带入式(11－28)后分离变量，并令 $E=\sum_i E_i$ 后就可以得到单电子方程，即

$$\hat{H}_i\varphi_i(\boldsymbol{r}_i) = E_i\varphi_i(\boldsymbol{r}_i) \tag{11-30}$$

式(11－27)中存在双粒子算符。尽管如此，单电子波函数乘积式(11－29)仍然是多电子薛定谔方程式(11－27)的近似解。这个近似就称为哈特里近似。现用波函数式(11－29)计算能量的期望值 $E=\langle\phi|\hat{H}|\phi\rangle$。假定 φ_i正交归一化，即 $\langle\varphi_i|\varphi_j\rangle=\delta_{ij}$，就有

$$E=\langle\phi|\hat{H}|\phi\rangle=\sum_i\langle\phi_i|\hat{H}_i|\phi_i\rangle+\frac{1}{2}\sum_{i,i'}\langle\varphi_i\varphi_{i'}|\hat{H}_{ii'}|\varphi_i\varphi_{i'}\rangle \tag{11-31}$$

根据变分原理，由每一个 φ_i描写的最佳基必给出系统能量 E 的极小值。将 E 对 φ_i作变分，E_i作为拉格朗日乘子

$$\delta\left[E-\sum_i E_i(\langle\varphi_i|\varphi_i\rangle-1)\right]=0 \tag{11-32}$$

可得

$$\begin{aligned}&\langle\delta\phi_i|\hat{H}_i|\phi_i\rangle+\sum_{i'(\neq i)}\langle\delta\varphi_i\varphi_{i'}\left|\frac{1}{|\boldsymbol{r}_{i'}-\boldsymbol{r}_i|}\right|\varphi_i\varphi_{i'}\rangle-E_i\langle\delta\varphi_i|\varphi_i\rangle\\&=\langle\delta\phi_i\left|\hat{H}_i+\sum_{i'(\neq i)}\langle\varphi_{i'}\left|\frac{1}{|\boldsymbol{r}_{i'}-\boldsymbol{r}_i|}\right|\varphi_{i'}\rangle-E_i\right|\varphi_i\rangle=0\end{aligned} \tag{11-33}$$

式(11－33)与 $\delta\varphi_i$无关，因此省去位矢的下标后得

$$\left[-\nabla^2+V(\boldsymbol{r})+\sum_{i'(\neq i)}\int \mathrm{d}r'\frac{|\phi_{i'}(\boldsymbol{r}')|^2}{|\boldsymbol{r}'-\boldsymbol{r}|}\right]\varphi_i(\boldsymbol{r})=E_i\varphi_i(\boldsymbol{r}) \tag{11-34}$$

式(11－34)所表示的就是单电子方程，称为**哈特里方程**。它描写了 $\boldsymbol{r}$ 处单个电子在晶格势 $V(\boldsymbol{r})$和其他所有电子的平均势中的运动。拉格朗日乘子 E_i具有单电子能量的意义，后面我们还将继续讨论这个乘子和方程的意义。

2. 福克近似

虽然哈特里波函数中每个电子的量子态不同，满足不相容原理，但还没有考虑电子交换反对称性。现在先来看如何使单电子波函数满足交换反对称性。对处于位矢 $\boldsymbol{r}_1$，…，$\boldsymbol{r}_N$的 N 个电子，共有 $N!$ 种不同排列。由于电子的不可区分，这 $N!$ 种不同的排列都是等价的。如果记第 i 个电子在坐标 $\boldsymbol{q}_i$处的波函数为 $\varphi_i(\boldsymbol{q}_i)$，这里 $\boldsymbol{q}_i$已包括位置 $\boldsymbol{r}_i$和自旋，那么形如

$$\phi=\frac{1}{\sqrt{N!}}\begin{vmatrix}\varphi_1(\boldsymbol{q}_1)&\varphi_2(\boldsymbol{q}_1)&\cdots&\varphi_N(\boldsymbol{q}_1)\\\varphi_1(\boldsymbol{q}_2)&\varphi_2(\boldsymbol{q}_2)&\cdots&\varphi_N(\boldsymbol{q}_2)\\\vdots&\vdots&\ddots&\vdots\\\varphi_1(\boldsymbol{q}_N)&\varphi_2(\boldsymbol{q}_N)&\cdots&\varphi_N(\boldsymbol{q}_N)\end{vmatrix} \tag{11-35}$$

的斯莱特行列式是满足上述要求：交换任意两个电子，相当于交换行列式的两行，行列式差一符号。于是，如果两个电子有相同的坐标，则 $\phi=0$。行列式前的因子是为了归一化的需要，已经假定 φ_i是正交归一化的。

现在用式(11-35)来求能量的平均值为

$$\begin{aligned}\overline{E} &= \langle \phi | \hat{H} | \phi \rangle \\ &= \sum_i \int \mathrm{d}\boldsymbol{r}_1 \varphi_i^*(\boldsymbol{q}_1) \hat{H}_i \varphi_i(\boldsymbol{q}_1) + \frac{1}{2} \sum_{i,i'}{}' \int \mathrm{d}\boldsymbol{r}_1 \mathrm{d}\boldsymbol{r}_2 \frac{|\varphi_i(\boldsymbol{q}_1)|^2 |\varphi_{i'}(\boldsymbol{q}_2)|^2}{|\boldsymbol{r}_1 - \boldsymbol{r}_2|} - \\ &\quad \frac{1}{2} \sum_{i,i'}{}' \int \mathrm{d}\boldsymbol{r}_1 \mathrm{d}\boldsymbol{r}_2 \frac{\varphi_i^*(\boldsymbol{q}_1) \varphi_i(\boldsymbol{q}_2) \varphi_{i'}^*(\boldsymbol{q}_2) \varphi_{i'}(\boldsymbol{q}_1)}{|\boldsymbol{r}_1 - \boldsymbol{r}_2|}\end{aligned} \tag{11-36}$$

积分元已包含自旋坐标。现在能量期望值式(11-36)与式(11-31)相比多出一交换项，变分条件也多出一项，即

$$\delta\Big[E - \sum_i E_i(\langle \varphi_i | \varphi_i \rangle - 1)\Big] = 0 \tag{11-37}$$

取变分后得

$$[-\nabla^2 + V(\boldsymbol{r}_1)]\varphi_i(\boldsymbol{q}_1) + \sum_{i'} \int \mathrm{d}\boldsymbol{r}_2 \frac{|\varphi_{i'}(\boldsymbol{q}_2 r')|^2}{|\boldsymbol{r}_1 - \boldsymbol{r}_2|} \varphi_i(\boldsymbol{q}_\mathrm{i}) - \sum_{i,i'} \int \mathrm{d}\boldsymbol{r}_2 \frac{\varphi_{i'}^*(\boldsymbol{q}_2) \varphi_i(\boldsymbol{q}_2)}{|\boldsymbol{r}_1 - \boldsymbol{r}_2|} \varphi_{i'}(\boldsymbol{q}_1) = \sum_{i'} \lambda_{ii'} \varphi_{i'}(\boldsymbol{q}_1) \tag{11-38}$$

容易证明，式(11-38)左边的算符是厄密的。适当的选择变换矩阵 u_{ij}，总是能通过一个变换，$\varphi_i' = \sum_j u_{ij} \varphi_j$，使成为对角形式，即 $\lambda_{ii'}' = E_i \delta_{ii'}$。现在，仍记 φ' 为 φ，式(11-38)的右边写为 $E_i \varphi_i(\boldsymbol{q}_1)$ 的形式。还要注意，不计自旋-轨道相互作用，可将 $\varphi_i(\boldsymbol{q}_i)$ 写成坐标和自旋函数的乘积。于是，式(11-38)左边第三项只对自旋相同的电子求和，第二项自旋求和由于自旋函数的正交性而消失。如果考虑到这点，自旋指标将不再出现，式(11-38)中的 $\boldsymbol{q}_i$ 可用 $\boldsymbol{r}_i$ 代替。省去位矢的下标，用"‖"表示自旋平行，式(11-38)变为

$$[-\nabla^2 + V(\boldsymbol{r}_1)]\varphi_i(\boldsymbol{r}) + \sum_{i'(\neq i)} \int \mathrm{d}\boldsymbol{r}' \frac{|\varphi_{i'}(\boldsymbol{r}')|^2}{|\boldsymbol{r} - \boldsymbol{r}'|} \varphi_i(\boldsymbol{r}) - \sum_{i'(\neq i),\|} \int \mathrm{d}\boldsymbol{r}' \frac{\varphi_{i'}^*(\boldsymbol{r}') \varphi_i(\boldsymbol{r}')}{|\boldsymbol{r} - \boldsymbol{r}'|} \varphi_{i'}(\boldsymbol{r}) = E_i \varphi_i(\boldsymbol{r}) \tag{11-39}$$

式(11-39)表示的单电子方程就是哈特里-福克(Hartree-Fock)方程。

与哈特里方程相比，哈特里-福克方程多出一项，该项称为交换相互作用项。下面来看该项的意义。将哈特里方程的第三项改写为

$$\sum_{i'(\neq i)} \int \mathrm{d}\boldsymbol{r}' \frac{|\varphi_{i'}(\boldsymbol{r}')|^2}{|\boldsymbol{r} - \boldsymbol{r}'|} \varphi_i(\boldsymbol{r}) = \sum_{i'} \int \mathrm{d}\boldsymbol{r}' \frac{|\varphi_{i'}(\boldsymbol{r}')|^2}{|\boldsymbol{r} - \boldsymbol{r}'|} \varphi_i(\boldsymbol{r}) - \int \mathrm{d}\boldsymbol{r}' \frac{|\varphi_{i'}(\boldsymbol{r}')|^2}{|\boldsymbol{r} - \boldsymbol{r}'|} \varphi_i(\boldsymbol{r}) \tag{11-40}$$

式(11-40)右边第一项表示所考虑的电子与所有电子(包括其本身)的相互作用，而第二项则是在式(11-34)中不出现的该电子和自身电荷分布，即

$$\int \mathrm{d}\boldsymbol{r}' \frac{\rho_i^{\mathrm{H}}(\boldsymbol{r}')}{|\boldsymbol{r} - \boldsymbol{r}'|} \varphi_i(\boldsymbol{r}) \tag{11-41}$$

式中

$$\rho_i^{\mathrm{H}}(\boldsymbol{r}') = -|\varphi_{i'}(\boldsymbol{r}')|^2$$

$$\int \mathrm{d}\boldsymbol{r}' \rho_i^{\mathrm{H}}(\boldsymbol{r}') = -1$$

哈特里-福克方程左边的最后两项，可使两求和中的 $i' = i$，因两项相互抵消，这样，最后一项与式(11-40)的右边最后一项相同。另外一项，可类似的写出

$$\sum_{i',\|} \int \mathrm{d}\boldsymbol{r}' \frac{\varphi_{i'}^*(\boldsymbol{r}') \varphi_i(\boldsymbol{r}')}{|\boldsymbol{r} - \boldsymbol{r}'|} \varphi_{i'}(\boldsymbol{r}) = -\int \mathrm{d}\boldsymbol{r}' \frac{\rho_i^{\mathrm{HF}}(\boldsymbol{r}, \boldsymbol{r}')}{|\boldsymbol{r} - \boldsymbol{r}'|} \varphi_i(\boldsymbol{r}) \tag{11-42}$$

式中

$$\rho_i^{\mathrm{HF}}(\boldsymbol{r},\ \boldsymbol{r}')=-\sum_{i',\parallel}\frac{\varphi_{i'}^*(\boldsymbol{r}')\varphi_i(\boldsymbol{r}')\varphi_i^*(\boldsymbol{r})\varphi_{i'}(\boldsymbol{r})}{\varphi_i^*(\boldsymbol{r})\varphi_i(\boldsymbol{r})} \tag{11-43}$$

且

$$\int\rho_i^{\mathrm{HF}}(\boldsymbol{r},\ \boldsymbol{r}')\mathrm{d}\boldsymbol{r}'=-1$$

式(11-41)中的ρ^{H}位置现由交换电荷分布ρ^{HF}代替，ρ^{HF}可解释为交换电子产生的密度，对空间积分也为-1。ρ^{H}和ρ^{HF}的区别在于：与各其他电子一样以同样的方式在整个晶体中分布，而ρ^{HF}却与所考虑的电子的位置$\boldsymbol{r}$有关。式(11-39)所描写的电荷分布与电子的相互作用通过此种方式依赖于电子的位置，即由于泡利原理，电子的运动是相同自旋相关的。

除了自由电子这一特殊情况外，交换电荷密度的空间分布一般很难给出。用$\rho=\sum_i\rho_i^{\mathrm{H}}$和$\rho_i^{\mathrm{HF}}$可把哈特里-福克方程写为

$$\left[-\nabla^2+V(\boldsymbol{r}_1)-\int\mathrm{d}\boldsymbol{r}'\frac{\rho(\boldsymbol{r}')-\rho_i^{\mathrm{HF}}(\boldsymbol{r},\ \boldsymbol{r}')}{|\boldsymbol{r}-\boldsymbol{r}'|}\right]\varphi_i(\boldsymbol{r})=E_i\varphi_i(\boldsymbol{r}) \tag{11-44}$$

式(11-44)就为哈特里-福克方程的正则形式。

下面首先介绍满壳层系统(自旋全部配对)的哈特里-福克方程的有关性质：

(1) 保持系统的对称性。

(2) 自旋向上和向下的空间波函数满足同样形式的方程，因此每一个对应E_i的态(轨道)ϕ_i可以占据两个自旋相反的电子。

(3) 式(11-44)有无穷多解，其中能量最低的$N/2$个态(轨道)被占据。系统基态能量在这种近似下为$E=2\sum_{i=1}^{N/2}E_i$，$N/2+1$以后的轨道称为虚轨道。

(4) 哈特里-福克方程的解不唯一。如果一组单粒子态使能量取极值，将其任意线性组合后，仍得到同样的能量极值。

(5) 哈特里-福克方程的解构成正交归一完备集。以单粒子波函数构成的空间由两个正交的子空间构成。一个子空间的基是有电子占据的轨道$\{\phi_i\mid i=1,\ 2,\ \cdots,\ N/2\}$，另一子空间的基是没被占据的轨道$\{\phi_a\mid a=N/2+1,\ \cdots,\ \infty\}$。占据子空间基底的任意线性组合或没占据子空间基底的任意线性组合都不改变计算结果。

(6) 费米(E. Fermi，1901—1954)孔。由于总波函数的反对称性导致的$\rho_i^{\mathrm{HF}}(\boldsymbol{r},\ \boldsymbol{r}')$项具有抵消与$\phi_i(\boldsymbol{r})$电子同自旋同位置的电荷的作用，使得在空间任意一点不可能同时出现两个自旋相同的电子。它的后果好像在总电荷密度中挖去一个孔，称为**费米孔**。注意，即使是虚轨道，费米孔也存在。与$\rho_i^{\mathrm{HF}}(\boldsymbol{r},\ \boldsymbol{r}')$相关的一项能量称为交换能。由于库仑排斥作用，$\phi_i(\boldsymbol{r})$电子也会使自旋不同的电子“躲开”它，这种库仑关联效应(相应的能量称为库仑能)在哈特里-福克近似中遗漏了。

下面讨论求解式(11-44)的困难之处。第一个困难在于，式中与ρ有关的相互作用项里含解φ_i。因此，只能自洽迭代求解，即先假定一φ_i，得到ρ后解方程而得到更好的φ_i，重复这一过程直至自洽，即直至φ_i在所考虑的计算精度内不再变化，这就是哈特里-福克自洽场近似方法。

第二个困难在于，式(11-44)的第三项是与其他电子相关的，这导致各联立的方程组。斯莱特提出了对i平均的方法来解决这一困难，即

$$\bar{\rho}^{\mathrm{HF}}(\boldsymbol{r},\ \boldsymbol{r}')=\frac{\sum_i\varphi_i^*(\boldsymbol{r})\varphi_i(\boldsymbol{r})\rho_i^{\mathrm{HF}}(\boldsymbol{r},\boldsymbol{r}')}{\sum_i\varphi_i^*(\boldsymbol{r})\varphi_i(\boldsymbol{r})}=-\frac{\sum_{i,i',\parallel}\varphi_i^*(\boldsymbol{r}')\varphi_{i'}(\boldsymbol{r}')\varphi_{i'}^*(\boldsymbol{r})\varphi_i(\boldsymbol{r})}{\sum_i\varphi_i^*(\boldsymbol{r})\varphi_i(\boldsymbol{r})} \tag{11-45}$$

于是，式(11-44)改写为

$$\left[-\nabla^2+V(\boldsymbol{r})-\int \mathrm{d}\boldsymbol{r}'\frac{\rho(\boldsymbol{r}')-\bar{\rho}^{\mathrm{HF}}(\boldsymbol{r},\boldsymbol{r}')}{|\boldsymbol{r}-\boldsymbol{r}'|}\right]\varphi_i(\boldsymbol{r})=E_i\varphi_i(\boldsymbol{r}) \tag{11-46}$$

现在，第三项只与 $\boldsymbol{r}$ 有关，它与第二项一起作为一个对所有电子均匀分布的有效势场出现，即

$$[-\nabla^2+V_{\mathrm{eff}}(\boldsymbol{r})]\varphi_i(\boldsymbol{r})=E_i\varphi_i(\boldsymbol{r}) \tag{11-47}$$

这样将一个多电子的薛定谔方程通过哈特里-福克近似简化为单电子有效势方程。在哈特里-福克方程近似中，已包含了电子与电子的交换相互作用，但自旋反平行电子间的排斥相互作用没有被考虑：在 r 处已占据了一个电子，那么在 r'处的电子数密度就不再是 $\rho(r')$，而应该减去一点，或者说，再加上一点带正电的关联空穴，即还需考虑电子关联相互作用。

方程(11-47)是一个微分积分方程，严格求解很困难，可以采用自洽场方法通过多次迭代计算。其基本思想来源于 Hartree 的自洽场理论：在原子中，任何一个电子都受到原子核及其他电子的作用，可以近似地用一个平均场来代替，相当于被研究的单电子处于(11-47)式中所给出的有效势场 $V_{\mathrm{eff}}(\boldsymbol{r})=V(\boldsymbol{r})-\int \mathrm{d}\boldsymbol{r}'\frac{\rho(\boldsymbol{r}')-\bar{\rho}^{\mathrm{HF}}(\boldsymbol{r},\boldsymbol{r}')}{|\boldsymbol{r}-\boldsymbol{r}'|}$中运动。

求解的迭代过程如下：先假设一个适当的中心势 $V^{(0)}(\boldsymbol{r}_i)$来代替有效势 $V_{\mathrm{eff}}(\boldsymbol{r})$，代入方程(11-47)后求解出单电子的波函数，然后又代入 $V_{\mathrm{eff}}(\boldsymbol{r})$的表达式，计算出一个新的有效势 $V'_{\mathrm{eff}}(\boldsymbol{r})$。比较 $V'_{\mathrm{eff}}(\boldsymbol{r})$和 $V^{(0)}(\boldsymbol{r}_i)$的差值，再调整所设中心势 $V^{(0)}(\boldsymbol{r}_i)$的表达式(包括其势参数)，得到另一个 $V^{(1)}(\boldsymbol{r}_i)$。若经重复 n 次迭代后，假设的中心势 $V^{(n)}(\boldsymbol{r}_i)$与计算出的中心势一致，则计算前后自洽，结束计算。当然，迭代次数 n 与所要求的精度有关；一般精度要求越高，迭代次数就越多。因此，原则上所有的原子问题都可以通过上述方法求解，从而得到原子的波函数和能级。

11.4 元素周期表与原子基态

11.4.1 元素性质的周期性变化

将元素按核电荷数的大小排列起来，其物理、化学性质将出现明显的周期性。早在1869年门捷列夫(D. I. Mendeleev，1834—1907)首先提出元素周期表。当时，周期表是按原子量次序排列起来的，虽然比较粗糙，但仍能反映元素性质的周期变化特性。那时共知道63个元素，按其性质的周期性排列时，并不连续，而是出现了一些空位。在周期性的前后特征的指导下，于1874～1875年发现了钪(Sc)，它处于钙和钛之间；又发现了锗(Ge)和镓(Ga)，它们填补了锌与砷之间的两个空位。

第一个对周期表给予物理解释的是玻尔，他在1916～1918年期间，把元素按电子组态的周期性排列成表，当时对未发现的第72号元素，按以前的周期表，人们认为它应属于稀土元素，但按照玻尔的排列方法，它应该类似于锆。1922年，在哥本哈根大学的玻尔创立的研究所里，确实从锆矿中找到了这一新元素，并定名为铪(^{72}Hf，hafnium，哥本哈根的拉丁拼法)。这里，玻尔依靠的是“直觉”。只是在1925年泡利提出不相容原理之后，才比较深刻的理解到，**元素的周期性是电子组态的周期性反映，而电子组态的周期性**

则联系于特定轨道的可容性和能量最低原理。[1] 这样，化学性质的周期性用原子结构的物理图像得到了说明，从而使化学概念“物理化”，化学不再是一门和物理学互不相通的学科了。

元素的化学、物理性质的变化呈现周期性，如原子光谱、电离能等。图 11.8 是元素电离能随原子序数 Z 的变化关系，它充分显示了元素的化学性质的周期性变化特性。图中的那些峰值所对应的 Z，在历史上称为幻数，这是由于早期人们对这种现象不理解的缘故所致。

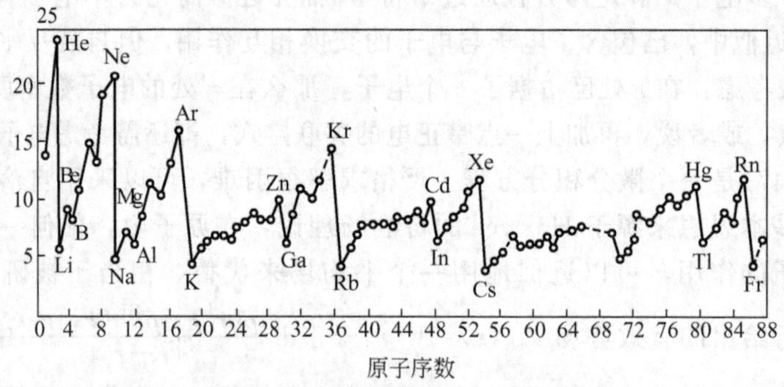

图 11.8　元素电离能随原子序数 Z 的变化关系

元素还有一些物理性质也显示出周期性的变化。图 11.9 是元素“原子体积”、体涨系数和压缩系数随原子序数 Z 的变化关系，容易看出，图中的三个物理量都显示了相仿的周期性变化。

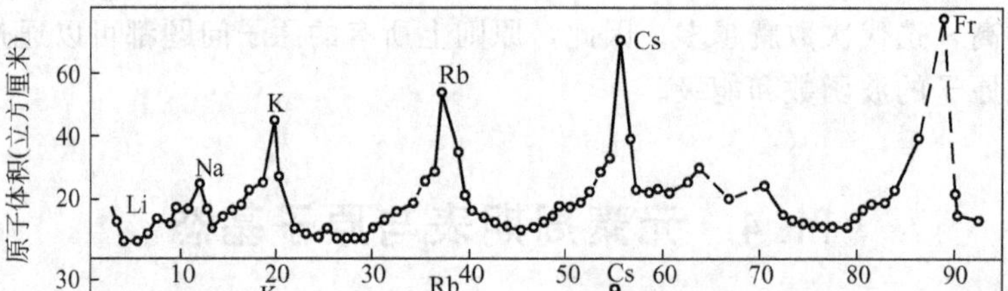

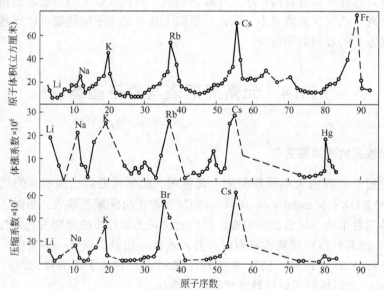

图 11.9　元素“原子体积”、体涨系数和压缩系数随随原子序数 Z 的变化关系

按照化学性质和物理性质排定的元素周期表中，共有 7 个周期、18 个族。第一周期只有 2 种元素，氢和氦；第二和第三周期各有 8 种元素；第四和第五周期各有 18 种元素，第四周期中从钪($Z=21$)到镍($Z=28$)8 种元素和第五周期中从钇($Z=39$)到钯($Z=46$)8 种

[1] 能量最小原理，即电子按能量由低到高的次序填充各壳层。

元素称为过渡元素，有它们的特有性质，例如有较高的磁化率；第六周期有 32 种元素，其中包括一些过渡元素和从镧($Z=57$)到镥($Z=71$)的一组稀土元素，它们具有相似的化学性质，多半是三价的金属元素。第七周期是没有满的一个周期，其中有一组锕系元素，具有同前一周期中稀土元素相仿的性质。元素周期系中所有各周期依次含有 2、8、8、18、18、32、17 种元素，而其中又有所谓过渡元素和稀土族这类元素的存在，这都得从原子的电子结构中去了解，根据价电子组态周期表可分 5 个区(表 11 - 3)。

表 11 - 3　按价电子组态区分的周期表

元素分区	族系范围	价电子组态
s 区	1→2 族	$ns^{1\sim2}$(ns^1 为碱金属，ns^2 为碱土金属)
p 区	13→18 族	$ns^2np^{1\sim6}$
d 区	3→10 族	$(n-1)d^{1\sim9}ns^{1\sim2}$
ds 区	11→12 族	$(n-1)d^{10}ns^{1\sim2}$
f 区	镧系和锕系	$(n-2)f^{0\sim14}(n-1)d^{0\sim2}ns^2$

11.4.2　壳层中电子的数目

在多电子原子中，决定电子所处状态的准则有两条：一是泡利不相容原理；二是能量最小原理，即体系能量最低时，体系最稳定。周期表就是按照这样两条准则排列的。首先来考察由第一条准则如何决定壳层中电子的数目，然后再看第二条准则如何决定壳层的次序。

我们知道，原子中一个电子的状态是由四个量子数 n，l，m_l，m_s来确定的。通常我们按照主量子数 n 和角量子数 l 把电子的可能的状态分成壳层。由于电子的能量(或能级)主要决定于主量子数 n，对于能量相同的一些电子可以视为分布于同一个壳层上。因此，随着 n 数值的不同，可以把电子分为许多壳层，具有相同的 n 值的电子称为同一壳层的电子、将相应于 $n=1$，2，3，4，5，6，7，…的壳层，分别称为 K、L、M、N、O、P、Q 等壳层。在同一壳层中，可以有 0，1，2，…，$(n-1)$个角量子数 l，于是，每一个壳层就分成了若干次壳层，并分别用符号 s，p，d，f，g，h 等来代表 $l=0$，1，2，3，4，5 等次壳层。

泡利不相容原理说，在原子中不能有两个电子处在同一状态，用上述四个量子数来描述，这就是说不能有两个电子有完全相同的四个量子数，由此可见，原子中的电子必须分布在不同的状态。上面已给出了关于原子中的壳层和次壳层的定义和命名，现在就根据泡利原理来进行每一个壳层和次壳层中可容纳的最多电子数目的推算。

先考虑具有相同 n 和 l 量子数的电子所构成的一个次壳层中可以容纳的最多电子数。因为次壳层主要决定于量子数 l，对一个 l，可以有 $2l+1$ 个 m_l值；对每一个 m_l，又可以有两个 m_s，即 $m_s=+1/2$ 和 $-1/2$。由此可知，对每一个 l，可以有 $2(2l+1)$个不同的状态，这就是说，每一个次壳层中可以容纳的最多电子数为

$$N_l=2(2l+1) \tag{11-48}$$

由此可知，在 p 态上，填满可以有 6 个电子。由于填满时，这 6 个电子的角动量之和为零，即对总角动量没有贡献。这说明 p 态上 1 个电子和 5 个电子对角动量的贡献是一样的，即对同科电子 p 与 p^5有相同的态项。我们注意到，对于 l 次壳层，可以容纳的电子数为 $2(2l+1)$个，则 s，p，d，f，g，h 次壳层分别可以容纳 2、6、10、14、18 和 22 个电

子。因此 p^2 与 p^4，d^2 与 d^8，f^3 和 f^{11}，…，有相同的态项。

现在再看每一个壳层可以容纳的最多电子数。因壳层是以 n 的数值来划分的，当 n 一定，l 可以有 n 个取值，即 $l=0$，1，2，…，$(n-1)$。因此，对每一个 n 来说，可能存在的状态数，即可以容纳的最多电子数为

$$N_n=\sum_{l=0}^{n-1}2(2l+1)=2n^2 \tag{11-49}$$

按照主量子数 n 的不同，相应的各壳层和次壳层所能容纳的最大电子数目见表 11-4。

表 11-4　各壳层可以容纳的最多电子数

电子壳层 n	次壳层 l（子轨道 nl）	轨道取向 $2l+1$	各次壳层容纳电子数 $2(2l+1)$	各壳层容纳电子数 $2n^2$
1	0(1s)	1	2	2
2	0(2s)	1	2	8
	1(2p)	3	6	
3	0(3s)	1	2	18
	1(3p)	3	6	
	2(3d)	5	10	
4	0(4s)	1	2	32
	1(4p)	3	6	
	2(4d)	5	10	
	3(4f)	7	14	
5	0(5s)	1	2	50
	1(5p)	3	6	
	2(5d)	5	10	
	3(5f)	7	14	
	4(5g)	9	18	
6	0(6s)	1	2	72
	1(6p)	3	6	
	2(6d)	5	10	
	3(6f)	7	14	
	4(6g)	9	18	
	5(6h)	11	22	
7	0(7s)	1	2	98
	1(7p)	3	6	
	2(7d)	5	10	
	3(7f)	7	14	
	4(7g)	9	18	
	5(7h)	11	22	
	6(7i)	13	26	

11.4.3 原子中电子组态的能量与电子在壳层的填充次序

前面已经讲过，决定壳层次序的是能量最小原理。按照玻尔的原子理论，能量随着主量子数 n 的增大而增大，则电子应该 n 由小到大的次序依次填入。[1] 粗略地考虑问题时可以这么讲，但细究的话则未必如此。实际上，3d 的能级比 4s 的能级高，故电子应该先填充 4s 能级。这种现象称为**能级交错**。实际的能级次序情况如图 11.10 所示。

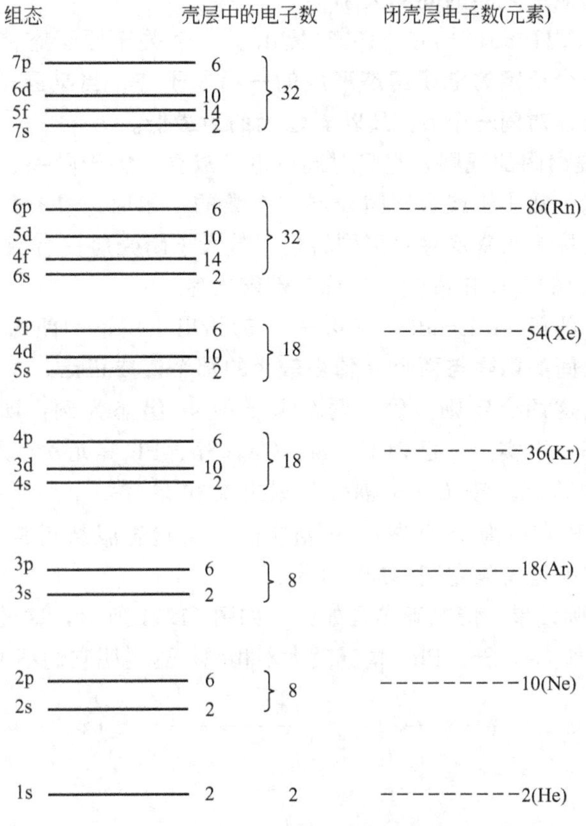

图 11.10 原子能级的填充次序

现在只能从这个事例对壳层的能量高低进行定性说明，量子力学可以从理论上给出严格证明。为了便于记忆，把电子填入壳层次序的经验规律总结如下(极个别情况例外)：

$$1s \to 2s \to 2p \to 3s \to 3p \to 4s \to 3d \to 4p \to 5s \to 4d \to$$
$$5p \to 6s \to 4f \to 5d \to 6p \to 7s \to 5f \to 6d \to 7p$$

11.4.4 原子基态

我们已知道电子如何填充壳层，也就是说，对于某一特定的原子，可以按照它的原子序数 Z(核外电子数)来确定它的电子组态。有了电子组态，如何确定原子的基态呢？通过

---

① 原子内的电子按一定的壳层排列，每一壳层内的电子都有相同的主量子数，每一个新的周期是从电子填充新的主壳层开始，元素的物理、化学性质取决于原子最外层的电子即价电子的数目。

下面的学习就可知道。

从 11.2 节已经知道，从电子组态有可能合成多少状态；再依照泡利原理，可以选出物理上允许的原子态。例如，sp 组态可以产生$^1P_1$，$^3P_{2,1,0}$四个状态；而 np^2(或者 np^4)组态可以产生$^1S_0$，$^1D_2$，$^3P_{2,1,0}$五个状态。现在的问题是，这些状态的能量次序怎么样，哪一个能量最低(基态)？要严格地回答不同状态的能量数值，必须依靠量子力学计算。我们可以利用两个定则——洪特定则和朗德间隔定则，比较方便地回答不同原子态的次序及在三重态中对每对相邻能级之间的间隔大小。

1925 年，洪特(F. Hund，1896—1997)提出了一个关于原子态能量次序的经验规则，**即洪特定则：对于一个给定的电子组态形成的一组原子态，当某原子态具有的 S 最大时，它处的能级位置最低；对同一个 S，又以 L 值大的为最低。**

1927 年洪特又提出附加规则，它只对同科电子成立：关于同一 l 值而 J 值不同的诸能级的次序，当同科电子数小于或等于闭壳层占有数的一半时，具有最小 J 值(即 $|L-S|$)的能级处在最低，这称为**正常次序**；当同科电子数大于闭壳层占有数的一半时，则具有最大 J 值(即 $|L+S|$)的能级处在最低，这称为**倒转次序**。

关于能级间隔，朗德(A. Landè，1888—1975)给出了所谓的**朗德间隔定则：在三重态中，一对相邻能级之间的间隔与两个 J 值中较大的那个值成正比。**

现在举例来说明这两个定则。仍以两个电子的 sp 组态为例：即一个电子处于 s 态，另一个电子处于 p 态。事实上，已知 C、Si、Ge、Sn、Pb 等元素(碳族元素)的第一激发态就是相应于这样的状态。按 $L-S$ 耦合，据上文知共有四个原子态：$^1P_1$，$^3P_2$，$^3P_1$，$^3P_0$。按洪特定则，$^1P_1$态应高于^3P 态；^3P 相应的三个状态服从正常次序，它们的两个间隔(能量差)之比，按朗德间隔定则，应为 2∶1。

对于 C、Si 的实际结果，情况确实是如此，如图 11.11 所示，这说明它们遵守 $L-S$ 耦合；对于其他元素，如 Ge、Sn、Pb，情况就大不相同，这说明它们不再遵守 $L-S$ 耦合。

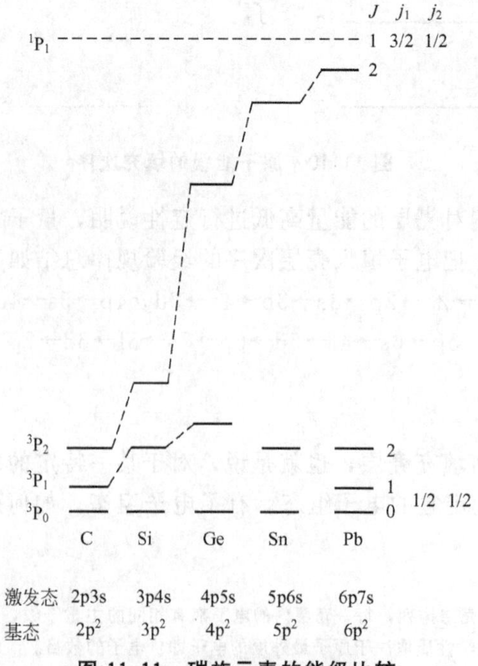

图 11.11 碳族元素的能级比较

$j-j$ 耦合方式给出的能级次序是怎么样的呢？实验发现，Pb 的激发态的能级次序是 $j-j$ 耦合的典型结果，Sn 也比较接近，而 Ge 则处于 $L-S$ 耦合和 $j-j$ 耦合之间。只有对 $L-S$ 耦合方式，才有洪特定则和朗德间隔定则。对几乎所有的原子基态，以及大部分轻元素的激发态，$L-S$ 耦合都成立。而纯 $j-j$ 耦合则是少见的，只有对某些高激发态和较重的原子中，激发的电子远离其他电子，电子间的耦合很弱，才会发生 $j-j$ 耦合。因此，对 $j-j$ 耦合方式给出的能级次序问题，我们就不再介绍。用上述图解法来寻找同科电子的原子态显得很繁琐，而且不易分析出它们的态项。

下面根据泡利原理的要求和各种同科电子的子壳层特征来寻找它们的态项。对于碳族元素的基态，由于它们最外层的两个电子都是 p^2 组态，可以合成的组态为 ^1S、^1D、^3P。按照洪特定则，三个状态中以 ^3P 为最低。^3P 态包括 $^3P_2$，$^3P_1$，$^3P_0$，由于它们这些元素在最外壳层中的同科电子数(两个)小于该层闭合时的占有数(六个)的一半，因此为正常次序，即 J 值最小的能级为最低。所以，$^3P_0$ 为基态，实验上的确证实，C、Si、Ge、Sn、Pb 的基态都是 $^3P_0$。

对于氧族元素的原子，它的外层四个电子的组态也是 np^4，虽然 np^4 合成的原子态与 np^2 一样，都是 ^1S、^1D、^3P，而且以 ^3P 的能量为最低，但是，由于外层同科电子数(四个)已超过闭合时占有数(六个)的一半，因此 ^3P 中的三条能级为倒转次序，即 J 值最大的能级处在最下面，故氧的基态为 $^3P_2$。

在讨论碱金属双线时我们已经知道，在没有外磁场的情况下，能级的分裂纯粹是出于原子的内部原因，即是由轨道运动产生的磁场同由自旋产生的磁矩发生相互作用而引起的，下面对由这种原因引起的能级分裂的间隔大小作一个估算：某一能级引起的位移为

$$\begin{aligned}\Delta E &\sim \boldsymbol{\mu}\cdot\boldsymbol{B}\sim\hat{\boldsymbol{S}}\cdot\hat{\boldsymbol{L}}\cos(\hat{\boldsymbol{L}},\ \hat{\boldsymbol{S}})\sim(\hat{\boldsymbol{J}}^2-\hat{\boldsymbol{L}}^2-\hat{\boldsymbol{S}}^2)\\ &\sim J(J+1)-L(L+1)-S(S+1)\end{aligned}$$

因而，$J+1$ 标志的能级与 J 标志的能级各自引起的位移之差，即 $J+1$ 能级与 J 能级之间距，正比于

$$\begin{aligned}&[(J+1)(J+2)-L(L+1)-S(S+1)]-[J(J+1)-L(L+1)-S(S+1)]\\ &=(J+1)(J+2)-J(J+1)\\ &=2(J+1)\end{aligned}$$

这就是朗德间隔定则。

必须注意：以上两个定则都只对 $L-S$ 耦合适用。严格地讲，^1P 和 ^3P 等这种态项符号也只有在 $L-S$ 耦合中才能使用，因在 $j-j$ 耦合中不存在 L 和 S，但有时为了方便也有在 $j-j$ 耦合中使用这种符号的，条件是 J 相同，如图 11.11 所示。

由于 d 轨道有 5 个子轨道，最多可容纳 10 个电子。因此，nd^3 与 nd^7 有相同的态项。类似地，nd^1 和 nd^9，nd^2 和 nd^8，nd^4 和 nd^6 分别有相同的态项。其他轨道的电子态项也有相似的规律。

有了原子中电子填充轨道的顺序规则、泡利原理、洪特定则，我们就可以给出原子基态的确定方法。

l 表示电子的轨道量子数，不同的 l 形成不同的子壳层。对于某一主壳层 n，l 可以取 0，1，2，…，$n-1$ 个不同的值，因此，主壳层包含 n 个子壳层。每个子壳层中，l 的空间量子化决定了其取向量子数 m_l，可能取从 $-l$ 到 $+l$ 的 $2l+1$ 个值，即轨道角动量的空

间取向有 $2l+1$ 个，称为 $2l+1$ 个**子轨道**，而每个子轨道还可以允许自旋相反的两个电子态。求原子基态的步骤是：①写出原子的核外电子排布式；②分析电子组态，满子壳层电子的三个总量子数 L、S、J 均为零，若电子刚填满某一子壳层，则原子基态必为 $^1S_0$；③把所有同科电子按照泡利原理和能量最低原理的要求填入各个子轨道中。子轨道中的电子是同科电子，具有不同的 m_l 和 m_s 的数值，然后分别求出其代数和，得到 $L=\sum_i m_{li}$ 和 $S=\sum_i m_{si}$，即电子的总轨道角动量量子数和总自旋量子数，再用 $L-S$ 耦合得到其总角动量量子数 $J=L+S$，$L+S-1$，$L+S-2$，…，$|L-S|$，由此可以求得其原子态项的表达式为 $^{2S+1}L_J$；④最后根据洪特定则，判断出原子的基态谱项。

关于能量最小原理，在实际应用时需要注意以下几点：①原子核外电子填充原子轨道的顺序遵从能量最小原理，即首先填充能级较低的轨道，由此得到原子核外电子的排布式。②核外电子组态中，有时出现能级交错现象比较复杂，特别是过渡元素、镧系和锕系元素，当某一子壳层接近半满时，一般尽量使价电子中的子壳层达到全满或半满，从而能级更低。如铜(^{29}Cu)、铌(^{41}Nb)～锝(^{43}Tc)、钯(^{46}Pd)～镉(^{48}Cd)、铽(^{65}Tb)、锫(^{97}Bk)等。③在子壳层的同科电子中，电子首先占据所有可能的空轨道，然后尽可能占据 m_l 最大的子轨道，从而体系能量较低。

【例 11-1】 求 ^{26}Fe 的基态。

解：(1) 首先按照能量最小原理写出铁原子的电子排布式为 $1s^22s^22p^63s^23p^64s^23d^6$，然后按照原子壳层结构写为 $1s^22s^22p^63s^23p^63d^64s^2$。基态电子组态为 $3d^64s^2$。

(2) 满子壳层电子的总量子数 L、S、J 均为零，不予考虑，仅需研究 $3d^6$ 电子的耦合情况。这 6 个同科的 d 电子在 3d 子壳层(5 个子轨道)中填充顺序是：5 个电子尽量占据 5 个空子轨道，剩余 1 个电子只能占据 $m_l=2$ 最大的那个子轨道，但按泡利原理，其必须与另一个电子的自旋相反，如图 11.12 所示。

m_l	+2	+1	0	−1	−2
	↑↓	↑	↑	↑	↑

图 11.12　Fe 子壳层电子分布

(3) $L=\sum_{i=1}^{6}m_{li}=2\times2+1+0-1-2=2$，$S=\sum_{i=1}^{6}m_{si}=5\times\frac{1}{2}-\frac{1}{2}=2$，则按照 $L-S$ 耦合得到 $J=0$，1，2，3，4。可能的态项为 $^5D_{0,1,2,3,4}$。

(4) 根据洪特定则，d 轨道电子已超过半满，能量最低的态取 J 值最大的，则基态为 $^5D_4$。

【例 11-2】 求 ^{92}U 的原子基态。

解：(1) 按照能量最小原理确定的 ^{92}U 原子的基态电子组态为 $5f^36d^17s^2$。

(2) 仅研究未满子壳层电子 $5f^36d^1$ 的耦合情况。f 和 d 子壳层电子的填充情况如图 11.13 所示。

m_l	+3	+2	+1	0	−1	−2	−3
f 子壳层	↑	↑	↑				

m_l	+2	+1	0	−1	−2
d 子壳层	↑				

图 11.13　U 的 f 和 d 子壳层电子填充

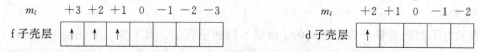

(3) 对于 3 个 f 电子，$L_1=\sum_{i=1}^{3}m_{li}=3+2+1=6$，$S_1=\sum_{i=1}^{3}m_{si}=3\times\frac{1}{2}=\frac{3}{2}$；对于 1 个 d 电子，$L_2=2$，$S_2=\frac{1}{2}$。根据 $L-S$ 耦合，f 和 d 子壳层电子的耦合后，$L=4$，5，6，7，8；$S=1$，2。

(4) 按照洪特定则，选 S、L 最大的能级，又根据其附则因两个子壳层均没有超过半满，选 J 最小的为基态能级，因此，取 $S=2$、$L=8$、$J=6$，^{92}U 的原子基态为 $^5L_6$。

表 11－5 给出了各原子的电子组态、原子基态及电离能等信息，请读者自己阅读。

表 11－5　原子的电子组态、原子基态及电离能

原子序数 Z	元素符号	元素名称		基态组态	原子基态	电离能/eV
		英文	中文			
1	H	hydrogen	氢	1s	$^2S_{1/2}$	13.599
2	He	helium	氦	$1s^2$	$^1S_0$	24.581
3	Li	lithium	锂	2s	$^2S_{1/2}$	5.390
4	Be	beryllium	铍	$2s^2$	$^1S_0$	9.320
5	B	boron	硼	$2s^22p$	$^2P_{1/2}$	8.296
6	C	carbon	碳	$2s^22p^2$	$^3P_0$	11.256
7	N	nitrogen	氮	$2s^22p^3$	$^4S_{3/2}$	14.545
8	O	oxygen	氧	$2s^22p^4$	$^3P_2$	13.614
9	F	fluorine	氟	$2s^22p^5$	$^2P_{3/2}$	17.418
10	Ne	neon	氖	$2s^22p^6$	$^1S_0$	21.559
11	Na	sodium	钠	3s	$^2S_{1/2}$	5.138
12	Mg	magnesium	镁	$2s^2$	$^1S_0$	7.644
13	Al	aluminum	铝	$3s^23p$	$^2P_{1/2}$	5.984
14	Si	silicon	硅	$3s^23p^2$	$3P_0$	8.149
15	P	phosphorus	磷	$3s^23p^3$	$^4S_{3/2}$	10.484
16	S	sulfur	硫	$3s^23p^4$	$^3P_2$	10.357
17	Cl	chlorine	氯	$3s^23p^5$	$^2P_{3/2}$	10.010
18	Ar	argon	氩	$3s^23p^6$	$^1S_0$	15.755
19	K	potassium	钾	4s	$^2S_{1/2}$	4.339
20	Ca	calcium	钙	$4s^2$	$^1S_0$	6.111
21	Sc	scandium	钪	$3d4s^2$	$^2D_{3/2}$	6.538
22	Ti	titanium	钛	$3d^24s^2$	$^3F_2$	6.818
23	V	vanadium	钒	$3d^34s^2$	$^4F_{3/2}$	6.743
24	Cr	chromium	铬	$3d^54s$	$^7S_3$	6.764
25	Mn	manganese	锰	$3d^54s^2$	$^6S_{5/2}$	7.432
26	Fe	iron	铁	$3d^64s^2$	$^5D_4$	7.868

（续）

原子序数 Z	元素符号	元素名称 英文	元素名称 中文	基态组态	原子基态	电离能/eV
27	Co	cobalt	钴	$3d^7 4s^2$	$^4F_{9/2}$	7.862
28	Ni	nickel	镍	$3d^8 4s^2$	$^3F_4$	7.633
29	Cu	copper	铜	$3d^{10} 4s$	$^2S_{1/2}$	7.727
30	Zn	zinc	锌	$3d^{10} 4s^2$	$^1S_0$	9.391
31	Ga	gallium	镓	$3d^{10} 4s^2 4p$	$^2P_{1/2}$	6.000
32	Ge	germanium	锗	$3d^{10} 4s^2 4p^2$	$^3P_0$	7.880
33	As	arsenic	砷	$3d^{10} 4s^2 4p^3$	$^4S_{3/2}$	9.910
34	Se	selenium	硒	$3d^{10} 4s^2 4p^4$	$^3P_2$	9.750
35	Br	bromine	溴	$3d^{10} 4s^2 4p^5$	$^2P_{3/2}$	11.840
36	Kr	krypton	氪	$3d^{10} 4s^2 4p^6$	$^1S_0$	13.996
37	Rb	rubidium	铷	$5s$	$^2S_{1/2}$	4.176
38	Sr	strontium	锶	$5s^2$	$^1S_0$	5.692
39	Y	yttrium	钇	$4d5s^2$	$^2D_{3/2}$	6.377
40	Zr	zirconium	锆	$4d^2 5s^2$	$^3F_2$	6.835
41	Nb	niobium	铌	$4d^4 5s$	$^6D_{1/2}$	6.881
42	Mo	molybdenum	钼	$4d^5 5s$	$^7S_3$	7.100
43	Tc	technetium	锝	$4d^5 5s^2$	$^6S_{5/2}$	7.228
44	Ru	ruthenium	钌	$4d^7 5s$	$^5F_5$	7.365
45	Rh	rhodium	铑	$4d^8 5s$	$^4F_{9/2}$	7.461
46	Pd	palladium	钯	$4d^{10}$	$^1S_0$	8.334
47	Ag	silver	银	$4d^{10} 5s$	$^2S_{1/2}$	7.574
48	Cd	cadmium	镉	$4d^{10} 5s^2$	$1S_0$	8.991
49	In	indium	铟	$4d^{10} 5s^2 5p$	$^2P_{1/2}$	7.785
50	Sn	tin	锡	$4d^{10} 5s^2 5p^2$	$3P_0$	7.342
51	Sb	antimony	锑	$4d^{10} 5s^2 5p^3$	$^4S_{3/2}$	8.639
52	Te	tellurium	碲	$4d^{10} 5s^2 5p^4$	$^3P_2$	9.010
53	I	iodine	碘	$4d^{10} 5s^2 5p^5$	$^2P_{3/2}$	10.454
54	Xe	xenon	氙	$4d^{10} 5s^2 5p^6$	$^1S_0$	12.127
55	Cs	cesium	铯	$6s$	$^2S_{1/2}$	3.893
56	Ba	barium	钡	$6s^2$	$^1S_0$	5.210
57	La	lanthanum	镧	$5d6s^2$	$^2D_{3/2}$	5.610
58	Ce	cerium	铈	$4f5d6s^2$	$^4H_3$	6.540
59	Pr	praseodymium	镨	$4f^3 6s^2$	$^4I_{9/2}$	5.480
60	Nd	neodymium	钕	$4f^4 6s^2$	$^5I_4$	5.510

（续）

原子序数 Z	元素符号	元素名称		基态组态	原子基态	电离能/eV
		英文	中文			
61	Pm	promethium	钷	$4f^5 6s^2$	$^6H_{5/2}$	5.550
62	Sm	samarium	钐	$4f^6 6s^2$	$^7F_0$	5.630
63	Eu	europium	铕	$4f^7 6s^2$	$^8S_{7/2}$	5.670
64	Gd	gadolinium	钆	$4f^7 5d6s^2$	$^9D_2$	6.610
65	Tb	terbium	铽	$4f^9 6s^2$	$^6H_{15/2}$	6.740
66	Dy	dysprosium	镝	$4f^{10} 6s^2$	$^5I_8$	6.820
67	Ho	holmium	钬	$4f^{11} 6s^2$	$^4I_{15/2}$	6.020
68	Er	erbium	铒	$4f^{12} 6s^2$	$^3H_6$	6.100
69	Tm	thulium	铥	$4f^{13} 6s^2$	$^2F_{7/2}$	6.180
70	Yb	ytterbium	镱	$4f^{14} 6s^2$	$^1S_0$	6.220
71	Lu	lutetium	镥	$4f^{14} 5d6s^2$	$^2D_{3/2}$	6.150
72	Hf	hafnium	铪	$4f^{14} 5d^2 6s^2$	$^3F_2$	7.000
73	Ta	tantalum	钽	$4f^{14} 5d^3 6s^2$	$^4F_{3/2}$	7.880
74	W	tungsten	钨	$4f^{14} 5d^4 6s^2$	$^5D_0$	7.980
75	Re	rhenium	铼	$4f^{14} 5d^5 6s^2$	$^6S_{5/2}$	7.870
76	Os	osmium	锇	$4f^{14} 5d^6 6s^2$	$^5D_4$	7.800
77	Ir	iridium	铱	$4f^{14} 5d^7 6s^2$	$^4F_{9/2}$	9.200
78	Pt	platinum	铂	$4f^{14} 5d^9 6s$	$^3D_3$	8.880
79	Au	gold	金	$4f^{14} 5d^{10} 6s$	$^2S_{1/2}$	9.223
80	Hg	mercury	汞	$6s^2$	$1S_0$	10.434
81	Tl	thallium	铊	$6s^2 6p$	$^2P_{1/2}$	6.106
82	Pb	lead	铅	$6s^2 6p^2$	$^3P_0$	7.415
83	Bi	bismuth	铋	$6s^2 6p^3$	$^4S_{3/2}$	7.287
84	Po	polonium	钋	$6s^2 6p^4$	$^3P_2$	8.430
85	At	astatine	砹	$6s^2 6p^5$	$^2P_{3/2}$	9.500
86	Rn	radon	氡	$6s^2 6p^6$	$^1S_0$	10.745
87	Fr	francium	钫	$7s$	$^2S_{1/2}$	4.000
88	Ra	radium	镭	$7s^2$	$^1S_0$	5.277
89	Ac	actinium	锕	$6d7s^2$	$^2D_{3/2}$	6.900
90	Th	thorium	钍	$6d^2 7s^2$	$^3F_2$	6.100
91	Pa	protactinium	镤	$5f^2 6d7s^2$	$^4K_{11/2}$	5.700
92	U	uranium	铀	$5f^3 6d7s^2$	$^5L_6$	6.080
93	Np	neptunium	镎	$5f^4 6d7s^2$	$^6L_{11/2}$	5.800
94	Pu	plutonium	钚	$5f^6 7s^2$	$^7F_0$	5.800

（续）

原子序数 Z	元素符号	元素名称		基态组态	原子基态	电离能/eV
		英文	中文			
95	Am	americium	镅	$5f^7 7s^2$	$^8S_{7/2}$	6.050
96	Cm	curium	锔	$5f^7 6d7s^2$	$^9D_2$	—
97	Bk	berkelium	锫	$5f^9 7s^2$	$^6H_{15/2}$	—
98	Cf	californium	锎	$5f^{10} 7s^2$	$^5I_8$	—
99	Es	einsteinium	锿	$5f^{11} 7s^2$	$^4I_{15/2}$	—
100	Fm	fermium	镄	$5f^{12} 7s^2$	$^3H_6$	—
101	Md	mendelevium	钔	$5f^{13} 7s^2$	$^2F_{7/2}$	—
102	No	nobelium	锘	$5f^{14} 7s^2$	$^1S_0$	—
103	Lr	lawrencium	铹	$5f^{14} 6d7s^2$	$^2D_{5/2}$	—

从表 11－5 中可以看出，由于原子核外电子按照能量最低原理填充各壳层和子壳层，并遵从泡利原理和洪特定则，首先原子基态的电子组态具有周期性的变化，从而导致其原子基态谱项也具有周期性变化，最终导致原子的性质具有周期变化。特别是主族元素中，同一主族元素的原子基态光谱项完全相同，因此，其物理化学性质就具有相似性，这为我们深入研究元素的物理化学性质及其变化规律很有帮助。

小　结

本章将把讨论推广到多粒子体系：从介绍氦光谱特点逐步给出对全同粒子系（费米子系）起决定作用的泡利不相容原理。结合原子态和角动量耦合等知识的说明，描述了泡利原理在相关物理现象中的具体应用和表现。

在第 9 章中介绍了常用的近似方法，同样对多粒子系统的计算，近似也是不可避免的。在这里我们简要给出了玻恩-奥本海默近似（绝热近似）和哈特里-福克方法（自洽场方法）。绝热近似将原子核的运动和电子的运动分开；哈特里-福克方法将多电子问题简化为单电子问题，实际求解时采用平均场近似下的自洽方法，通过迭代计算。

元素的周期性反映了电子组态的周期性，而电子组态的周期性则体现了泡利原理和能量最低原理，从而将元素的化学性在原子的领域中“物理化”。泡利原理的应用是本章的重点，它和能量最低原理一起对元素周期表及原子光谱起支配作用。

另外还要指出，本章内容不涉及温度、系统平均值等，不对一些问题从数学上严格求解，重点是定性地说明物理本质。本课程中，同时通过简明扼要的叙述，逐渐看出经典物理在微观领域内的失效，了解量子物理诞生的必然性。

习题

1. 简述处理多电子原子的自洽场方法的主要思路。

2. 氦原子中电子的结合能为 24.6eV，如果要使氦原子的这两个电子逐一电离，外界需要提供多少能量？

3. 写出 Li 原子激发态 $1s^2 3s^1$ 的斯莱特行列式波函数。

4. 试以两个价电子 $l_1=2$ 和 $l_2=3$ 为例证明：不论是 $L-S$ 耦合还是 $j-j$ 耦合，都给出相同数目的原子的可能状态。

5. 按 $L-S$ 耦合方式，求以下非同科电子组态的可能项 ${}^{2S+1}L$ 及其精细结构子项 ${}^{2S+1}L_j$：

(1) nsn'p；

(2) nsn'd。

6. 锌原子 $Z=30$ 最外层有两个电子，基态组态为 $4s^2$。当其中一个电子被激发到 5s 或 4p 态后，问向低能级的电偶极辐射跃迁有哪几种？

7. 证明：氦原子核和类氦原子所有稳定激发态(不会分解为一个类氢原子核一个自由电子)的电子组态都是 $1snl$，即一个电子必定处于基态(1s 态)。

8. 用斯莱特方法计算 C 的 1s，2s，2p 的原子轨道能。已知 C 原子的第一至第四电离能分别为 11.26eV、24.38eV、47.89eV、64.49eV，试用实验电离能数值估计其 1s 和 2s 的原子轨道能。

9. Pb 原子基态的两个价电子都在 6p 轨道。若其中一个价电子被激发到 7s 轨道，而其价电子间相互作用属于 $j-j$ 耦合。问此时 Pb 原子可能有哪些状态？

10. 根据 $L-S$ 耦合写出在下列情况下内量子数 J 的可能值：

(1) $L=3$，$S=2$；

(2) $L=3$，$S=\frac{7}{2}$；

(3) $L=3$，$S=\frac{3}{2}$。

附　录

附录A0　常用物理学常数(量)表

名　称	符　号	数　值	单　位
真空中光速	c	299792458	$m \cdot s^{-1}$
真空磁导率	$\mu_0(=4\pi\times10^{-7})$	$1.2566370614\times10^{-6}$	$N \cdot A^{-2}$
真空介电常数	$\varepsilon_0(=1/\mu_0 c^2)$	$8.854187817\times10^{-12}$	$F \cdot m^{-1}$
万有引力常数	G	$6.67428(67)\times10^{-11}$	$m^3 \cdot kg^{-1} \cdot s^{-1}$
基本(电子)电荷	e	$1.602176833667(52)\times10^{-19}$	C
电子静止质量	m_e	$9.10938215(45)\times10^{-31}$	kg
质子静止质量	m_p	$1.672621637(83)\times10^{-27}$	kg
普朗克常数	h	$6.62606896(33)\times10^{-34}$	$J \cdot s$
	$\hbar(=h/2\pi)$	$1.054571628(53)\times10^{-34}$	$J \cdot s$
精细结构常数	$\alpha(=e^2/4\pi\varepsilon_0\hbar c)$	$7.2973525376(50)\times10^{-3}$	—
里德伯常数	$R_\infty(=\alpha^2 m_e c/2h)$	10973731.568527(73)	m^{-1}
阿伏加德罗常数	N_A	$6.02214179(30)\times10^{23}$	mol^{-1}
法拉第(电解)常数	F	96485.3399(24)	$C \cdot mol^{-1}$
(摩尔)气体常数	R	8.314472(15)	$J \cdot mol^{-1} \cdot K^{-1}$
玻耳兹曼常数	$k(=R/N_A)$	$1.3806504(24)\times10^{-23}$	$J \cdot K^{-1}$
斯忒藩-玻耳兹曼常数	$\sigma(=(\pi^2/60)k^4/\hbar^3 c^2)$	$5.670400(40)\times10^{-3}$	$W \cdot m^{-2} \cdot K^{-4}$
玻尔半径	$a_0(=\alpha/4\pi R_\infty)$	$0.52917720859(36)\times10^{-10}$	m
玻尔磁子	$\mu_B(=e\hbar/2m_e)$	$927.400915(23)\times10^{-26}$	$J \cdot T^{-1}$
		$5.7883817555(79)\times10^{-5}$	$eV \cdot T^{-1}$
核磁子	$\mu_p(=e\hbar/2m_p)$	$5.05078324(13)\times10^{-27}$	$J \cdot T^{-1}$
		$3.1524522326(45)\times10^{-6}$	$eV \cdot T^{-1}$
电子伏	eV	$1.602176487(40)\times10^{-19}$	J
原子质量单位	u	$1.660538782(83)\times10^{-27}$	kg
哈特里能量	$E_h(=e^2/4\pi\varepsilon_0 a_0)$	$4.35974394(22)\times10^{-18}$	J
		27.21138386(68)	eV

注：以上数据引自 http：//physics. nist. gov/cgi - bin/cuu/Category/中公开的最新数据。

附录A1　电子绕核作椭圆运动的 b/a 推导

用量子化通则推导电子绕核作椭圆运动时的半短轴与半长轴之比为

$$\frac{b}{a}=\frac{n_\phi}{n_\phi+n_r}=\frac{n_\phi}{n} \tag{A1-1}$$

若把原子核的位置作为极坐标原点，则它也是电子椭圆轨道的一个焦点，相应的椭圆方程为

$$r=\frac{a(1-\kappa^2)}{1+\kappa\cos\phi} \tag{A1-2}$$

式中，$\kappa=\sqrt{1-\left(\frac{b}{a}\right)^2}$ 为椭圆的离心率；a、b 分别为椭圆的半长轴与半短轴。由量子化条件

$$\oint p_r\mathrm{d}r=n_rh \tag{A1-3}$$

得

$$\begin{aligned}
\oint m\dot{r}\,\mathrm{d}r &= \oint m\frac{\mathrm{d}r}{\mathrm{d}\phi}\frac{\mathrm{d}\phi}{\mathrm{d}t}\frac{\mathrm{d}r}{\mathrm{d}\phi}\mathrm{d}\phi=\oint m\left(\frac{\mathrm{d}r}{\mathrm{d}\phi}\right)^2\dot{\phi}\,\mathrm{d}\phi\\
&=\oint m\left[\frac{a(1-\kappa^2)}{(1+\kappa\cos\phi)^2}\right]^2\cdot\dot{\phi}\cdot\kappa^2\sin^2\phi\,\mathrm{d}\phi\\
&=\oint mr^2\dot{\phi}\cdot\frac{\kappa^2\sin^2\phi}{(1+\kappa\cos\phi)^2}\mathrm{d}\phi\\
&=\kappa^2p_\phi\int_0^{2\pi}\frac{\sin^2\phi}{(1+\kappa\cos\phi)^2}\mathrm{d}\phi\\
&=\kappa^2\frac{n_\phi h}{2\pi}\cdot\frac{2\pi}{\kappa^2}\left(\frac{1}{\sqrt{1-\kappa^2}}-1\right)\\
&=n_\phi h\cdot\left(\frac{1}{\sqrt{1-\kappa^2}}-1\right)\\
&=n_\phi h\left(\frac{a}{b}-1\right)\\
&=n_\phi h\left(\frac{n}{n_\phi}-1\right)\\
&=n_rh
\end{aligned}$$

式中用到了角动量 p_ϕ(守恒量即常数)和角动量量子化条件式(2.26)，以及下面的定积分结果

$$\int_0^{2\pi}\frac{\sin^2\phi\,\mathrm{d}\phi}{(1+\kappa\cos\phi)^2}=\frac{2\pi}{\kappa^2}\left(\frac{1}{\sqrt{1-\kappa^2}}-1\right) \tag{A1-4}$$

该定积分需要复变函数理论中的留数定理，读者可以参考“数学物理方法”的书籍。最后由式(A1-3)的运算结果，得

$$n_\phi\left(\frac{a}{b}-1\right)=n_r$$

上式移项整理后得式(A1-1)。

附录A2 厄米方程的求解

按照式(3－72)，改写成标准的厄米方程

$$\frac{d^2}{d\xi^2}H(\xi)-2\xi\frac{d}{d\xi}H(\xi)+(\lambda-1)H=0 \tag{A2-1}$$

它是二阶变系数的常微分方程。一般解法为在常点 $\xi=0$ 的邻域($|\xi|<\infty$)展开成幂级数，即

$$H(\xi)=\sum_{k=0}^{\infty}c_k\xi^k \tag{A2-2}$$

把式(A2－1)的一阶和二阶导数代入式(A2－1)中，得到以下等式，即

$$\sum_{k=2}^{\infty}c_k k(k-1)\xi^{k-2}-2\sum_{k=1}^{\infty}c_k k\xi^k+(\lambda-1)\sum_{k=0}^{\infty}c_k\xi^k=0$$

由恒等式的条件，知等式两边同次幂的系数必然相等。因此比较两边 k 次幂的系数，得到

$$(k+2)(k+1)c_{k+2}-2kc_k+(\lambda-1)c_k=0$$

偶次幂的递推关系为

$$c_{k+2}=\frac{2k-(\lambda-1)}{(k+1)(k+2)}c_k,\ k=0,1,2,\cdots \tag{A2-3}$$

因此可以用 c_0 来表示所有的偶次项的系数，而用 c_1 来表示所有奇次项的系数。把 c_0、c_1 作为两个任意常数，则方程(A2－1)有两个线性无关的解，即

$$H(\xi)=c_0+c_2\xi^2+c_4\xi^4+\cdots \tag{A2-4}$$

$$H(\xi)=c_1\xi+c_3\xi^3+c_5\xi^5+\cdots \tag{A2-5}$$

下面讨论这两个级数解的收敛情况：

(1) 当 ξ 取有限值时，$\lim\limits_{k\to\infty}\frac{c_{k+2}}{c_k}=\lim\limits_{k\to\infty}\frac{2k-(\lambda-1)}{(k+1)(k+2)}=0$，因此两个级数都收敛。

(2) 当 $|\xi|\to\infty$ 时，由式(A2－3)知道：$k\to\infty$ 时，$c_{k+2}/c_k\sim2/k$，则 $c_{2m+2}/c_{2m}\approx1/m$，因此偶次项幂级数的收敛行为与 $e^{\xi^2}=\sum\limits_{m=0}^{\infty}\xi^{2m}/m!$ 一致，当 $|\xi|\to\infty$ 时，$H(\xi)\propto e^{\xi^2}$；同理，对于奇次项构成的级数，当 $|\xi|\to\infty$ 时，$H(\xi)\propto\xi e^{\xi^2}$。因此，在无穷远处不满足波函数有界性的要求。只有当系数的递推关系式(A2－3)中 $2k=\lambda-1$ 时，无穷级数解式(A2－4)、(A2－5)中至少一个为多项式，多项式形式的解才是物理上可以接受的解。也就是说，当满足

$$\lambda-1=n,\quad n=0,1,2,\cdots \tag{A2-6}$$

时，级数式(A2－4)中，n 取偶数，c_{n+2} 以后的偶次项消失而成为一个多项式；级数式(A2－5)中，n 取奇数，c_{n+2} 以后的奇次项消失，于是可以得到一个多项式解。

由于没有限制多项式的项数，习惯上规定多项式的最高次项为 $c_n=2^n$，相当于取 $c_0=1$ 和 $c_1=2$。因此，n 次多项式的全部系数可以通过递推关系式(A2－3)求出，得到如下的多项式，即

$$H_n(\xi)=(2\xi)^n-n(n-1)(2\xi)^{n-2}+\cdots+(-1)^{\left[\frac{n}{2}\right]}\frac{n!}{\left[\frac{n}{2}\right]!}(2\xi)^{n-2\left[\frac{n}{2}\right]} \tag{A2-7}$$

式中

$$\left[\frac{n}{2}\right]=\begin{cases}n/2, & n\text{ 为偶数}\\(n-1)/2, & n\text{ 为奇数}\end{cases}$$

此即厄米多项式。

若采用数学物理方法中生成函数的方法，便可得到厄米函数的另一种表达式，即

$$\mathrm{H}_n(\xi)=(-1)^n \mathrm{e}^{\xi^2}\frac{\mathrm{d}^n}{\mathrm{d}\xi^n}\mathrm{e}^{-\xi^2} \tag{A2-8}$$

和正交归一性，即

$$\int_{-\infty}^{\infty}\mathrm{H}_m(\xi)\mathrm{H}_n(\xi)\mathrm{e}^{-\xi^2}\,\mathrm{d}\xi=\sqrt{\pi}\,2^n\cdot n!\,\delta_{mn} \tag{A2-9}$$

以及递推关系，即

$$\mathrm{H}_{n+1}(\xi)-2\xi\mathrm{H}(\xi)+2n\mathrm{H}_{n-1}(\xi)=0 \tag{A2-10}$$

$$\frac{\mathrm{dH}_n(\xi)}{\mathrm{d}\xi}=2n\mathrm{H}_{n-1}(\xi) \tag{A2-11}$$

附录 A3　普朗克公式的导出

普朗克当时为了从理论上解释黑体辐射的能谱密度随辐射频率的分布，他最早运用娴熟的数学技巧，借用数学上的内插法，经过一系列的推导得到了与实验符合得很好的黑体辐射能谱分布公式，即著名的普朗克公式：

$$\varepsilon(\lambda,\ T)=8\pi hc\lambda^{-5}\cdot\frac{1}{\mathrm{e}^{hc/k_B\lambda T}-1} \tag{A3-1}$$

这个公式中包含了两个常数，一个是玻耳兹曼常数 k_B，另一个当时称为作用量子 h(后来称为普朗克常数)。前者与热力学有关，后者与量子力学有关。

爱因斯坦提出了光量子假设后，用爱因斯坦关系 $E=h\nu$ 就可以导出普朗克公式了。

首先，计算光子能态密度。假定电磁辐射的光子被禁锢在长宽高分别是 A、B、C 的长方体黑体箱中(第 3 章习题 4)，按照量子力学理论，光波的波矢量分量应当满足下列条件：

$$k_xA=l\pi,\quad l=0,1,2,\cdots$$

$$k_yB=m\pi,\quad m=0,1,2,\cdots$$

$$k_zC=n\pi,\quad n=0,1,2,\cdots$$

把它们代入波矢量与频率的关系式 $k=2\pi\nu/c$ 中，得

$$k^2=k_x^2+k_y^2+k_z^2=\pi^2\left[\left(\frac{l}{A}\right)^2+\left(\frac{m}{B}\right)^2+\left(\frac{n}{C}\right)^2\right]=\left(\frac{2\pi\nu}{c}\right)^2$$

则可得在给定频率 ν 时量子数$(l,\ m,\ n)$的取值条件为

$$\frac{l^2}{\alpha^2}+\frac{m^2}{\beta^2}+\frac{n^2}{\gamma^2}=1 \tag{A3-2}$$

式中

$$\alpha=\frac{2A\nu}{c},\quad \beta=\frac{2B\nu}{c},\quad \gamma=\frac{2C\nu}{c}$$

该式代表在以 lmn 坐标系中半轴长度分别是 α，β，γ 的椭球方程。由于 l，m，n 只能取自然数，因此，这些量子数决定了它们是一些分布在第一卦限内椭球面上的一些分立点。这个 1/8 椭球的体积内在 $0\sim\nu$ 频率范围内可能的量子数(l，m，n) 取值数量为

$$N(\nu)=\frac{1}{8}\frac{4\pi}{3}\alpha\beta\gamma=\frac{4\pi V\nu^3}{3c^3} \tag{A3-3}$$

式中，$V=ABC$，是黑体箱的体积。考虑光波的电磁特性，每个波矢有横振动模式，而一个纵振动模式对光波能量的贡献可忽略，则辐射场中单位体积内频率 ν 附近单位频率间隔内电磁辐射的振动模式数为

$$n_0(\nu)=\frac{2}{V}\frac{\mathrm{d}N(\nu)}{\mathrm{d}\nu}=\frac{8\pi\nu^2}{c^3} \tag{A3-4}$$

用光的量子性描述，能量为 $\varepsilon=h\nu$ 的光子，频率间隔 $\mathrm{d}\nu$(对应的能量间隔 $h\mathrm{d}\nu$)。因此，上述结果又可以表述为：在光子气体中单位体积内能量 $h\nu$ 附近单位能量间隔内光子的数目，即

$$n_0(\varepsilon)=\frac{2}{V}\frac{\mathrm{d}N(\varepsilon)}{\mathrm{d}\varepsilon}=\frac{2}{V}\cdot\frac{\mathrm{d}}{\mathrm{d}\varepsilon}\left(\frac{4\pi V\varepsilon^3}{3h^3c^3}\right)=\frac{8\pi\varepsilon^2}{h^3c^3} \tag{A3-4$'$}$$

称为**光子能态密度**。把 $\varepsilon=h\nu$ 代入后，仍然等于 $\frac{8\pi\nu^2}{hc^3}$，与(A3-4)的结果一致。注意：式(A3-4′)中的因子 2 与偏振的振动模式概念不同，这里表示光子自旋(其量子数等于 1)在传播方向有两个投影。

下面再考虑平衡状态下黑体辐射的光子平均能量。假设对于一定频率 ν 的辐射，相应的光子能量为 $\varepsilon_0=h\nu$，物体只能以 $h\nu$ 为单位一份一份地吸收或发射。也就是说辐射光子的能量，总是为 ε_0 的整数倍，即 $\varepsilon=n\varepsilon_0$(n 取自然数)。而在热力学平衡条件下，体系能量为 ε 的状态统计概率正比于玻耳兹曼因子 $e^{-\beta\varepsilon}$($\beta=1/(k_B T)$，k_B是玻耳兹曼常数)。因此，频率为 ν 的光子的热力学统计平均能量为

$$\bar{\varepsilon}=\frac{\sum_{n=0}^{\infty}n\varepsilon_0\,\mathrm{e}^{-n\beta\varepsilon_0}}{\sum_{n=0}^{\infty}\mathrm{e}^{-n\beta\varepsilon_0}}=-\frac{\partial}{\partial\beta}\ln\sum_{n=0}^{\infty}\mathrm{e}^{-n\beta\varepsilon_0}=\frac{\partial}{\partial\beta}\ln(1-\mathrm{e}^{-\beta\varepsilon_0})=\frac{\varepsilon_0}{\mathrm{e}^{\beta\varepsilon_0}-1}=\frac{h\nu}{\mathrm{e}^{h\nu/k_BT}-1}$$

把上式乘以光子态密度，即得到在频率 ν 附近、单位频率范围内单位体积内的热辐射能量

$$\varepsilon(\nu,\ T)=\frac{8\pi h\nu^3}{c^3}\cdot\frac{1}{\mathrm{e}^{h\nu/k_BT}-1} \tag{A3-5}$$

最后，利用 $\nu=c/\lambda$，即 $|\mathrm{d}\nu|=\frac{c}{\lambda^2}|\mathrm{d}\lambda|$，换算成在波长 λ 附近单位波长、单位体积内的热辐射能量为

$$\varepsilon(\lambda,\ T)=8\pi hc\lambda^{-5}\cdot\frac{1}{\mathrm{e}^{hc/k_B\lambda T}-1}$$

此即普朗克公式(A3-1)，其理论结果与实验结果惊人的符合(图 A3.1)，从而解决了历史上出现的“紫外灾难”。

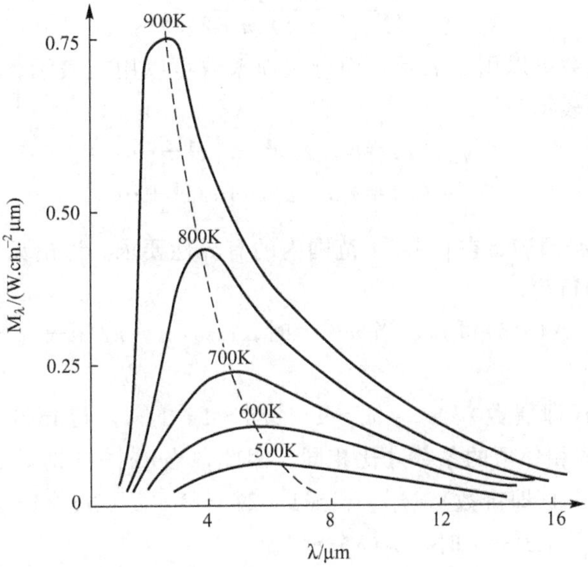

图 A3.1 黑体辐射的能谱分布示意图

附录 A4 勒让德(Legendre)多项式与球谐函数

在第 4 章 4.3 节中，已经得到以下方程式(4-46)

$$(1-\xi^2)\frac{d^2}{d\xi^2}\Theta(\theta)-2\xi\frac{d}{d\xi}\Theta(\theta)+\left(\lambda-\frac{m^2}{1-\xi^2}\right)\Theta(\theta)=0$$

式中 $\xi=\cos\theta(0\leqslant\theta\leqslant\pi，|\xi|\leqslant1)$，$\xi=\pm1$ 是方程的正则奇点。令

$$x=\xi，|x|\leqslant1，y(x)=\Theta(\theta) \qquad (A4-1)$$

方程式(A4-1)可化为**连带勒让德方程，即**

$$\frac{d}{dx}(1-x^2)\frac{dy}{dx}-\left(\lambda-\frac{m^2}{1-x^2}\right)y=0 \qquad (A4-2)$$

式中，$|x|\leqslant1$；$m=0，\pm1，\pm2，\cdots$。

当 $m=0$ 时，式(A4-2)又化为**勒让德方程，即**

$$(1-x^2)\frac{d^2y}{dx^2}-2x\frac{dy}{dx}+\lambda y=0 \qquad (A4-3)$$

A4.1 勒让德多项式

下面先求解勒让德方程式(A4-3)，这是一个变系数的二阶常微分方程。同求解厄米方程一样，采用级数解法求解。令(A4-3)的级数解为

$$y=\sum_{n=0}^{\infty}c_nx^n \qquad (A4-4)$$

代入式(A4-3)中，可以得到以下的系数递推关系：

$$c_{n+2}=\frac{n(n+1)-\lambda}{(n+1)(n+2)}c_n \tag{A4-5}$$

因此，偶次项系数可以用 c_0 表示，而奇次项系数可以用 c_1 表示。于是，式(A4-3)的两个线性无关的解可表示为

$$\begin{cases}y_1(x)=c_0+c_2x^2+c_4x^4+\cdots \\ y_2(x)=c_1x+c_3x^3+c_5x^5+\cdots\end{cases} \tag{A4-6}$$

上述无穷级数解必须满足在 $|x|\leqslant 1$ 范围内的有界性要求。讨论无穷级数解在正则奇点($x=\pm 1$)及其邻域的行为。

由系数递推关系(A4-5)可知，当 $n\to\infty$ 时，$c_{n+2}/c_n\sim n/(n+2)\sim 1-2/n$，有以下两种具体情况：

(1) 对于 $n=2m$(即偶数)，$c_{n+2}/c_n\sim 1-2/n\sim 1-1/m$，与 $\ln(1+x)-\ln(1-x)=\ln(1-x^2)$ 的泰勒展开式相邻项的系数之比相同。因此，当 $|x|\to 1$ 时，$y_1(x)\to\infty$。

(2) 对于 $n=2m+1$(即奇数)，$c_{n+2}/c_n\sim 1-2/n\sim 1-2/(2m+1)\sim 1-1/m$，与上述情况完全一样。因此，当 $|x|\to 1$ 时，$y_2(x)\to\infty$。

这样的解不能满足物理上对波函数有界性的要求，因此，必须让无穷级数解中断为多项式。从式(A4-5)中可看出，当

$$\lambda=l(l+1),\ l=0,1,2,\cdots \tag{A4-7}$$

时，c_l 以后的系数都等于 0，两个线性无关的无穷级数解式(A4-6)之中必有一个中断为 l 次多项式，即在 $|x|\leqslant 1$ 范围内至少有一个解能满足有界性的要求，这决定于 l 的奇偶性。

通常规定式(A4-6)中多项式的最高次项 x^l 的系数为 $c_l=(2l)!2^l\cdot(l!)^2$，由式(A4-6)和式(A4-7)可以得到以下的多项式解，即

$$\mathrm{P}_l(x)=\sum_{k=0}^{[l/2]}\frac{(2l-2k)!}{2^l\cdot k!(l-k)!(l-2k)!}x^{l-2k} \tag{A4-8}$$

此多项式称为**勒让德多项式**。式中，$[l/2]$ 表示取 $l/2$ 之整数。利用二项式定理和直接的微商计算，可以得到另外一个勒让德多项式的表达式，即

$$\mathrm{P}_l(x)=\frac{1}{2^l\cdot l!}\frac{\mathrm{d}^l}{\mathrm{d}x^l}(x^2-1)^l \tag{A4-9}$$

此式称为**罗德里格斯**(Rodrigues)公式。

勒让德函数具有以下奇偶性质：

$$\mathrm{P}_l(-x)=(-1)^l\mathrm{P}_l(x) \tag{A4-10}$$

它表示波函数时，说明 l 为偶数时是偶宇称态，l 为奇数时是奇宇称态。前三个勒让德多项式分别为

$$\mathrm{P}_0(x)=1,\quad \mathrm{P}_1(x)=x,\quad \mathrm{P}_2(x)=\frac{1}{2}(3x^2-1)$$

勒让德多项式有以下的生成函数，即

$$[1-2xt-t^2]^{-1/2}=\sum_{l=0}^{\infty}\mathrm{P}_l(x)t^l \tag{A4-11}$$

式左边规定：当 $t=0$ 时根式的值等于 1。利用以上生成函数，可以证明勒让德多项式的正交性为

$$\int_{-1}^{1} \mathrm{P}_l(x)\mathrm{P}_{l'}(x)\mathrm{d}x = \frac{2}{2l+1}\delta_{ll'} \tag{A4-12}$$

以及递推关系为

$$(l+1)\mathrm{P}_{l+1}(x)-(2l+1)x\mathrm{P}_l(x)+l\mathrm{P}_{l-1}(x)=0$$
$$x\mathrm{P}_l'(x)-\mathrm{P}_{l-1}'(x)=l\mathrm{P}_l(x)$$
$$\mathrm{P}_{l+1}'(x)=x\mathrm{P}_l'(x)+(l+1)\mathrm{P}_l(x)$$
$$\mathrm{P}_{l+1}'(x)-\mathrm{P}_{l-1}'(x)=(2l+1)\mathrm{P}_l(x)$$
$$(x^2-1)\mathrm{P}_l'(x)=xl\mathrm{P}_l(x)-l\mathrm{P}_{l-1}(x)$$
$$(2l+1)(x^2-1)\mathrm{P}_l'(x)=l(l+1)[\mathrm{P}_{l+1}(x)-\mathrm{P}_{l-1}(x)] \tag{A4-13}$$

式中，$\mathrm{P}_l'(x)=\frac{\mathrm{d}}{\mathrm{d}x}\mathrm{P}_l(x)$。

A4.2 连带勒让德多项式

同样令 $x=\xi$，$|x|\leqslant 1$，$y(x)=\Theta(\theta)$，并设 $z=1-x$，则连带勒让德方程(A4-2)化为

$$\frac{\mathrm{d}^2 y}{\mathrm{d}z^2}+\frac{2(1-z)}{z(2-z)}\frac{\mathrm{d}y}{\mathrm{d}z}+\left[\frac{\lambda}{z(2-z)}-\frac{m^2}{z^2(2-z)^2}\right]y=0 \tag{A4-14}$$

该方程有两个正则奇点，$z=0$ 和 $z=2$。

在 $z=0(x=+1)$及其邻域，式(A4-14)即化为

$$\frac{\mathrm{d}^2 y}{\mathrm{d}z^2}+\frac{1}{z}\frac{\mathrm{d}y}{\mathrm{d}z}-\frac{m^2}{4z^2}y=0$$

再令 $y=z^s$，代入上式，得

$$s(s-1)+s-m^2/4=0$$

解得二根为 $s=\pm|m|/2$。但在 $z=0$ 的邻域内，只有解 $y(z)\propto z^{|m|/2}=(1-x)^{|m|/2}$ 才符合有界性的要求，另一个解弃之。

在 $z=2$(即 $x=-1$)及其邻域内，方程(A4-14)化为

$$\frac{\mathrm{d}^2 y}{\mathrm{d}z^2}-\frac{1}{2-z}\frac{\mathrm{d}y}{\mathrm{d}z}-\frac{m^2}{4(2-z)^2}y=0$$

令 $t=2-z$ 及 $y=t^r$，代入上面的方程，得

$$r(r-1)+r-m^2/4=0$$

解得二根为 $r=\pm|m|/2$，但在 $z=2$(即 $x=-1$)及其邻域内，只有解 $y(t)\propto t^{|m|/2}=(2-z)^{|m|/2}=(1+x)^{|m|/2}$能满足有界性的要求，另一解弃之。

因此，连带勒让德方程(A4-2)的解取以下形式：

$$y(x)=(1-x)^{|m|/2}\cdot(1+x)^{|m|/2}u(x)=(1-x^2)^{|m|/2}u(x) \tag{A4-15}$$

代入方程(A4-2)得

$$(1-x^2)u''-2(|m|+1)xu'+[\lambda-|m|(|m|+1)]u=0 \tag{A4-16}$$

式(A4-16)对 x 微商，得

$$(1-x^2)u'''-2(|m|+2)xu''+[\lambda-(|m|+1)(|m|+2)]u'=0 \tag{A4-17}$$

比较以上两式可以看出，式(A4-17)只是在式(A4-16)中作以下替换：$|m|\to|m|+1$，$u\to u'$。考虑到 $m=0$ 时，式(A4-16)即为勒让德方程式(A4-3)。因此，方程式(A4-16)的解可以用勒让德方程式(A4-3)的解对 x 求$|m|$次导数得到。则 $u(x)$可表示为

$$u(x)=\frac{\mathrm{d}^{|m|}}{\mathrm{d}x^{|m|}}\mathrm{P}_l(x) \tag{A4-18}$$

于是得到勒让德方程(A4-2)满足物理上有界性要求的解，即连带勒让德多项式

$$\mathrm{P}_l^{|m|}(x)=(1-x^2)^{|m|/2}\frac{\mathrm{d}^{|m|}}{\mathrm{d}x^{|m|}}\mathrm{P}_l(x) \tag{A4-19}$$

连带勒让德多项式满足以下正交关系：

$$\int_{-1}^{+1}\mathrm{P}_l^m(x)\mathrm{P}_{l'}^m(x)\mathrm{d}x=\frac{(l+m)!}{(l-m)!}\cdot\frac{2}{(2l+1)}\delta_{ll'} \tag{A4-20}$$

A4.3 球谐函数

定义**球谐函数**为

$$\mathrm{Y}_{lm}(\theta,\varphi)=(-1)^m\sqrt{\frac{2l+1}{4\pi}\cdot\frac{(l-m)!}{(l+m)!}}\mathrm{P}_l^m(\cos\theta)\mathrm{e}^{\mathrm{i}m\phi} \tag{A4-21}$$

式中，$l=0, 1, 2, \cdots$；$m=0, \pm1, \pm2, \cdots, \pm l$。它是($\hat{\boldsymbol{l}}^2$，$\hat{l}_z$)的共同本征函数，且有

$$\begin{cases}\hat{\boldsymbol{l}}^2\mathrm{Y}_{lm}=l(l+1)\hbar^2\mathrm{Y}_{lm}\\ \hat{l}_z\mathrm{Y}_{lm}=m\hbar\mathrm{Y}_{lm}\end{cases}$$

最简单的几个球谐函数如下：

$\mathrm{Y}_{00}(\theta,\varphi)=1/\sqrt{4\pi}$，$\mathrm{Y}_{10}(\theta,\varphi)=\sqrt{3/4\pi}\cos\theta$，$\mathrm{Y}_{1\pm1}(\theta,\varphi)=\mp\sqrt{3/8\pi}\sin\theta\mathrm{e}^{\pm\mathrm{i}\varphi}$

$\mathrm{Y}_{20}(\theta,\varphi)=\sqrt{5/16\pi}(3\cos^2\theta-1)$，$\mathrm{Y}_{20}(\theta,\varphi)=\sqrt{5/16\pi}(3\cos^2\theta-1)$

$\mathrm{Y}_{2\pm1}(\theta,\varphi)=\mp\sqrt{15/8\pi}\cos\theta\cdot\sin\theta\mathrm{e}^{\pm\mathrm{i}\varphi}$，$\mathrm{Y}_{2\pm2}(\theta,\varphi)=\frac{1}{2}\sqrt{15/8\pi}\sin^2\theta\mathrm{e}^{\pm\mathrm{i}2\varphi}$

附录 A5　狄拉克符号

在第 9 章 9.5 节中引入了狄拉克符号。用狄拉克符号来表述量子力学理论，不涉及具体的表象，而且运算简捷。因此，很多教材、专著和文献中常常采用这种表示方法。

A5.1 态矢量的狄拉克符号表示

任何一个量子体系的一切可能状态(即所有可能的波函数)组成一个完备的希尔伯特(Hilbert)空间。每一个状态函数(波函数)都是该空间中的一个矢量(称为**态矢量**)，可用符号狄拉克符号$|\rangle$来表示，称为**右矢**。完备的右矢就构成一个**右矢空间**。为了表示出某个具体的态矢量，可以在狄拉克符号内标出其具体的记号。一般把描述粒子状态的波函数 ψ 放入$|\rangle$中，即$|\psi\rangle$，它表示用波函数 ψ 所描述的状态。对于本征态，常用本征值(或相应的量子数)来标记相应的本征态。如$|n\rangle$或$|E_n\rangle$表示本征值为 E_n 的能量本征态，$|p'\rangle$表示本征值为 p' 动量本征态。

与右矢共轭的空间称为**左矢空间**。左矢空间中的矢量$\langle\psi|$称为左矢量，它与右矢空间中的矢量$|\psi\rangle$是一对共轭矢量。态的这种抽象表示不涉及任何具体的表象。

A5.2 左矢和右矢的标积

一个左矢量$\langle\psi|$可以和一个右矢量$|\phi\rangle$进行标积运算，记为$\langle\psi|\phi\rangle=(\psi,\ \phi)=\int\psi^*\phi\mathrm{d}\tau$。因此，两个态矢量的标积运算规则与两个波函数的内积运算规则完全相同。如

$$\langle\psi|\phi\rangle^*=(\psi,\ \phi)^*=\int(\psi^*\phi)^*\mathrm{d}\tau=\int\phi^*\psi\,\mathrm{d}\tau=\langle\phi|\psi\rangle \tag{A5-1}$$

若$\langle\psi|\phi\rangle=0$，则称$\langle\psi|$与$|\phi\rangle$正交；若$\langle\psi|\phi\rangle=1$，则称$|\phi\rangle$为归一化的态矢。

设一组力学量完全集F的本征态是离散的，记为$|k\rangle$，它们的正交归一关系表示为

$$\langle k|j\rangle=\delta_{kj}\quad(\text{克罗内克函数}) \tag{A5-2}$$

若体系的本征态是连续谱，则其本征态的“归一性”应当表示成δ函数。如动量本征态之间的归一化关系为

$$\langle p'|p''\rangle=\delta(p'-p'') \tag{A5-3}$$

A5.3 态矢量在具体表象中的表示

若在F表象中，基矢记为$|j\rangle$(j取所有可能的本征值)，则根据态的叠加原理，任意一个态矢量$|\psi\rangle$可用$|j\rangle$展开，即

$$|\psi\rangle=\sum_j a_j|j\rangle \tag{A5-4}$$

展开系数a_j为

$$a_j=\langle j|\psi\rangle \tag{A5-5}$$

它表示态矢量$|\psi\rangle$在基矢$|j\rangle$上的投影(分量)。各投影值a_j组成的数组$\{a_j\}$就是态$|\psi\rangle$在F表象中的表示。若$|j\rangle$是离散谱，分别用$j=1,\ 2,\ \cdots$标记，则$\{a_j\}$可表示为以下列矢量形式

$$\begin{pmatrix}a_1\\a_2\\\vdots\end{pmatrix}=\begin{pmatrix}\langle 1|\psi\rangle\\\langle 2|\psi\rangle\\\vdots\end{pmatrix}$$

把(A5-5)代入式(A5-4)，得

$$|\psi\rangle=\sum_j\langle j|\psi\rangle|j\rangle=\sum_j|j\rangle\langle j|\psi\rangle \tag{A5-6}$$

其中，$|j\rangle\langle j|$称为投影算符(Projection Operator)，记为

$$\hat{P}_j=|j\rangle\langle j| \tag{A5-7}$$

它对任何态矢量$|\psi\rangle$运算后，得到

$$\hat{P}_j|\psi\rangle=|j\rangle\langle j|\psi\rangle=a_j|j\rangle \tag{A5-8}$$

即把态矢量$|\psi\rangle$投影到基矢$|j\rangle$方向，其投影分量为a_j。注意到态矢量$|\psi\rangle$是任意的，则得到投影算符的如下性质：

$$\sum_j|j\rangle\langle j|=\boldsymbol{I}\ (\text{单位算符}) \tag{A5-9}$$

这正是基矢量组$\{|j\rangle\}$($j=1,\ 2,\ \cdots$)完备性的表现。对于连续谱的情况，(A5-9)式中的求和变为积分。例如，坐标表象中坐标与动量算符的本征态就是连续谱，相应于(A5-9)

式就变为

$$\int \mathrm{d}x' |x'\rangle\langle x'| = \boldsymbol{I}, \quad \int \mathrm{d}p' |p'\rangle\langle p'| = \boldsymbol{I} \tag{A5-10}$$

两个态矢量 $|\psi\rangle$ 和 $|\phi\rangle$ 的标积运算可以利用投影算符的性质(A5-9)，分别写出它们在 F 表象中的表示

$$|\psi\rangle = \sum_j |j\rangle\langle j|\psi\rangle = \sum_j \langle j|\psi\rangle |j\rangle = \sum_j a_j |j\rangle,$$

$$|\phi\rangle = \sum_j |j\rangle\langle j|\phi\rangle = \sum_j \langle j|\phi\rangle |j\rangle = \sum_j b_j |j\rangle,$$

从而求出它们的标积

$$\langle\phi|\psi\rangle = \sum_j \langle\phi|j\rangle\langle j|\psi\rangle = \sum_j b_j^* a_j = (b_1^*, b_2^*, \cdots)\begin{pmatrix} a_1 \\ a_2 \\ \vdots \end{pmatrix} \tag{A5-11}$$

A5.4 算符和薛定谔方程在具体表象中的表示

在量子力学中，力学量用厄米算符表达。若考虑任一力学量 L，相应的算符为 $\hat{L}$。设态矢量 $|\psi\rangle$ 经算符 $\hat{L}$ 作用后变成态矢量 $|\phi\rangle$，即

$$|\phi\rangle = \hat{L}|\psi\rangle \tag{A5-12}$$

这里并未涉及具体表象。在 F 表象中，假设所有可能的态矢量 $|k\rangle$ 是一组完备的基矢量，$\hat{L}$ 的矩阵表示为 $(L_{kj}) = \langle k|\hat{L}|j\rangle$。式(A5-12)左乘 $\langle k|$，并利用投影算符的性质(A5-9)式，得

$$\langle k|\phi\rangle = \langle k|\hat{L}|\psi\rangle = \sum_j \langle k|\hat{L}|j\rangle\langle j|\psi\rangle$$

即

$$b_k = \sum_j L_{kj} a_j \tag{A5-13}$$

其中，$a_j = \langle j|\psi\rangle$、$b_k = \langle k|\phi\rangle$ 分别是 F 表象中在基矢 $|\psi\rangle$ 和 $|\phi\rangle$ 方向的投影。

用狄拉克符号表示的薛定谔方程为

$$\mathrm{i}\hbar \frac{\partial}{\partial t}|\psi\rangle = \hat{H}\psi \tag{A5-14}$$

它在 F 表象中表示为

$$\mathrm{i}\hbar \frac{\partial}{\partial}\langle j|\psi\rangle = \langle j|\hat{H}|\psi\rangle = \sum_k \langle j|\hat{H}|k\rangle\langle k|\psi\rangle$$

或者写成

$$\mathrm{i}\hbar\dot{a}_j = \sum_k H_{jk} a_k \tag{A5-15}$$

其中，$H_{jk} = \langle j|\hat{H}|k\rangle$ 是哈密顿算符 $\hat{H}$ 在 F 表象中的矩阵元。

未涉及具体表象的力学量 L 的本征方程

$$\hat{L}|\psi\rangle = L'|\psi\rangle \tag{A5-16}$$

在 F 表象中表示为

$$\langle j|\hat{L}|\psi\rangle = \sum_k \langle j|\hat{H}|k\rangle\langle k|\psi\rangle = L'\langle j|\psi\rangle$$

或者写成

$$\sum_k (L_{jk} - L'\delta_{jk})a_k = 0 \tag{A5-17}$$

此即算符 $\hat{L}$ 的本征方程在 F 表象中的表示。其中，$L_{kj} = \langle k|\hat{L}|j\rangle$ 是算符 $\hat{L}$ 在 F 表象中的矩阵元。

在任意态 $|\psi\rangle$ 下力学量 L（相应的算符为 $\hat{L}$）的平均值，在 F 表象中的表示为

$$\overline{L} = \langle\psi|\hat{L}|\psi\rangle = \sum_{kj}\langle\psi|k\rangle\langle k|\hat{L}|j\rangle\langle j|\psi\rangle = \sum_{kj} a_k^* L_{kj} a_j \tag{A5-18}$$

引入狄拉克算符后，使量子力学公式的表达变得简洁明了，但采用具体表象后，当算符的矩阵元时，最终仍然需要通过具体的态矢量相对应的波函数进行计算，如

$$L_{jk} = \langle j|\hat{L}|k\rangle = \int_{\text{全空间}} \psi_j^* \hat{L} \psi_k \mathrm{d}\tau$$

参考文献

[1] 申先甲．物理学史教程［M］．长沙：湖南教育出版社，1987．

[2] 王士平，刘树勇，李艳平，曾宪明，申先甲．中国物理学史大系——近代物理学史［M］．长沙：湖南教育出版社，2002．

[3] 王福山．近代物理学史研究(一)［M］．上海：复旦大学出版社，1983．

[4] 王福山．近代物理学史研究(二)［M］．上海：复旦大学出版社，1986．

[5] 郭奕玲，沈慧君．物理学史［M］．北京：清华大学出版社，1993．

[6] 艳振钰．物理学史新编［M］．贵阳：贵州科技出版社，2002．

[7] 钟宵参．物理学史［M］．杭州：浙江教育出版社，1985．

[8] 魏凤文，申先甲．20世纪物理学史［M］．南昌：江西教育出版社，1994．

[9] 褚圣麟．原子物理学［M］．北京：高等教育出版社，1979．

[10] 杨福家．原子物理学［M］．4版．北京：高等教育出版社，2008．

[11] 张怿慈，俞雪珍．原子物理学基础［M］．济南：山东人民出版社，1980．

[12] 王德云，李增为，吴水清．原子物理学［M］．桂林：广西师范大学出版社，1996．

[13] 曾谨言．量子力学教程［M］．2版．北京：科学出版社，2010．

[14] 周世勋．量子力学教程［M］．北京：高等教育出版社，1979．

[15] 曾谨言．量子力学(卷Ⅰ)［M］．3版．北京：科学出版社，2002．

[16] Л．Д．朗道，E．M．栗傅席次．量子力学(非相对论理论)(上册)［M］．严肃，译．北京：人民教育出版社，1980．

[17] 张怿慈．量子力学简明教程［M］．北京：人民教育出版社，1979．

[18] 蔡建华．量子力学［M］．北京：高等教育出版社，1979．

[19] 谢希德，陆栋．固体能带理论［M］．上海：复旦大学出版社，1998．